EUROPA-FACHBUCHREIHE
für Metallberufe

Formelsammlung Metall *PLUS*+

mit Formelumstellungen,
CNC-Technik, Arbeitsplanung und Kalkulation

3. Auflage

VERLAG EUROPA-LEHRMITTEL · Nourney, Vollmer GmbH & Co. KG
Düsselberger Straße 23 · 42781 Haan-Gruiten

Europa-Nr.: 11947

Autoren

Roland Gomeringer	Maßstetten
Volker Menges	Lichtenstein
Stefan Oesterle	Amtzell
Claudius Scholer	Metzingen
Andreas Stephan	Marktoberdorf
Falko Wieneke	Essen

Lektorat und Leitung des Arbeitskreises
Roland Gomeringer, Maßstetten

Bildbearbeitung
Zeichenbüro des Verlags Europa-Lehrmittel, Ostfildern

Die Verwendung nur eines grammatikalischen Geschlechts bei Berufs- und Gruppenbezeichnungen wurde im Hinblick auf den Lesefluss gewählt. Sie stellt keine Meinungsäußerung zur Geschlechterrolle dar.

3. Auflage 2025, korrigierter Nachdruck 2026
Druck 5 4 3 2

Alle Drucke derselben Auflage sind parallel einsetzbar, da sie bis auf die Korrektur von Druckfehlern identisch sind.

ISBN 978-3-7585-1418-0

Bei Fragen zur Produktsicherheit wenden Sie sich bitte an produktsicherheit@europa-lehrmittel.de.

Umschlag: Grafische Produktionen Jürgen Neumann, 97222 Rimpar
Umschlagfotos: Sauter Feinmechanik GmbH, 72555 Metzingen
Satz: Grafische Produktionen Jürgen Neumann, 97222 Rimpar
Druck: mediaprint solutions GmbH, 33100 Paderborn

Vorwort

Das vorliegende Werk **Formelsammlung Metall** *PLUS+* ist in Inhalt, Darstellung und Buchformat neu. Die klare Struktur und Aufteilung der Seiten helfen bei der Nutzung. Jede Formel ist mit aussagekräftigen Bildern, den Erklärungen der Formelzeichen, allen Formelumstellungen und den dazu gehörenden Einheiten angegeben. Außerdem helfen die Formelumstellungen bei der schnellen Berechnung und zur eigenen Kontrolle.

Wichtige und häufig genutzte Inhalte sind im ausklappbaren Deckel des Buches im schnellen Zugriff.

Im Kapitel **Technische Mathematik** werden zunächst Grundlagen mit deren Anwendungen dargestellt.

Die **Technische Physik** beinhaltet die Bewegungslehre, die Wärmelehre, die Fluidmechanik, die Elektrotechnik sowie die Optik. Die Mechanik und Festigkeitslehre sind umfangreich dargestellt.

Das Kapitel **Arbeitsplanung und Kalkulation** beinhaltet die Mess- und Qualitätstechnik, die Arbeitsplanung mit Belegungszeiten und Optimierungsgrößen sowie die verschiedenen Kalkulationsmethoden.

In der **Fertigungstechnik** sind alle gängigen Verfahren vertreten. Bei den zerspanenden Verfahren werden die Kräfte, sowie die Leistungen und Nutzungszeiten dargestellt. Wichtige weitere Verfahren sind das Abtragen, das Schneiden, das Tiefziehen und das Schweißen.

Die **CNC-Technik** mit den PAL-Befehlen zum Drehen und Fräsen mit wichtigen Zyklen beschließen dieses Kapitel.

Im letzten Kapitel wird die weitergehende **Mathematik** mit Integralen, Differenzialen und Gleichungssystemen dargestellt.

Diese Formelsammlung ist als Nachschlagewerk bei Prüfungen und als Hilfe bei der Arbeit mit Fachbüchern gedacht. Viele Inhalte sind bei der Ausbildung in Metallberufen wichtig. Weitergehende Inhalte können in der technischen Weiterbildung (z. B. Meister und Techniker) oder in Berufskollegs und Beruflichen Gymnasien genutzt werden.

Auch für Praktiker aus Handwerk und Industrie sowie für Studierende des Maschinenbaues ist diese Formelsammlung wertvoll.

Autoren und Verlag sind allen Nutzern dieser Formelsammlung für Hinweise und Verbesserungsvorschläge an lektorat@europa-lehrmittel.de dankbar.

Januar 2025 Autoren und Verlag

Technische Mathematik
Grundlagen
Anwendungen

Technische Physik
mit
Mechanik und
Festigkeitslehre

Arbeitsplanung und Kalkulation
mit
Qualitätstechnik

Fertigungstechnik
mit
CNC-Technik

Mathematik
mit
Integral- und
Differenzialrechnung
Gleichungssysteme

Mathematische Zeichen

Math. Zeichen	Sprechweise	Math. Zeichen	Sprechweise
$\approx$	ungefähr gleich, rund, etwa	$\sim$	proportional
$\triangleq$	entspricht	a^x	a hoch x, x-te Potenz von a
…	und so weiter	$\sqrt{\ }$	Quadratwurzel aus n
∞	unendlich	$\sqrt[n]{\ }$	n-te Wurzel aus
$=$	gleich	$\lvert x \rvert$	Betrag von x
$\neq$	ungleich	$\perp$	senkrecht zu
$\stackrel{def}{=}$	ist definitionsgemäß gleich	$\parallel$	ist parallel zu
$<$	kleiner als	$\uparrow\uparrow$	gleichsinnig parallel
$\leq$	kleiner oder gleich	$\uparrow\downarrow$	gegensinnig parallel
$>$	größer als	$\sphericalangle$	Winkel
$\geq$	größer oder gleich	Δ	Dreieck
$+$	plus	$\cong$	kongruent zu
$-$	minus	Δx	Delta x
$\cdot$	mal, multipliziert mit		(Differenz zweier Werte)
$\div$, /, :	durch, geteilt durch, zu, pro	%	Prozent, vom Hundert
Σ	Summe	‰	Promille, vom Tausend
log	Logarithmus (allgemein)	(); []; {}	runde, eckige, geschweifte
lg	dekadischer Logarithmus		Klammer auf und zu
ln	natürlicher Logarithmus	π	pi (Kreiszahl = 3,14159 …)
e	Eulersche Zahl (e = 2,71828…)		
sin	Sinus	$\overline{AB}$	Strecke AB
cos	Kosinus	$\overset{\frown}{AB}$	Bogen AB
tan	Tangens	a′, a″	a Strich, a zwei Strich
cot	Kotangens	a_1, a_2	a eins, a zwei

Zahlenmengen

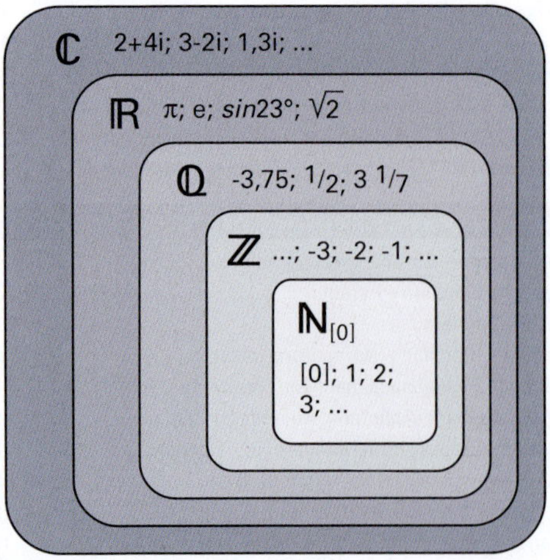

Zusammenhang der Zahlenmengen:
$\mathbb{N} \subset \mathbb{Z} \subset \mathbb{Q} \subset \mathbb{R} \subset \mathbb{C}$

$\mathbb{N}$ **Natürliche Zahlen**, positive ganze Zahlen [mit Null]

$\mathbb{Z}$ **Ganze Zahlen**, $\mathbb{N}$ plus negative ganze Zahlen

$\mathbb{Q}$ **Rationale Zahlen** (Quotienten), $\mathbb{Z}$ plus Bruch- und Dezimalzahlen

$\mathbb{R}$ **Reelle Zahlen**, $\mathbb{Q}$ plus nicht durch Brüche darstellbare Zahlen

$\mathbb{C}$ **Komplexe Zahlen** (Complex) aus Realteil und Imaginärteil; mit $i^2 = -1$

$\subset$ Ist Teilmenge von

Besondere Zahlen

Kreiszahl	$\pi = 3{,}141592...$	Goldener Schnitt	$\Phi = 1{,}618033$
Eulersche Zahl	$e = 2{,}71828...$	Wurzel aus 2	$\sqrt{2} = 1{,}4142135...$
Absoluter Nullpunkt	$T = -273{,}15\,°C = 0\,K$	Wurzel aus 3	$\sqrt{3} = 1{,}7320508...$
Erdbeschleunigung	$g = 9{,}80665\,\frac{m}{s^2}$	Primzahlen	2; 3; 5; 7; 11; 13...
Lichtgeschwindigkeit	$c = 299\,792\,458\,\frac{m}{s}$	Avogadrozahl	$N_A = 6{,}022 \cdot 10^{23}\,\frac{1}{mol}$
Fluchtgeschwindigkeit	$v = 11{,}2\,\frac{km}{s}$	molare Gaskonstante	$R = 8{,}31\,\frac{J}{mol \cdot K}$

Sinus-, Kosinus- und Tangensfunktion

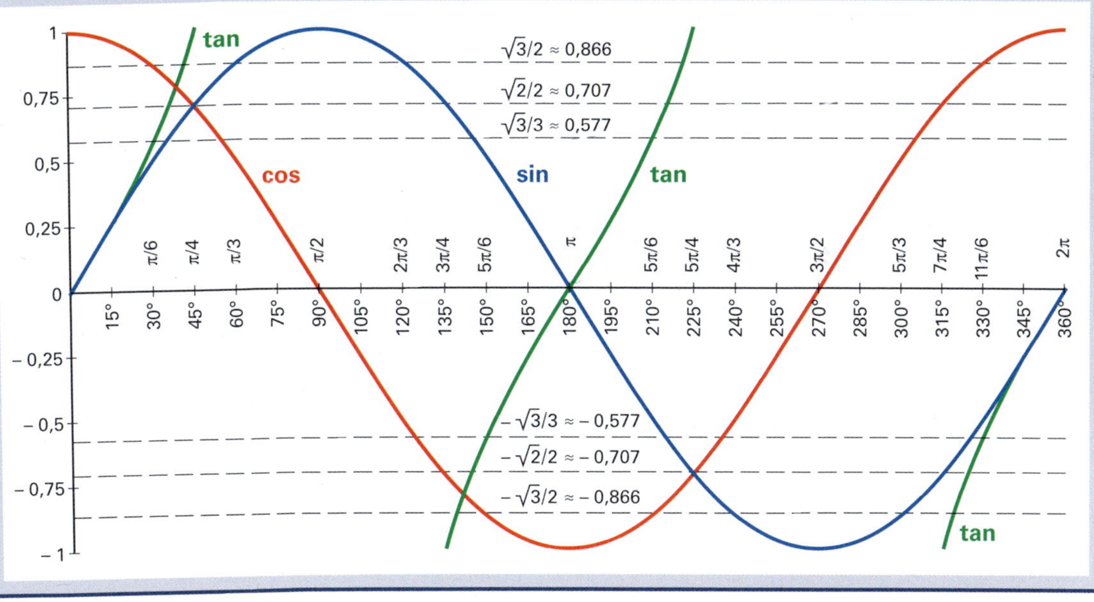

α	0	30	45	60	90	120	150	180	210	225	240	270	300	330	360
α_r	0	$\frac{\pi}{6}$	$\frac{\pi}{4}$	$\frac{\pi}{3}$	$\frac{\pi}{2}$	$\frac{2\pi}{3}$	$\frac{5\pi}{6}$	π	$\frac{7\pi}{6}$	$\frac{5\pi}{4}$	$\frac{4\pi}{3}$	$\frac{3\pi}{2}$	$\frac{5\pi}{3}$	$\frac{11\pi}{6}$	2π
$\cos\alpha$	1	$\frac{\sqrt{3}}{2}$	$\frac{\sqrt{2}}{2}$	$\frac{1}{2}$	0	$-\frac{1}{2}$	$-\frac{\sqrt{3}}{2}$	-1	$-\frac{\sqrt{3}}{2}$	$-\frac{\sqrt{2}}{2}$	$-\frac{1}{2}$	0	$\frac{1}{2}$	$\frac{\sqrt{3}}{2}$	1
$\sin\alpha$	0	$\frac{1}{2}$	$\frac{\sqrt{2}}{2}$	$\frac{\sqrt{3}}{2}$	1	$\frac{\sqrt{3}}{2}$	$\frac{1}{2}$	0	$-\frac{1}{2}$	$-\frac{\sqrt{2}}{2}$	$-\frac{\sqrt{3}}{2}$	-1	$-\frac{\sqrt{3}}{2}$	$-\frac{1}{2}$	0
$\tan\alpha$	0	$\frac{\sqrt{3}}{3}$	1	$\sqrt{3}$	∞	$-\sqrt{3}$	$-\frac{\sqrt{3}}{3}$	0	$\frac{\sqrt{3}}{3}$	1	$\sqrt{3}$	∞	$-\sqrt{3}$	$-\frac{\sqrt{3}}{3}$	0

$\cos\alpha$	Kosinusfunktion
$\sin\alpha$	Sinusfunktion
$\tan\alpha$	Tangensfunktion
α	Winkel in Grad (°)
α_r	Winkel im Bogenmaß (rad)

Bogenmaß in Grad umrechnen

$$\alpha = \frac{\alpha_r \cdot 180°}{\pi}$$

Grad in Bogenmaß umrechnen

$$\alpha_r = \frac{\alpha \cdot \pi}{180°}$$

Griechisches Alphabet mit Anwendungsbeispielen

Griechischer Buchstabe		Gesprochen	z. B. verwendet für...
Α	α	Alpha	Freiwinkel, Winkel, Längenausdehnungskoeffizient
Β	β	Beta	Keilwinkel, Winkel
Γ	γ	Gamma	Spanwinkel, Winkel, spezifischer Widerstand
Δ	δ	Delta	Differenz, Winkel
Ε	ε	Epsilon	Dehnung, Eckenwinkel (Wendeschneidplatte)
Ζ	ζ	Zeta	Verlustbeiwert von Armaturen
Η	η	Eta	Wirkungsgrad
Θ	ϑ	Theta	Thermodynamische Temperatur (K), Temperatur (°C)
Ι	ι	Iota	Höhere Mathematik
Κ	κ	Kappa	Einstellwinkel (Drehen), elektrische Leitfähigkeit
Λ	λ	Lambda	Wellenlänge, Wärmeleitfähigkeit, Neigungswinkel (Wendeschneidplatte)
Μ	μ	My	Reibungskoeffizient, Prozessmittelwert
Ν	ν	Ny	Sicherheitszahl
Ξ	ξ	Xi	Höhere Mathematik
Ο	o	Omikron	Höhere Mathematik
Π	π	Pi	Produktzeichen, Kreiszahl 3,1415...
Ρ	ρ, ϱ	Rho	Dichte, Winkel, Leiterwiderstand
Σ	σ	Sigma	Summenzeichen, Normalspannung, Prozessstandardabweichung
Τ	τ	Tau	Schubspannung, Torsionsspannung
Υ	υ	Ypsilon	Achsenbezeichnung
Φ	φ	Phi	Wärmestrom (Q), Goldener Schnitt, Winkel, Phasenverschiebung, Stoßfaktor
Χ	χ	Chi	Statistisches Merkmal
Ψ	ψ	Psi	Wärmedurchgangskoeffizient
Ω	ω	Omega	Zeichen für Ohm, Winkelgeschwindigkeit

Grundrechenarten

Addition a, b Summand c Summe	$a + b = c$	
Subtraktion a Minuend; b Subtrahend c Differenz	$a - b = c$	
Multiplikation a, b Multiplikator c Produkt	$a \cdot b = c$	
Division a Dividend; Zähler b Divisor; Nenner c Quotient; Wert des Bruches	$a : b = c$	**Bruchschreibweise** $\frac{a}{b} = c$

Vorzeichenregeln

Addition und Subtraktion	$+(+a) = +a$ $+(-a) = -a$	$-(+a) = -a$ $-(-a) = +a$
Multiplikation und Division	**Multiplikation** $(+a) \cdot (+b) = +ab$ $(+a) \cdot (-b) = -ab$ $(-a) \cdot (+b) = -ab$ $(-a) \cdot (-b) = +ab$	**Division** $(+a) : (+b) = +(a : b)$ $(+a) : (-b) = -(a : b)$ $(-a) : (+b) = -(a : b)$ $(-a) : (-b) = +(a : b)$

Rechengesetze

„Punkt vor Strich"	$a + b \cdot c = a + (b \cdot c)$	
Kommutativgesetz...	**... der Addition** $a + b = b + a$	**... der Multiplikation** $a \cdot b = b \cdot a$
Assoziativgesetz...	**...der Addition** $(a + b) + c = a + (b + c)$	**... der Multiplikation** $a \cdot (b \cdot c) = (a \cdot b) \cdot c$
Distributivgesetz	$a \cdot (b + c) = a \cdot b + a \cdot c$	

Klammern

Klammern auflösen	$(a + b) \cdot (c + d) = a \cdot c + a \cdot d + b \cdot c + b \cdot d$	
	$a + (b + c) = a + b + c$	$a - (b + c) = a - b - c$
Ausklammern	$a \cdot b + a \cdot c = a \cdot (b + c)$	

Grundoperationen mit Brüchen

Multiplikation mit ganzer Zahl
a Zähler
b Nenner
k ganze Zahl

$$\frac{a}{b} \cdot k = \frac{a \cdot k}{b}$$

Multiplikation von Brüchen
a, c Zähler
b, d Nenner

$$\frac{a}{b} \cdot \frac{c}{d} = \frac{a \cdot c}{b \cdot d}$$

Erweitern
a Zähler
b Nenner
k Zahl, mit der erweitert wird

$$\frac{a}{b} \cdot \frac{k}{k} = \frac{a \cdot k}{b \cdot k}$$

Der Wert des Bruches bleibt gleich.

Division durch ganze Zahl
a Zähler
b Nenner
k ganze Zahl

$$\frac{a}{b} \div k = \frac{a}{b \cdot k}$$

Division von Brüchen
a, c Zähler
b, d Nenner

$$\frac{a}{b} \div \frac{c}{d} = \frac{a}{b} \cdot \frac{d}{c} = \frac{a \cdot d}{b \cdot c}$$

Multiplikation mit dem Kehrwert: $\frac{c}{d} \xrightarrow{\text{Kehrwert}} \frac{d}{c}$

Kürzen
a Zähler;
b Nenner
k Zahl, durch die gekürzt wird

$$\frac{a \div k}{b \div k}$$

Der Wert des Bruches bleibt gleich.

Addition von Brüchen
a, c Zähler
b, d Nenner

$$\frac{a}{b} + \frac{c}{d} = \frac{a}{b} \cdot \frac{d}{d} + \frac{c}{d} \cdot \frac{b}{b} = \frac{a \cdot d + c \cdot b}{b \cdot d}$$

Die Brüche müssen durch Erweitern auf den gemeinsamen Hauptnenner gebracht werden.

Subtraktion von Brüchen
a, c Zähler
b, d Nenner

$$\frac{a}{b} - \frac{c}{d} = \frac{a}{b} \cdot \frac{d}{d} - \frac{c}{d} \cdot \frac{b}{b} = \frac{a \cdot d - c \cdot b}{b \cdot d}$$

Die Brüche müssen durch Erweitern auf den gemeinsamen Hauptnenner gebracht werden.

Vorzeichenregeln
a Zähler
b Nenner

$$\frac{+a}{+b} = \frac{a}{b} \qquad \frac{-a}{-b} = \frac{a}{b}$$

$$\frac{-a}{+b} = -\frac{a}{b} \qquad \frac{+a}{-b} = -\frac{a}{b}$$

Potenzterme

$$a^n = x$$

a	Basis (Grundzahl)
n, m	Exponent (Hochzahl)
a^n	Potenz
x	Potenzwert

Potenzieren

$$a^n = \underbrace{a \cdot a \cdot a \cdot a \cdot \ldots a}_{\text{n Faktoren}}$$

Rechenoperationen mit Potenzen

Addition und Subtraktion

Ausklammern bei gleicher Potenz in allen Termen:

$$g \cdot a^n + j \cdot a^n + h \cdot a^n = a^n \cdot (g + j + h)$$

Multiplikation

bei gleicher Basis

$$a^n \cdot a^m = a^{n+m}$$

bei gleichem Exponenten

$$a^n \cdot b^n = (a \cdot b)^n$$

Division

bei gleicher Basis

$$\frac{a^n}{a^m} = a^{n-m}$$

bei gleichem Exponenten

$$\frac{a^n}{b^n} = \left(\frac{a}{b}\right)^n$$

Potenzieren

$$(a^n)^m = a^{n \cdot m}$$

Sonderformen von a^n

$$a^1 = a \qquad a^0 = 1 \qquad a^{-1} = \frac{1}{a} \qquad a^{-n} = \frac{1}{a^n}$$

Umwandeln von Potenzen in Wurzeln

$$a^{\frac{n}{m}} = \sqrt[m]{a^n}$$

Technische Mathematik

Wurzelterme

$$\sqrt[n]{a} = x$$

a Radikant
n, m Wurzelexponent
x Wurzelwert

Radizieren

$$a = \underbrace{\sqrt[n]{a} \cdot \sqrt[n]{a} \cdot \ldots \cdot \sqrt[n]{a}}_{\text{n Wurzeln}}$$

Rechenoperationen mit Wurzeln

Addition und Subtraktion

Ausklammern bei gleicher Wurzel in allen Termen:

$$g \cdot \sqrt[n]{a} + j \cdot \sqrt[n]{a} + h \cdot \sqrt[n]{a} = \sqrt[n]{a} \cdot (g + j + h)$$

Multiplikation

bei gleichem Radikant

$$\sqrt[m]{a} \cdot \sqrt[n]{a} = \sqrt[m \cdot n]{a^{m+n}}$$

bei gleichem Wurzelexponenten

$$\sqrt[n]{a} \cdot \sqrt[n]{b} = \sqrt[n]{a \cdot b}$$

Division

bei gleichem Radikant

$$\frac{\sqrt[n]{a}}{\sqrt[m]{a}} = \sqrt[m \cdot n]{a^{m-n}}$$

bei gleichem Wurzelexponenten

$$\frac{\sqrt[n]{a}}{\sqrt[n]{b}} = \sqrt[n]{\frac{a}{b}}$$

Potenzieren

$$\left(\sqrt[n]{a}\right)^m = \sqrt[n]{a^m}$$

Radizieren (Wurzel ziehen)

$$\sqrt[m]{\sqrt[n]{a}} = \sqrt[m \cdot n]{a} = \sqrt[n]{\sqrt[m]{a}}$$

Hinweise zur Quadratwurzel

Wurzelexponent entfällt

$$x = \pm \sqrt[2]{a} \rightarrow x = \pm \sqrt{a}$$

Es gibt zwei Werte für x

$$x_1 = + \sqrt{a};$$

$$x_2 = - \sqrt{a}$$

Umwandeln von Potenzen in Wurzeln und umgekehrt

$$\sqrt[m]{a^n} = a^{\frac{n}{m}}$$

Größen und Einheiten

SI-Basisgrößen und Basiseinheiten

Basisgröße	Basiseinheit	Einheitenzeichen
Länge	Meter	m
Masse	Kilogramm	kg
Zeit	Sekunde	s
Elektrische Stromstärke	Ampere	A
Thermodynamische Temperatur	Kelvin	K
Stoffmenge	Mol	mol
Lichtstärke	Candela	cd

Dezimale Vielfache oder Teile von Einheiten

Vorsatz		Zehnerpotenz	Vorsatz		Zehnerpotenz
Zeichen	Name		Zeichen	Name	
T	Terra	10^{12}	d	Dezi	$10^{-1} = 0{,}1$
G	Giga	10^{9}	c	Zenti	$10^{-2} = 0{,}01$
M	Mega	$10^{6} = 1\,000\,000$	m	Milli	$10^{-3} = 0{,}001$
k	Kilo	$10^{3} = 1\,000$	µ	Mikro	$10^{-6} = 0{,}000001$
h	Hekto	$10^{2} = 100$	n	Nano	10^{-9}
da	Deka	$10^{1} = 10$	p	Piko	10^{-12}

Umrechnungsfaktoren für Einheiten (Auszug)

Größe	Umrechnungsfaktoren, z. B.
Längen	$1 = \frac{10\text{ mm}}{1\text{ cm}} = \frac{1000\text{ mm}}{1\text{ m}} = \frac{1\text{ m}}{1000\text{ mm}} = \frac{1\text{ km}}{1000\text{ m}}$
Flächen	$1 = \frac{100\text{ mm}^2}{1\text{ cm}^2} = \frac{100\text{ cm}^2}{1\text{ dm}^2} = \frac{1\text{ cm}^2}{100\text{ mm}^2} = \frac{1\text{ dm}^2}{100\text{ cm}^2}$
Volumen	$1 = \frac{1000\text{ mm}^3}{1\text{ cm}^3} = \frac{1000\text{ cm}^3}{1\text{ dm}^3} = \frac{1\text{ cm}^3}{1000\text{ mm}^3} = \frac{1\text{ dm}^3}{1000\text{ cm}^3}$
Zeit	$1 = \frac{60\text{ min}}{1\text{ h}} = \frac{3600\text{ s}}{1\text{ h}} = \frac{60\text{ s}}{1\text{ min}} = \frac{1\text{ min}}{60\text{ s}}$
Winkel	$1 = \frac{60'}{1°} = \frac{60''}{1'} = \frac{3600''}{1°} = \frac{1°}{60\text{ s}}$
Zoll	$1\text{ inch} = 25{,}4\text{ mm};\ 1\text{ mm} = \frac{1}{25{,}4}\text{ inch}$

Größen und Einheiten

Länge

Größe	Formelzeichen	Einheitenname	Einheitenzeichen
Länge	*l*	Meter	m

Beziehung	m	µm	mm	cm	dm	km
1 m =	1	10^{6} 1 000 000	10^{3} 1000	10^{2} 100	10^{1} 10	10^{-3} 0,001
1 µm =	10^{-6} 0,000 001	1	10^{-3} 0,001	10^{-4} 0,0001	10^{-5} 0,00001	10^{-9}
1 mm =	10^{-3} 0,001	10^{3} 1000	1	10^{-1} 0,1	10^{-2} 0,01	10^{-6} 0,000 001
1 cm =	10^{-2} 0,01	10^{4} 10 000	10^{1} 10	1	10^{-1} 0,1	10^{-5} 0,00001
1 dm =	10^{-1} 0,1	10^{5} 100 000	10^{2} 100	10^{1} 10	1	10^{-4} 0,0001
1 km =	10^{3} 1 000	10^{9}	10^{6} 1 000 000	10^{5} 100 000	10^{4} 10 000	1

1 inch = 1 Zoll = 25,4 mm; 1 foot = 0,3048 m; 1 yard = 0,9144 m

Fläche

Größe	Formelzeichen	Einheitenname	Einheitenzeichen
Fläche	*A*, *S*	Quadratmeter Ar Hektar	m^2 a ha

Beziehung	m^2	mm^2	cm^2	dm^2
1 m^2 =	1	10^{6} 1 000 000	10^{4} 10 000	10^{2} 100
1 mm^2 =	10^{-6} 0,000 001	1	10^{-2} 0,01	10^{-4} 0,0 001
1 cm^2 =	10^{-4} 0,0001	10^{2} 100	1	10^{-2} 0,01
1 dm^2 =	10^{-2} 0,01	10^{4} 10 000	10^{2} 100	1

1 a = 100m^2; 1 ha = 100 a = 10 000 m^2; 100 ha = 1 km^2

Volumen

Größe	Formelzeichen	Einheitenname	Einheitenzeichen
Volumen	*V*	Kubikmeter Liter	m^3 l, L

Beziehung	m^3	mm^3	cm^3 = ml	dm^3 = l
1 m^3 =	1	10^{9}	10^{6} 1 000 000	10^{3} 1 000
1 mm^3 =	10^{-9}	1	10^{-3} 0,001	10^{-6} 0,000 001
1 cm^3 = 1 ml =	10^{-6} 0,000 001	10^{3} 1 000	1	10^{-3} 0,001
1 dm^3 = 1 l =	10^{-3} 0,001	10^{6} 1 000 000	10^{3} 1000	1

Größen und Einheiten

Mechanik

Größe	Formelzeichen	Einheit Name	Einheit Zeichen	Beziehung
Masse	m	Kilogramm Gramm Megagramm Tonne Karat	kg g Mg t	1 kg = 1000 g 1 g = 1000 mg 1 t = 1000 kg = 1 Mg 0,2 g = 1 Kt
längenbezogene Masse	m'	Kilogramm pro Meter	kg/m	1 kg/m = 1 g/mm
flächenbezogene Masse	m''	Kilogramm pro Meter hoch zwei	kg/m^2	$1\ kg/m^2 = 0{,}1\ g/cm^2$
Dichte	ϱ, ρ	Kilogramm pro Meter hoch drei	kg/m^3	$1000\ kg/m^3 = 1\ t/m^3$ $= 1\ kg/dm^3 = 1\ g/cm^3$ $= 1\ g/ml$ $= 1\ mg/mm^3$
Kraft **Gewichtskraft**	F F_G, G	Newton	N	$1\ N = 1\ \frac{kg \cdot m}{s^2} = 1\ J/m$ $1\ MN = 10^3\ kN = 1\,000\,000\ N$
Drehmoment **Biegemoment** **Torsionsmoment**	M M_b M_T, T	Newton mal Meter	$N \cdot m$	$1\ N \cdot m = 1\ kg \cdot m^2/s^2$
Druck **mechanische Spannung**	p σ, τ	Pascal Newton pro Millimeter hoch zwei	Pa N/mm^2	$1\ Pa = 1\ N/m^2 = 0{,}01\ mbar$ $1\ bar = 100\,000\ N/m^2 = 10\ N/cm^2 = 10^5\ Pa$ 1 mbar = 1 hPa $1\ N/mm^2 = 10\ bar = 1\ MN/m^2 = 1\ MPa$ $1\ daN/cm^2 = 0{,}1\ N/mm^2$
Flächenmoment 2. Grades	I	Meter hoch vier Zentimeter hoch vier	m^4 cm^4	$1\ m^4 = 100\,000\,000\ cm^4$
Energie, Arbeit **Wärmemenge**	E, W Q	Joule	J	$1\ J = 1\ N \cdot m = 1\ W \cdot s = 1\ kg \cdot m^2/s^2$
Leistung, Wärmestrom	P Φ	Watt	W	$1\ W = 1\ J/s = 1\ N \cdot m/s$ $= 1\ V \cdot A = 1\ m^2 \cdot kg/s^3$ 1 PS = 0,7355 kW

Technische Mathematik

Größen und Einheiten

Zeit

Größe	Formelzeichen	Einheit: Name	Einheit: Zeichen	Beziehung
Zeit, Zeitspanne, Dauer	t	Sekunde Minute Stunde Tag Jahr	s min h d a	1 min = 60 s 1 h = 60 min = 3600 s 1 d = 24 h = 86 400 s
Frequenz	f, ν	Hertz	Hz	1 Hz = 1/s
Drehzahl, Umdrehungsfrequenz	n	1 pro Sekunde 1 pro Minute	1/s 1/min	$1/\text{s} = 60/\text{min} = 60\ \text{min}^{-1}$ $1/\text{min} = 1\ \text{min}^{-1} = \frac{1}{60\ \text{s}}$
Geschwindigkeit	v	Meter pro Sekunde Meter pro Minute Kilometer pro Stunde	m/s m/min km/h	1 m/s = 60 m/min = 3,6 km/h $1\ \text{m/min} = \frac{1\ \text{m}}{60\ \text{s}}$ $1\ \text{km/h} = \frac{1\ \text{m}}{3{,}6\ \text{s}}$
Winkelgeschwindigkeit	ω	1 pro Sekunde Radiant pro Sekunde	1/s rad/s	$\omega = 2\,\pi \cdot n$
Beschleunigung	a, g	Meter pro Sekunde hoch zwei	m/s^2	$1\ \text{m/s}^2 = \frac{1\ \text{m/s}}{1\ \text{s}}$

Thermodynamik und Wärmeübertragung

Größe	Formelzeichen	Einheit: Name	Einheit: Zeichen	Beziehung
Thermodynamische Temperatur **Celsius-Temperatur**	T, Θ t, ϑ	Kelvin Grad Celsius Grad Fahrenheit	K °C	0 K = – 273,15 °C 0 °C = 273,15 K 0 °C = 32 °F 0 °F = – 17,77 °C
Wärmemenge	Q	Joule	J	1 J = 1 W · s = 1 N · m 1 kW · h = 3 600 000 J = 3,6 MJ 1 kcal = 4,1868 kJ 1 kcal = 4186,8 Ws 1 kcal = 1,166 Wh
Spezifischer Heizwert	H_u H_i	Joule pro Kilogramm Joule pro Meter hoch drei	J/kg J/m^3	1 MJ/kg = 1 000 000 J/kg $1\ \text{MJ/m}^3 = 1\,000\,000\ \text{J/m}^3$

Größen und Einheiten

Elektrizität und Magnetismus

Größe	Formelzeichen	Einheit Name	Einheit Zeichen	Beziehung
Elektrische Stromstärke	I	Ampere	A	
Elektrische Spannung	U	Volt	V	1 V = 1 W/1 A = 1 J/C
Elektrischer Widerstand	R	Ohm	Ω	1 Ω = 1 V/1 A
Elektrischer Leitwert	G	Siemens	S	1 S = 1 A/1 V = 1/Ω
Spezifischer Widerstand	ϱ	Ohm mal Meter	Ω · m	10^{-6} Ω · m = 1 Ω · mm^2/m
Leitfähigkeit	$\gamma, \varkappa$	Siemens pro Meter	S/m	
Frequenz	f	Hertz	Hz	1 Hz = 1/s 1000 Hz = 1 kHz
Elektrische Arbeit	W	Joule	J	1 J = 1 W · s = 1 N · m 1 kW · h = 3,6 MJ 1 W · h = 3,6 kJ
Phasenverschiebungswinkel	φ	–	–	für Wechselstrom gilt: $\cos \varphi = \frac{P}{U \cdot I}$
Elektrische Feldstärke	E	Volt pro Meter	V/m	
Elektrische Ladung		Coulomb	C	1 C = 1 A · 1 s; 1 A · h = 3,6 kC
Elektrische Kapazität	Q	Farad	F	1 F = 1 C/V
Induktivität	C	Henry	H	1 H = 1 V · s/A
Leistung **Wirkleistung**	P L	Watt	W	1 W = 1 J/s = 1 N · m/s = 1 V · A

Winkel

Größe	Formelzeichen	Einheit Name	Einheit Zeichen	Beziehung
ebener Winkel (Winkel)	α, β, γ …	Radiant	rad	1 rad = 1 m/m = 57,2957…° = 180°/π
		Grad	°	$1° = \frac{\pi}{180}$ rad = 60′
		Minute	′	1′ = 1°/60 = 60″
		Sekunde	″	1″ = 1′/60 = 1°/3600

Umstellung und Auflösung von Formeln

Umstellung von Summen (Beispiele)

Längenaddition

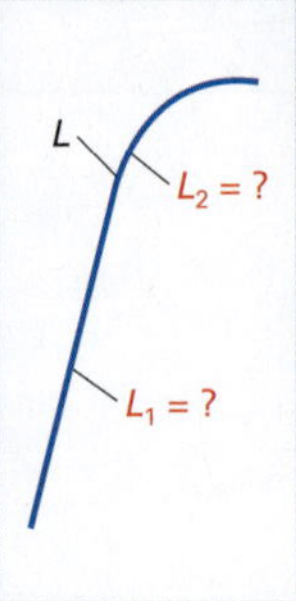

$$L = L_1 + L_2$$

$$L_1 + L_2 = L$$

$$L_1 = L - L_2$$

$$L_2 = L - L_1$$

Kosinussatz

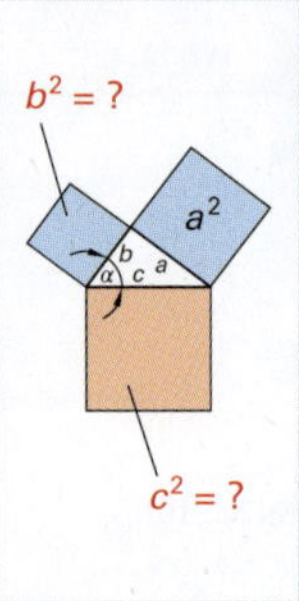

$$a^2 = b^2 + c^2 - 2 \cdot b \cdot c \cdot \cos\alpha$$

$$b^2 + c^2 - 2 \cdot b \cdot c \cdot \cos\alpha = a^2$$

$$b^2 = a^2 - c^2 + 2 \cdot b \cdot c \cdot \cos\alpha$$

$$c^2 = a^2 - b^2 + 2 \cdot b \cdot c \cdot \cos\alpha$$

Umstellung von Produkten (Beispiele)

Rechteckfläche

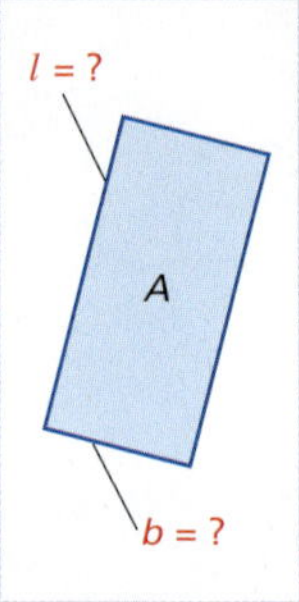

$$A = l \cdot b$$

$$l \cdot b = A$$

$$l = \frac{A}{b}$$

$$b = \frac{A}{l}$$

Quadervolumen

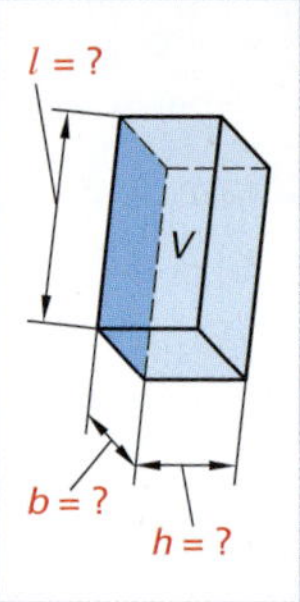

$$V = l \cdot b \cdot h$$

$$l \cdot b \cdot h = V$$

$$h = \frac{V}{l \cdot b}$$

$$l = \frac{V}{b \cdot h} \qquad b = \frac{V}{l \cdot h}$$

Umstellung von Brüchen (Beispiele für Unbekannte im Zähler)

Kreisausschnitt

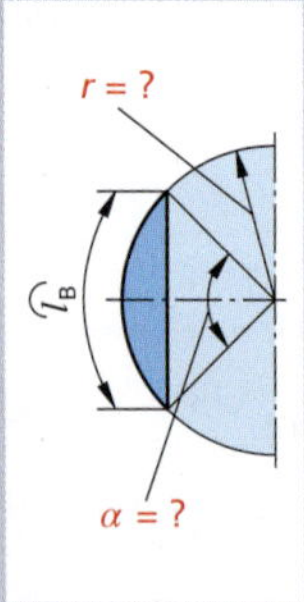

$$l_B = \frac{\pi \cdot r \cdot \alpha}{180°}$$

$$\frac{\pi \cdot r \cdot \alpha}{180°} = l_B$$

$$r = \frac{l_B \cdot 180°}{\pi \cdot \alpha}$$

$$\alpha = \frac{l_B \cdot 180°}{\pi \cdot r}$$

Kegelstumpf-Mantelfläche

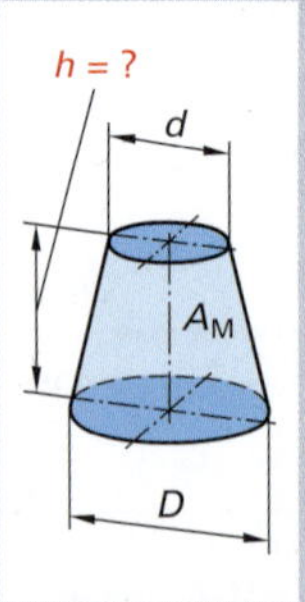

$$V = \frac{\pi \cdot h}{12} \cdot (D^2 + d^2 + D \cdot d)$$

$$\frac{\pi \cdot h}{12} \cdot (D^2 + d^2 + D \cdot d) = V$$

$$h \cdot (D^2 + d^2 + D \cdot d) = \frac{12 \cdot V}{\pi}$$

$$h = \frac{12 \cdot V}{\pi \cdot (D^2 + d^2 + D \cdot d)}$$

Umstellung und Auflösung von Formeln

Umstellung von Brüchen (Beispiele für Unbekannte im Nenner)

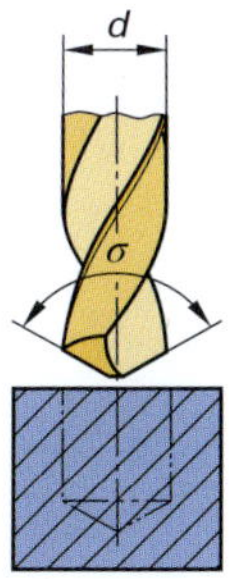

Drehzahl

$$n = \frac{v_c}{\pi \cdot d}$$

$$\frac{\pi \cdot d}{v_c} = \frac{1}{n}$$

$$d = \frac{v_c}{\pi \cdot n}$$

$$v_c = d \cdot \pi \cdot n$$

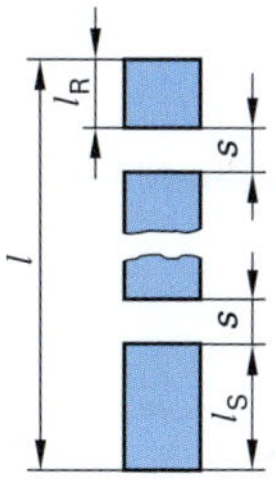

Teilung von Längen

$$z = \frac{l}{l_s + s}$$

$$\frac{l_s + s}{l} = \frac{1}{z}$$

$$l_s + s = \frac{l}{z}$$

$$s = \frac{l}{z} - l_s$$

Umstellung von Potenzen

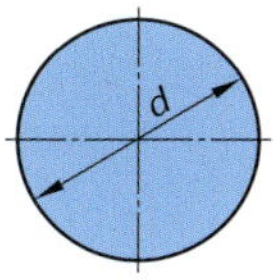

Kreisfläche

$$A = \frac{\pi \cdot d^2}{4}$$

$$\frac{\pi \cdot d^2}{4} = A$$

$$d^2 = \frac{4 \cdot A}{\pi}$$

$$d = \sqrt{\frac{4 \cdot A}{\pi}}$$

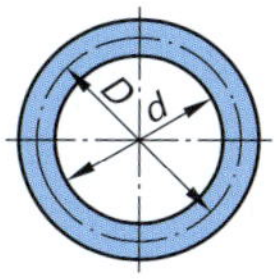

Kreisringfläche

$$A = \frac{\pi}{4} \cdot (D^2 - d^2)$$

$$\frac{\pi}{4} \cdot (D^2 - d^2) = A$$

$$(D^2 - d^2) = \frac{4 \cdot A}{\pi}$$

$$D = \sqrt{\frac{4 \cdot A}{\pi} + d^2}$$

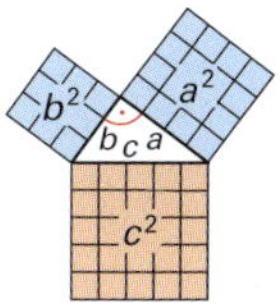

Pythagoras

$$c = \sqrt{a^2 + b^2}$$

$$c^2 = a^2 + b^2$$

$$a^2 = c^2 - b^2$$

$$a = \sqrt{c^2 - b^2}$$

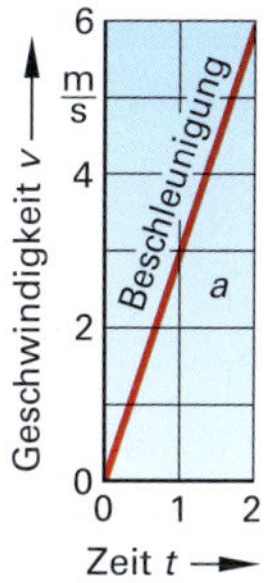

Beschleunigung

$$t = \sqrt{\frac{2 \cdot s}{a}}$$

$$t^2 = \frac{2 \cdot s}{a}$$

$$\frac{2 \cdot s}{a} = t^2$$

$$s = \frac{1}{2} \cdot a \cdot t^2$$

Technische Mathematik

Verhältnisse

Strahlensatz

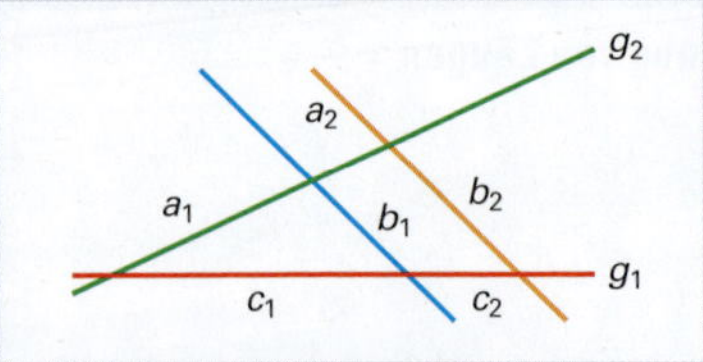

$a_{1,2}$ Geradenabschnitte (g_2)
$c_{1,2}$ Geradenabschnitte (g_1)
$b_{1,2}$ Parallelenabschnitte

1. Strahlensatz

$$\frac{a_1}{a_2} = \frac{c_1}{c_2}$$

2. Strahlensatz

$$\frac{c_1}{c_1 + c_2} = \frac{b_1}{b_2}$$

$a_1 = \frac{a_2 \cdot c_1}{c_2}$;

$a_2 = \frac{a_1 \cdot c_2}{c_1}$;

$c_1 = \frac{a_1 \cdot c_2}{a_2}$;

$c_2 = \frac{a_2 \cdot c_1}{a_1}$

$b_1 = \frac{b_2 \cdot c_1}{c_1 + c_2}$

$b_2 = \frac{b_1 \cdot (c_1 + c_2)}{c_1}$

$[a]$ = mm, cm
$[b]$ = mm, cm
$[c]$ = mm, cm

Direkt proportionale Verhältnisse

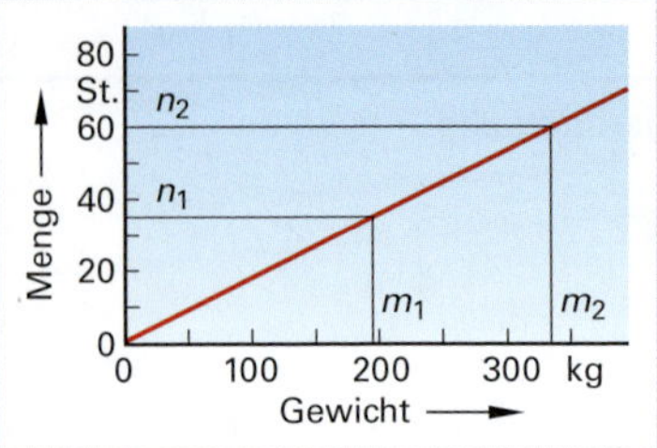

n Menge
m Gewicht

$$\frac{m_1}{m_2} = \frac{n_1}{n_2}$$

$m_1 = \frac{m_2 \cdot n_1}{n_2}$

$n_1 = \frac{m_1 \cdot n_2}{m_2}$

$m_2 = \frac{m_1 \cdot n_2}{n_1}$

$n_2 = \frac{m_2 \cdot n_1}{m_1}$

$[n]$ = Anzahl
$[m]$ = g, kg

Dreisatz-„Sprachregel"

1. 60 Stück (n_2) wiegen (m_2) 330 kg
2. 1 Stück wiegt 330 kg / 60 Stück
3. 35 Stück (n_1) wiegen
   m_1 = 35 Stück · 330 kg / 60 Stück

Indirekt proportionale Verhältnisse

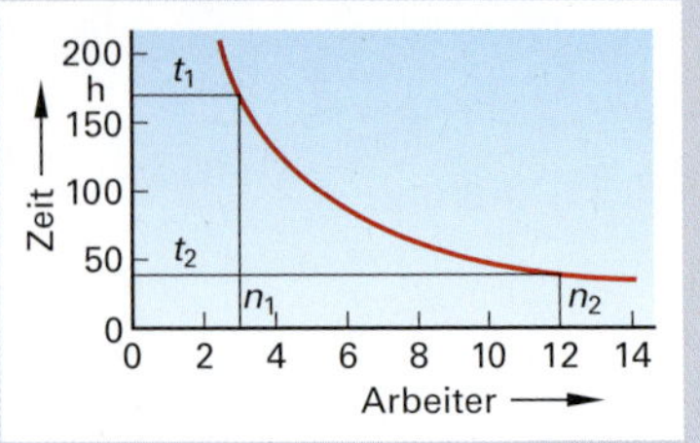

t Zeit
n Anzahl Arbeiter

$$\frac{t_2}{t_1} = \frac{n_1}{n_2}$$

$t_2 = \frac{n_1 \cdot t_1}{n_2}$

$n_1 = \frac{n_2 \cdot t_2}{t_1}$

$t_1 = \frac{n_2 \cdot t_2}{n_1}$

$n_2 = \frac{n_1 \cdot t_1}{t_2}$

$[n]$ = –
$[t]$ = min, h

Dreisatz-„Sprachregel"

1. 3 Arbeiter (n_1) benötigen 170 h (t_1)
2. 1 Arbeiter benötigt 3 · 170 h
3. 12 Arbeiter (n_2) benötigen t_2 = 3 · 170 h / 12

Prozentrechnung, Zinsrechnung

Prozentrechnung

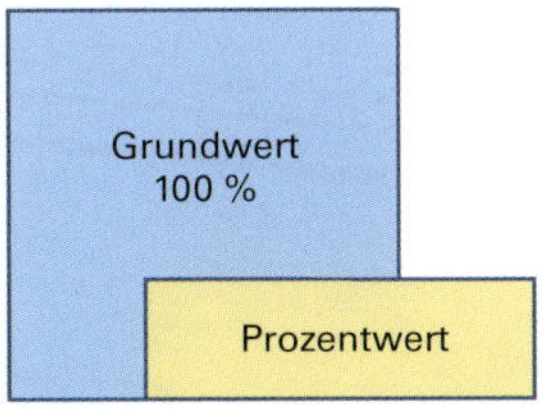

P_s Prozentsatz
P_w Prozentwert
G_w Grundwert (entspricht 100 %)

$$P_s = \frac{P_w \cdot 100\,\%}{G_w}$$

$$P_w = \frac{G_w \cdot P_s}{100\,\%}$$

$$G_w = \frac{P_w \cdot 100\,\%}{P_s}$$

$[P_s]$ = %
$[P_w]$ = €
$[G_w]$ = €

Zinsrechnung

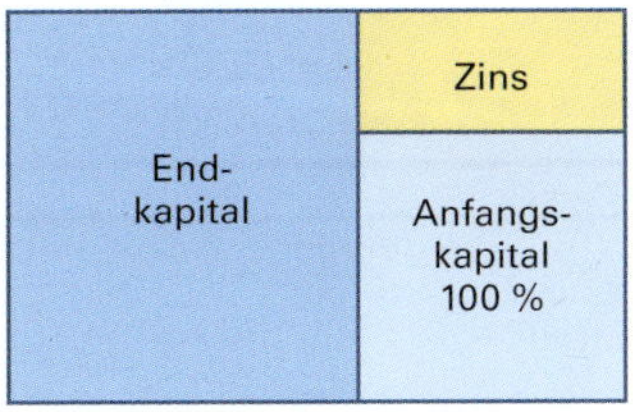

Z Zinsen
K_0 Anfangskapital
K_n Endkapital
p Zinssatz pro Jahr
t Laufzeit in Tagen

$$Z = \frac{K_0 \cdot p \cdot t}{100\,\% \cdot 360}$$

$$K_0 = \frac{Z \cdot 100\,\% \cdot 360}{p \cdot t}$$

$$p = \frac{Z \cdot 100\,\% \cdot 360}{K_0 \cdot t}$$

$$t = \frac{Z \cdot 100\,\% \cdot 360}{K_0 \cdot p}$$

$[K_0]$ = €
$[K_n]$ = €
$[Z]$ = €
$[p]$ = %/a
$[t]$ = d (Tage)

Umformungen:

1 Zinsjahr = 360 Tage (360 d)
360 d = 12 Monate
1 Zinsmonat = 30 Tage

Zinseszinsrechnung

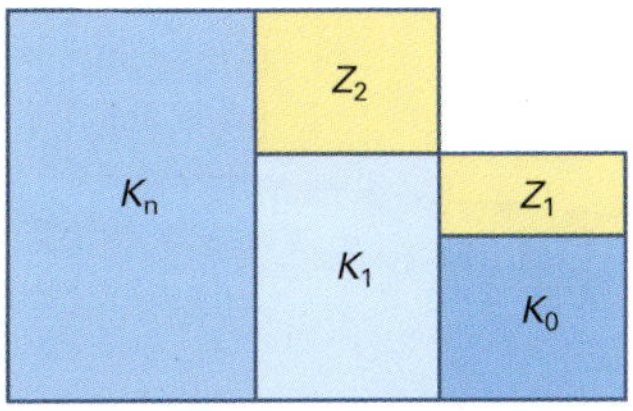

K_n Endkapital
K_0 Anfangskapital
Z Zinsen
r Zahlung am Jahresanfang
p Zinssatz pro Jahr
t Laufzeit in Tagen
n Laufzeit in Jahren
q Aufzinsungsfaktor

Endkapital

$$K_n = K_0 \cdot q^n$$

$$K_o = \frac{K_n}{q^n}$$

bei Mehrfach-Einzahlung

$$K_n = K_0 \cdot q^n + r \cdot q \cdot \frac{q^n - 1}{q - 1}$$

$$q = 1 + \frac{p}{100\,\%}$$

bei Mehrfach-Auszahlung

$$K_n = K_0 \cdot q^n - r \cdot q \cdot \frac{q^n - 1}{q - 1}$$

$[K_0]$ = €
$[K_n]$ = €
$[Z]$ = €
$[r]$ = €
$[p]$ = %/a
$[t]$ = d (Tage)
$[n]$ = a (Jahr)
$[q]$ = –

Umformungen:

1 Zinsjahr (1a) = 360 Tage (360 d)
360 d = 12 Monate
1 Zinsmonat = 30 Tage

Technische Mathematik

Winkelarten, Dreiecke

Winkelarten

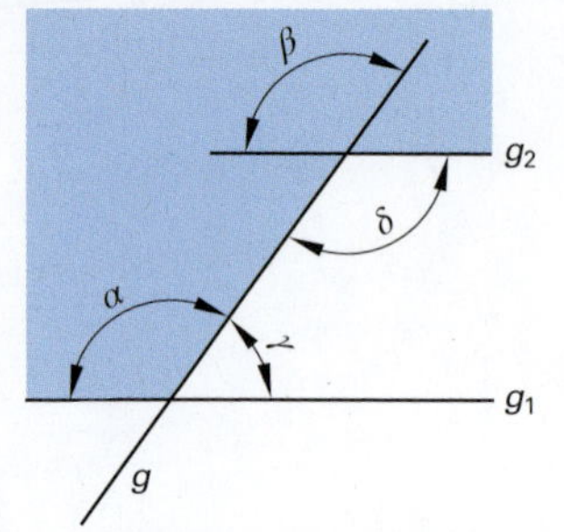

g	Gerade
g_1, g_2	parallele Geraden

Stufenwinkel

$$\alpha = \beta$$

Scheitelwinkel

$$\beta = \delta$$

Wechselwinkel

$$\alpha = \delta$$

Nebenwinkel

$$\alpha \rightarrow \gamma$$

$\alpha + \gamma = 180°$

$\alpha = 180° - \gamma$

$\gamma = 180° - \alpha$

$[\alpha] = °$
$[\beta] = °$
$[\gamma] = °$
$[\delta] = °$

Dreiecke

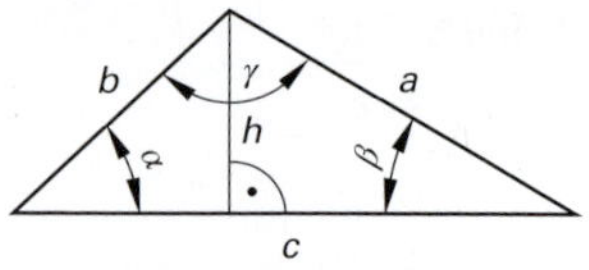

a, b, c, s	Seiten am Dreieck
α, β, γ	Winkel am Dreieck
h	Höhe im Dreieck
U	Umfang
A	Fläche

Rechtwinkliges Dreieck

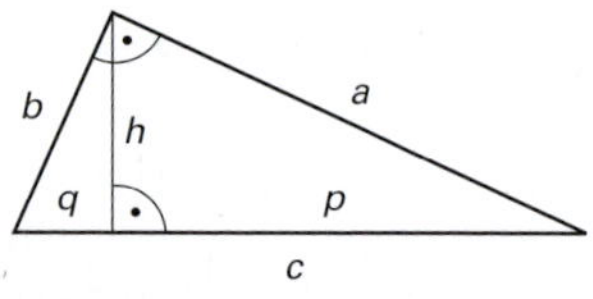

p	Hypotenusenabschnitt zu a
q	Hypotenusenabschnitt zu b

Gleichschenkliges Dreieck

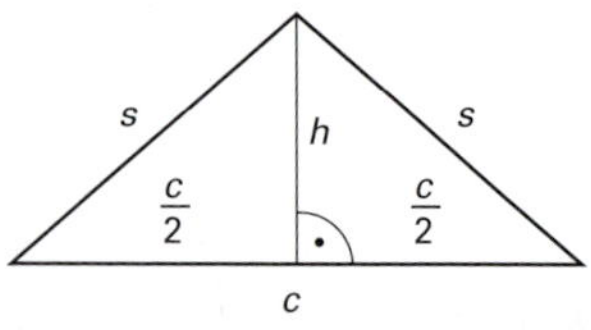

Winkelsumme

$$\alpha + \beta + \gamma = 180°$$

$\alpha = 180° - \beta - \gamma$

$\beta = 180° - \alpha - \gamma$

$\gamma = 180° - \beta - \alpha$

$[\alpha] = °$
$[\beta] = °$
$[\gamma] = °$

Umfang

$$U = a + b + c$$

$a = U - (b + c)$

$b = U - (a + c)$

$c = U - (a + b)$

$[a] = \text{mm, cm}$
$[b] = \text{mm, cm}$
$[c] = \text{mm, cm}$
$[h] = \text{mm, cm}$
$[s] = \text{mm, cm}$
$[p] = \text{mm, cm}$
$[q] = \text{mm, cm}$

Fläche

$$A = \frac{c \cdot h}{2}$$

$c = \frac{2 \cdot A}{h}$

$h = \frac{2 \cdot A}{c}$

Rechtwinkliges Dreieck (Pythagoras, Kathetensatz, Höhensatz)

Pythagoras

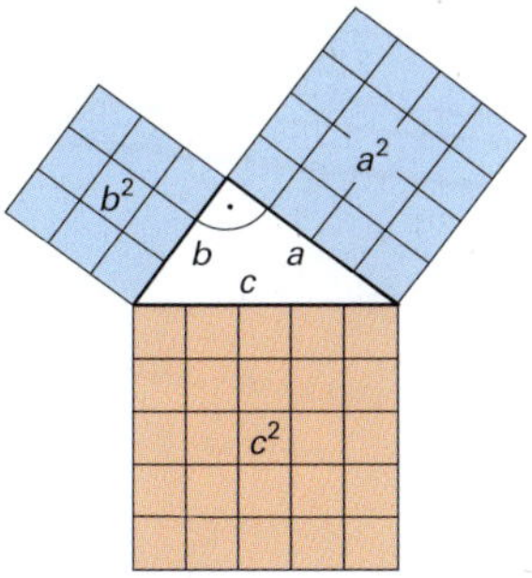

a, b Kathete
c Hypotenuse

$$c^2 = a^2 + b^2$$

$$c = \sqrt{a^2 + b^2}$$

$$a = \sqrt{c^2 - b^2}$$

$$b = \sqrt{c^2 - a^2}$$

$[a]$ = mm, cm
$[b]$ = mm, cm
$[c]$ = mm, cm

Kathetensatz

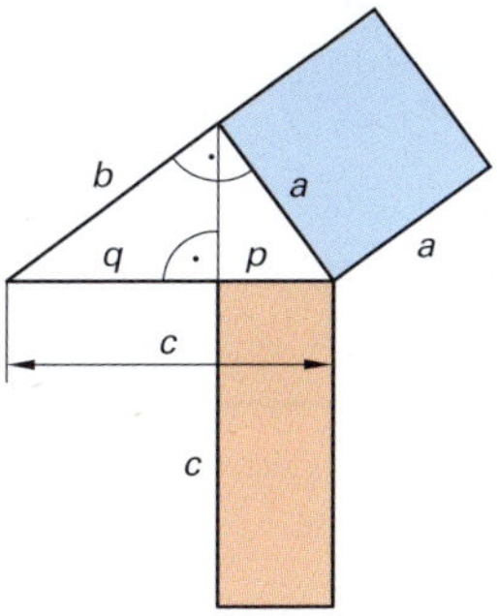

p Hypotenusenabschnitt zu a
q Hypotenusenabschnitt zu b

$$a^2 = c \cdot p$$

$$b^2 = c \cdot q$$

$$c = p + q$$

$$p = c - q$$

$$q = c - p$$

$$a = \sqrt{c \cdot p}$$

$$c = \frac{a^2}{p}$$

$$p = \frac{a^2}{c}$$

$$b = \sqrt{c \cdot q}$$

$$c = \frac{b^2}{q}$$

$$q = \frac{b^2}{c}$$

$[a]$ = mm, cm
$[b]$ = mm, cm
$[c]$ = mm, cm
$[p]$ = mm, cm
$[q]$ = mm, cm

Höhensatz

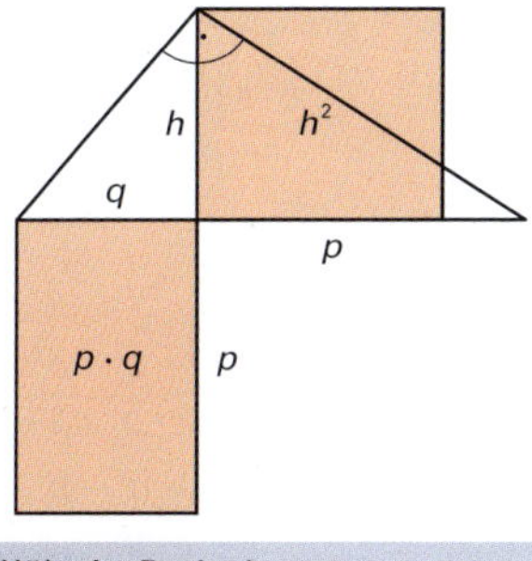

h Höhe im Dreieck
p Hypotenusenabschnitt zu a
q Hypotenusenabschnitt zu b

$$h^2 = q \cdot p$$

$$h = \sqrt{q \cdot p}$$

$$q = \frac{h^2}{p}$$

$$p = \frac{h^2}{q}$$

$[h]$ = mm, cm
$[p]$ = mm, cm
$[q]$ = mm, cm

Winkelfunktionen

Rechtwinkliges Dreieck

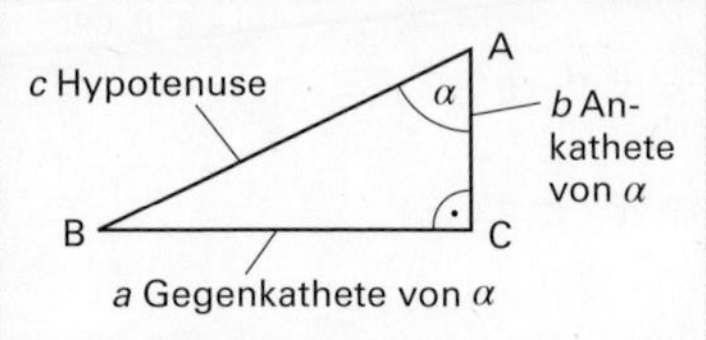

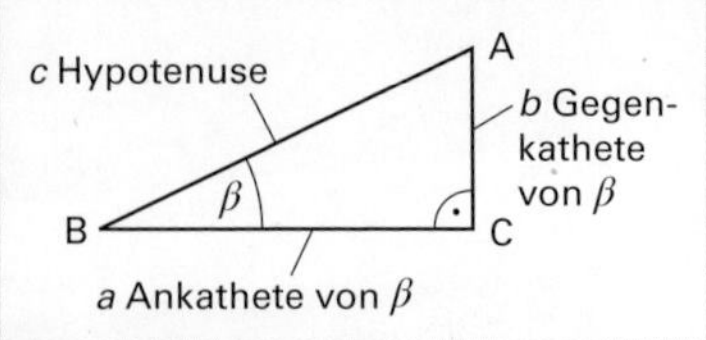

a, b	Kathete
c	Hypotenuse
α, β	Winkel im Dreieck
A, B, C	Eckpunkte des Dreiecks

$$\text{Sinus} = \frac{\text{Gegenkathete}}{\text{Hypotenuse}}$$

$$\sin\alpha = \frac{a}{c} \qquad \sin\beta = \frac{b}{c}$$

$$a = c \cdot \sin\alpha; \qquad c = \frac{a}{\sin\alpha}$$

$$\text{Kosinus} = \frac{\text{Ankathete}}{\text{Hypotenuse}}$$

$$\cos\alpha = \frac{b}{c} \qquad \cos\beta = \frac{a}{c}$$

$$b = c \cdot \cos\alpha \qquad c = \frac{b}{\cos\alpha}$$

$$\text{Tangens} = \frac{\text{Gegenkathete}}{\text{Ankathete}}$$

$$\tan\alpha = \frac{a}{b} \qquad \tan\beta = \frac{b}{a}$$

$$a = b \cdot \tan\alpha \qquad b = \frac{a}{\tan\alpha}$$

$$\text{Kotangens} = \frac{\text{Ankathete}}{\text{Gegenkathete}}$$

$$\cot\alpha = \frac{b}{a} \qquad \cot\beta = \frac{a}{b}$$

$$b = a \cdot \cot\alpha \qquad a = \frac{b}{\cot\alpha}$$

$[a], [b], [c], [h]$ = mm, cm, m
$[\alpha], [\beta], [\gamma]$ = °

Schiefwinkliges Dreieck

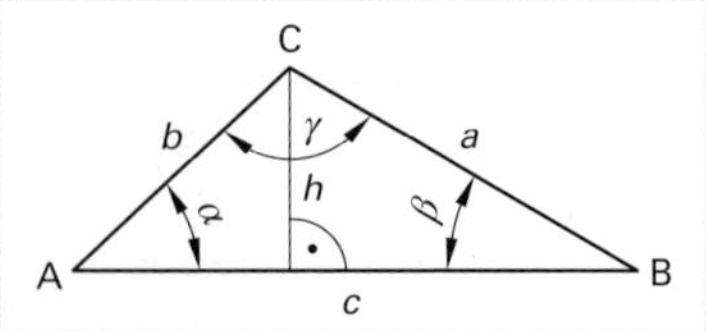

a, b	Kathete
c	Hypotenuse
h	Höhe im Dreieck
α, β, γ	Winkel im Dreieck
A, B, C	Eckpunkte des Dreiecks

Sinussatz

$$\frac{a}{\sin\alpha} = \frac{b}{\sin\beta} = \frac{c}{\sin\gamma}$$

$$a : b : c = \sin\alpha : \sin\beta : \sin\gamma$$

$$a = \frac{b \cdot \sin\alpha}{\sin\beta} = \frac{c \cdot \sin\alpha}{\sin\gamma}$$

$$b = \frac{a \cdot \sin\beta}{\sin\alpha} = \frac{c \cdot \sin\beta}{\sin\gamma}$$

$$c = \frac{b \cdot \sin\gamma}{\sin\beta} = \frac{a \cdot \sin\gamma}{\sin\alpha}$$

Kosinussatz

$$a^2 = b^2 + c^2 - 2 \cdot b \cdot c \cdot \cos\alpha \qquad \cos\alpha = \frac{b^2 + c^2 - a^2}{2 \cdot b \cdot c}$$

$$b^2 = a^2 + c^2 - 2 \cdot a \cdot c \cdot \cos\beta \qquad \cos\beta = \frac{a^2 + c^2 - b^2}{2 \cdot a \cdot c}$$

$$c^2 = a^2 + b - 2 \cdot a \cdot b \cdot \cos\gamma \qquad \cos\gamma = \frac{a^2 + b^2 - c^2}{2 \cdot a \cdot b}$$

Teilung von Längen

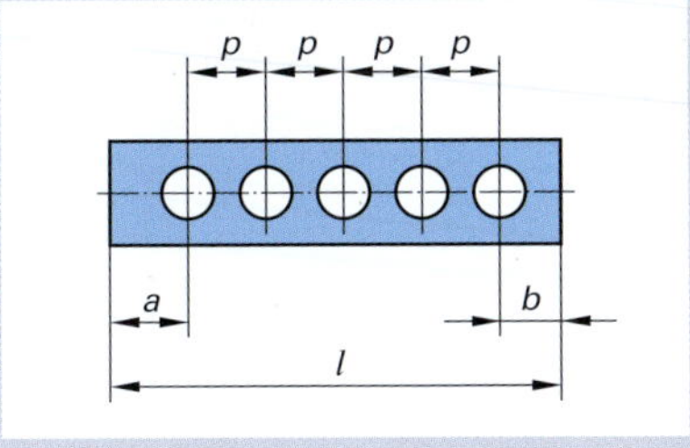

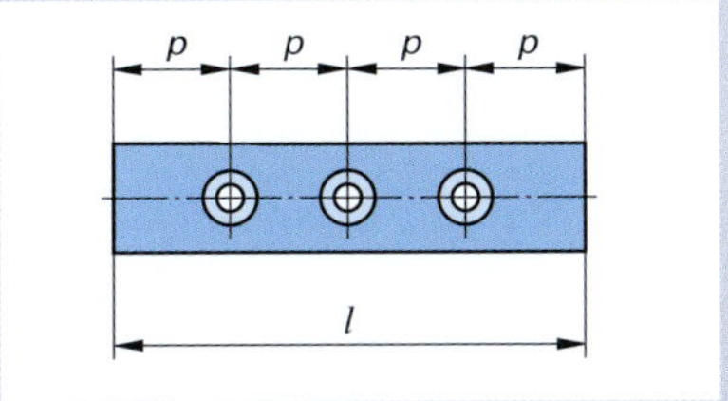

p Teilung
l Gesamtlänge
a, b Randabstände
n Anzahl der Bohrungen

$$p = \frac{l-(a+b)}{n-1}$$

$$n = \frac{l-(a+b)}{p}+1$$

$$l = p \cdot (n-1) + a + b$$

$$a = l - b - p \cdot (n-1)$$

$$b = l - a - p \cdot (n-1)$$

$$p = \frac{l}{n+1}$$

$$n = \frac{l}{p} - 1$$

$$l = p \cdot (n+1)$$

$[l]$ = mm
$[p]$ = mm
$[a]$ = mm
$[b]$ = mm
$[n]$ = –

Umformungen:

1 m = 100 cm = 1000 mm
1 cm = 10 mm
1 mm = 0,1 cm = $\frac{1}{1000}$ m = 0,001 m

Trennen von Teilstücken

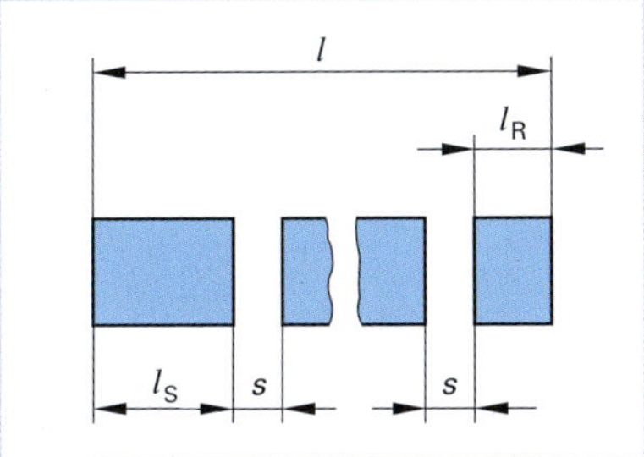

l Gesamtlänge
l_S Teillänge
s Sägeschnittbreite
l_R Restlänge
z Anzahl der Teile

$$z = \frac{l}{l_s + s}$$

$$l_R = l - z \cdot (l_S + s)$$

$$s = \frac{l - l_R}{z} - l_S$$

$$l = l_R + z \cdot (l_S + s)$$

$$l_S = \frac{l - l_R}{z} - s$$

$[l]$ = mm
$[s]$ = mm
$[l_S]$ = mm
$[l_R]$ = mm
$[z]$ = –

Umformungen:

1 m = 100 cm = 1000 mm
1 cm = 10 mm
1 mm = 0,1 cm = $\frac{1}{1000}$ m = 0,001 m

Technische Mathematik

Strahlensatz, Steigung, Neigung

Strahlensatz

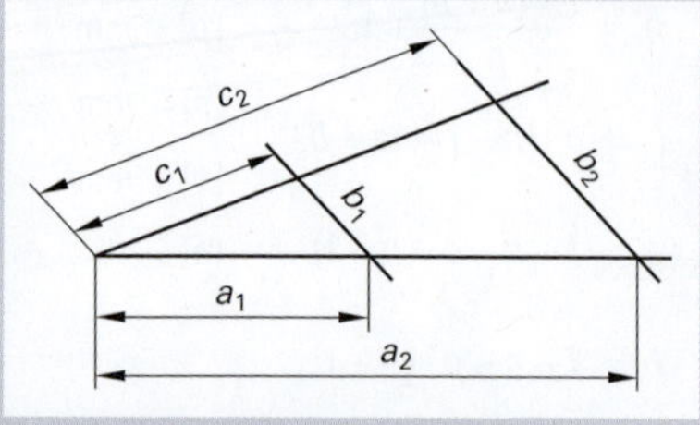

a_1, a_2 Abschnitte der Geraden
b_1, b_2 Abschnitte der Parallelen
c_1, c_2 Abschnitte der Geraden

$$\frac{a_1}{a_2} = \frac{b_1}{b_2} = \frac{c_1}{c_2}$$

$$a_1 = \frac{a_2 \cdot c_1}{c_2}$$
$$a_2 = \frac{a_1 \cdot c_2}{c_1}$$
$$c_1 = \frac{a_1 \cdot c_2}{a_2}$$
$$c_2 = \frac{a_2 \cdot c_1}{a_1}$$

$[a]$ = mm
$[b]$ = mm
$[c]$ = mm

$$\frac{c_1}{b_1} = \frac{c_2}{b_2}$$

$$b_1 = \frac{b_2 \cdot c_1}{c_2}$$
$$b_2 = \frac{b_1 \cdot c_2}{c_1}$$

Steigung

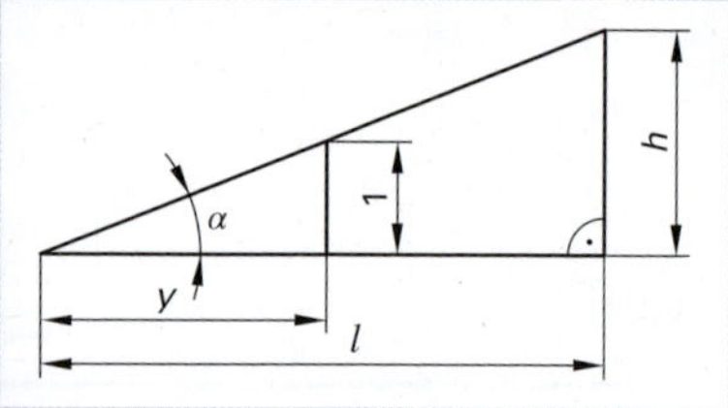

α Steigungswinkel, (Neigungswinkel)
$\frac{1}{y}$ Steigungsverhältnis, (Neigungsverhältnis)
h Höhe
l Länge
y Länge bei Höhe = 1
S Steigung

$$\tan\alpha = \frac{h}{l}$$
$$\alpha = arctan\left(\frac{h}{l}\right)$$

$$\tan\alpha = \frac{1}{y}$$
$$\alpha = arctan\left(\frac{1}{y}\right)$$

$[\alpha]$ = °
$\left[\frac{1}{y}\right]$ = –
$[h]$ = mm
$[l]$ = mm
$[y]$ = mm
$[S]$ = %

$$\frac{h}{l} = \frac{1}{y}$$

$$y = \frac{l}{h}$$
$$h = \frac{l}{y}$$
$$l = y \cdot h$$

$$S = \frac{1}{y} \cdot 100\ \%$$

$$S = \tan\alpha \cdot 100\ \%$$

$$S = \frac{h}{l} \cdot 100\ \%$$

$$h = \frac{S \cdot l}{100\ \%}$$
$$l = \frac{h}{S} \cdot 100\ \%$$

Umformungen:

1 m = 100 cm = 1000 mm
1 mm = 0,1 cm = $\frac{1}{1000}$ m = 0,001 m
1° = 60′ = 3600″

Gestreckte Länge

Kreisringausschnitt mit Angabe des Radius

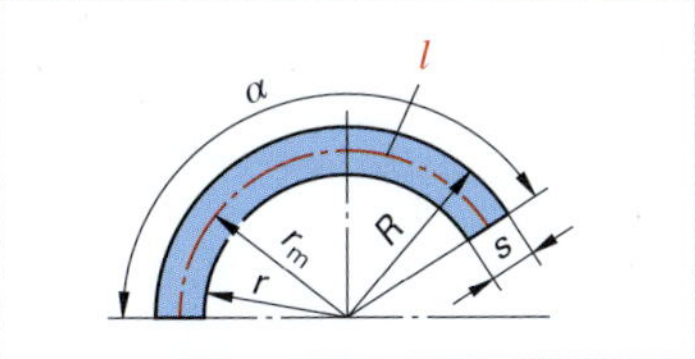

Kreisringausschnitt mit Angabe des Durchmessers

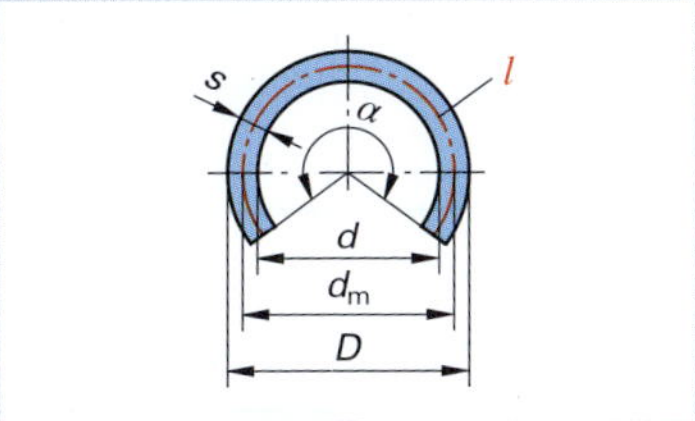

- l gestreckte Länge
- R Außenradius
- r Innenradius
- r_m mittlerer Radius
- D Außendurchmesser
- d Innendurchmesser
- d_m mittlerer Durchmesser
- s Dicke
- α Mittelpunktswinkel

Ringbogen:

für $\alpha < 180°$

$$l = \frac{\pi \cdot r_m \cdot \alpha}{180°}$$

für $\alpha < 180°$

$$l = \frac{\pi \cdot d_m \cdot \alpha}{360°}$$

Kreisring:

$$l = \pi \cdot d_m$$

$d_m = \frac{D + d}{2}$

$$d_m = D - s$$

$d_m = d + s$

$D = d_m + s$

$d_m = D - s$

$D = d + 2 \cdot s$

$d = d_m - s$

$d = D - 2 \cdot s$

$$s = D - d_m$$

$s = d_m - d$

$$\alpha = \frac{l \cdot 180°}{\pi \cdot r_m}$$

$$\alpha = \frac{l \cdot 360°}{\pi \cdot d_m}$$

Umformungen: wie unten

$[l]$ = mm
$[R]$ = mm
$[r]$ = mm
$[r_m]$ = mm
$[D]$ = mm
$[d]$ = mm
$[d_m]$ = mm
$[s]$ = mm
$[\alpha]$ = °

Zusammengesetzte Länge

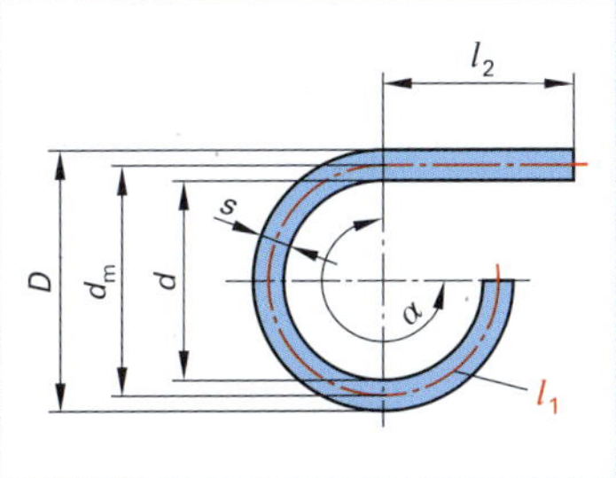

- l_1, l_2 gestreckte Länge
- L zusammengesetzte Länge
- D Außendurchmesser
- d Innendurchmesser
- d_m mittlerer Durchmesser
- s Dicke
- α Mittelpunktswinkel

$$L = l_1 + l_2 + \ldots$$

$l_1 = L - l_2 - \ldots$

$l_2 = L - l_1 - \ldots$

$$L = \frac{\pi \cdot d_m \cdot \alpha}{360°} + l_2$$

$l_2 = L - \frac{\pi \cdot d_m \cdot \alpha}{360°}$

$\alpha = \frac{(L - l_2) \cdot 360°}{\pi \cdot d_m}$

$d_m = \frac{(L - l_2) \cdot 360°}{\pi \cdot \alpha}$

Umformungen:

1 m = 100 cm = 1000 mm

1 mm = 0,1 cm = $\frac{1}{1000}$ m = 0,001 m

1° = 60′ = 3600″

$[l_1, l_2]$ = mm
$[D]$ = mm
$[d]$ = mm
$[d_m]$ = mm
$[s]$ = mm
$[\alpha]$ = °

Quadrat

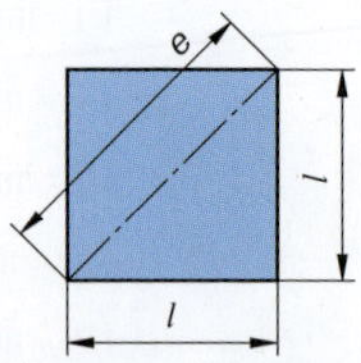

l Seitenlänge
e Eckenmaß
A Fläche
U Umfang

$$A = l^2 \qquad l = \sqrt{A}$$

$$U = 4 \cdot l \qquad l = \frac{U}{4}$$

$$e = \sqrt{2} \cdot l \qquad l = \frac{e}{\sqrt{2}}$$

[*A*] = mm²
[*U*] = mm
[*l*] = mm
[*e*] = mm

Umformungen

1 m = 100 cm = 1000 mm
1 mm = 0,1 cm = $\frac{1}{1000}$ m = 0,001 m
1 m² = 10000 cm² = 1000000 mm²
1 mm² = 0,01 cm² = 0,000001 m²

Rhombus (Raute)

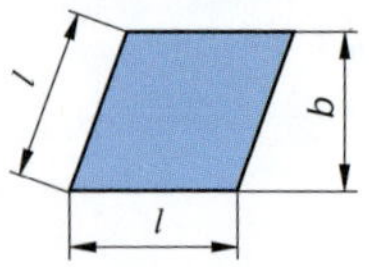

l Seitenlänge
b Breite
A Fläche
U Umfang

$$A = l \cdot b \qquad l = \frac{A}{b} \qquad b = \frac{A}{l}$$

$$U = 4 \cdot l \qquad l = \frac{U}{4}$$

[*A*] = mm²
[*U*] = mm
[*l*] = mm
[*b*] = mm

Umformungen

1 m = 1000 mm, 1 cm = 10 mm
1 mm = 0,1 cm = $\frac{1}{1000}$ m = 0,001 m
1 m² = 10000 cm² = 1000000 mm²
1 mm² = 0,01 cm² = 0,000001 m²

Rechteck

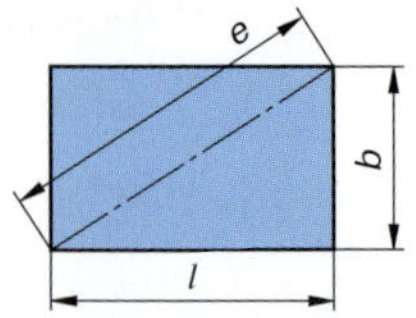

l Seitenlänge
b Breite
e Eckenmaß
A Fläche
U Umfang

$$A = l \cdot b \qquad l = \frac{A}{b} \qquad b = \frac{A}{l}$$

$$U = 2 \cdot (l + b) \qquad l = \frac{U}{2} - b \qquad b = \frac{U}{2} - l$$

$$e = \sqrt{l^2 + b^2} \qquad l = \sqrt{e^2 - b^2} \qquad b = \sqrt{e^2 - l^2}$$

[*A*] = mm²
[*U*] = mm
[*l*] = mm
[*e*] = mm
[*b*] = mm

Umformungen: wie oben

Trapez

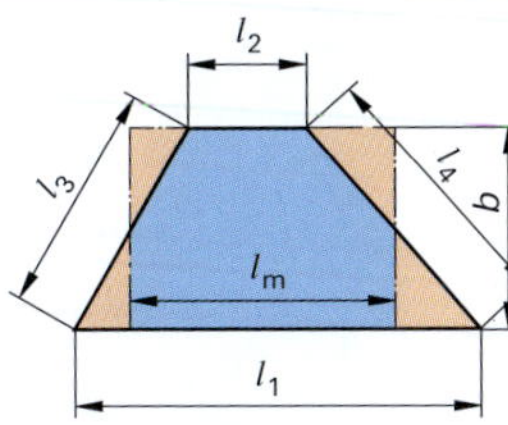

l_1 große Länge
l_2 kleine Länge
l_m mittlere Länge
b Breite
A Fläche
U Umfang

$$A = \frac{l_1 + l_2}{2} \cdot b$$

$b = \frac{2 \cdot A}{l_1 + l_2}$

$l_1 = \frac{2 \cdot A}{b} - l_2$

$l_2 = \frac{2 \cdot A}{b} - l_1$

$$l_m = \frac{l_1 + l_2}{2}$$

$l_1 = 2 \cdot l_m - l_2$

$l_2 = 2 \cdot l_m - l_1$

$$A = l_m \cdot b$$

$b = \frac{A}{l_m}$ $l_m = \frac{A}{b}$

$$U = l_1 + l_2 + l_3 + l_4$$

Umformungen: Seite 28

$[A] = mm^2$
$[U] = mm$
$[l_1] = mm$
$[l_2] = mm$
$[l_m] = mm$
$[b] = mm$

Rhomboid (Parallelogramm)

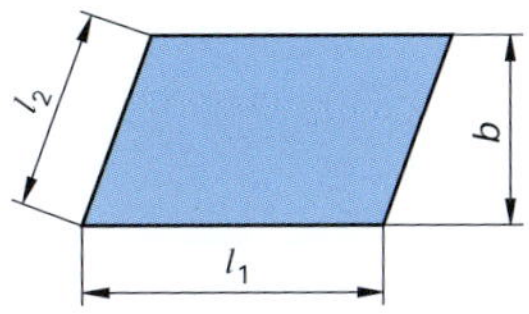

l_1, l_2 Seitenlängen
b Breite
A Fläche
U Umfang

$$A = l_1 \cdot b$$

$l_1 = \frac{A}{b}$ $b = \frac{A}{l_1}$

$$U = 2 \cdot (l_1 + l_2)$$

$l_1 = \frac{U}{2} - l_2$ $l_2 = \frac{U}{2} - l_1$

Umformungen: Seite 28

$[A] = mm^2$
$[U] = mm$
$[l_1] = mm$
$[l_2] = mm$
$[b] = mm$

Dreieck

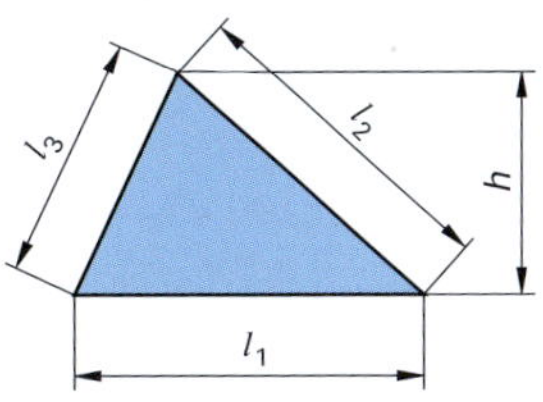

l_1, l_2, l_3 Seitenlängen
h Höhe
A Fläche
U Umfang

$$A = \frac{l_1 \cdot h}{2}$$

$l_1 = \frac{2 \cdot A}{h}$ $h = \frac{2 \cdot A}{l_1}$

$$U = l_1 + l_2 + l_3$$

$l_1 = U - (l_2 + l_3)$

$l_2 = U - (l_1 + l_3)$

$l_3 = U - (l_1 + l_2)$

Umformungen: Seite 28

$[A] = mm^2$
$[U] = mm$
$[l_1] = mm$
$[l_2] = mm$
$[l_3] = mm$
$[h] = mm$

Gleichseitiges Dreieck

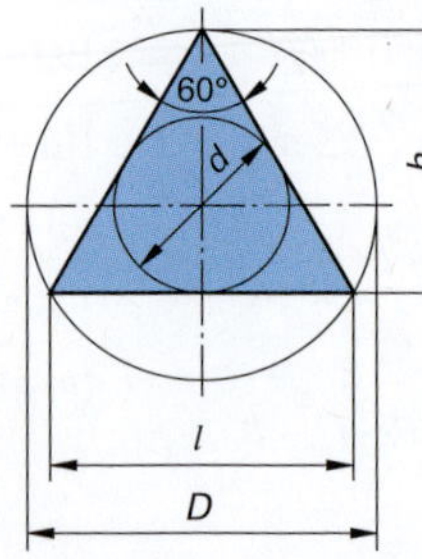

l Seitenlänge
h Höhe
d Innenkreisdurchmesser
D Umkreisdurchmesser
A Fläche
U Umfang

$A = \frac{1}{4} \cdot \sqrt{3} \cdot l^2$	$l = \sqrt{\frac{4 \cdot A}{\sqrt{3}}}$	$[A] = mm^2$
$A = \frac{l \cdot h}{2}$	$l = \frac{2 \cdot A}{h}$	$[U] = mm$
	$h = \frac{2 \cdot A}{l}$	$[l] = mm$
$U = 3 \cdot l$	$l = \frac{U}{3}$	$[h] = mm$
$D = \frac{2}{3} \cdot \sqrt{3} \cdot l$	$l = \frac{\sqrt{3} \cdot D}{2}$	$[d] = mm$
$D = 2 \cdot d$	$d = \frac{D}{2}$	$[D] = mm$
$d = \frac{1}{3} \cdot \sqrt{3} \cdot l$	$l = \sqrt{3} \cdot d$	
$h = \frac{1}{2} \cdot \sqrt{3} \cdot l$	$l = \frac{2 \cdot h}{\sqrt{3}}$	

Umformungen: Seite 28

Kreis

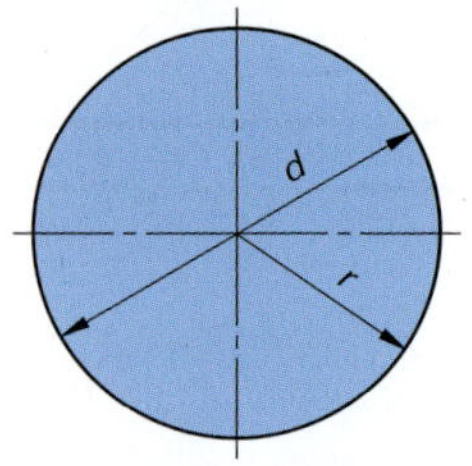

d Durchmesser
r Radius
U Umfang
A Fläche

$A = \frac{\pi \cdot d^2}{4}$	$d = \sqrt{\frac{4 \cdot A}{\pi}}$	$[A] = mm^2$
$A = \pi \cdot r^2$	$r = \sqrt{\frac{A}{\pi}}$	$[U] = mm$
$d = 2 \cdot r$	$r = \frac{d}{2}$	$[d] = mm$
$U = \pi \cdot d$	$d = \frac{U}{\pi}$	$[r] = mm$
$U = 2 \cdot \pi \cdot r$	$r = \frac{U}{2 \cdot \pi}$	

Umformungen: Seite 28

Kreisring

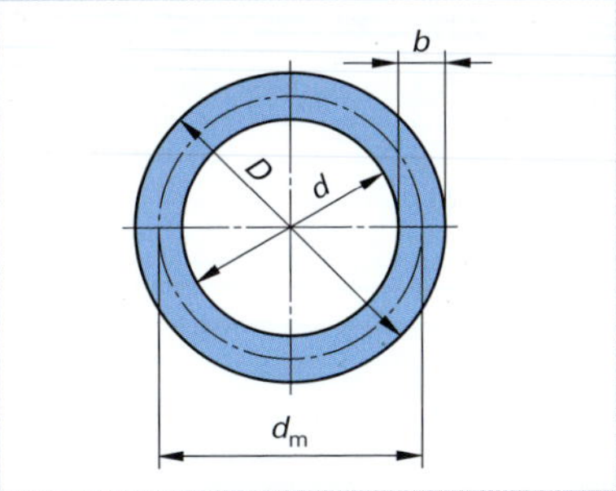

D Außendurchmesser
d Innendurchmesser
d_m mittlerer Durchmesser
b Breite
A Fläche
U Gesamtumfang

$$A = \pi \cdot d_m \cdot b \qquad d_m = \frac{A}{\pi \cdot b}$$

$$A = \frac{\pi}{4} \cdot (D^2 - d^2) \qquad D = \sqrt{d^2 + \frac{4 \cdot A}{\pi}} \qquad d = \sqrt{D^2 - \frac{4 \cdot A}{\pi}}$$

$$A = \pi \cdot d_m \cdot b \qquad d_m = \frac{A}{\pi \cdot b} \qquad b = \frac{A}{\pi \cdot d_m}$$

$$U = \pi \cdot (D + d) \qquad D = \frac{U}{\pi} - d \qquad d = \frac{U}{\pi} - D$$

$[A] = mm^2$
$[U] = mm$
$[D] = mm$
$[d] = mm$
$[d_m] = mm$
$[b] = mm$

Umformungen: Seite 28

Kreisausschnitt

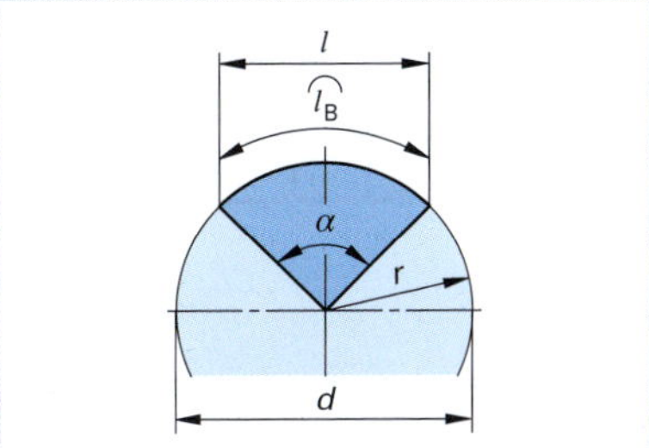

d Durchmesser
l Sehnenlänge
r Radius
l_B Bogenlänge
α Mittelpunktswinkel
A Fläche
U Umfang

$$A = \frac{\pi \cdot d^2}{4} \cdot \frac{\alpha}{360°} \qquad d = \sqrt{\left(\frac{4 \cdot A}{\pi} \cdot \frac{360°}{\alpha}\right)} \qquad \alpha = \frac{4 \cdot A}{\pi \cdot d^2} \cdot 360°$$

$$A = \frac{l_B \cdot r}{2} \qquad l_B = \frac{2 \cdot A}{r} \qquad r = \frac{2 \cdot A}{l_B}$$

$$U = 2 \cdot r + l_B \qquad r = \frac{U - l_B}{2} \qquad l_B = U - 2 \cdot r$$

$$U = d + l_B \qquad d = U - l_B \qquad l_B = U - d$$

$$l_B = \frac{\pi \cdot r \cdot \alpha}{180°} \qquad r = \frac{l_B}{\pi} \cdot \frac{180°}{\alpha} \qquad \alpha = \frac{l_B}{\pi \cdot r} \cdot 180°$$

$$l = 2 \cdot r \cdot \sin\frac{\alpha}{2} \qquad r = \frac{l}{2 \cdot \sin\frac{\alpha}{2}}$$

Umformungen: Seite 28

$[A] = mm^2$ $[U] = mm$ $[d] = mm$ $[l] = mm$ $[r] = mm$ $[l_B] = mm$ $[\alpha] = °$

Technische Mathematik

Kreisabschnitt

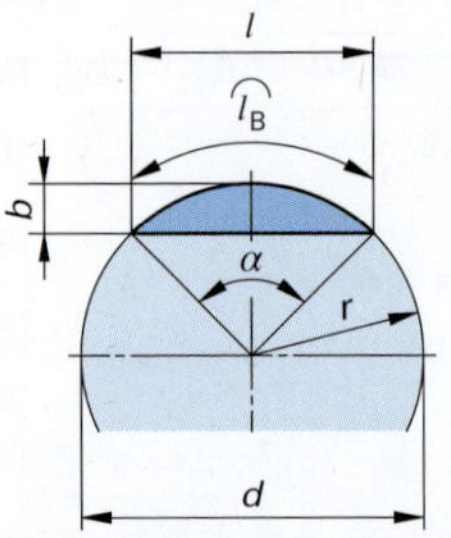

d Durchmesser
b Breite
l Sehnenlänge
r Radius
l_B Bogenlänge
α Mittelpunktswinkel
A Fläche
U Umfang

$$A = \frac{\pi \cdot d^2}{4} \cdot \frac{\alpha}{360°} - \frac{l \cdot (r - b)}{2}$$

$$A = \frac{l_B \cdot r - l \cdot (r - b)}{2}$$

$$l = 2 \cdot \sqrt{b \cdot (2 \cdot r - b)}$$

$$r = \frac{b}{2} + \frac{l^2}{8 \cdot b} \qquad l = 2 \cdot r \cdot \sin\frac{\alpha}{2}$$

$$b = \frac{l}{2} \cdot \tan\frac{\alpha}{4}$$

$$b = r - \sqrt{r^2 - \frac{l^2}{4}} \qquad d = b + \frac{l^2}{4 \cdot b}$$

$$l_B = \frac{\pi \cdot r \cdot \alpha}{180°} \qquad r = \frac{l_B}{\pi} \cdot \frac{180°}{\alpha} \qquad \alpha = \frac{l_B}{\pi} \cdot \frac{360°}{d}$$

$$U = l + l_B \qquad l = U - l_B \qquad l_B = U - l$$

$[A] = mm^2$
$[U] = mm$
$[d] = mm$
$[b] = mm$
$[l] = mm$
$[r] = mm$
$[l_B] = mm$
$[\alpha] = °$

Umformungen: Seite 28

Ellipse

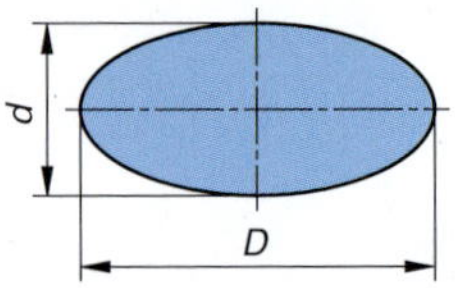

D Länge
d Breite
A Fläche
U Umfang

$$A = \frac{\pi \cdot D \cdot d}{4} \qquad D = \frac{4 \cdot A}{\pi \cdot d} \qquad d = \frac{4 \cdot A}{\pi \cdot D}$$

$$U = \pi \cdot \frac{D + d}{2} \qquad D = \frac{2 \cdot U}{\pi} - d \qquad d = \frac{2 \cdot U}{\pi} - D$$

$[A] = mm^2$
$[U] = mm$
$[D] = mm$
$[d] = mm$

Umformungen: Seite 28

Regelmäßige Vielecke

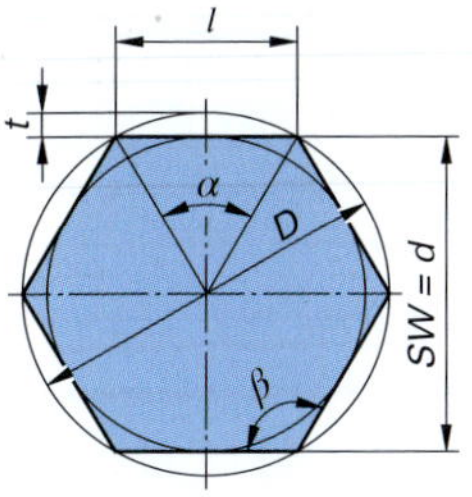

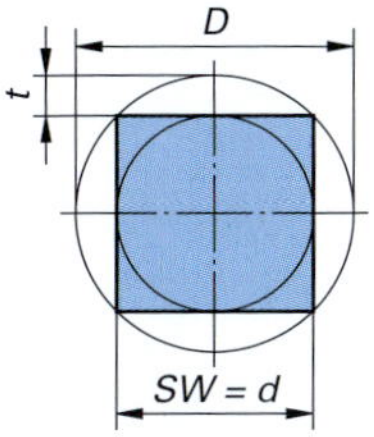

l	Seitenlänge
D	Wellendurchmesser, Umkreisdurchmesser
d	Innkreisdurchmesser
t	Frästiefe
A	Fläche
α	Mittelpunktswinkel
β	Eckenwinkel
n	Eckenzahl
SW	Schlüsselweite
U	Umfang

$$A = \frac{n \cdot l \cdot d}{4}$$

$n = \frac{4 \cdot A}{l \cdot d}$ $\quad$ $l = \frac{4 \cdot A}{n \cdot d}$ $\quad$ $d = \frac{4 \cdot A}{n \cdot l}$

$$U = n \cdot l$$

$l = \frac{U}{n}$ $\quad$ $n = \frac{U}{l}$

$$l = D \cdot \sin\left(\frac{180°}{n}\right)$$

$D = \frac{l}{\sin\left(\frac{180°}{n}\right)}$

$$\alpha = \frac{360°}{n}$$

$n = \frac{(360°)}{\alpha}$

$$\beta = 180° - \alpha$$

$\alpha = 180° - \beta$

$[A] = mm^2$
$[U] = mm$
$[l] = mm$
$[D] = mm$
$[d] = mm$
$[t] = mm$
$[\alpha, \beta] = °$
$[SW] = mm$
$[n] = -$

Wellendurchmesser, Umkreisdurchmesser

$$D = \sqrt{d^2 + l^2}$$

$d = \sqrt{D^2 - l^2}$ $\quad$ $l = \sqrt{D^2 - d^2}$

Frästiefe, Umkreisdurchmesser

$$t = \frac{D - SW}{2}$$

$D = 2 \cdot t + SW$ $\quad$ $SW = D - 2 \cdot t$

Umformungen: Seite 28

Umkreisdurchmesser, Fläche

Vierkant	Sechskant	Achtkant	Zwölfkant
$D = \frac{SW}{\cos 45°}$	$D = \frac{SW}{\cos 30°}$	$D = \frac{SW}{\cos 22{,}5°}$	$D = \frac{SW}{\cos 15°}$
$A = SW^2$	$A \approx 0{,}867 \cdot SW^2$	$A \approx 0{,}828 \cdot SW^2$	$A \approx 0{,}804 \cdot SW^2$

Würfel

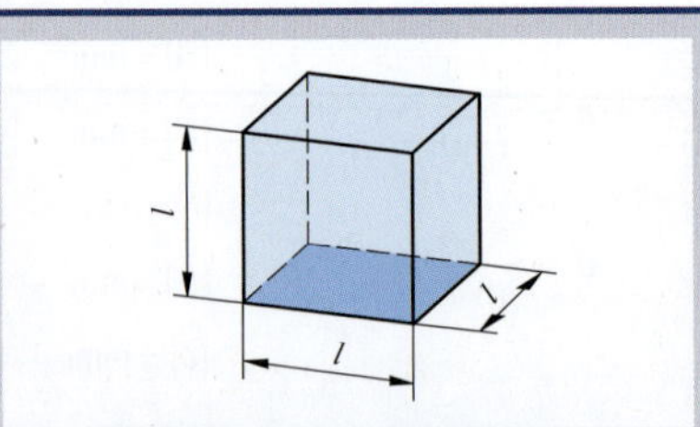

l Seitenlänge
V Volumen
A_0 Oberfläche

$$V = l^3 \qquad l = \sqrt[3]{V}$$

$$A_O = 6 \cdot l^2 \qquad l = \sqrt{\frac{A_0}{6}}$$

$[V] = mm^3$
$[A_0] = mm^2$
$[l] = mm$

Umformungen

1 m = 1000 mm, 1 cm = 10 mm
1 mm = 0,1 cm = $\frac{1}{1000}$ m = 0,001 m
1 m^2 = 10000 cm^2 = 1000000 mm^2
1 mm^2 = 0,01 cm^2 = 0,000001 m^2
1 mm^3 = 0,001 cm^3 = 0,000000001 m^3

Vierkantprisma (Quader)

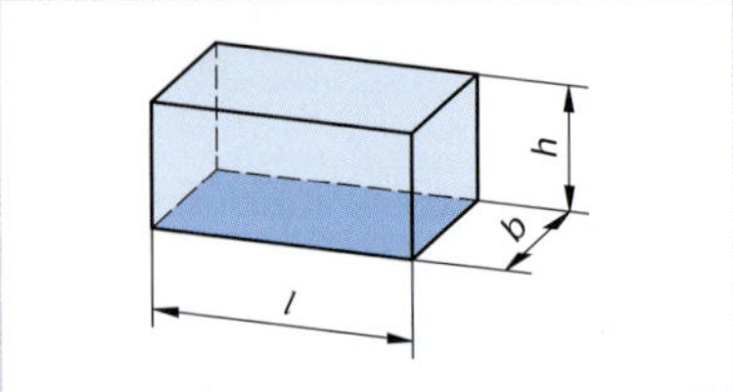

l Seitenlänge
b Breite
h Höhe
V Volumen
A_0 Oberfläche

$$V = l \cdot b \cdot h \qquad l = \frac{V}{b \cdot h} \qquad b = \frac{V}{l \cdot h} \qquad h = \frac{V}{b \cdot l}$$

$[V] = mm^3$
$[A_0] = mm^2$
$[l] = mm$
$[b] = mm$
$[h] = mm$

$$A_O = 2 \cdot (l \cdot b + l \cdot h + b \cdot h)$$

$$l = \frac{A_0 - 2 \cdot b \cdot h}{2 \cdot (b + h)}$$

$$b = \frac{A_0 - 2 \cdot l \cdot h}{2 \cdot (l + h)}$$

$$h = \frac{A_0 - 2 \cdot l \cdot b}{2 \cdot (l + b)}$$

Umformungen: wie oben

Zylinder

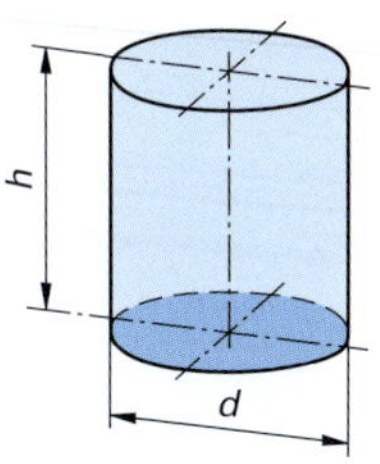

d Durchmesser
h Höhe
V Volumen
A_0 Oberfläche
A_M Mantelfläche

$$V = \frac{\pi \cdot d^2}{4} \cdot h \qquad d = \sqrt{\frac{4 \cdot V}{\pi \cdot h}} \qquad h = \frac{4 \cdot V}{\pi \cdot d^2}$$

$$A_O = \pi \cdot d \cdot h + 2 \cdot \frac{\pi \cdot d^2}{4}$$

$$A_M = \pi \cdot d \cdot h \qquad d = \frac{A_M}{\pi \cdot h} \qquad h = \frac{A_M}{\pi \cdot d}$$

$[V] = mm^3$
$[A_0] = mm^2$
$[A_M] = mm^2$
$[d] = mm$
$[h] = mm$

Umformungen: Seite 34

Hohlzylinder (Rohr)

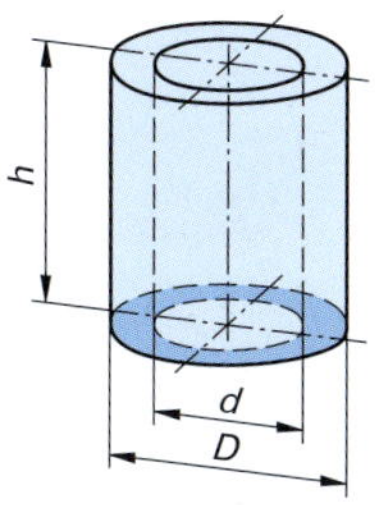

D, *d* Durchmesser
h Höhe
V Volumen
A_0 Oberfläche
A_M Mantelfläche

$$V = \frac{\pi \cdot h}{4} \cdot (D^2 - d^2) \qquad D = \sqrt{\frac{4 \cdot V}{\pi \cdot h} + d^2}$$

$$d = \sqrt{D^2 - \frac{4 \cdot V}{\pi \cdot h}}$$

$$h = \frac{4 \cdot V}{\pi \cdot (D^2 - d^2)}$$

$$A_O = \pi \cdot (D + d) \cdot \left[\frac{1}{2} \cdot (D - d) + h\right]$$

$[V] = mm^3$
$[A_0] = mm^2$
$[A_M] = mm^2$
$[d] = mm$
$[D] = mm$
$[h] = mm$

Umformungen: Seite 34

Technische Mathematik

Pyramide

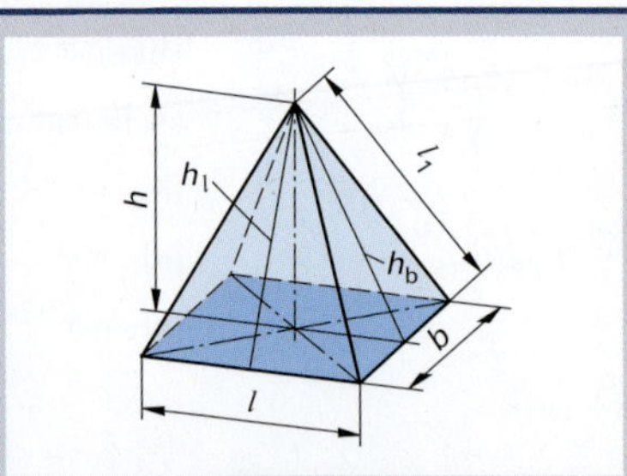

l	Seitenlänge
l_1	Kantenlänge
h	Höhe
b	Breite
h_b, h_l	Mantelhöhen
V	Volumen
A_M	Mantelfläche
A_O	Oberfläche

$$V = \frac{l \cdot b \cdot h}{3} \qquad l = \frac{3 \cdot V}{b \cdot h} \qquad b = \frac{3 \cdot V}{l \cdot h} \qquad h = \frac{3 \cdot V}{l \cdot b}$$

$$A_M = l \cdot h_l + b \cdot h_b$$

$$A_O = l \cdot b + l \cdot h_l + b \cdot h_b$$

$$h_b = \sqrt{h^2 + \frac{l^2}{4}} \qquad l = 2 \cdot \sqrt{h_b^2 - h^2} \qquad h = \sqrt{h_b^2 - \left(\frac{l}{2}\right)^2}$$

$$h_l = \sqrt{h^2 + \frac{b^2}{4}} \qquad b = 2 \cdot \sqrt{h_l^2 - h^2} \qquad h = \sqrt{h_l^2 - \left(\frac{b}{2}\right)^2}$$

$$l_1 = \sqrt{h_s^2 + \frac{b^2}{4}}$$

$[V] = mm^3$
$[A] = mm^2$
$[l] = mm$
$[h] = mm$
$[b] = mm$

Umformungen: Seite 34

Pyramidenstumpf

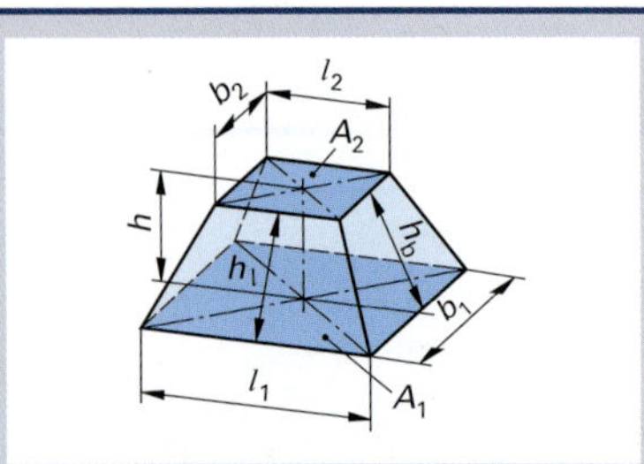

l_1, l_2	Seitenlängen
b_1, b_2	Breiten
h	Höhe
h_b, h_l	Mantelhöhen
V	Volumen
A_1	Grundfläche
A_2	Deckfläche
A_M	Mantelfläche
A_O	Oberfläche

$$V = \frac{h}{3} \cdot \left(A_1 + A_2 + \sqrt{A_1 \cdot A_2}\right)$$

$$h = \frac{3 \cdot V}{A_1 + A_2 + \sqrt{A_1 \cdot A_2}}$$

$$A_1 = b_1 \cdot l_1 \qquad A_2 = b_2 \cdot l_2$$

$$A_M = (l_1 + l_2) \cdot h_l + (b_1 + b_2) \cdot h_b$$

$$A_O = l_1 \cdot b_1 + l_2 \cdot b_2 + (l_1 + l_2) \cdot h_l + (b_1 + b_2) \cdot h_b$$

$$h_b = \sqrt{h^2 + \left(\frac{l_1 - l_2}{2}\right)^2} \qquad h = \sqrt{h_b^2 - \left(\frac{l_1 - l_2}{2}\right)^2}$$

$$h_l = \sqrt{h^2 + \left(\frac{b_1 - b_2}{2}\right)^2} \qquad h = \sqrt{h_l^2 - \left(\frac{b_1 - b_2}{2}\right)^2}$$

$[V] = mm^3$
$[A] = mm^2$
$[l] = mm$
$[h] = mm$
$[b] = mm$

Umformungen: Seite 34

Kegel

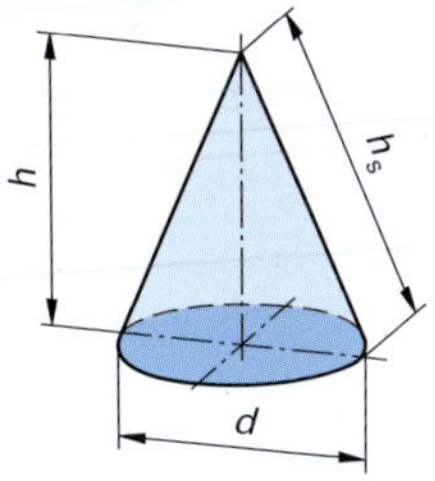

d Durchmesser
h Höhe
h_S Mantelhöhe
V Volumen
A_M Mantelfläche
A_O Oberfläche

$$V = \frac{\pi \cdot d^2}{4} \cdot \frac{h}{3} \qquad d = \sqrt{\frac{12 \cdot V}{\pi \cdot h}} \qquad h = \frac{12 \cdot V}{\pi \cdot d^2}$$

$$A_M = \frac{\pi \cdot d \cdot h_S}{2} \qquad h_S = \frac{2 \cdot A_M}{\pi \cdot d} \qquad d = \frac{2 \cdot A_M}{\pi \cdot h_S}$$

$$A_O = \frac{\pi \cdot d^2}{4} + \frac{\pi \cdot d \cdot h_S}{2}$$

$$h_s = \sqrt{\frac{d^2}{4} + h^2} \qquad d = \sqrt{4 \cdot (h_S^2 - h^2)}$$

$$h = \sqrt{h_S^2 - \frac{d^2}{4}}$$

$[V] = mm^3$
$[A] = mm^2$
$[d] = mm$
$[h] = mm$

Umformungen: Seite 34

Kegelstumpf

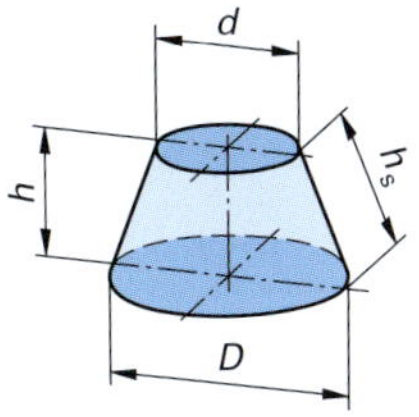

D großer Durchmesser
d kleiner Durchmesser
h Höhe
h_S Mantelhöhe
V Volumen
A_M Mantelfläche
A_O Oberfläche

$$V = \frac{\pi \cdot h}{12} \cdot (D^2 + d^2 + D \cdot d)$$

$$A_O = \frac{\pi \cdot (D^2 + d^2)}{4} + \frac{\pi \cdot h_S}{2} \cdot (D + d)$$

$$A_M = \frac{\pi \cdot h_S}{2} \cdot (D + d)$$

$$h = \sqrt{h_S^2 - \left(\frac{D - d}{2}\right)^2}$$

$$h_S = \sqrt{h^2 + \left(\frac{D - d}{2}\right)^2}$$

$[V] = mm^3$
$[A] = mm^2$
$[D] = mm$
$[d] = mm$
$[h] = mm$

Umformungen: Seite 34

Technische Mathematik

Kugel

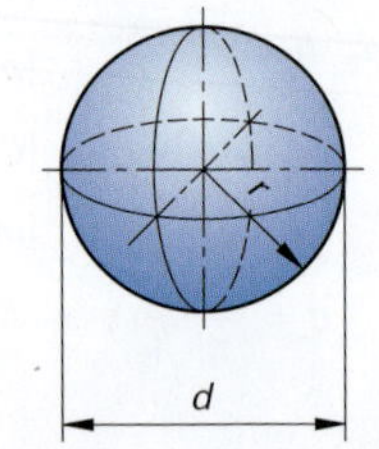

d Durchmesser
r Radius
V Volumen
A_O Oberfläche

$$V = \frac{\pi \cdot d^3}{6} \qquad d = \sqrt[3]{\frac{6 \cdot V}{\pi}}$$

$$V = \frac{4}{3} \cdot \pi \cdot r^3 \qquad r = \sqrt[3]{\frac{3 \cdot V}{4 \cdot \pi}}$$

$$A_O = \pi \cdot d^2 \qquad d = \sqrt{\frac{A_O}{\pi}}$$

$$A_O = 4 \cdot \pi \cdot r^2 \qquad r = \sqrt{\frac{A_O}{4 \cdot \pi}}$$

$[V] = mm^3$
$[A_O] = mm^2$
$[d] = mm$
$[r] = mm$

Umformungen: Seite 34

Kugelabschnitt (Kugelkalotte, Kugelsegment)

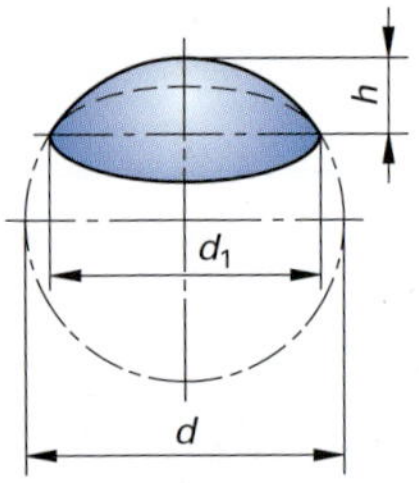

d Durchmesser
d_1 Kugelabschnittsdurchmesser
h Höhe
V Volumen
A_O Oberfläche
A_M Mantelfläche

$$V = \pi \cdot h^2 \cdot \left(\frac{d}{2} - \frac{h}{3}\right) \qquad d = 2 \cdot \left(\frac{V}{\pi \cdot h^2} + \frac{h}{3}\right)$$

$$A_O = \pi \cdot h \cdot (2 \cdot d - h) \qquad d = \frac{A_O}{2 \cdot \pi \cdot h} + \frac{h}{2}$$

$$A_O = \pi \cdot \left(\left(\frac{d_1}{2}\right)^2 + h^2\right)$$

$$A_M = \pi \cdot d \cdot h \qquad h = \frac{A_M}{\pi \cdot d} \qquad d = \frac{A_M}{\pi \cdot h}$$

$$d_1 = 2 \cdot \sqrt{h \cdot (d - h)}$$

$$h = \frac{d - \sqrt{d^2 - d_1^2}}{2}$$

$[V] = mm^3$
$[A_O] = mm^2$
$[A_M] = mm^2$
$[d] = mm$
$[d_1] = mm$
$[h] = mm$

Umformungen: Seite 34

Kugelzone (Kugelschicht)

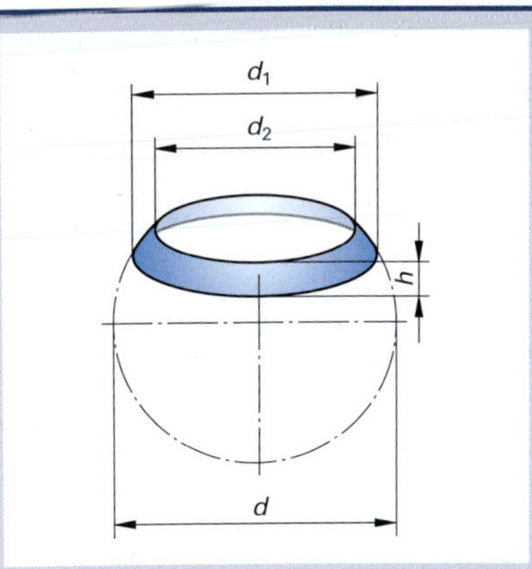

d Durchmesser
d_1 großer Durchmesser
d_2 kleiner Durchmesser
h Höhe
V Volumen
A_0 Oberfläche
A_M Mantelfläche

$$V = \frac{\pi}{24} \cdot h \cdot (3 \cdot d_1^2 + 3 \cdot d_2^2 + 4 \cdot h^2)$$

$$d_1 = \sqrt{\frac{8 \cdot V}{\pi \cdot h} - d_2^2 - \frac{4}{3} \cdot h^2}$$

$$d_2 = \sqrt{\frac{8 \cdot V}{\pi \cdot h} - d_1^2 - \frac{4}{3} \cdot h^2}$$

$$A_M = \pi \cdot d \cdot h$$

$$d = \frac{A_M}{\pi \cdot h}$$

$$h = \frac{A_M}{\pi \cdot d}$$

$$A_O = \frac{\pi}{4} \cdot (4 \cdot d \cdot h + d_1^2 + d_2^2)$$

$$d = \left(\frac{4 \cdot A_0}{\pi} - d_1^2 - d_2^2\right) \cdot \frac{1}{4 \cdot h}$$

$$d_1 = \sqrt{\frac{4 \cdot A_0}{\pi} - 4 \cdot d \cdot h - d_2^2}$$

$$d_2 = \sqrt{\frac{4 \cdot A_0}{\pi} - 4 \cdot d \cdot h - d_1^2}$$

$$h = \left(\frac{A_0}{\pi} - \frac{d_1^2}{4} - \frac{d_2^2}{4}\right) \cdot \frac{1}{d}$$

$[V] = mm^3$
$[A_0] = mm^2$
$[A_M] = mm^2$
$[d] = mm$
$[d_1] = mm$
$[d_2] = mm$
$[h] = mm$

Umformungen

1 m = 1000 mm, 1 cm = 10 mm
1 mm = 0,1 cm = $\frac{1}{1000}$ m = 0,001 m
1 m^2 = 10000 cm^2 = 1000000 mm^2
1 mm^2 = 0,01 cm^2 = 0,000001 m^2
1 m^3 = 1000000 cm^3 = 1000000000 mm^3
1 mm^3 = 0,001 cm^3 = 0,000000001 m^3

Technische Mathematik

Kugelausschnitt (Kugelsektor)

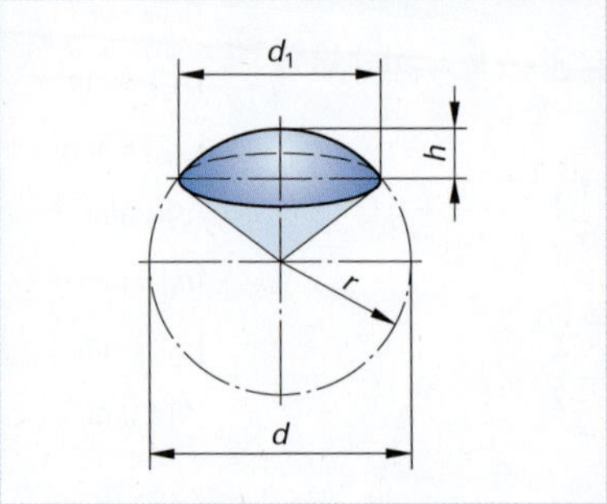

d Durchmesser
d_1 Kugelausschnittsdurchmesser
r Radius
h Höhe
V Volumen
A_0 Oberfläche

$$V = \frac{\pi}{6} \cdot d^2 \cdot h$$

$$d = \sqrt{\frac{6 \cdot V}{\pi \cdot h}}$$

$$h = \frac{6 \cdot V}{\pi \cdot d^2}$$

$$A_O = \frac{\pi}{4} \cdot d \cdot (4 \cdot h + d_1)$$

$$d = \frac{4 \cdot A_0}{\pi \cdot (4 \cdot h + d_1)}$$

$$d_1 = \frac{4 \cdot A_0}{\pi \cdot d} - 4 \cdot h$$

$$h = \frac{A_0}{\pi \cdot d} - \frac{d_1}{4}$$

$$d = h + \frac{d_1^2}{4}$$

$$d_1 = 2 \cdot \sqrt{(d - h)}$$

$$h = \frac{d - \sqrt{d^2 - d_1^2}}{2}$$

$[V] = \text{mm}^3$
$[A_0] = \text{mm}^2$
$[d] = \text{mm}$
$[d_1] = \text{mm}$
$[r] = \text{mm}$
$[h] = \text{mm}$

Umformungen: Seite 39

Torus, Kreisring

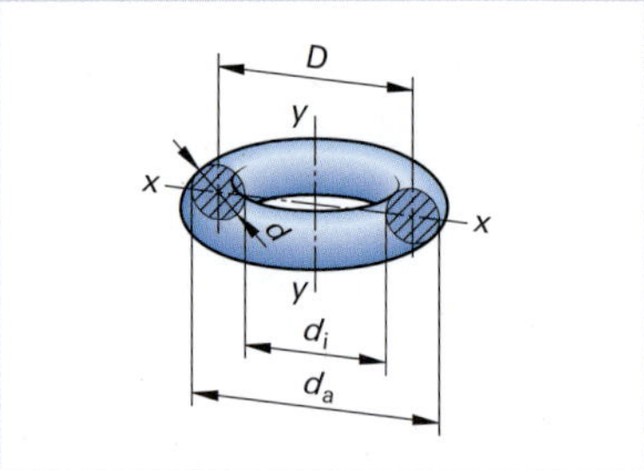

d Querschnittsdurchmesser
d_i Innendurchmesser
d_a Außendurchmesser
D Durchmesser der Mittellinie
V Volumen
A_0 Oberfläche

$$V = \frac{D \cdot \pi^2 \cdot d^2}{4}$$

$$D = \frac{4 \cdot V}{\pi^2 \cdot d^2}$$

$$d = \sqrt{\frac{4 \cdot V}{\pi^2 \cdot D}}$$

$$A_O = d \cdot \pi^2 \cdot D$$

$$D = \frac{A_0}{\pi^2 \cdot d} \qquad d = \frac{A_0}{\pi^2 \cdot D}$$

$$d_i = d_a - 2 \cdot d \qquad d_i = D - d$$

$$d_a = d_i + 2 \cdot d \qquad d_a = D + d$$

$[V] = \text{mm}^3$
$[A_0] = \text{mm}^2$
$[d] = \text{mm}$
$[d_i] = \text{mm}$
$[d_a] = \text{mm}$
$[D] = \text{mm}$

Umformungen: Seite 39

Guldin'sche Regel

Beispiel: Torus

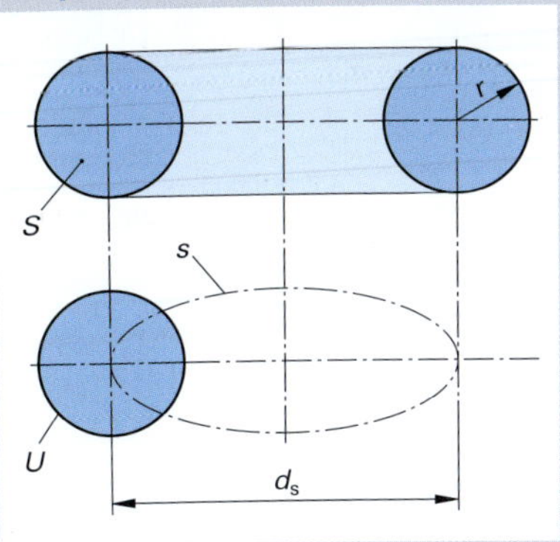

d_S Durchmesser der Schwerpunktslinie
r Radius der Querschnittsfläche
s Schwerpunktsweg
V Volumen
A_0 Oberfläche
S Querschnittsfläche
U Umfang

$$V = S \cdot d_S \cdot \pi$$

$$S = \frac{V}{d_S \cdot \pi} \qquad d_S = \frac{V}{S \cdot \pi}$$

$$A_O = U \cdot d_S \cdot \pi$$

$$U = \frac{A_0}{d_S \cdot \pi} \qquad d_S = \frac{A_0}{U \cdot \pi}$$

$$s = d_S \cdot \pi$$

$$d_S = \frac{s}{\pi}$$

$$S = \pi \cdot r^2$$

$$r = \sqrt{\frac{S}{\pi}}$$

$[V] = mm^3$
$[A_0] = mm^2$
$[d_S] = mm$
$[r] = mm$
$[s] = mm$
$[S] = mm^2$
$[U] = mm$

Umformungen: Seite 34

Beispiel: Drehteil mit Teilflächen S1, S2, S3

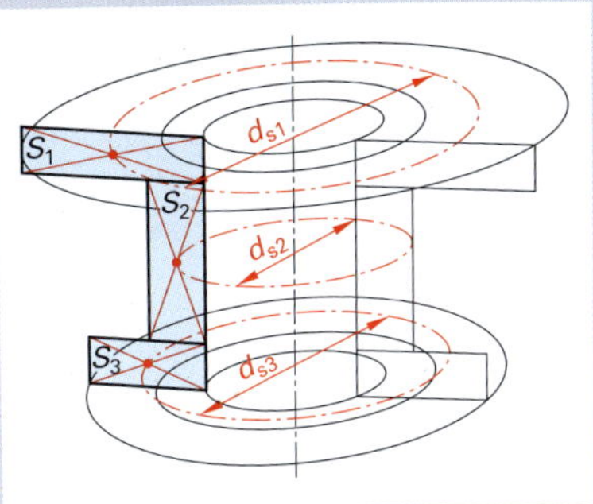

d_S Durchmesser der Schwerpunktslinie
V Volumen
S Querschnittsfläche

$$V = V_1 + V_2 + V_3$$

$$V_1 = S_1 \cdot d_{S1} \cdot \pi$$

$$S_1 = \frac{V_1}{d_{S1} \cdot \pi} \qquad d_{S1} = \frac{V_1}{S_1 \cdot \pi}$$

$$V_2 = S_2 \cdot d_{S2} \cdot \pi$$

$$S_2 = \frac{V_2}{d_{S2} \cdot \pi} \qquad d_{S2} = \frac{V_2}{S_2 \cdot \pi}$$

$$V_3 = S_3 \cdot d_{S3} \cdot \pi$$

$$S_3 = \frac{V_3}{d_{S3} \cdot \pi} \qquad d_{S3} = \frac{V_3}{S_3 \cdot \pi}$$

$[V] = mm^3$
$[d_S] = mm$
$[S] = mm^2$

Umformungen: Seite 34

Volumen zusammengesetzter Körper

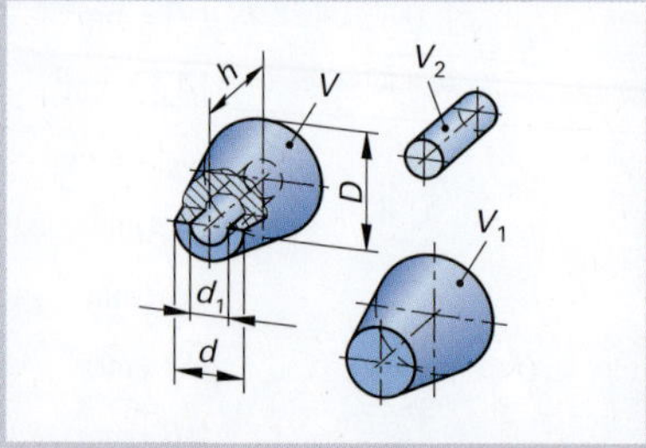

d, d_1, D Durchmesser
h Höhe
V Volumen
A_0 Oberfläche

Allgemein:

$$V = V_1 + V_2 + V_3 .... - V_5 - V_6 ....$$

im Beispiel:

$$V = V_1 - V_2$$

Umformungen

$1\ \text{m} = 1000\ \text{mm}, 1\ \text{cm} = 10\ \text{mm}$

$1\ \text{mm} = 0{,}1\ \text{cm} = \frac{1}{1000}\ \text{m} = 0{,}001\ \text{m}$

$1\ \text{m}^2 = 10000\ \text{cm}^2 = 1000000\ \text{mm}^2$

$1\ \text{mm}^2 = 0{,}01\ \text{cm}^2 = 0{,}000001\ \text{m}^2$

$1\ \text{m}^3 = 1000000\ \text{cm}^3 = 1000000000\ \text{mm}^3$

$1\ \text{mm}^3 = 0{,}001\ \text{cm}^3 = 0{,}000000001\ \text{m}^3$

$[V] = \text{mm}^3$
$[A_0] = \text{mm}^2$
$[d, d_1] = \text{mm}$
$[D] = \text{mm}$
$[h] = \text{mm}$

Massenberechnung

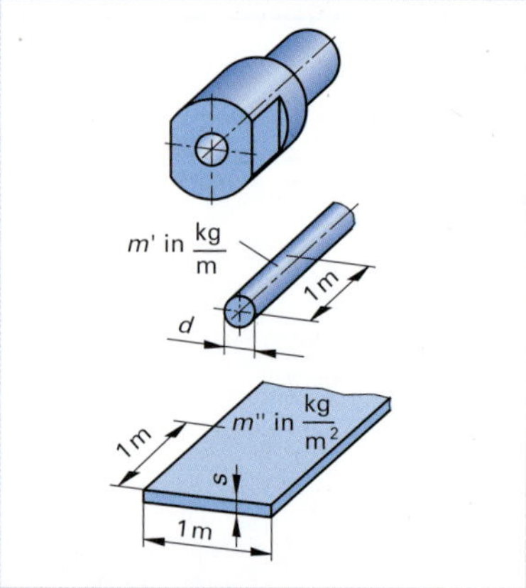

m Masse
ρ Dichte
l Länge
V Volumen
A Fläche
m' längenbezogene Masse
m'' flächenbezogene Masse

$$\rho = \frac{m}{V} \qquad V = \frac{m}{\rho} \qquad m = V \cdot \rho$$

$$m = m' \cdot l \qquad m' = \frac{m}{l} \qquad l = \frac{m}{m'}$$

$$m = m'' \cdot A \qquad m'' = \frac{m}{A} \qquad A = \frac{m}{m''}$$

Umformungen

$1\ \text{m} = 1000\ \text{mm}, 1\ \text{cm} = 10\ \text{mm}$

$1\ \text{mm} = 0{,}1\ \text{cm} = \frac{1}{1000}\ \text{m} = 0{,}001\ \text{m}$

$1\ \text{m}^2 = 10000\ \text{cm}^2 = 1000000\ \text{mm}^2$

$1\ \text{mm}^2 = 0{,}01\ \text{cm}^2 = 0{,}000001\ \text{m}^2$

$1\ \text{m}^3 = 1000000\ \text{cm}^3 = 1000000000\ \text{mm}^3$

$1\ \text{mm}^3 = 0{,}001\ \text{cm}^3 = 0{,}000000001\ \text{m}^3$

$1\ \text{kg} = 1000\text{g} = 0{,}001\ \text{t}$

$1 \frac{\text{g}}{\text{cm}^3} = 1 \frac{\text{kg}}{\text{dm}^3} = 1 \frac{\text{t}}{\text{m}^3}$

$1 \frac{\text{g}}{\text{cm}^2} = 0{,}1 \frac{\text{kg}}{\text{dm}^2} = 10 \frac{\text{kg}}{\text{m}^2} = 0{,}01 \frac{\text{t}}{\text{m}^2}$

$1 \frac{\text{g}}{\text{cm}} = 10 \frac{\text{g}}{\text{dm}} = 100 \frac{\text{g}}{\text{m}} = 0{,}1 \frac{\text{kg}}{\text{m}}$

$[V] = \text{mm}^3$
$[A] = \text{mm}^2$
$[l] = \text{mm}$
$[m] = \text{kg}$
$[\rho] = \frac{\text{kg}}{\text{dm}^3}$
$[m'] = \frac{\text{kg}}{\text{m}}$
$[m''] = \frac{\text{kg}}{\text{m}^2}$

Gleichförmige (konstante), geradlinige Bewegung

Weg-Zeit-Schaubild

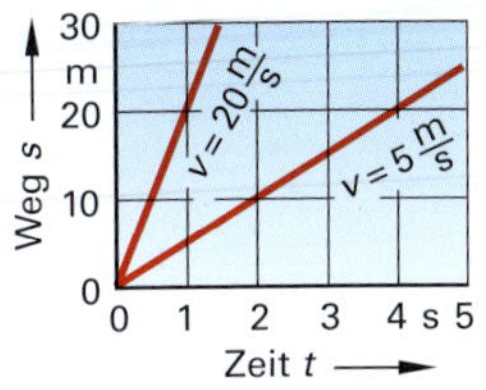

v Geschwindigkeit

s Weg

t Zeit

$$v = \frac{s}{t}$$

$$s = v \cdot t$$

$$t = \frac{s}{v}$$

$[v] = \frac{\text{m}}{\text{s}}$

$[s] = \text{m}$

$[t] = \text{s}$

Umformungen

$$1\frac{\text{m}}{\text{s}} = 1000\,\frac{\text{mm}}{\text{s}} = 60\,\frac{\text{m}}{\text{min}} = 3{,}6\,\frac{\text{km}}{\text{h}}$$

$$1\frac{\text{m}}{\text{min}} = \frac{1}{60}\,\frac{\text{m}}{\text{s}} = 0{,}06\,\frac{\text{km}}{\text{h}}$$

$$1\,\text{m} = 1000\,\text{mm} = 0{,}001\,\text{km}; \qquad 1\,\text{km} = 1000\,\text{m}$$

$$1\,\text{s} = \frac{1}{60}\,\text{min} = \frac{1}{3600}\,\text{h}; \qquad 1\,\text{h} = 60\,\text{min} = 3600\,\text{s}$$

Gleichförmig beschleunigt oder verzögert aus Stillstand oder bis Stillstand

Geschwindigkeit-Zeit-Schaubild

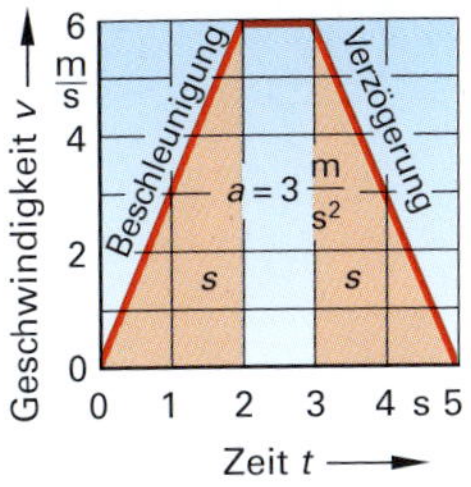

v (End- bzw. Anfangs-) Geschwindigkeit

v_m Durchschnittsgeschwindigkeit

a Beschleunigung oder Verzögerung

s Weg, der in der Zeit t zurückgelegt wird

t Zeit der Beschleunigung oder Verzögerung

$$a = \frac{v}{t}$$

$$a = \frac{2 \cdot s}{t^2}$$

$$a = \frac{v^2}{2 \cdot s}$$

$[a] = \frac{\text{m}}{\text{s}^2}$

$[v] = \frac{\text{m}}{\text{s}}$

$[s] = \text{m}$

$[t] = \text{s}$

$$v = a \cdot t$$

$$v = \sqrt{2 \cdot a \cdot s}$$

$$v = \frac{2 \cdot s}{t}$$

$$s = \frac{1}{2} \cdot v \cdot t$$

$$s = \frac{1}{2} \cdot a \cdot t^2$$

$$s = \frac{v^2}{2 \cdot a}$$

$$t = \frac{v}{a}$$

$$t = \frac{2 \cdot s}{v}$$

$$t = \sqrt{\frac{2 \cdot s}{a}}$$

$$v_m = \frac{v}{2} \qquad v_m = \frac{1}{2} \cdot a \cdot t \qquad v_m = \frac{s}{t}$$

Technische Physik

Gleichförmig beschleunigt oder verzögert, mit Anfangs- oder Endgeschwindigkeit

Geschwindigkeit-Zeit-Schaubild

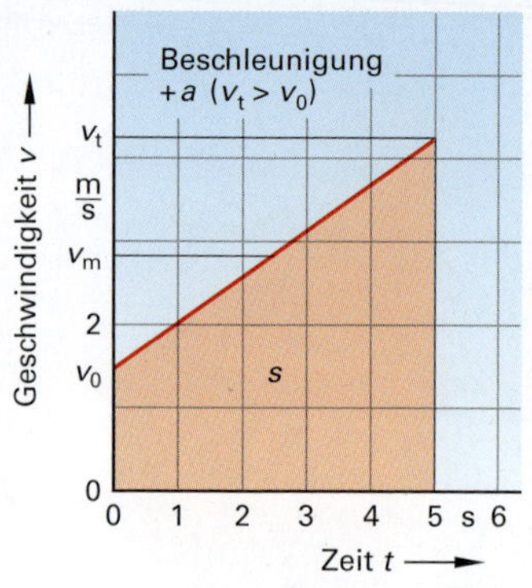

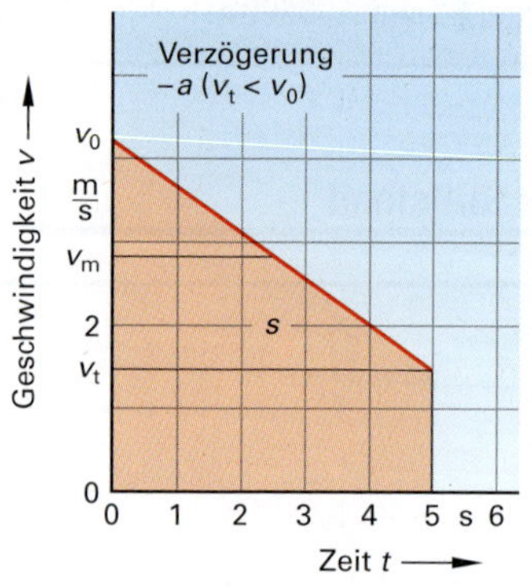

- a Beschleunigung ($v_t > v_0$) Verzögerung ($v_t < v_0$)
- s Weg, der in der Zeit t zurückgelegt wird
- t Zeit der Beschleunigung oder der Verzögerung
- v_0 Anfangsgeschwindigkeit
- v_t Endgeschwindigkeit
- v_m Durchschnittsgeschwindigkeit

Bei der verzögerten Bewegung (Verzögerung = negative Beschleunigung) besitzt a einen negativen Zahlenwert. Die Geschwindigkeit nimmt dabei ab ($v_t < v_0$)

$$a = \frac{v_t - v_0}{t}$$

$$a = \frac{2 \cdot (s - v_0 \cdot t)}{t^2}$$

$$a = \frac{v_t^2 - v_0^2}{2 \cdot s}$$

$[a] = \frac{m}{s^2}$

$[v] = \frac{m}{s}$

$[s] = m$

$[t] = s$

$$v_t = v_0 + a \cdot t$$

$$v_t = \sqrt{v_0^2 + 2 \cdot a \cdot s}$$

$$v_t = \frac{2 \cdot s}{t} - v_0$$

$$v_0 = v_t - a \cdot t$$

$$v_0 = \sqrt{v_t^2 - 2 \cdot a \cdot s}$$

$$v_0 = \frac{2 \cdot s}{t} - v_t$$

$$s = \frac{v_0 + v_t}{2} \cdot t$$

$$s = \frac{1}{2}\left(v_0 \cdot t + a \cdot t^2\right)$$

$$s = \frac{v_t^2 - v_0^2}{2 \cdot a}$$

$$t = \frac{v_t - v_0}{a}$$

$$t = \frac{2 \cdot s}{v_0 + v_t}$$

$$v_m = \frac{v_0 + v_t}{2}$$

$$v_m = \frac{1}{2}\left(v_0 + a \cdot t\right)$$

$$v_m = \frac{s}{t}$$

Umformungen

$1\,\frac{m}{s} = 1000\,\frac{mm}{s} = 60\,\frac{m}{min} = 3{,}6\,\frac{km}{h}$

$1\,\frac{m}{min} = \frac{1}{60}\,\frac{m}{s} = 0{,}06\,\frac{km}{h}$

$1\,m = 1000\,mm = 0{,}001\,km$; $1\,km = 1000\,m$

$1\,s = \frac{1}{60}\,min = \frac{1}{3600}\,h$; $1\,h = 60\,min = 3600\,s$

Gleichförmige (konstante), kreisförmige Bewegung

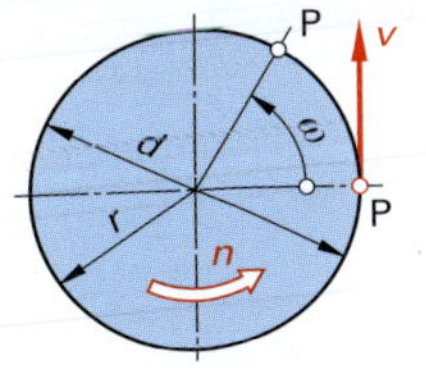

v Umfangsgeschwindigkeit

ω Winkelgeschwindigkeit

n Drehzahl, Drehfrequenz

r Radius

d Durchmesser

$$v = \pi \cdot d \cdot n \qquad d = \frac{v}{\pi \cdot n} \qquad n = \frac{v}{\pi \cdot d}$$

$$v = \omega \cdot r \qquad \omega = \frac{v}{r} \qquad r = \frac{v}{\omega}$$

$$\omega = 2 \cdot \pi \cdot n \qquad n = \frac{\omega}{2 \cdot \pi}$$

$[v] = \frac{\text{m}}{\text{s}}$

$[d] = \text{m}$

$[n] = \frac{1}{\text{s}}$

$[\omega] = \frac{1}{\text{s}}$

$[r] = \text{m}$

Umformungen

$1\frac{\text{m}}{\text{s}} = 60\frac{\text{m}}{\text{min}} = 3{,}6\frac{\text{km}}{\text{h}}$

$1\frac{\text{m}}{\text{min}} = \frac{1}{60}\frac{\text{m}}{\text{s}} = 0{,}06\frac{\text{km}}{\text{h}}$

$\frac{1}{\text{s}} = \frac{60}{\text{min}}; \quad \frac{1}{\text{min}} = \frac{1}{60\,\text{s}}$

1 m = 1000 mm = 0,001 km

1 km = 1000 m

1 rad = 57,3°

Gleichförmig beschleunigt oder verzögert aus Stillstand oder bis Stillstand

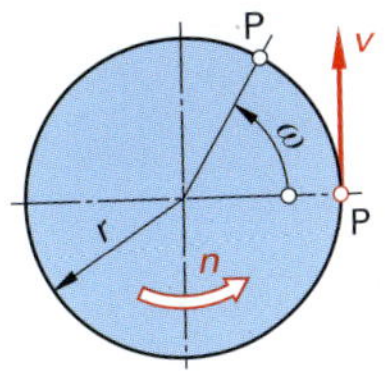

ω (End- bzw. Anfangs-) Winkelgeschwindigkeit

ω_m Durchschnitts-Winkelgeschwindigkeit

α Winkelbeschleunigung, Winkelverzögerung

φ Drehwinkel (Bogenmaß)

t Zeit der Beschleunigung oder Verzögerung

r Radius

$$\alpha = \frac{\omega}{t} \qquad \alpha = \frac{2 \cdot \varphi}{t^2} \qquad \alpha = \frac{\omega^2}{2 \cdot \varphi}$$

$$\omega = \alpha \cdot t \qquad \omega = \sqrt{2 \cdot \alpha \cdot \varphi} \qquad \omega = \frac{2 \cdot \varphi}{t}$$

$$\varphi = \frac{1}{2} \cdot \omega \cdot t \qquad \varphi = \frac{1}{2} \cdot \alpha \cdot t^2 \qquad \varphi = \frac{\omega^2}{2 \cdot \alpha}$$

$$t = \frac{\omega}{\alpha} \qquad t = \frac{2 \cdot \varphi}{\omega} \qquad t = \sqrt{\frac{2 \cdot \varphi}{\alpha}}$$

$$\omega_m = \frac{\omega}{2} \qquad \omega_m = \frac{1}{2} \cdot \alpha \cdot t \qquad \omega_m = \frac{\varphi}{t}$$

$[\alpha] = \frac{1}{\text{s}^2}$

$[\omega] = \frac{1}{\text{s}}$

$[\varphi] = \text{rad} = 1$

$[t] = \text{s}$

Technische Physik

Gleichförmig beschleunigt oder verzögert, mit Anfangs- oder Endgeschwindigkeit

Geschwindigkeit-Zeit-Schaubild

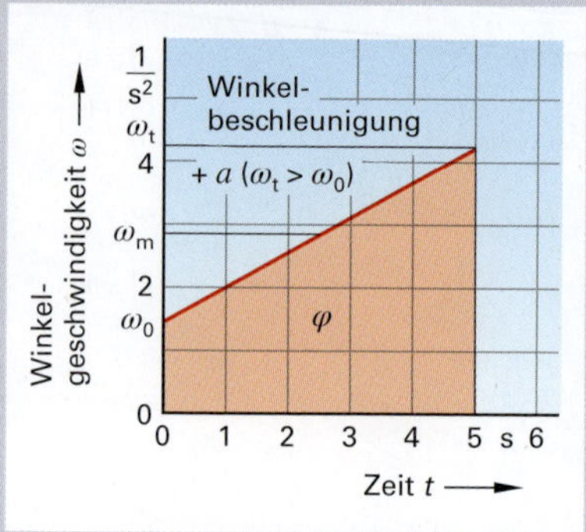

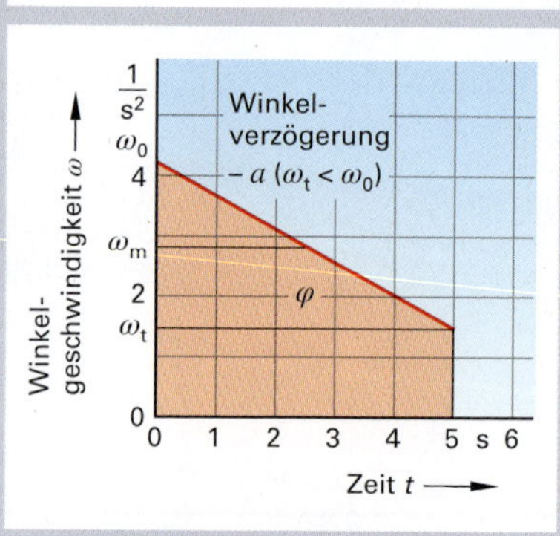

- α Winkelbeschleunigung ($\omega_t > \omega_0$), Winkelverzögerung ($\omega_t < \omega_0$)
- φ Drehwinkel, der in der Zeit t zurückgelegt wird
- t Zeit der Beschleunigung oder der Verzögerung
- ω_0 Anfangswinkelgeschwindigkeit
- ω_t Endwinkelgeschwindigkeit
- ω_m Durchschnittswinkelgeschwindigkeit

Bei der verzögerten Drehbewegung (Verzögerung = negative Beschleunigung) besitzt α einen negativen Zahlenwert. Die Winkelgeschwindigkeit nimmt dabei ab ($\omega_t < \omega_0$)

$$\alpha = \frac{\omega_t - \omega_0}{t}$$

$$\alpha = \frac{2 \cdot (\varphi - \omega_0 \cdot t)}{t^2}$$

$$\alpha = \frac{\omega_t^2 - \omega_0^2}{2 \cdot \varphi}$$

$[\alpha] = \frac{1}{s^2}$

$[\omega] = \frac{1}{s} = \frac{rad}{s}$ [1)]

$[\varphi] = rad = 1$ [1)]

$[t] = s$

$$\omega_t = \omega_0 + \alpha \cdot t$$

$$\omega_t = \sqrt{\omega_0^2 + 2 \cdot \alpha \cdot \varphi}$$

$$\omega_t = \frac{2 \cdot \varphi}{t} - \omega_0$$

$$\omega_0 = \omega_t - \alpha \cdot t$$

$$\omega_0 = \sqrt{\omega_t^2 - 2 \cdot \alpha \cdot \varphi}$$

$$\omega_0 = \frac{2 \cdot \varphi}{t} - \omega_t$$

$$\varphi = \frac{\omega_0 + \omega_t}{2} \cdot t$$

$$\varphi = \omega_0 \cdot t + \frac{1}{2} \cdot \alpha \cdot t^2$$

$$\varphi = \frac{\omega_t^2 - \omega_0^2}{2 \cdot \alpha}$$

$$t = \frac{\omega_t - \omega_0}{\alpha}$$

$$t = \frac{2 \cdot \varphi}{\omega_0 + \omega_t}$$

$$\omega_m = \frac{\omega_0 + \omega_t}{2}$$

$$\omega_m = \omega_0 \cdot \frac{1}{2} \cdot \omega \cdot t$$

$$\omega_m = \frac{\varphi}{t}$$

Umformungen

$$\frac{1}{s} = \frac{60}{min}$$

$$\frac{1}{min} = \frac{1}{60\,s}$$

$$1\,s = \frac{1}{60}\,min = \frac{1}{3600}\,h; \quad 1\,h = 60\,min = 3600\,s$$

[1)] Die Einheit Radiant (rad) wird nur mitgeschrieben, wenn die Gefahr einer Verwechslung mit Grad (°) besteht. Aus der Definition heraus ist der Radiant das Verhältnis zweier Strecken, also 1 rad = 1.

Für die Umrechnung in Grad (°) gilt: 1 rad = 57,3°

Schnittgeschwindigkeit

Beispiel: Drehen

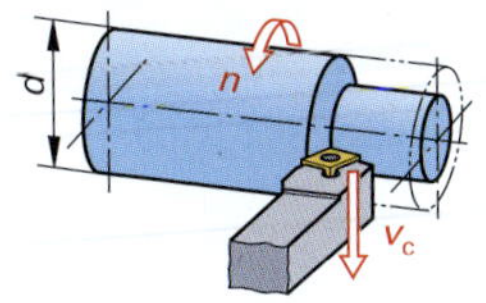

Beispiel: Bohren

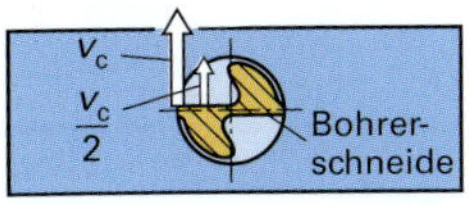

- v_c Schnittgeschwindigkeit
- n Drehzahl
- d Werkstückdurchmesser (Drehen)
  Scheibendurchmesser (Schleifen)
  Bohrerdurchmesser (Bohren)
  Fräserdurchmesser (Fräsen)

Formeln (allgemein)

$$v_c = \pi \cdot d \cdot n$$

$$n = \frac{v_c}{\pi \cdot d}$$

$$d = \frac{v_c}{\pi \cdot n}$$

$[v_c] = \frac{\text{m}}{\text{min}}$; $[n] = \frac{1}{\text{min}}$; $[d] = \text{m}$

Zahlenwertgleichung (und deren Einheiten)

$$v_c = \frac{\pi \cdot d \cdot n}{1000}$$

$$n = \frac{v_c \cdot 1000}{\pi \cdot d}$$

$$d = \frac{v_c \cdot 1000}{\pi \cdot n}$$

$[v_c] = \frac{\text{m}}{\text{min}}$; $[n] = \frac{1}{\text{min}}$; $[d] = \text{mm}$

Umformungen

$$1\,\frac{\text{m}}{\text{min}} = \frac{1}{60}\,\frac{\text{m}}{\text{s}}$$

$$1\,\frac{\text{m}}{\text{s}} = 60\,\frac{\text{m}}{\text{min}}$$

$$\frac{1}{\text{s}} = 60\,\frac{1}{\text{min}}$$

$$\frac{1}{\text{min}} = \frac{1}{60\,\text{s}}$$

$$1\,\text{s} = \frac{1}{60}\,\text{min} = \frac{1}{3600}\,\text{h};\quad 1\,\text{h} = 60\,\text{min} = 3600\,\text{s}$$

Umfangsgeschwindigkeit

Beispiel: Riemenscheibe

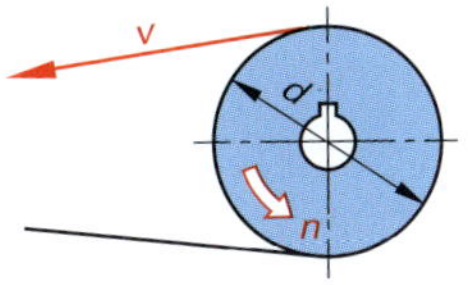

- v Umfangsgeschwindigkeit
- n Drehzahl, Umdrehungsfrequenz
- d Durchmesser

Formeln (allgemein)

$$v = \pi \cdot d \cdot n$$

$$n = \frac{v}{\pi \cdot d}$$

$$d = \frac{v}{\pi \cdot n}$$

$[v] = \frac{\text{m}}{\text{min}}$; $[n] = \frac{1}{\text{min}}$; $[d] = \text{m}$

Zahlenwertgleichung (und deren Einheiten)

$$v = \frac{\pi \cdot d \cdot n}{1000 \cdot 60}$$

$$n = \frac{v \cdot 1000 \cdot 60}{\pi \cdot d}$$

$$d = \frac{v \cdot 1000 \cdot 60}{\pi \cdot n}$$

$[v] = \frac{\text{m}}{\text{s}}$; $[n] = \frac{1}{\text{min}}$; $[d] = \text{mm}$

Umformungen wie oben.

Vorschubgeschwindigkeit beim Gewindetrieb

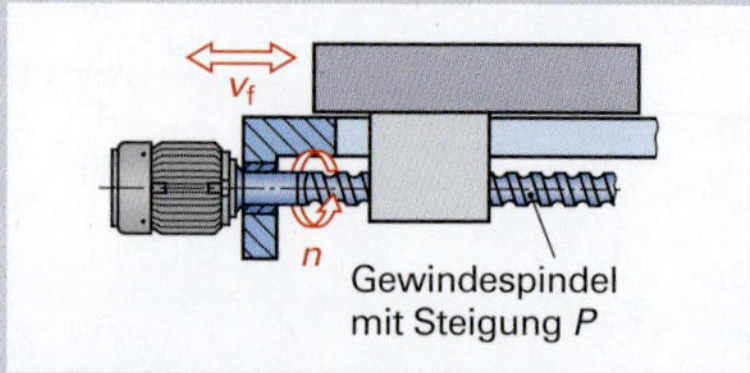

v_f Vorschubgeschwindigkeit
P Gewindesteigung[1]
n Drehzahl der Gewindespindel

$$v_f = n \cdot P \qquad n = \frac{v_f}{P}$$

Gewindesteigung[1] $\quad P \approx \frac{v_f}{n}$

$[v_f] = \frac{\text{mm}}{\text{min}}$

$[n] = \frac{1}{\text{min}}$

$[P] = \text{mm}$

[1] als (Norm-)Gewindegröße festlegen.

Vorschubgeschwindigkeit beim Zahnstangentrieb

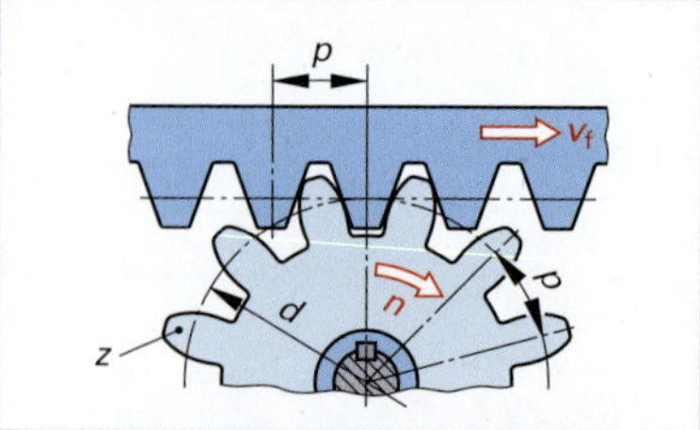

v_f Vorschubgeschwindigkeit
s Zahnstangenweg
n Drehzahl des Ritzels
α Drehwinkel des Zahnrades
z Zähnezahl des Ritzels[2]
p Zahnteilung ($p = \pi \cdot m$)[2]
d Teilkreisdurchmesser des Ritzels ($d = m \cdot z$)[2]
m Modul[2]

$$v_f = \pi \cdot d \cdot n \qquad v_f = n \cdot z \cdot p$$

$$n = \frac{v_f}{\pi \cdot d} \qquad n = \frac{v_f}{p \cdot z}$$

$$s = \frac{\pi \cdot d \cdot \alpha}{360°} \qquad \alpha = \frac{s \cdot 360°}{\pi \cdot d}$$

Teilkreisdurchmesser, Zähnezahl und Zahnteilung[2]

$$d \approx \frac{v_f}{\pi \cdot n} \qquad z \approx \frac{v_f}{p \cdot n} \qquad p \approx \frac{v_f}{n \cdot z}$$

[2] Größen als Zahnradgeometrie z. B. als ganzzahlige Zähnezahl festlegen.

Zahnradmaße: Seite 98

$[v_f] = \frac{\text{mm}}{\text{min}}$

$[n] = \frac{1}{\text{min}}$

$[z] = –$

$[s] = \text{mm}$

$[\alpha] = °$

$[d] = \text{mm}$

$[p] = \text{mm}$

Mittlere Geschwindigkeit beim Kurbeltrieb

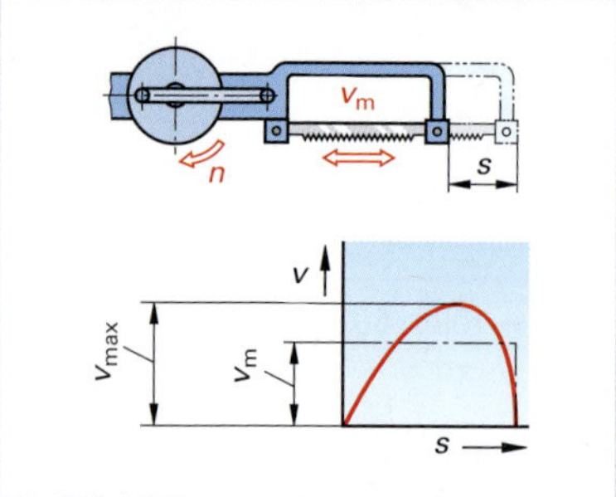

v_m mittlere Geschwindigkeit (z. B. Sägeblatt, Kolben)
n Kurbeldrehzahl (= Anzahl der Doppelhübe)
s Hublänge, Kolbenhub

$$v_m = 2 \cdot s \cdot n \qquad s = \frac{v_m}{2 \cdot s}$$

$$n = \frac{v_m}{2 \cdot s}$$

$[v_m] = \frac{\text{m}}{\text{min}}$

$[s] = \text{m}$

$[n] = \frac{1}{\text{min}}$

Harmonische Schwingung (Sinusschwingung) ohne Phasenverschiebung

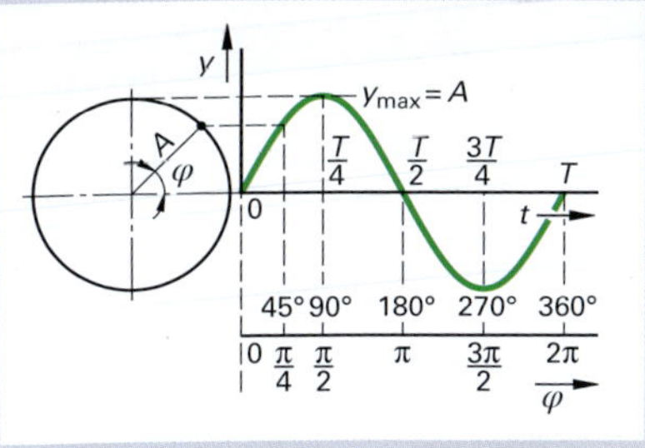

T	Periodendauer (Schwingungsdauer)
t	Zeitabschnitt
z	Anzahl der Perioden
f	Frequenz
φ	Phasenwinkel
ω	Winkelgeschwindigkeit (Kreisfrequenz)
$y_{(t)}$	momentane Auslenkung
y_{max}	maximale Auslenkung
A	Amplitude

$$T = \frac{1}{f}$$

$T = \frac{t}{z}$ $\quad z = \frac{t}{T}$ $\quad t = T \cdot z$

$$f = \frac{1}{T}$$

$f = \frac{z}{t}$ $\quad z = f \cdot t$ $\quad t = \frac{z}{f}$

$[T] = \text{s}$ $\quad [f] = \frac{1}{\text{s}}$ $\quad [z] = -$ $\quad [t] = \text{s}$

$$\varphi = \omega \cdot t$$

$\varphi = 2 \cdot \pi \cdot z$

$\varphi = 2 \cdot \pi \cdot f \cdot t$

$[\varphi] = \text{rad}$

$$\omega = 2 \cdot \pi \cdot f$$

$\omega = 2 \cdot \pi \cdot \frac{1}{T}$

$\omega = \frac{2 \cdot \pi \cdot z}{t}$

$T = \frac{2 \cdot \pi}{\omega}$

$f = \frac{\omega}{2 \cdot \pi}$

$[\omega] = \frac{1}{\text{s}}$

$[A] = \text{m}$ $\quad [y] = \text{m}$

$$y_{(t)} = A \cdot \sin\varphi$$

$y_{(t)} = A \cdot \sin(\omega \cdot t)$

$y_{(t)} = A \cdot \sin(2 \cdot \pi \cdot f \cdot t)$

Umformung

$1 \frac{1}{\text{s}} = 1 \text{ Hz}$

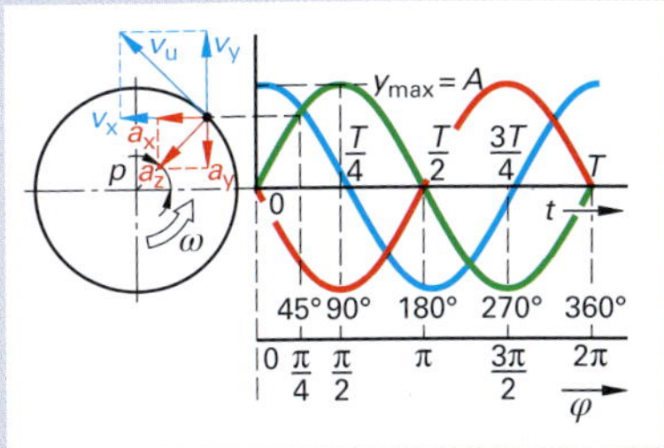

$v_{y(t)}$	Momentangeschwindigkeit in Y-Richtung
$v_{x,u(t)}$	Momentangeschwindigkeit in X-Richtung bzw. Umfangsrichtung
$a_{y(t)}$	Momentanbeschleunigung in Y-Richtung
$a_{x,z(t)}$	Momentanbeschleunigung in X- bzw. zentripedal
A	Amplitude

$$v_{y(t)} = A \cdot \omega \cdot \cos\varphi$$

$v_{y(t)} = A \cdot \omega \cdot \cos(\omega \cdot t)$

$v_{y(t)} = A \cdot \omega \cdot \cos(2 \cdot \pi \cdot f \cdot t)$

$[A] = \text{m}$ $\quad [v] = \frac{\text{m}}{\text{s}}$

$$a_{y(t)} = -A \cdot \omega^2 \cdot \sin\varphi$$

$a_{y(t)} = -A \cdot \omega^2 \cdot \sin(\omega \cdot t)$

$a_{y(t)} = -A \cdot \omega^2 \cdot \sin(2 \cdot \pi \cdot f \cdot t)$

$[a] = \frac{\text{m}}{\text{s}^2}$

Umformung

$y_{max} = A$

Technische Physik

Pendel- und Drehschwingungen

Schraubenfederpendel

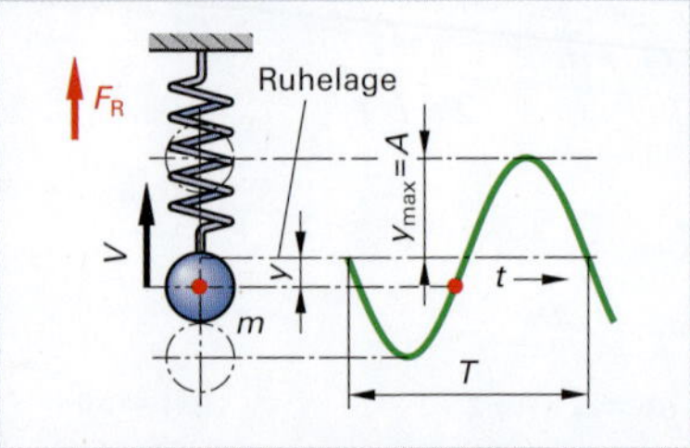

F_R momentane Rückstellkraft (in Richtung Ruhelage)

R Federrate (Richtgröße)

y momentane Auslenkung

A Amplitude (maximale Auslenkung y_{max})

v momentane Geschwindigkeit

v_{max} maximale Geschwindigkeit (bei Durchschwingungen der Ruhelage)

m Masse des Schwingers (ohne Masse der Feder)

t, T Zeit, Periodendauer

$$T = 2 \cdot \pi \cdot \sqrt{\frac{m}{R}}$$

$m = \frac{R \cdot T^2}{4 \cdot \pi^2}$

$R = m \cdot \frac{4 \cdot \pi^2}{T^2}$

$[T] = s$ $[m] = kg$ $[R] = \frac{N}{m}$

$$R = \frac{F_R}{y}$$

$F_R = R \cdot y$

$y = \frac{F_R}{R}$

$[F_R] = N$ $[y] = m$

$$F_R = m \cdot \frac{4 \cdot \pi^2}{T^2} \cdot y$$

$m = \frac{F_R \cdot T^2}{4 \cdot y \cdot \pi^2}$

$$y = \frac{F_R \cdot T^2}{4 \cdot m \cdot \pi^2}$$

$$v_{max} = A \cdot \sqrt{\frac{R}{m}}$$

$[A] = m$ $[v] = \frac{m}{s}$

Mathematisches Pendel

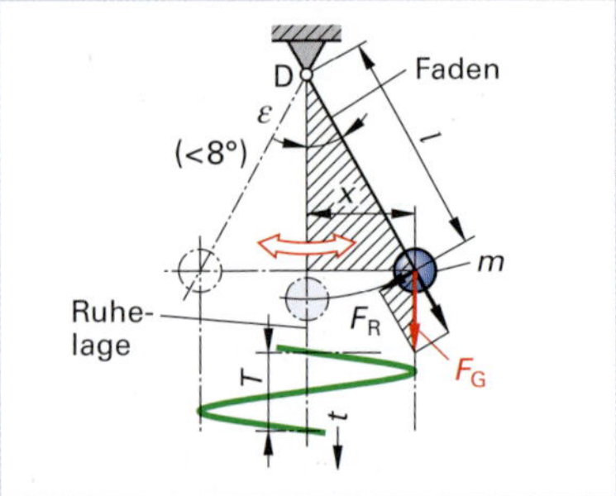

F_R momentane Rückstellkraft (in Richtung Ruhelage)

F_G Gewichtskraft

R (Winkel-)Richtgröße

A Amplitude (x_{max})

m Masse

g Fallbeschleunigung

t, T Zeit, Periodendauer

v_{max} maximale Geschwindigkeit

$$T = 2 \cdot \pi \cdot \sqrt{\frac{l}{g}}$$

$$R = \frac{m \cdot g}{l}$$

$R = \frac{F_G}{l}$

$$F_R = F_G \cdot \sin\varepsilon$$

$F_G = m \cdot g$

$F_R = m \cdot g \cdot \sin\varepsilon$

$F_R = m \cdot g \cdot \frac{x}{l}$

$$v_{max} = A \cdot \sqrt{\frac{g}{l}}$$

$[T] = s$ $[l] = m$ $[g] = \frac{m}{s^2}$ $[R] = \frac{N}{m}$ $[m] = kg$ $[F_R] = N$ $[A] = m$ $[v] = \frac{m}{s}$

Merke: Für Schwingungen innerhalb $\varepsilon < 8°$ hängt die Periodendauer weder von der Masse noch von der maximalen Auslenkung ab.

ε momentaner Schwenkwinkel in ° als Auslenkung (lineare Schwingung nur < 8°)

l Pendellänge, Fadenlänge

x momentane Auslenkung (als linearer Abstand von der Ruhelage)

Pendel- und Drehschwingungen

Physikalische Pendel

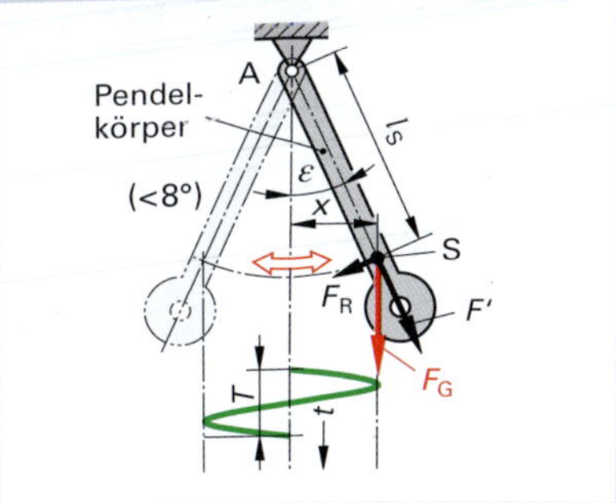

- F_R Rückstellkraft (in Richtung Ruhelage)
- F_G Gewichtskraft
- J_A Trägheitsmoment des Körpers bezogen auf Schwenkachse A
- ε Schwenkwinkel in ° (lineare Schwingung nur < 8°)
- l_s Abstand Schwerpunkt S zu A
- R (Winkel-)Richtgröße
- m Masse
- g Fallbeschleunigung
- t, T Zeit, Periodendauer

Für Schwenkwinkel < 8° (kleine Amplituden) gilt:

$$T = 2 \cdot \pi \cdot \sqrt{\frac{J_A}{m \cdot g \cdot l_s}} \qquad T = 2 \cdot \pi \cdot \sqrt{\frac{J_A}{F_G \cdot l_s}}$$

$$F_G = m \cdot g$$

$$R = m \cdot g \cdot l_s \qquad R = F_G \cdot l_s$$

$[T] = s$
$[J_A] = kg \cdot m$
$[m] = kg$
$[g] = \frac{m}{s^2}$
$[l_s] = m$
$[R] = \frac{N}{m}$
$[F_G] = N$

Trägheitsmoment des Körpers
bezogen auf die Schwenkachse A

$$J_A = m \cdot g \cdot l_s \cdot \frac{T^2}{4 \cdot \pi^2} \qquad J_A = F_G \cdot l_s \cdot \frac{T^2}{4 \cdot \pi^2}$$

Gewichtskraft: Seite 88

Bestimmung des Trägheitsmomentes eines Körpers aus Pendelschwingung

Körper

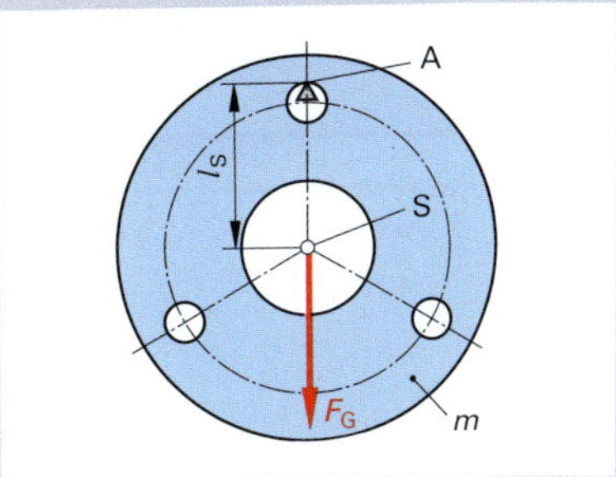

- J_S Trägheitsmoment des Körpers
- F_G Gewichtskraft
- A Schwenkachse
- S Schwerachse (durch Körperschwerpunkt)
- l_s Abstand Schwerachse zu A
- m Masse
- g Fallbeschleunigung
- T Periodendauer

Durchführung:

- Körper an einer Achse außerhalb seiner Schwerachse lagern und mit kleiner Amplitude (Anfangsauslenkung) zum Schwingen bringen.
- Aus der gemessenen Periodendauer T, dem Abstand l_s und der Masse m ergibt sich:

Trägheitsmoment des Körpers
bezogen auf Schwerpunktachse

$$J_S = m \cdot g \cdot l_s \cdot \frac{T^2}{4 \cdot \pi^2} - m \cdot l_s^2$$

$$J_S = F_G \cdot l_s \cdot \frac{T^2}{4 \cdot \pi^2} - m \cdot l_s^2$$

$[J_S] = kg \cdot m$
$[m] = kg$
$[g] = \frac{m}{s^2}$
$[l_s] = m$
$[T] = s$
$[F_G] = N$

Trägheitsmomente: Seite 89;
Gewichtskraft: Seite 88

Temperatureinheiten

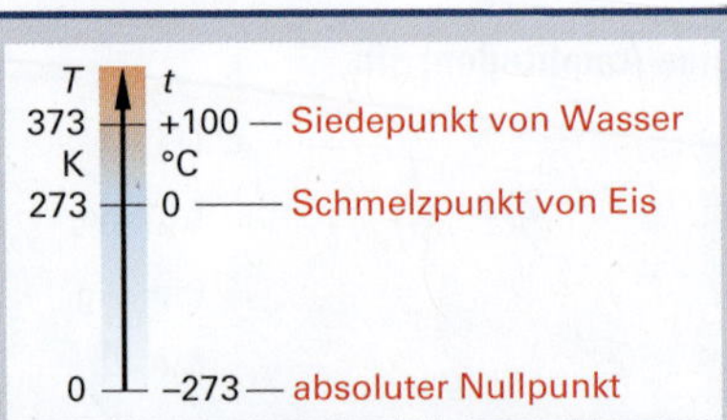

T thermodynamische Temperatur

t, ϑ Celsius-Temperatur

t_f Fahrenheit-Temperatur

$$T = t + 273$$

$[T] = \text{K}$

$$t = T - 273$$

genau:

0 K = −273,15 °C

0 °C = 273,15 K

$[t, \vartheta] = °\text{C}$

$$t_f = 1{,}8 \cdot t + 32$$

$[t_F] = °\text{F}$

Längenänderung

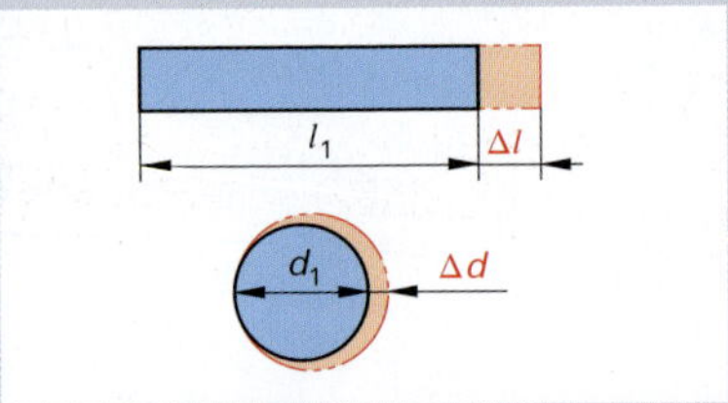

Δl	Längenänderung
α_l	Längenausdehnungskoeffizient
l_1	Anfangslänge
Δt, $\Delta\vartheta$, ΔT	Temperaturänderung
t_1, t_2	Temperatur vor, nach der Erwärmung
Δd	Durchmesseränderung
d_1	Anfangsdurchmesser

$$\Delta l = \alpha_l \cdot l_1 \cdot \Delta t \qquad \Delta d = \alpha_l \cdot d_1 \cdot \Delta t$$

$$\alpha_l = \frac{\Delta l}{\Delta t \cdot l_1} \qquad \alpha_l = \frac{\Delta d}{\Delta t \cdot d_1}$$

$$l_1 = \frac{\Delta l}{\Delta t \cdot \alpha_l} \qquad d_1 = \frac{\Delta d}{\Delta t \cdot \alpha_l}$$

$$\Delta t = \frac{\Delta l}{\alpha_l \cdot l_1} \qquad \Delta t = \frac{\Delta d}{\alpha_l \cdot d_1}$$

$$\Delta t = t_2 - t_1$$

$[\Delta l] = \text{mm}$

$[\Delta d] = \text{mm}$

$[\alpha_l] = \frac{1}{°\text{C}} = \frac{1}{\text{K}}$

$[l_1] = \text{mm}$

$[d_1] = \text{mm}$

$[\Delta t] = °\text{C}$

$[\Delta\vartheta] = °\text{C}$

$[\Delta T] = \text{K}$

Volumenänderung

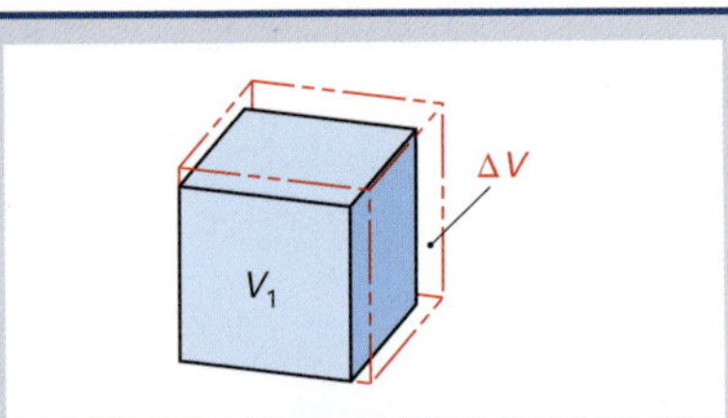

ΔV	Volumenänderung
α_V	Volumenausdehnungskoeffizient (Feststoffe: $\alpha_V \approx 3 \cdot \alpha_l$)
Δt, $\Delta\vartheta$, ΔT	Temperaturänderung
t_1, t_2	Temperatur vor, nach der Erwärmung
V_1	Anfangsvolumen

$$\Delta V = \alpha_V \cdot V_1 \cdot \Delta t$$

$$\alpha_V = \frac{\Delta V}{\Delta t \cdot V_1}$$

$$V_1 = \frac{\Delta V}{\Delta t \cdot \alpha_V}$$

$$\Delta t = \frac{\Delta V}{\alpha_V \cdot V_1}$$

$$\Delta t = t_2 - t_1$$

$[\Delta V] = \text{dm}^3, l$

$[\alpha_V] = \frac{1}{°\text{C}} = \frac{1}{\text{K}}$

$[V_1] = \text{dm}^3, l$

$[\Delta t] = °\text{C}$

$[\Delta\vartheta] = °\text{C}$

$[\Delta T] = \text{K}$

Umformungen

1 l = 1 dm³ = 1000 cm³ = 0,001 m³ = 1000000 mm³

1 m³ = 1000 dm³ = 1000 l = 1000000 cm³

Schwindung

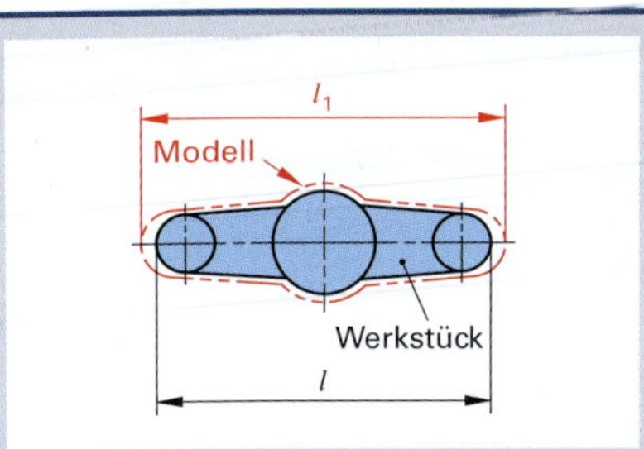

S Schwindmaß
l Werkstücklänge
l_1 Modelllänge

$$S = 100\,\% - \frac{l \cdot 100\,\%}{l_1}$$

$$l = \frac{l_1 \cdot (100\,\% - S)}{100\,\%}$$

$$l_1 = \frac{l \cdot 100\,\%}{100\,\% - S}$$

$[S] = \%$
$[l] = \text{mm}$
$[l_1] = \text{mm}$

Wärmemenge bei Temperaturänderung

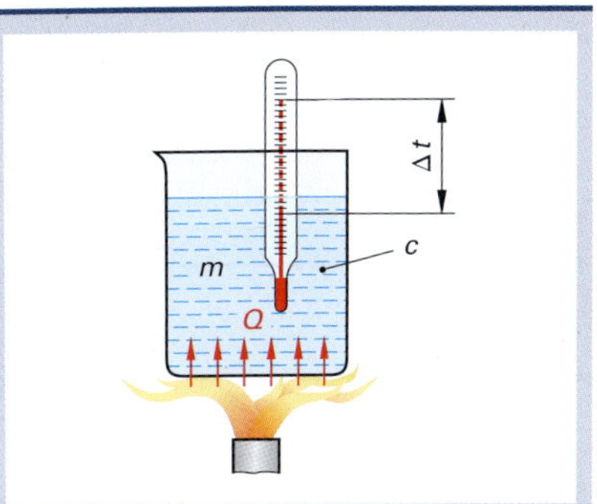

Q Wärmemenge
m Masse
c spezifische Wärmekapazität
$\Delta t, \Delta\vartheta, \Delta T$ Temperaturänderung
t_1 Anfangstemperatur
t_2 Endtemperatur

$$Q = c \cdot m \cdot \Delta t$$

$$Q = c \cdot m \cdot (t_2 - t_1)$$

$$c = \frac{Q}{m \cdot \Delta t}$$

$$c = \frac{Q}{m \cdot (t_2 - t_1)}$$

$$m = \frac{Q}{c \cdot \Delta t}$$

$$m = \frac{Q}{c \cdot (t_2 - t_1)}$$

$$\Delta t = \frac{Q}{c \cdot m}$$

$$\Delta t = t_2 - t_1$$

$[Q] = \text{kJ}$
$[m] = \text{kg}$
$[\Delta t] = °\text{C}$
$[c] = \frac{\text{kJ}}{(\text{kg} \cdot \text{K})} = \frac{\text{kJ}}{(\text{kg} \cdot °\text{C})}$
$[\Delta\vartheta] = °\text{C}$
$[\Delta T] = \text{K}$

Umformungen

$1\,\text{kJ} = 1000\,\text{J} = 0{,}001\,\text{MJ}$
$1\,\text{J} = 1\,\frac{\text{kg} \cdot \text{m}^2}{\text{s}^2} = 1\,\text{N} \cdot \text{m} = 1\,\text{W} \cdot \text{s}$
$1\,\text{W} \cdot \text{h} = 3600\,\text{W} \cdot \text{s} = 3600\,\text{J}$
$1\,\text{kW} \cdot \text{h} = 3600000\,\text{J} = 3{,}6\,\text{MJ}$

Technische Physik

Wärmemischung, Gesamtwärmeinhalt, Mischungstemperatur

Mischung zwei verschiedene Stoffe

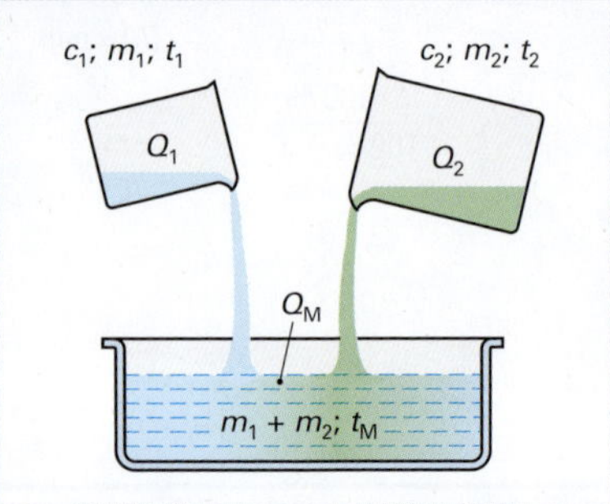

Stoff 1, Stoff 2

Q_1, Q_2 Wärmeinhalt
c_1, c_2 spezifische Wärmekapazität
m_1, m_2 Masse
t_1, ϑ_1, T_1, t_2, ϑ_2, T_2, Temperatur (in Grad oder Kelvin)

Mischung

Q_M Gesamtwärmeinhalt
t_M, ϑ_M, T_M Temperatur

Gesamtwärmeinhalt der Mischung
(allgemein für n Stoffe)

$$Q_M = Q_1 + Q_2 + ... + Q_n$$

$[Q] = \text{kJ}$

(zwei verschiedene Stoffe; $c_1 \neq c_2$)

$$Q_M = Q_1 + Q_2$$

Temperatur der Mischung

$$t_M = \frac{c_1 \cdot m_1 \cdot t_1 + c_2 \cdot m_2 \cdot t_2}{c_1 \cdot m_1 + c_2 \cdot m_2}$$

Temperatur Stoff 1

$$t_1 = \frac{t_M \cdot (c_1 \cdot m_1 + c_2 \cdot m_2) - c_2 \cdot m_2 \cdot t_2}{c_1 \cdot m_1}$$

Masse Stoff 1

$$m_1 = \frac{m_2 \cdot c_2 \cdot (t_2 - t_M)}{c_1 \cdot (t_M - t_1)}$$

$[t] = °\text{C}$
$[\vartheta] = °\text{C}$
$[T] = \text{K}$
$[m] = \text{kg}$
$[c] = \frac{\text{J}}{(\text{kg} \cdot \text{K})} = \frac{\text{kJ}}{(\text{kg} \cdot °\text{C})}$

Massenberechnung: Seite 42

Mischung zwei gleiche Stoffe

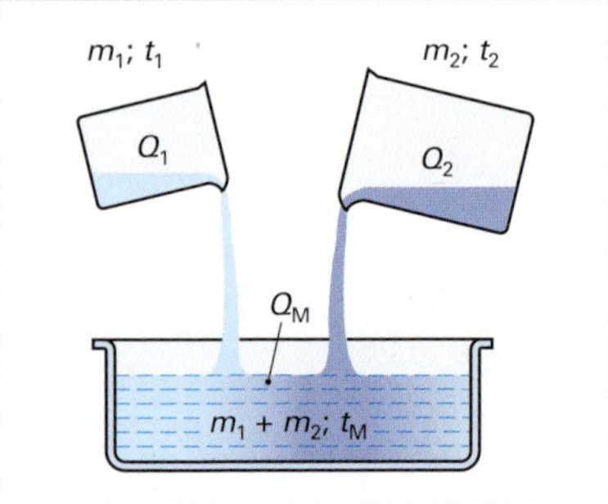

Temperatur der Mischung
(zwei gleiche Stoffe; $c_1 = c_2$)

$$t_M = \frac{m_1 \cdot t_1 + m_2 \cdot t_2}{m_1 + m_2}$$

Temperatur Stoff 1

$$t_1 = \frac{t_M \cdot (m_1 + m_2) - m_2 \cdot t_2}{m_1}$$

Masse Stoff 1

$$m_1 = \frac{m_2 \cdot (t_2 - t_M)}{(t_M - t_1)}$$

$[t] = °\text{C}$
$[\vartheta] = °\text{C}$
$[T] = \text{K}$
$[m] = \text{kg}$

Umformungen

$1\,\text{W} \cdot \text{h} = 3600\,\text{W} \cdot \text{s} = 3600\,\text{J}$
$1\,\text{kW} \cdot \text{h} = 3600000\,\text{J} = 3{,}6\,\text{MJ}$
$1\,\text{kJ} = 1000\,\text{J} = 0{,}001\,\text{MJ}$
$1\,\text{J} = 1\,\frac{\text{kg} \cdot \text{m}^2}{\text{s}^2} = 1\,\text{N} \cdot \text{m} = 1\,\text{W} \cdot \text{s}$

Massenberechnung: Seite 42

Schmelzwärme, Verdampfungswärme

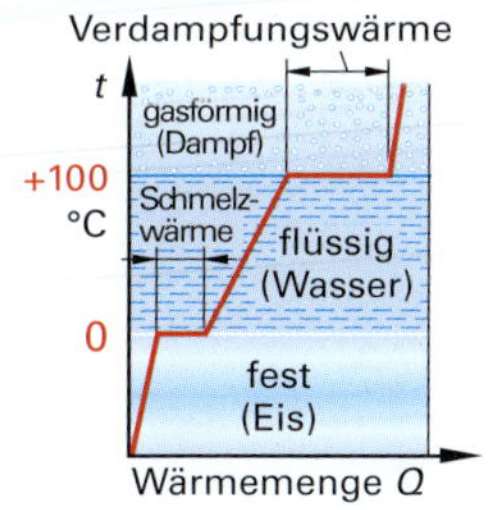

- Q Schmelzwärme, Verdampfungswärme
- q spezifische Schmelzwärme
- r spezifische Verdampfungswärme
- m Masse

Schmelzen:

$$Q = q \cdot m$$

$$q = \frac{Q}{m} \qquad m = \frac{Q}{q}$$

Verdampfen:

$$Q = r \cdot m$$

$$r = \frac{Q}{m} \qquad m = \frac{Q}{r}$$

$[Q] = \text{kJ}$

$[q] = \frac{\text{kJ}}{\text{kg}}$

$[r] = \frac{\text{kJ}}{\text{kg}}$

$[m] = \text{kg}$

Verbrennungswärme

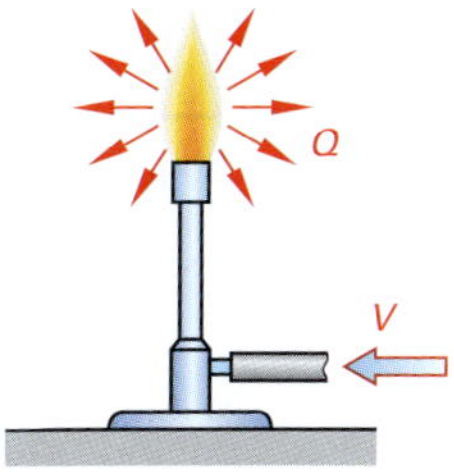

Q	Wärmemenge
H, H_u, H_i	spezifischer Heizwert fester und flüssiger Stoffe
H, H_u, H_i	spezifischer Heizwert von Gasen
m	Masse fester und flüssiger Brennstoffe
V	Volumen von Brenngasen

feste, flüssige Stoffe:

$$Q = H_u \cdot m$$

$$H_u = \frac{Q}{m}$$

$[Q] = \text{MJ}$

$[H_u] = \frac{\text{MJ}}{\text{kg}}$

$[m] = \text{kg}$

(Brennstoff-)Masse

$$m = \frac{Q}{H_u}$$

Gase:

$$Q = H_u \cdot V$$

$$H_u = \frac{Q}{V}$$

$[V] = \text{m}^3$

$[H_u] = \frac{\text{MJ}}{\text{m}^3}$

(Brenngas-) Volumen

$$V = \frac{Q}{H_u}$$

Umformungen

$1\,\text{MJ} = 1000\,\text{kJ} = 1000000\,\text{J}$

$1\,\text{J} = 1\,\frac{\text{kg} \cdot \text{m}^2}{\text{s}^2} = 1\,\text{N} \cdot \text{m} = 1\,\text{W} \cdot \text{s}$

$1\,\text{W} \cdot \text{h} = 3600\,\text{W} \cdot \text{s} = 3600\,\text{J}$

$1\,\text{MJ} = \frac{1}{3{,}6}\,\text{kW} \cdot \text{h}$

Wärmestrom

Wärmestrom bei Wärmeleitung (innerhalb eines Stoffes)

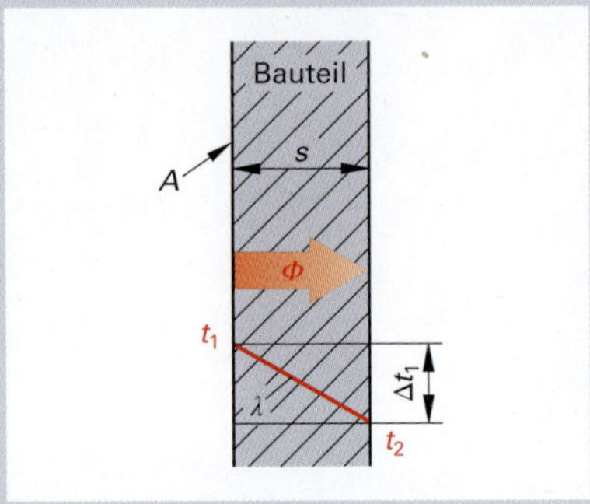

Φ Wärmestrom bei Wärmeleitung

λ Wärmeleitfähigkeit

A Fläche des Bauteils, die durchströmt wird

s Bauteildicke, Wanddicke

Δt, $\Delta\vartheta$, ΔT Temperaturdifferenz

Wärmestrom bei Wärmeleitung[1]

$$\Phi = \frac{\lambda \cdot A \cdot \Delta t}{s}$$

$$\lambda = \frac{\Phi \cdot s}{A \cdot \Delta t}$$

$$A = \frac{\Phi \cdot s}{\lambda \cdot \Delta t}$$

$$\Delta t = \frac{\Phi \cdot s}{\lambda \cdot A}$$

$$s = \frac{\lambda \cdot A \cdot \Delta t}{\Phi}$$

$[\Phi] = \mathrm{W}$

$[\lambda] = \frac{\mathrm{W}}{\mathrm{m} \cdot {}^\circ\mathrm{C}} = \frac{\mathrm{W}}{\mathrm{m} \cdot \mathrm{K}}$

$[\Delta t] = {}^\circ\mathrm{C}$

$[A] = \mathrm{m}^2$

$[s] = \mathrm{m}$

$[\Delta\vartheta] = {}^\circ\mathrm{C}$

$[\Delta T] = \mathrm{K}$

[1] Der Wärmestrom verläuft von der höheren zur niedrigeren Temperatur.

Wärmestrom bei Wärmedurchgang

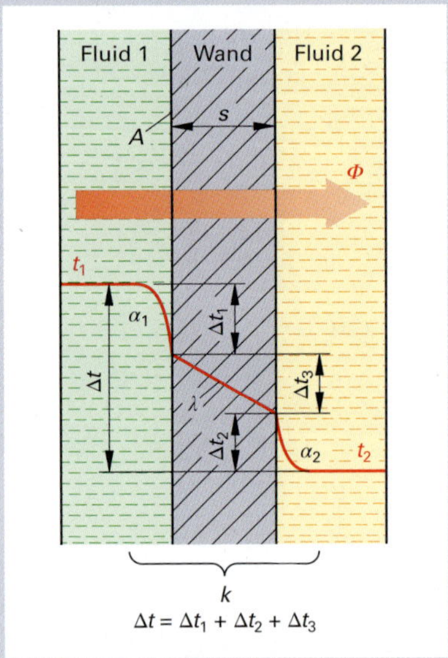

k Wärmedurchgangskoeffizient (berechnet nach Formel rechts oder aus Tabellen); In der Bautechnik als U-Wert.

α_1, α_2 Wärmeübergangskoeffizient

Sind zwei Fluide durch einen festen Körper als Wand getrennt, setzt sich der **Wärmedurchgang** zusammen aus:

- dem **Wärmeübergang** Fluid 1 zur Wand mit α_1
- der **Wärmeleitung** durch die Wand und
- dem **Wärmeübergang** Wand zum Fluid 2 mit α_2

Wärmestrom bei Wärmeübergang

$$\Phi = \alpha \cdot A \cdot \Delta t$$

Wärmestrom bei Wärmedurchgang[2) 3)]

$$\Phi = k \cdot A \cdot \Delta t$$

[2] Wärmedurchgangskoeffizient (einschichtige Wand)

$$\frac{1}{k} = \frac{1}{\alpha_1} + \frac{1}{\alpha_2} + \frac{s}{\lambda}$$

[3] Temperaturdifferenz

$$\Delta t = \Delta t_1 + \Delta t_2 + \Delta t_3$$

$[\Phi] = \mathrm{W}$

$[A] = \mathrm{m}^2$

$[\alpha] = \frac{\mathrm{W}}{\mathrm{m}^2 \cdot {}^\circ\mathrm{C}} = \frac{\mathrm{W}}{\mathrm{m}^2 \cdot \mathrm{K}}$

$[k] = \frac{\mathrm{W}}{\mathrm{m}^2 \cdot {}^\circ\mathrm{C}} = \frac{\mathrm{W}}{\mathrm{m}^2 \cdot \mathrm{K}}$

$[\Delta t] = {}^\circ\mathrm{C}$

$[\Delta\vartheta] = {}^\circ\mathrm{C}$

$[\Delta T] = \mathrm{K}$

Zustandsänderung von Gasen

Allgemeine Zustandsänderung
(Allgemeine Gasgleichung)

Beispiel: Verdichtung und Erwärmung

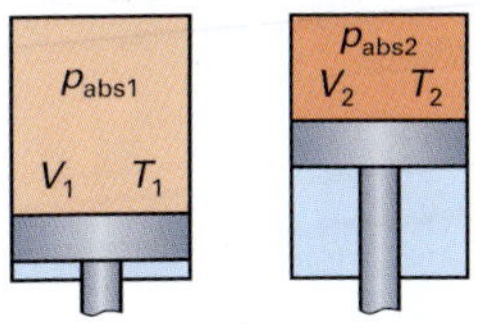

Zustand 1

p_{abs1} absoluter Druck
V_1 Volumen
T_1 absolute Temperatur

Zustand 2

p_{abs2} absoluter Druck
V_2 Volumen
T_2 absolute Temperatur

Allgemeine Gasgleichung

$$\frac{p_{abs1} \cdot V_1}{T_1} = \frac{p_{abs2} \cdot V_2}{T_2}$$

$[p]$ = bar
$[V]$ = dm³, l
$[T]$ = K

$$p_{abs1} = \frac{p_{abs2} \cdot V_2 \cdot T_1}{T_2 \cdot V_1} \qquad p_{abs2} = \frac{p_{abs1} \cdot V_1 \cdot T_2}{T_1 \cdot V_2}$$

$$V_1 = \frac{p_{abs2} \cdot V_2 \cdot T_1}{T_2 \cdot p_{abs1}} \qquad V_2 = \frac{p_{abs1} \cdot V_1 \cdot T_2}{T_1 \cdot p_{abs2}}$$

$$T_1 = \frac{p_{abs1} \cdot V_1 \cdot T_2}{V_2 \cdot p_{abs2}} \qquad T_2 = \frac{p_{abs2} \cdot V_2 \cdot T_1}{V_1 \cdot p_{abs1}}$$

Isotherme Zustandsänderung
(Gesetz von Boyle-Mariotte)

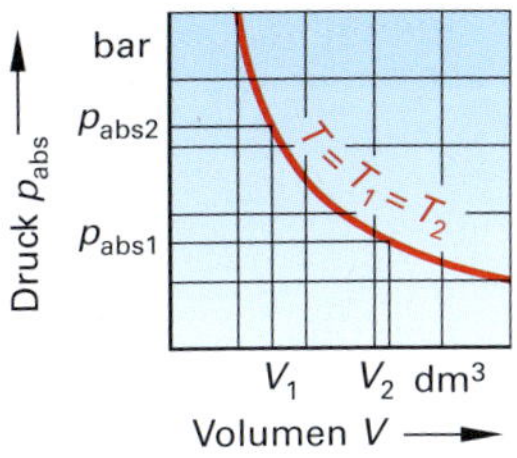

Isotherme Zustandsänderung
(konstante Temperatur; $T_1 = T_2$)

$$p_{abs1} \cdot V_1 = p_{abs2} \cdot V_2$$

$$p_{abs1} = \frac{p_{abs2} \cdot V_2}{V_1} \qquad p_{abs2} = \frac{p_{abs1} \cdot V_1}{V_2}$$

$[p]$ = bar
$[V]$ = dm³, l

$$\frac{p_{abs1}}{p_{abs2}} = \frac{V_2}{V_1}$$

$$V_1 = \frac{p_{abs2} \cdot V_2}{p_{abs1}} \qquad V_2 = \frac{p_{abs1} \cdot V_1}{p_{abs2}}$$

Umformungen

$$1 \text{ bar} = 10 \frac{\text{N}}{\text{cm}^2} = 1000 \text{ N/dm}^2 = 10^{-5} \text{ Pa}$$

$$1 \text{ Pa} = 1 \frac{\text{N}}{\text{m}^2} = 10^{-5} \text{ bar}$$

$$1 \frac{\text{N}}{\text{mm}^2} = 100 \frac{\text{N}}{\text{cm}^2} = 10 \text{ bar}$$

$$1 \text{ l} = 1 \text{ dm}^3 = 1000 \text{ cm}^3 = 0{,}001 \text{ m}^3 = 1000000 \text{ mm}^3$$

$$1 \text{ m}^3 = 1000 \text{ dm}^3 = 1000 \text{ l} = 1000000 \text{ cm}^3$$

Zustandsänderung von Gasen

Isochore Zustandsänderung
(Gesetz von Amontons)

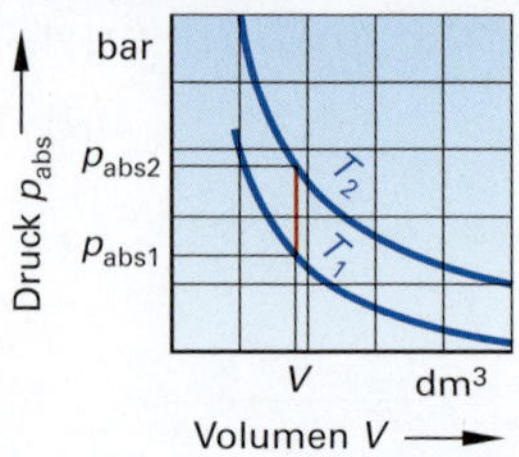

Zustand 1

p_{abs1} absoluter Druck
V_1 Volumen
T_1 absolute Temperatur

Zustand 2

p_{abs2} absoluter Druck
V_2 Volumen
T_2 absolute Temperatur

Isochore Zustandsänderung
(konstantes Volumen; $V_1 = V_2$)

$$p_{abs1} \cdot T_2 = p_{abs2} \cdot T_1$$

$$p_{abs1} = \frac{p_{abs2} \cdot T_1}{T_2} \qquad p_{abs2} = \frac{p_{abs1} \cdot T_2}{T_1}$$

$[p]$ = bar
$[T]$ = K

$$\frac{p_{abs1}}{T_1} = \frac{p_{abs2}}{T_2}$$

$$T_1 = \frac{p_{abs1} \cdot T_2}{p_{abs2}} \qquad T_2 = \frac{p_{abs2} \cdot T_1}{p_{abs1}}$$

Isobare Zustandsänderung
(Gesetz von Gay-Lussac)

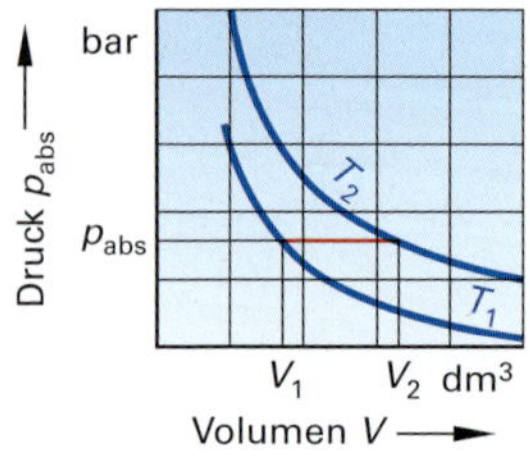

Isobare Zustandsänderung
(konstanter Druck; $p_{abs1} = p_{abs2}$)

$$V_1 \cdot T_2 = V_2 \cdot T_1$$

$$V_1 = \frac{V_2 \cdot T_1}{T_2} \qquad V_2 = \frac{V_1 \cdot T_2}{T_1}$$

$[V]$ = dm^3, l
$[T]$ = K

$$\frac{V_1}{T_1} = \frac{V_2}{T_2}$$

$$T_1 = \frac{V_1 \cdot T_2}{V_2} \qquad T_2 = \frac{V_2 \cdot T_1}{V_1}$$

Umformungen

$1\ \text{bar} = 10\ \frac{N}{cm^2} = 1000\ \frac{N}{dm^2} = 10^{-5}\ \text{Pa}$

$1\ \text{Pa} = 1\ \frac{N}{m^2} = 10^{-5}\ \text{bar}$

$1\ \frac{N}{cm^2} = 100\ \frac{N}{mm^2} = 10\ \text{bar}$

$1\ l = 1\ dm^3 = 1000\ cm^3 = 0{,}001\ m^3 = 1000000\ mm^3$

$1\ m^3 = 1000\ dm^3 = 1000\ l = 1000000\ cm^3$

Technische Physik

Druck

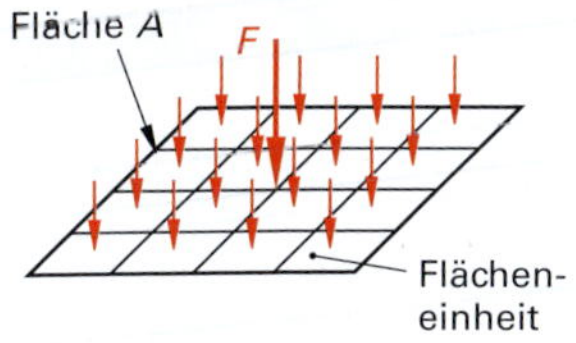

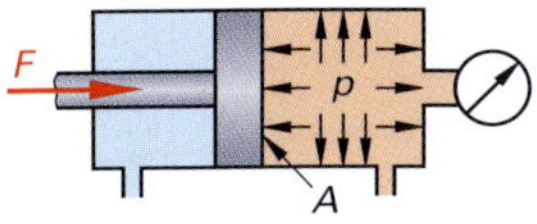

p Druck
F (Kolben-)Kraft
A (Kolben-)Fläche

$$p = \frac{F}{A}$$

$$F = p \cdot A$$

$$A = \frac{F}{p}$$

$[p] = \frac{\text{N}}{\text{cm}^2}$

$[F] = \text{N}$

$[A] = \text{cm}^2$

Umformungen

$1 \text{ bar} = 10 \frac{\text{N}}{\text{cm}^2} = 1000 \frac{\text{N}}{\text{dm}^2}$

$1 \text{ bar} = 100000 \text{ Pa} = 10^{-5} \text{ Pa}$

$1 \text{ Pa} = 1 \frac{\text{N}}{\text{m}^2} = 10^{-5} \text{ bar}$

$1 \text{ mbar} = 100 \text{ Pa} = 1 \text{ hPa}$

$1 \frac{\text{N}}{\text{mm}^2} = 100 \frac{\text{N}}{\text{cm}^2} = 10 \text{ bar}$

Überdruck, Luftdruck, absoluter Druck

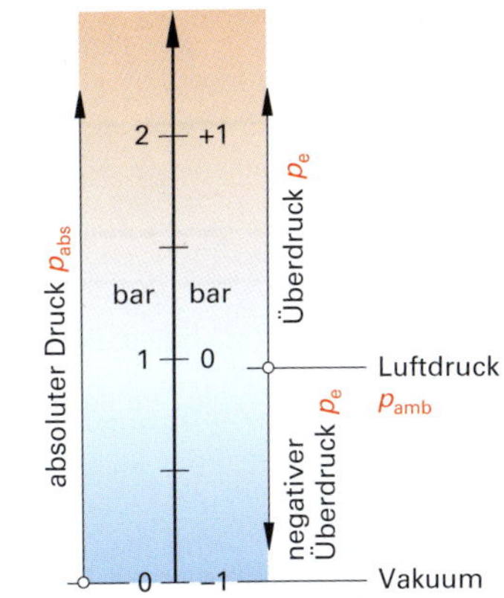

p_e Überdruck (excedens, überschreitend)
p_{amb} Luftdruck (ambient, umgebend)
p_{abs} absoluter Druck

$$p_e = p_{abs} - p_{amb}$$

$[p_e] = \text{bar}$

$$p_{amb} = p_{abs} - p_e$$

$[p_{amb}] = \text{bar}$

p_{amb} = 1,013 bar ≈ 1 bar (Normalluftdruck)

$$p_{abs} = p_e + p_{amb}$$

$[p_{abs}] = \text{bar}$

Der Überdruck ist positiv, wenn $p_{abs} > p_{amb}$ und negativ, wenn $p_{abs} < p_{amb}$ ist (Unterdruck).

Schweredruck, Auftriebskraft

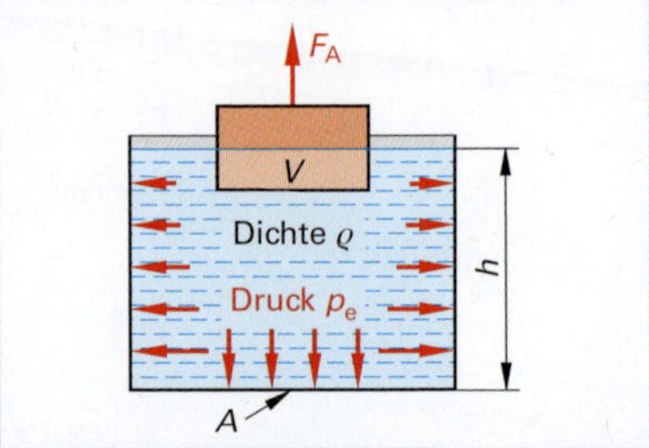

p_e Schweredruck
ϱ Dichte der Flüssigkeit
g Fallbeschleunigung
h Flüssigkeitstiefe
F_A Auftriebskraft
V Eintauchvolumen

$$p_e = \varrho \cdot g \cdot h \qquad h = \frac{p_e}{\varrho \cdot g} \qquad \varrho = \frac{p_e}{h \cdot g}$$

$$F_A = V \cdot \varrho \cdot g \qquad V = \frac{F_A}{\varrho \cdot g} \qquad \varrho = \frac{F_A}{V \cdot g}$$

$[p_e] = \frac{N}{dm^2}$; $[\varrho] = \frac{kg}{dm^3}$; $[g] = \frac{m}{s^2}$; $[h] = dm$; $[F_A] = N$; $[V] = dm^3$

Umformungen

$$1\ bar = 1000\,\frac{N}{dm^2} = 10\,\frac{N}{cm^2} = 0{,}1\,\frac{N}{mm^2}$$

$$1\,\frac{N}{dm^2} = 0{,}001\ bar$$

Aufdruck- und Bodenkraft

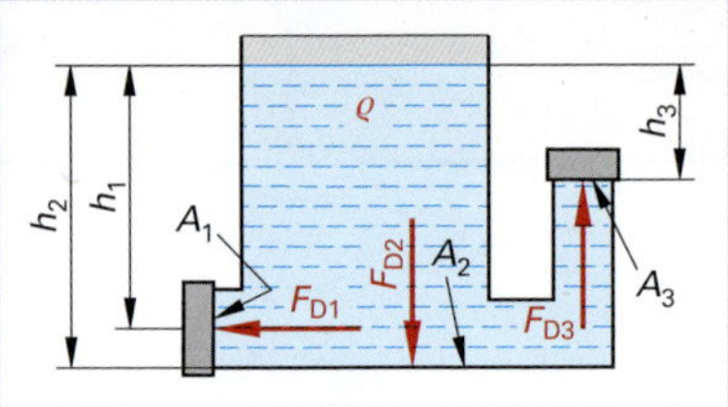

p_{ei} Schweredruck an Fläche i
ϱ Dichte der Flüssigkeit
g Fallbeschleunigung
h_i Flüssigkeitstiefe der Fläche i
F_{Di} Druckkraft an Fläche i
A_i Fläche i

$i = 1$: Verschluss links; $i = 2$: Boden;
$i = 3$: Verschluss rechts

$$F_{Di} = A_i \cdot \varrho \cdot g \cdot h_i$$ **Mit:** $p_{ei} = \varrho \cdot g \cdot h_i$

$$A_i = \frac{F_{Di}}{\varrho \cdot g \cdot h_i} \qquad \varrho = \frac{F_{Di}}{A_i \cdot g \cdot h_i}$$

$$h_i = \frac{F_{Di}}{A_i \cdot \varrho \cdot g}$$

$[p_e] = \frac{N}{dm^2}$; $[\varrho] = \frac{kg}{dm^3}$; $[g] = \frac{m}{s^2}$; $[h_i] = dm$; $[F_{Di}] = N$; $[A_i] = dm^2$

Umformungen

$$1\ bar = 1000\,\frac{N}{dm^2} = 10\,\frac{N}{cm^2} = 0{,}1\,\frac{N}{mm^2}$$

Druckübersetzung

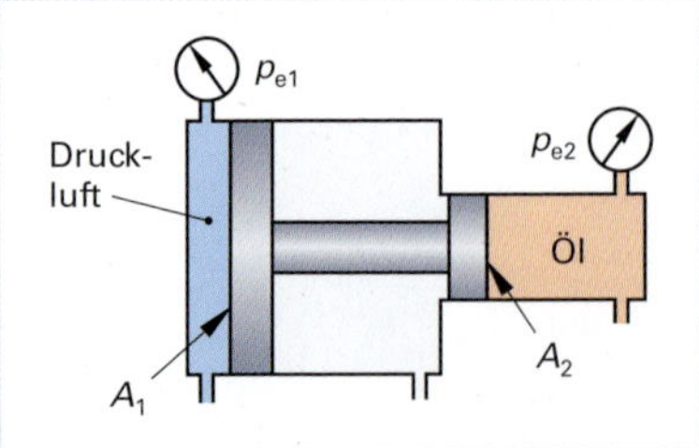

p_{e1} Überdruck an A_1
p_{e2} Überdruck an A_2
A_1; A_2 Kolbenflächen
η Wirkungsgrad des Druckübersetzers

$$\frac{p_{e2}}{p_{e1}} = \frac{A_1}{A_2} \cdot \eta \qquad \eta = \frac{p_{e2}}{p_{e1}} \cdot \frac{A_2}{A_1}$$

$$p_{e1} = \frac{p_{e2}}{\eta} \cdot \frac{A_2}{A_1} \qquad p_{e2} = p_{e1} \cdot \frac{A_1}{A_2} \cdot \eta$$

$$A_1 = \frac{p_{e2} \cdot A_2}{\eta \cdot p_{e1}} \qquad A_2 = \frac{p_{e1}}{p_{e2}} \cdot A_1 \cdot \eta$$

$[p_{e1}; p_{e1}] = \frac{N}{cm^2}$; $[A_1; A_2] = cm^2$; $[\eta] = –$

Umformungen

$$1\ bar = 1000\,\frac{N}{dm^2} = 10\,\frac{N}{cm^2} = 0{,}1\,\frac{N}{mm^2}$$

$$1\,\frac{N}{dm^2} = 0{,}001\ bar$$

Kolbenkräfte

Ausfahren

– Einfachwirkender Zylinder
(Federkraft wird vernachlässigt)

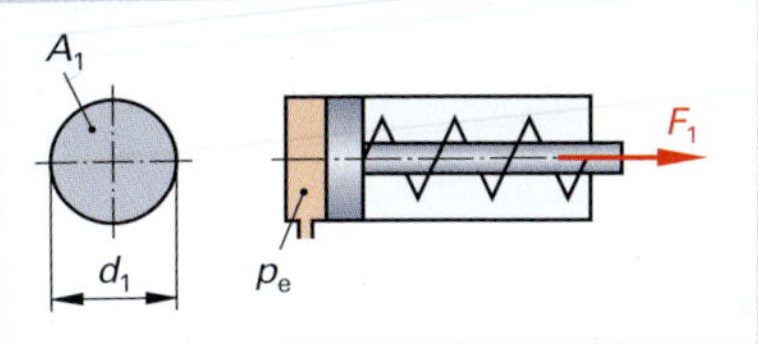

– Doppeltwirkender Zylinder

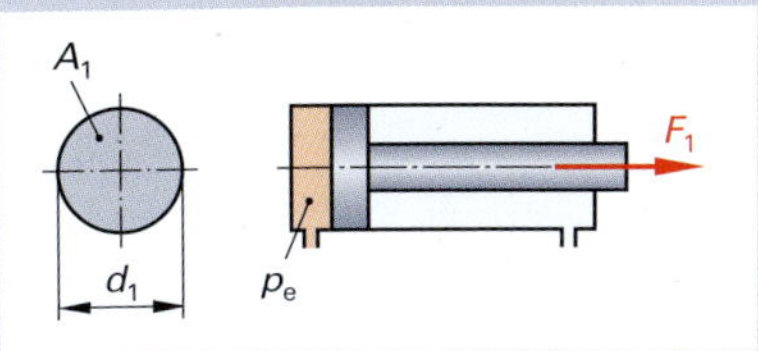

F_1 Kraft beim Ausfahren
p_e Überdruck
A_1 Kolbenfläche
η Wirkungsgrad
d_1 Kolbendurchmesser

$$F_1 = p_e \cdot A_1 \cdot \eta$$

$$p_e = \frac{F_1}{A_1 \cdot \eta}$$

$$A_1 = \frac{F_1}{p_e \cdot \eta}$$

$$A_1 = \frac{d_1^2 \cdot \pi}{4}$$

$$F_1 = \frac{p_e \cdot d_1^2 \cdot \pi \cdot \eta}{4}$$

$$p_e = \frac{4 \cdot F_1}{d_1^2 \cdot \pi \cdot \eta}$$

$$d_1 = \sqrt{\frac{4 \cdot F_1}{\pi \cdot \eta \cdot p_e}}$$

$[F_1] = N$
$[p_e] = N/cm^2$
$[A_1] = cm^2$
$[d_1] = cm$
$[\eta] = -$

Umformungen

$$1\,\text{bar} = 1000\,\frac{N}{dm^2} = 10\,\frac{N}{cm^2} = 0{,}1\,\frac{N}{mm^2}$$

$$1\,\frac{N}{cm^2} = 0{,}1\,\text{bar}$$

Einfahren

– Einfachwirkender Zylinder
Nur die Federkraft wirkt,
sie wird vernachlässigt.

– Doppeltwirkender Zylinder

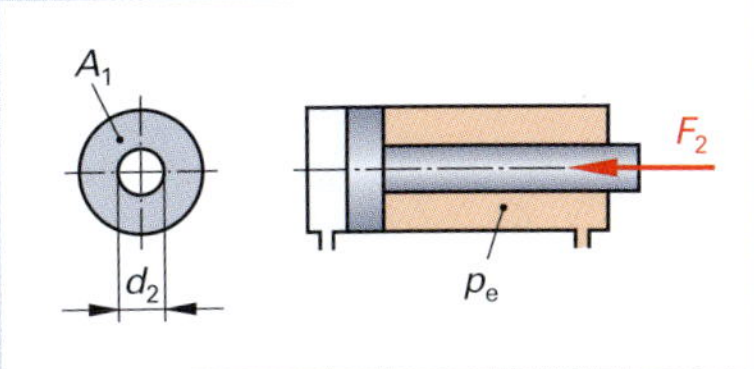

F_2 Kraft beim Einfahren
p_e Überdruck
A_2 Kreisringfläche
η Wirkungsgrad
d_2 Kolbenstangendurchmesser

$$F_2 = p_e \cdot A_2 \cdot \eta$$

$$p_e = \frac{F_2}{A_2 \cdot \eta}$$

$$A_2 = \frac{F_2}{p_e \cdot \eta}$$

$$A_2 = \frac{(d_1^2 - d_2^2) \cdot \pi}{4}$$

$$F_2 = \frac{p_e \cdot (d_1^2 - d_2^2) \cdot \pi \cdot \eta}{4} \qquad p_e = \frac{4 \cdot F_2}{(d_1^2 - d_2^2) \cdot \pi \cdot \eta}$$

$$d_1 = \sqrt{\frac{4 \cdot F_2}{\pi \cdot \eta \cdot p_e} + d_2^2} \qquad d_2 = \sqrt{d_1^2 - \frac{4 \cdot F_2}{\pi \cdot \eta \cdot p_e}}$$

$[F_1] = N$
$[p_e] = \frac{N}{cm^2}$
$[A_2] = cm^2$
$[d] = cm$
$[\eta] = -$

Umformungen

$$1\,\text{bar} = 1000\,\frac{N}{dm^2} = 10\,\frac{N}{cm^2} = 0{,}1\,\frac{N}{mm^2}$$

$$1\,\frac{N}{cm^2} = 0{,}1\,\text{bar}$$

Kolbengeschwindigkeit und Strömungsgeschwindigkeit in Zuleitung

Ausfahren

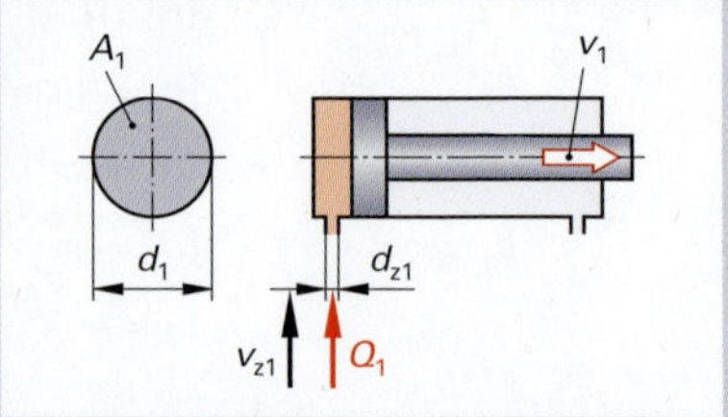

Q_1 Volumenstrom beim Ausfahren
A_1 Kolbenfläche
v_1 Ausfahrgeschwindigkeit
d_1 Kolbendurchmesser

v_{z1} Strömungsgeschwindigkeit in Zuleitung-Kolbenseite
d_{z1} Durchmesser der Zuleitung

$$v_1 = \frac{Q_1}{A_1}$$

$$Q_1 = v_1 \cdot A_1$$

$$A_1 = \frac{Q_1}{v_1}$$

$$A_1 = \frac{d_1^2 \cdot \pi}{4}$$

$$v_1 = \frac{4 \cdot Q_1}{d_1^2 \cdot \pi}$$

$$Q_1 = v_1 \cdot \frac{d_1^2 \cdot \pi}{4}$$

$$d_1 = \sqrt{\frac{4 \cdot Q_1}{v_1 \cdot \pi}}$$

$$v_{z1} = \frac{4 \cdot Q_1}{d_{z1}^2 \cdot \pi}$$

$$d_{z1} = \sqrt{\frac{4 \cdot Q_1}{v_{z1} \cdot \pi}}$$

$[v] = \frac{cm}{s}$

$[Q] = \frac{cm^3}{s}$

$[A] = cm^2$

$[d] = cm$

Einfahren

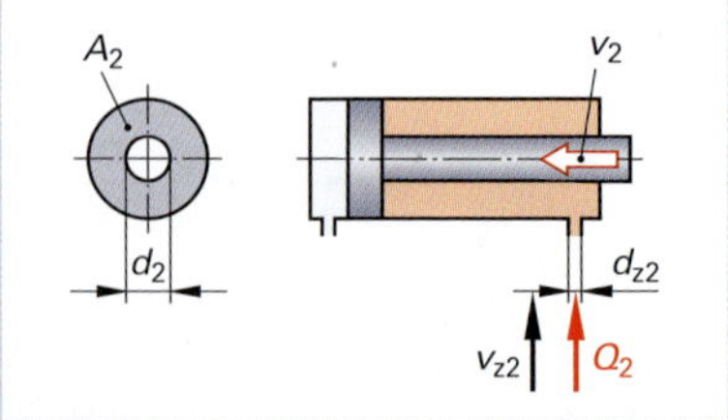

Q_2 Volumenstrom beim Einfahren
A_2 Kreisringfläche
v_2 Einfahrgeschwindigkeit
d_1 Kolbendurchmesser
d_2 Kolbenstangendurchmesser

v_{z2} Strömungsgeschwindigkeit in Zuleitung-Kolbenstangenseite
d_{z2} Durchmesser der Zuleitung

$$v_2 = \frac{Q_2}{A_2}$$

$$Q_2 = v_2 \cdot A_2$$

$$A_2 = \frac{Q_2}{v_2}$$

$$A_2 = \frac{(d_1^2 - d_2^2) \cdot \pi}{4}$$

$$v_2 = Q_2 \cdot \frac{4}{(d_1^2 - d_2^2) \cdot \pi}$$

$$Q_2 = v_2 \cdot \frac{(d_1^2 - d_2^2) \cdot \pi}{4}$$

$$d_1 = \sqrt{\frac{4 \cdot Q_2}{v_2 \cdot \pi} + d_2^2}$$

$$d_2 = \sqrt{\frac{4 \cdot Q_2}{v_2 \cdot \pi} - d_1^2}$$

$$v_{z2} = \frac{4 \cdot Q_2}{d_{z2}^2 \cdot \pi}$$

$$d_{z2} = \sqrt{\frac{4 \cdot Q_2}{v_{z2} \cdot \pi}}$$

$[v] = \frac{cm}{s}$

$[Q] = \frac{cm^3}{s^2}$

$[A] = cm^2$

$[d] = cm$

Umformungen

$$1\,\frac{cm^3}{s} = 60\,\frac{cm^3}{min} = 0{,}06\,\frac{Liter}{min}$$

Luftverbrauch mit Formeln

Einfachwirkender Zylinder (EZ)

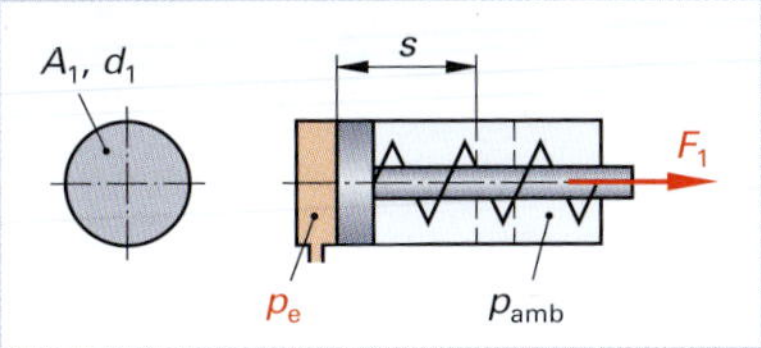

Luft nur zum Ausfahren

- Q Luftverbrauch
- p_e Überdruck
- A_1 Kolbenfläche
- d_1 Kolbendurchmesser
- s Kolbenhub
- n Hubzahl pro Minute

$$Q = A_1 \cdot s \cdot n \cdot \frac{p_e + p_{amb}}{p_{amb}} \qquad A_1 = \frac{d_1^2 \cdot \pi}{4}$$

$$A_1 = \frac{Q}{s \cdot n \cdot \frac{p_e + p_{amb}}{p_{amb}}}$$

$$s = \frac{Q}{A_1 \cdot n \cdot \frac{p_e + p_{amb}}{p_{amb}}}$$

$$n = \frac{Q}{A_1 \cdot s \cdot \frac{p_e + p_{amb}}{p_{amb}}}$$

$[Q] = \frac{cm^3}{min}$

$[A] = cm^2$

$[s] = cm$

$[n] = \frac{1}{min}$

$[p_e] = bar$

$[d] = cm$

Doppeltwirkender Zylinder (DZ)

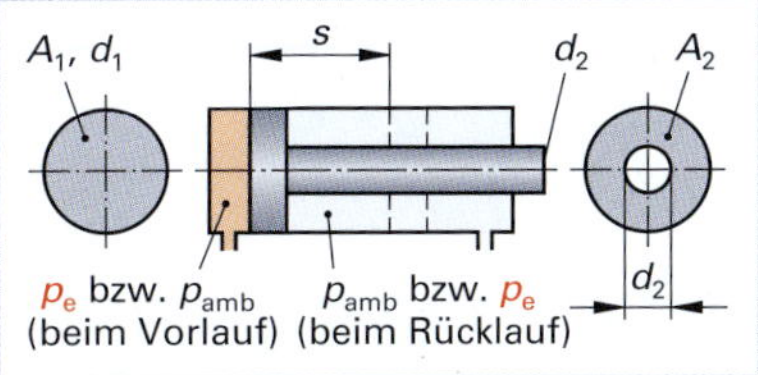

- Q Luftverbrauch
- p_e Überdruck
- A_1 Kolbenfläche
- A_2 Kreisringfläche
- d_1 Kolbendurchmesser
- d_2 Kolbenstangendurchmesser
- s Kolbenhub
- n Hubzahl (Aus- und Einfahren) pro Minute

Luftverbrauch ohne Berücksichtigung der Kolbenstange

$$Q = 2 \cdot A_1 \cdot s \cdot n \cdot \frac{p_e + p_{amb}}{p_{amb}} \qquad A_1 = \frac{d_1^2 \cdot \pi}{4}$$

$$A_1 = \frac{Q}{2 \cdot s \cdot n \cdot \frac{p_e + p_{amb}}{p_{amb}}} \qquad d_1 = \sqrt{\frac{2 \cdot Q}{s \cdot n \cdot \pi \cdot \frac{p_e + p_{amb}}{p_{amb}}}}$$

$$s = \frac{Q}{2 \cdot A_1 \cdot n \cdot \frac{p_e + p_{amb}}{p_{amb}}} \qquad Q = \frac{d_1^2 \cdot \pi}{2} \cdot s \cdot n \cdot \frac{p_e + p_{amb}}{p_{amb}}$$

$$n = \frac{Q}{2 \cdot A_1 \cdot s \cdot \frac{p_e + p_{amb}}{p_{amb}}}$$

Luftverbrauch mit Berücksichtigung der Kolbenstange

$$Q = \frac{(2 \cdot d_1^2 - d_2^2) \cdot \pi}{4} \cdot s \cdot n \cdot \frac{p_e + p_{amb}}{p_{amb}}$$

Luftverbrauch **reduzieren**: z. B. $p_{e2} < p_{e1}$

Doppeltwirkender Zylinder (DZ)

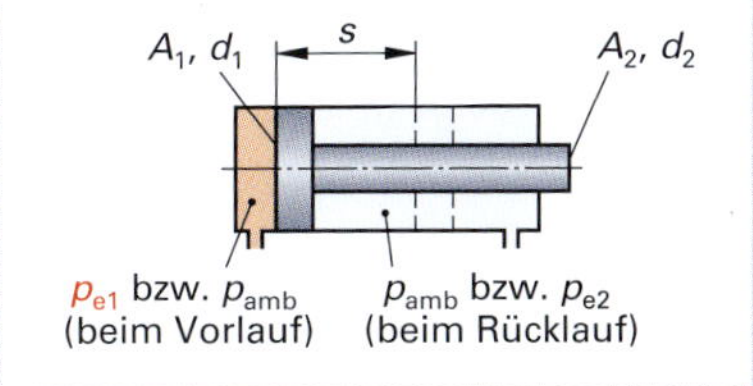

- p_{e1} Überdruck zum Ausfahren
- p_{e2} Überdruck zum Einfahren

Luftverbrauch mit Berücksichtigung der Kolbenstange und verschiedenem Druck beim Aus- und Einfahren

$$Q = \frac{s \cdot n \cdot \pi}{4} \cdot \left[(2 \cdot d_1^2 - d_2^2) + \frac{p_{e1} \cdot d_1^2}{p_{amb}} + \frac{p_{e2} \cdot (d_1^2 - d_2^2)}{p_{amb}}\right]$$

Umformungen

$$1\,\frac{cm^3}{s} = 60\,\frac{cm^3}{min} = 0{,}06\,\frac{Liter}{min} \qquad 1\,\frac{cm^3}{min} = 0{,}001\,\frac{Liter}{min} = \frac{1}{60}\,\frac{cm^3}{s}$$

$$1\,bar = 10\,\frac{N}{cm^2} = 0{,}1\,\frac{N}{mm^2}$$

Hydraulische Presse

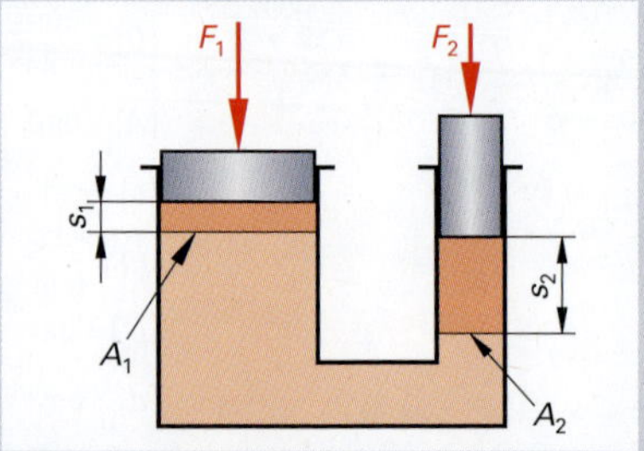

A_1, A_2 Kolbenflächen
F_1, F_2 Kolbenkräfte
s_1, s_2 Kolbenwege
i Übersetzungsverhältnis (hydraulisch)

$$F_1 = F_2 \cdot \frac{A_1}{A_2} \qquad F_1 = F_2 \cdot \frac{s_2}{s_1} \qquad i = \frac{A_1}{A_2} = \frac{s_2}{s_1} = \frac{F_1}{F_2}$$

$F_2 = F_1 \cdot \frac{A_2}{A_1}$ $\quad F_2 = F_1 \cdot \frac{s_1}{s_2}$ $\quad A_1 = A_2 \cdot i$ $\quad A_2 = \frac{A_1}{i}$

$A_1 = A_2 \cdot \frac{F_1}{F_2}$ $\quad s_1 = s_2 \cdot \frac{F_2}{F_1}$ $\quad s_1 = \frac{s_2}{i}$ $\quad s_2 = s_1 \cdot i$

$A_2 = A_1 \cdot \frac{F_2}{F_1}$ $\quad s_2 = s_1 \cdot \frac{F_1}{F_2}$ $\quad F_2 = \frac{F_1}{i}$ $\quad F_2 = \frac{F_1}{i}$

$[F] = \text{N}$

$[A] = \text{cm}^2$

$[s] = \text{cm}$

Durchflussgeschwindigkeit (gleichbleibende Querschnittsfläche)

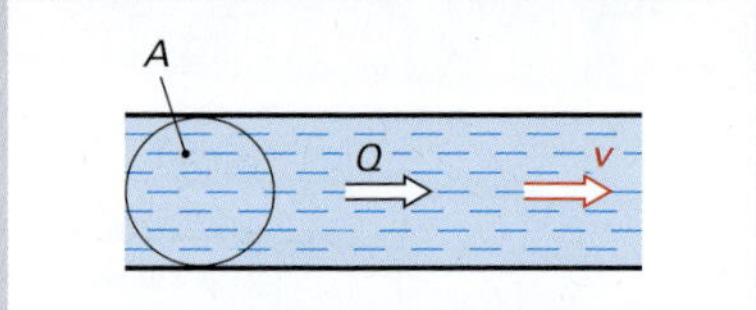

Q Volumenstrom
A Querschnittsfläche
v Durchflussgeschwindigkeit
d Durchmesser des Querschnitts

$$v = \frac{Q}{A} \qquad v = \frac{4 \cdot Q}{d^2 \cdot \pi}$$

$Q = v \cdot A$ $\quad A = \frac{Q}{v}$ $\quad Q = \frac{v \cdot d^2 \cdot \pi}{4}$ $\quad d = \sqrt{\frac{4 \cdot Q}{v \cdot \pi}}$

mit

$$A = \frac{d^2 \cdot \pi}{4}$$

$[Q] = \frac{\text{cm}^3}{\text{min}}$

$[v] = \frac{\text{cm}}{\text{min}}$

$[A] = \text{cm}^2$

$[d] = \text{cm}$

Umformungen

$1\,\frac{\text{Liter}}{\text{min}} = 1000\,\frac{\text{cm}^3}{\text{min}}$; $\quad 1\,\frac{\text{m}}{\text{s}} = 600\,\frac{\text{cm}}{\text{min}}$

Durchflussgeschwindigkeit (wechselnde Querschnittsfläche)

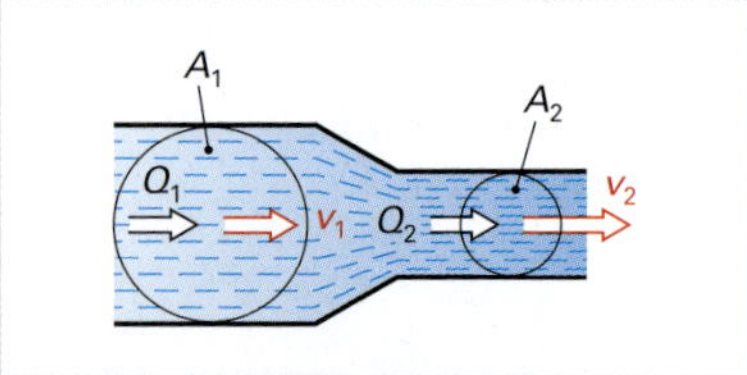

Q_1, Q_2, Q Volumenströme
A_1, A_2 Querschnittsflächen
v_1, v_2 Durchflussgeschwindigkeiten

Kontinuitätsgleichung (inkompressible Medien)

$$Q = Q_1 = Q_2 \qquad Q = v_1 \cdot A_1 \qquad Q = v_2 \cdot A_2$$

$$v_1 \cdot A_1 = v_2 \cdot A_2$$

$A_1 = \frac{Q}{v_1}$ $\quad A_2 = \frac{Q}{v_2}$

$\frac{v_1}{v_2} = \frac{A_2}{A_1}$ $\quad v_1 = \frac{v_2 \cdot A_2}{A_1}$ $\quad v_1 = \frac{Q}{A_1}$ $\quad v_2 = \frac{Q}{A_2}$

$v_2 = \frac{v_1 \cdot A_1}{A_2}$

$[Q] = \frac{\text{Liter}}{\text{min}}$

$[v] = \frac{\text{cm}}{\text{min}}$

$[A] = \text{cm}^2$

Umformungen

$1\,\frac{\text{Liter}}{\text{min}} = 1000\,\frac{\text{cm}^3}{\text{min}}$; $\quad 1\,\frac{\text{m}}{\text{s}} = 600\,\frac{\text{cm}}{\text{min}}$

Energieerhaltungssatz, Bernoullische Druckgleichung

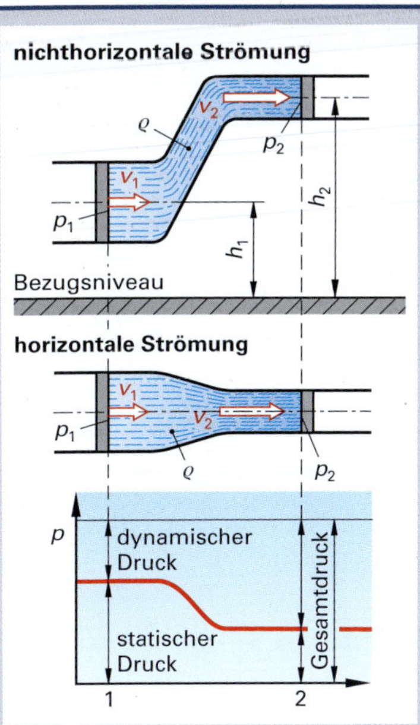

Energieerhaltungssatz in der Strömung[1)]

$$p \cdot V + m \cdot g \cdot h + \frac{m \cdot v^2}{2} = \text{konstant}$$

Gesamtenergie bestehend aus Druckenergie, potentieller Energie und kinetischer Energie bleibt erhalten.

Bernoullische Druckgleichung für

- **nichthorizontale** Strömung[1)]

$$p_1 + \varrho \cdot g \cdot h_1 + \frac{\varrho \cdot {v_1}^2}{2} = p_2 + \varrho \cdot g \cdot h_2 + \frac{\varrho \cdot {v_2}^2}{2}$$

Die Summe aus statischem Druck (örtlicher Druck + Schweredruck) und dynamischem Druck ist an jeder Stelle einer Stromlinie konstant.

- **horizontale** Strömung[1)]

$$p_1 + \frac{\varrho \cdot {v_1}^2}{2} = p_2 + \frac{\varrho \cdot {v_2}^2}{2}$$

Die Summe aus statischem Druck und dynamischem Druck ist an jeder Stelle einer Stromlinie konstant.

Venturi-Düse

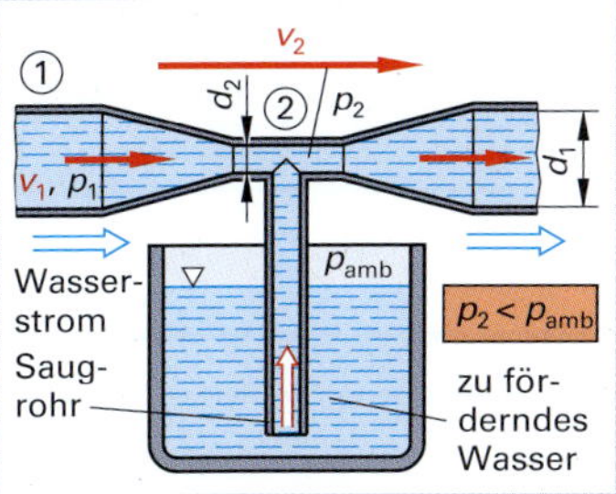

Pitot-Rohr

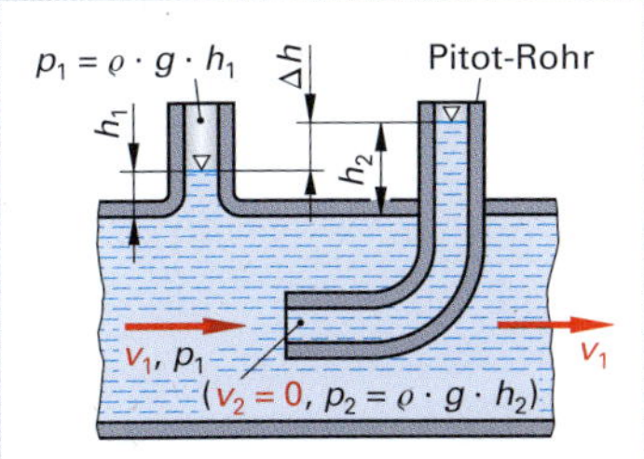

Anwendungsbeispiele:

Venturi-Düse (Saugwirkung, Druck an Stelle ②)

$$p_2 = p_1 + \frac{\varrho \cdot ({v_1}^2 - {v_2}^2)}{2}$$

Pitot-Rohr (Strömungsgeschwindigkeit v_1)

$$v_1 = \sqrt{2 \cdot g \cdot (h_2 - h_1)}$$

$$v_1 = \sqrt{2 \cdot g \cdot (\Delta h)}$$

$[p] = \frac{\text{N}}{\text{m}^2}$

$[m] = \text{kg}$

$[h] = \text{m}$

$[v] = \frac{\text{m}}{\text{s}}$

$[\varrho] = \frac{\text{kg}}{\text{m}^3}$

$[V] = \text{m}^3$

$[g] = \frac{\text{m}}{\text{s}^2}$

1) Formeln gelten nur für reibungsfrei strömende, inkompressible Flüssigkeiten.

p_1, p_2 statischer Druck an der Stelle 1, Stelle 2

v_1, v_2 Durchflussgeschwindigkeit an der Stelle 1, Stelle 2

h_1, h_2 Höhe der Strömung an der Stelle 1, Stelle 2 über gewähltem Bezugsniveau

ϱ Dichte der Flüssigkeit

g Fallbeschleunigung

h Höhe

m Masse

V Volumen

Technische Physik

Elektrische Größen und Einheiten

Größe		Einheit	
Name	Zeichen	Name	Zeichen
Elektrische Spannung	U	Volt	V
Elektrische Stromstärke	I	Ampere	A
Elektrischer Widerstand	R	Ohm	Ω
Elektrischer Leitwert	G	Siemens	S
Elektrische Leistung	P	Watt	W

Ohmsches Gesetz, Widerstand, Leitwert

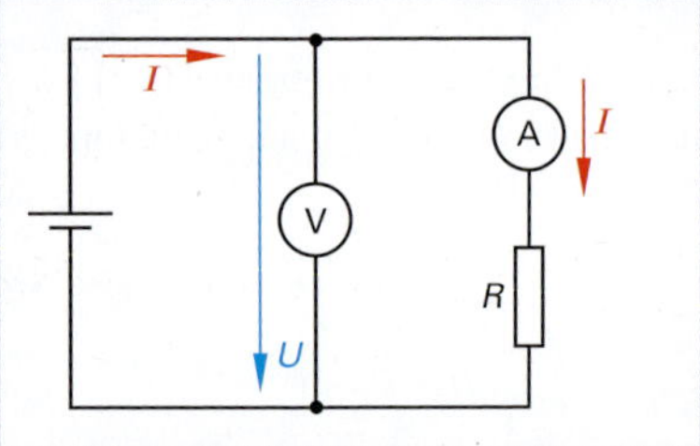

U Spannung
I Stromstärke
R Widerstand
G Leitwert

$$I = \frac{U}{R} \qquad U = R \cdot I \qquad R = \frac{U}{I}$$

$$G = \frac{1}{R} \qquad R = \frac{1}{G} \qquad G \cdot R = 1$$

$[U] = \mathrm{V}$
$[I] = \mathrm{A}$
$[R] = \Omega$
$[G] = \mathrm{S} = \frac{1}{\Omega}$

Leiterwiderstand und Stromdichte

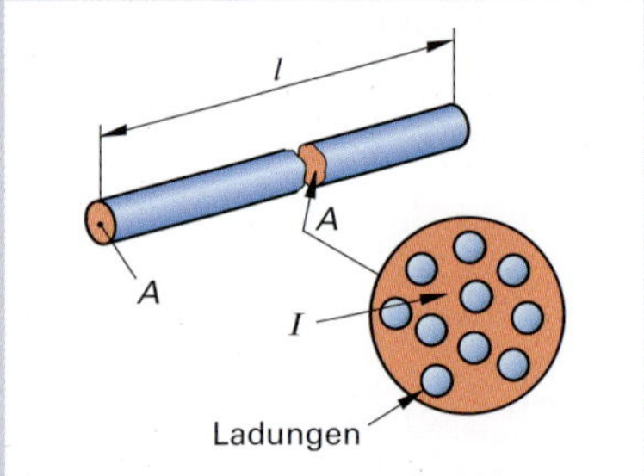

ϱ spezifischer elektrischer Widerstand (aus Tabellenwerken)
γ elektrische Leitfähigkeit
R Widerstand
A Leitungsquerschnitt
l Leiterlänge
I Stromstärke
J Stromdichte

$$\varrho = \frac{1}{\gamma} \qquad \gamma = \frac{1}{\varrho}$$

$$R = \frac{\varrho \cdot l}{A} \qquad \varrho = \frac{A \cdot R}{l} \qquad l = \frac{A \cdot R}{\varrho} \qquad A = \frac{\varrho \cdot l}{R}$$

$$R = \frac{l}{\gamma \cdot A} \qquad l = R \cdot \gamma \cdot A \qquad \gamma = \frac{l}{A \cdot R} \qquad A = \frac{l}{\gamma \cdot R}$$

$$J = \frac{I}{A} \qquad I = J \cdot A \qquad A = \frac{I}{J}$$

$[\varrho] = \frac{\Omega \cdot \mathrm{mm}^2}{\mathrm{m}}$
$[\gamma] = \frac{\mathrm{m}}{\Omega \cdot \mathrm{mm}^2}$
$[R] = \Omega$
$[A] = \mathrm{mm}^2$
$[l] = \mathrm{m}$
$[I] = \mathrm{A}$
$[J] = \frac{\mathrm{A}}{\mathrm{mm}^2}$

Reihenschaltung von Widerständen

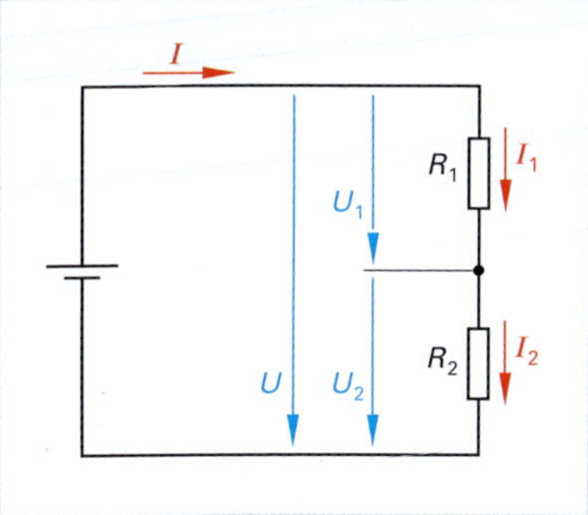

R	Gesamtwiderstand, Ersatzwiderstand
R_1, R_2	Einzelwiderstände
U	Gesamtspannung
U_1, U_2	Einzelspannungen
I	Gesamtstrom
I_1, I_2	Einzelstrom

$[U] = \text{V}$ $[I] = \text{A}$ $[R] = \Omega$

$$R = R_1 + R_2 + \dots \qquad R_1 = R - R_2 - \dots$$

$$U = U_1 + U_2 + \dots \qquad U_1 = U - U_2 - \dots$$

$$U = \overbrace{I \cdot R_1}^{U_1} + \overbrace{I \cdot R_2}^{U_2} + \dots \qquad I = \frac{U}{R_1 + R_2 + \dots}$$

$$I = I_1 = I_2 = \dots$$

$$I = \frac{U}{R} = \frac{U_1}{R_1} = \frac{U_2}{R_2} = \dots$$

$$U_1 = R_1 \cdot I \qquad U_2 = R_2 \cdot I$$

$$U_1 = U \cdot \frac{R_1}{R} \qquad U_2 = U \cdot \frac{R_2}{R}$$

$$R_1 = \frac{U_1 \cdot R_2}{U_2} \qquad R_2 = \frac{U_2 \cdot R_1}{U_1}$$

$$U_1 = U_2 \cdot \frac{R_1}{R_2} \qquad U_2 = U_1 \cdot \frac{R_2}{R_1}$$

Parallelschaltung von Widerständen

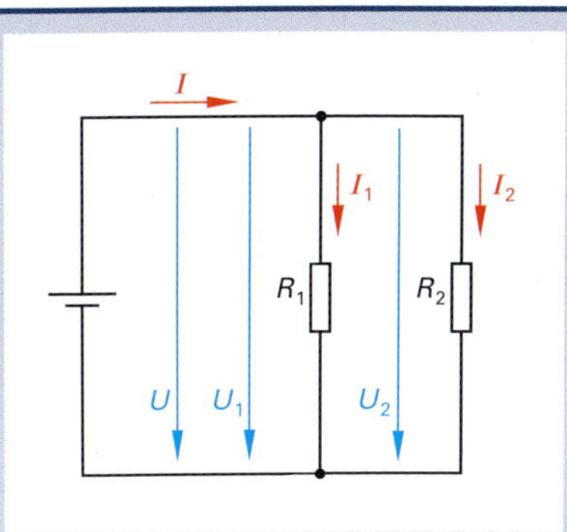

R	Gesamtwiderstand Ersatzwiderstand
R_1, R_2	Einzelwiderstände
U	Gesamtspannung
U_1, U_2	Einzelspannungen
I	Gesamtstromstärke
I_1, I_2	Einzelstromstärken

$[U] = \text{V}$ $[I] = \text{A}$ $[R] = \Omega$

$$\frac{1}{R} = \frac{1}{R_1} + \frac{1}{R_2} + \dots \qquad R = \frac{1}{\frac{1}{R_1} + \frac{1}{R_2} + \dots}$$

Bei zwei Widerständen

$$R = \frac{R_1 \cdot R_2}{R_1 + R_2}$$

$$U = U_1 = U_2 = \dots$$

$$U = \overbrace{I_1 \cdot R_1}^{U_1} = \overbrace{I_2 \cdot R_2}^{U_2} = \dots$$

$$I_1 = \frac{R_2}{R_1} \cdot I_2 \qquad R_1 = \frac{I_2 \cdot R_2}{I_1} \qquad U_1 = I_1 \cdot R_1$$

$$I_2 = \frac{R_1}{R_2} \cdot I_1 \qquad R_2 = \frac{I_1 \cdot R_1}{I_2} \qquad U_2 = I_2 \cdot R_2$$

$$I = I_1 + I_2 + \dots$$

$$I = \frac{U_1}{R_1} + \frac{U_2}{R_2} + \dots$$

Bei zwei Widerständen

$$I = U \cdot \frac{R_1 \cdot R_2}{R_1 + R_2} \qquad U = I \cdot \frac{R_1 + R_2}{R_1 \cdot R_2}$$

Reihenschaltung parallel zur Parallelschaltung

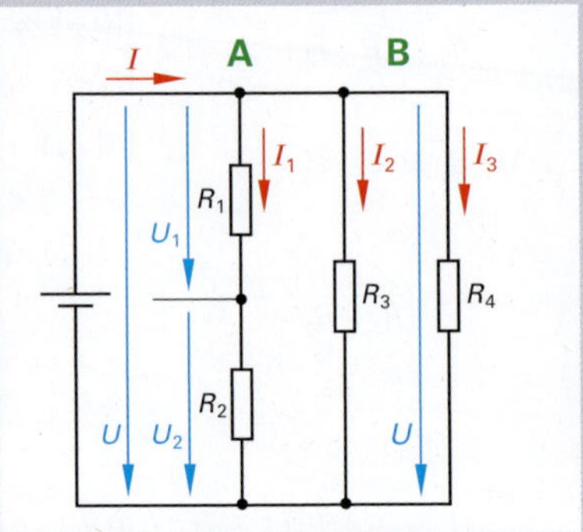

R	Gesamtwiderstand,
R_1, R_2, R_3, R_4	Einzelwiderstände
R_A	Ersatzwiderstand: R_1 und R_2 in Reihe
R_B	Ersatzwiderstand: R_3 und R_4 parallel
U	Gesamtspannung
U_1, U_2	Teilspannungen
I	Gesamtstrom
I_1, I_2, I_3	Teilströme

$$R = \frac{R_A \cdot R_B}{R_A + R_B} \qquad R_A = R_1 + R_2 \qquad R_B = \frac{R_3 \cdot R_4}{R_3 + R_4}$$

$$R_1 = R_A - R_2$$
$$R_2 = R_A - R_1$$

$$U = U_1 + U_2$$

$$U_1 = U - U_2$$
$$U_2 = U - U_1$$

$$U = \overbrace{I_1 \cdot R_1}^{U_1} + \overbrace{I_1 \cdot R_2}^{U_2} = \overbrace{I_2 \cdot R_3}^{U} = \overbrace{I_3 \cdot R_4}^{U}$$

$$I_1 = \frac{U}{R_1 + R_2} \qquad I_2 = \frac{U}{R_3} \qquad I_3 = \frac{U}{R_4}$$

$$R_3 = \frac{U}{I_2} \qquad R_4 = \frac{U}{I_3}$$

$$I = I_1 + I_2 + I_3$$

$$I_1 = I - I_2 - I_3$$
$$I_2 = I - I_1 - I_3$$
$$I_3 = I - I_2 - I_3$$

$[U] = \mathrm{V}$

$[I] = \mathrm{A}$

$[R] = \Omega$

Reihenschaltung in Reihe zur Parallelschaltung

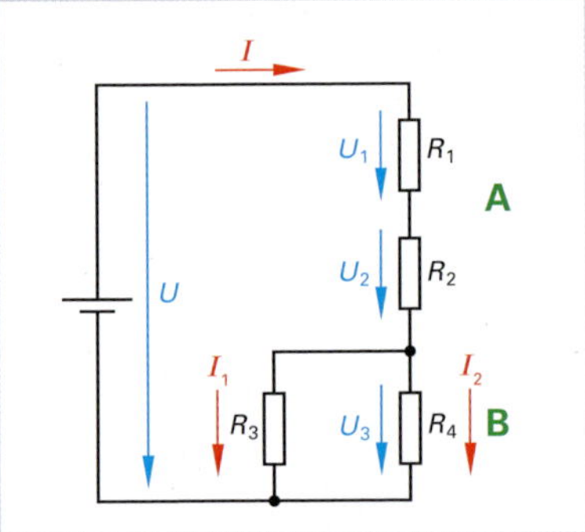

R	Gesamtwiderstand,
R_1, R_2, R_3, R_4	Einzelwiderstände
R_A	Ersatzwiderstand: R_1 und R_2 in Reihe
R_B	Ersatzwiderstand: R_3 und R_4 parallel
U	Gesamtspannung
U_1, U_2, U_3	Teilspannungen
I	Gesamtstrom
I_1, I_2	Teilströme

$$R = R_A + R_B \qquad R_A = R_1 + R_2 \qquad R_B = \frac{R_3 \cdot R_4}{R_3 + R_4}$$

$$U = U_1 + U_2 + U_3$$

$$U_1 = U - U_2 - U_3$$
$$U_2 = U - U_1 - U_3$$
$$U_3 = U - U_1 - U_2$$

$$U = \overbrace{I \cdot R_1}^{U_1} + \overbrace{I \cdot R_2}^{U_2} + \overbrace{I \cdot \frac{R_3 \cdot R_4}{R_3 + R_4}}^{U_3}$$

$$I_1 = \frac{U_3}{R_1} \qquad I_2 = \frac{U_3}{R_4} \qquad \text{mit} \qquad U_3 = I \cdot \frac{R_3 \cdot R_4}{R_3 + R_4}$$

$$I = I_1 + I_2 \qquad I_1 = I - I_2 \qquad I_2 = I - I_1$$

$[U] = \mathrm{V}$

$[I] = \mathrm{A}$

$[R] = \Omega$

Stromarten – Gleichstrom

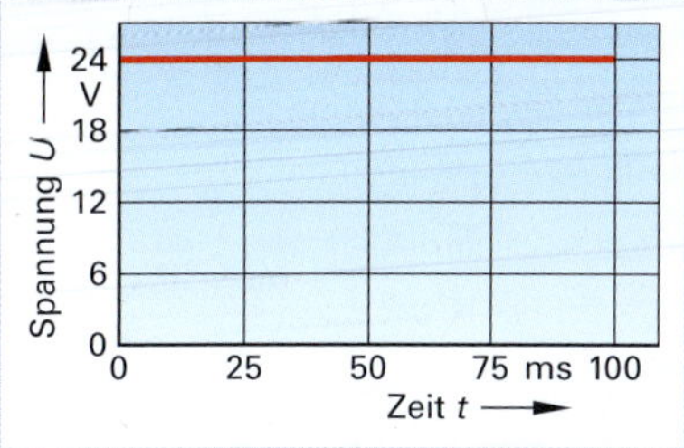

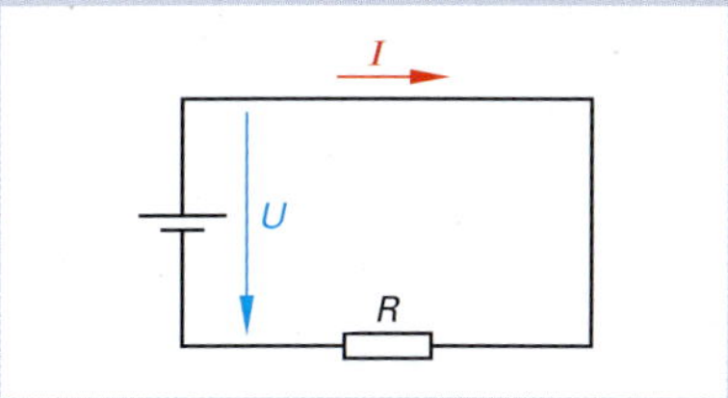

P Leistung
U Spannung
I Strom
R Widerstand

Gleichstrom: DC für Direct Current

$$P = U \cdot I$$

$$U = \frac{P}{I}$$

$$I = \frac{P}{U}$$

$$P = I^2 \cdot R$$

$$I = \sqrt{\frac{P}{R}}$$

$$R = \frac{P}{I^2}$$

$$P = \frac{U^2}{R}$$

$$U = \sqrt{R \cdot P}$$

$$R = \frac{U^2}{P}$$

$[P] = \mathrm{W} = \mathrm{VA}$

$[U] = \mathrm{V}$

$[I] = \mathrm{A}$

Stromarten – Wechselstrom

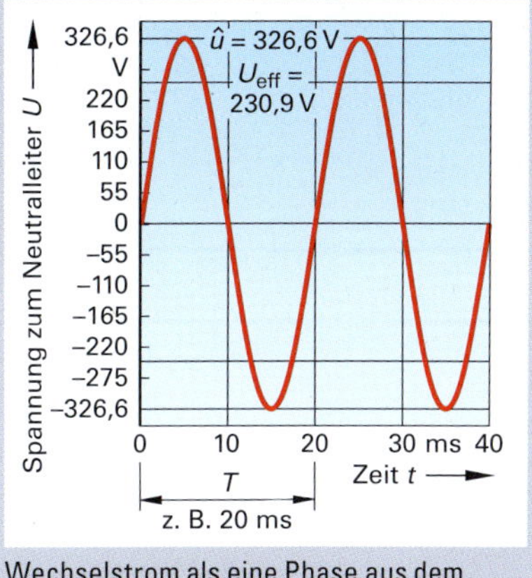

Wechselstrom als eine Phase aus dem europäischen Drehstromnetz

P Wirkleistung
U Spannung
I Strom
T Zeit für eine Schwingung (Periodendauer)
f Frequenz
$\hat{u}$ Scheitelwert
$\cos\varphi$ Leistungsfaktor

Wechselstrom: AC für Alternating Current

$$f = \frac{1}{T}$$

$$T = \frac{1}{f}$$

$$U_{\mathrm{eff}} = \frac{\hat{u}}{\sqrt{2}}$$

$$\hat{u} = U_{\mathrm{eff}} \cdot \sqrt{2}$$

Im europäischen Netz:

$$f = \frac{1}{0{,}02\,\mathrm{s}} = 50\,\mathrm{Hz}$$

Im europäischen Netz:

$$U_{\mathrm{eff}} = \frac{326{,}6\,\mathrm{V}}{\sqrt{2}} = 230{,}9\,\mathrm{V}$$

$$P = U \cdot I \cdot \cos\varphi$$

$$U = \frac{P}{I \cdot \cos\varphi}$$

$$I = \frac{P}{U \cdot \cos\varphi}$$

$$\cos\varphi = \frac{P}{U \cdot I}$$

$[P] = \mathrm{W} = \mathrm{VA}$

$[U; \hat{u}] = \mathrm{V}$

$[I] = \mathrm{A}$

$[f] = \frac{1}{\mathrm{s}} = \mathrm{Hz}$

$[\cos\varphi] = -$

Stromarten – Dreiphasenwechselstrom (Drehstrom)

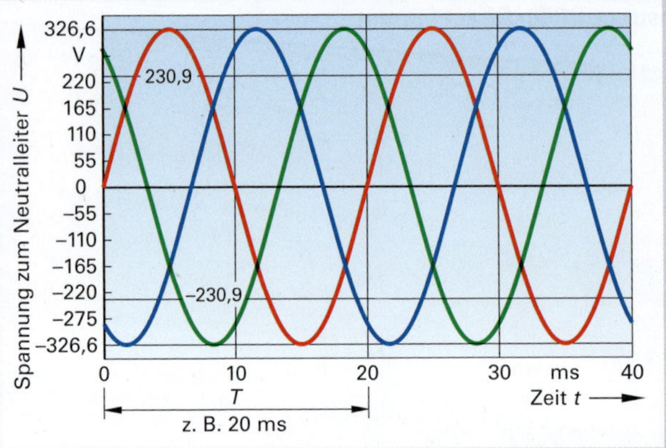

Beispiel: Europäisches Drehstromnetz

L1 Leiter 1

L2 Leiter 2

L3 Leiter 3

N Neutralleiter (nicht im Diagramm)

Ein Leiter, z. B. L1 an N, $U = U_{eff} = \frac{326{,}6\ V}{\sqrt{2}}$ = 230,9 V (siehe Wechselstrom)

Zwischen 2 Leitern, (L1 → L2; L1 → L3; L2 → L3) ist $U = U_{eff} = 400$ V.

Damit ergibt sich $U_{Str} = \frac{400\ V}{\sqrt{3}} = 230{,}9$ V zum Neutralleiter N (siehe Sternschaltung).

Dreieckschaltung

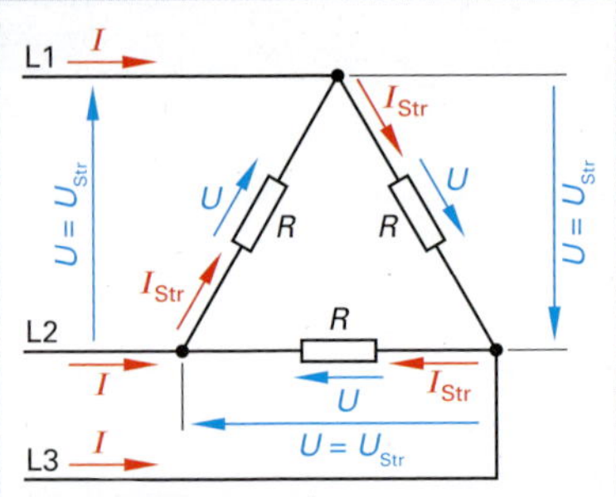

P Wirkleistung

P_{Str} Strangwirkleistung

U, U_{Str} Spannung; Strangspannung

I, I_{Str} Strom; Strangstrom

$\cos\varphi$ Leistungsfaktor

$$U = U_{Str}$$

$$I = \sqrt{3} \cdot I_{Str} \qquad I_{Str} = \frac{I}{\sqrt{3}} \qquad I_{Str} = \frac{\sqrt{3} \cdot I}{3}$$

$$U_{Str} = R \cdot I_{Str} \qquad R = \frac{U_{Str}}{I_{Str}} \qquad I_{Str} = \frac{U_{Str}}{R}$$

$$P_{Str} = U_{Str} \cdot I_{Str} \cdot \cos\varphi$$

$$P = 3 \cdot P_{Str}$$

$$P = \sqrt{3} \cdot U \cdot I \cdot \cos\varphi$$

$[P]$ = W = VA

$[U]$ = V

$[I]$ = A

$[\cos\varphi]$ = –

Sternschaltung

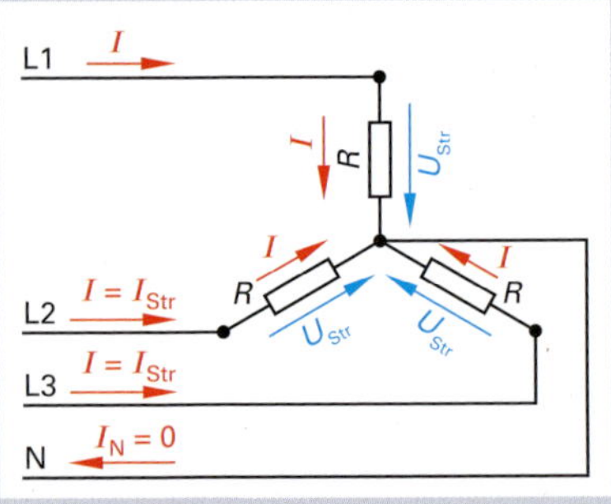

P Wirkleistung

P_{Str} Strangwirkleistung

U, U_{Str} Spannung; Strangspannung

I, I_{Str} Strom; Strangstrom

$\cos\varphi$ Leistungsfaktor

$$I = I_{Str}$$

$$U = \sqrt{3} \cdot U_{Str} \qquad U_{Str} = \frac{U}{\sqrt{3}} \qquad U_{Str} = \frac{\sqrt{3} \cdot U}{3}$$

$$U_{Str} = R \cdot I \qquad R = \frac{U_{Str}}{I_{Str}} \qquad I_{Str} = \frac{U_{Str}}{R}$$

$$P_{Str} = U_{Str} \cdot I_{Str} \cdot \cos\varphi$$

$$P = 3 \cdot P_{Str}$$

$$P = \sqrt{3} \cdot U \cdot I \cdot \cos\varphi$$

$[P]$ = W = VA

$[U]$ = V

$[I]$ = A

$[\cos\varphi]$ = –

Elektrische Leistung bei ohmscher Belastung – Gleich- oder Wechselstrom

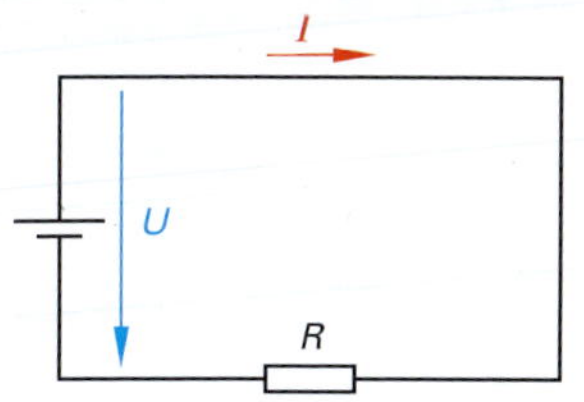

P elektrische Leistung
U Spannung
I Strom
R Widerstand

$$P = U \cdot I \qquad U = \frac{P}{I} \qquad I = \frac{P}{U}$$

mit $U = R \cdot I$

$$P = I^2 \cdot R \qquad I = \sqrt{\frac{P}{R}} \qquad R = \frac{P}{I^2}$$

$$P = \frac{U^2}{R} \qquad U = \sqrt{R \cdot P} \qquad R = \frac{U^2}{P}$$

$[P] = \text{W} = \text{VA}$
$[U] = \text{V}$
$[I] = \text{A}$
$[R] = \Omega$

Wirkleistung mit Induktivität oder Kapazität – Wechselstrom

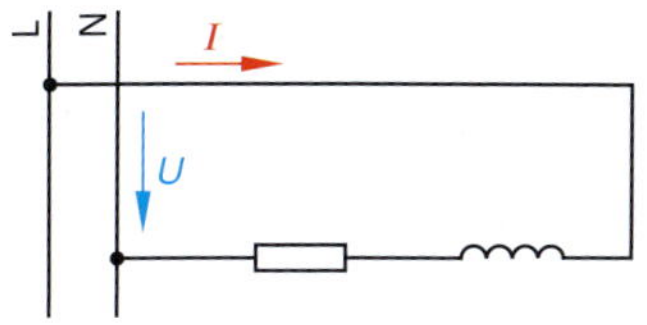

P Wirkleistung
U Spannung
I Strom
$\cos\varphi$ Leistungsfaktor

$$P = U \cdot I \cdot \cos\varphi \qquad U = \frac{P}{I \cdot \cos\varphi} \qquad I = \frac{P}{U \cdot \cos\varphi}$$

$[P] = \text{W} = \text{VA}$
$[U] = \text{V}$
$[I] = \text{A}$
$[\cos\varphi] = -$

Wirkleistung mit Induktivität oder Kapazität – Drehstrom

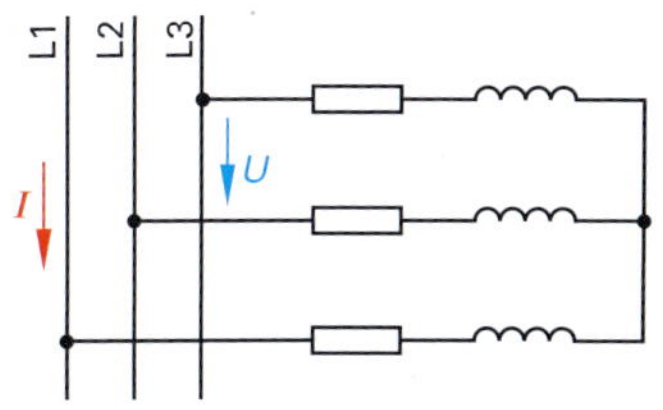

P Wirkleistung
U Spannung
I Strom
$\cos\varphi$ Leistungsfaktor

$$P = \sqrt{3} \cdot U \cdot I \cdot \cos\varphi \qquad U = \frac{P}{\sqrt{3} \cdot I \cdot \cos\varphi} \qquad I = \frac{P}{\sqrt{3} \cdot U \cdot \cos\varphi}$$

$[P] = \text{W} = \text{VA}$
$[U] = \text{V}$
$[I] = \text{A}$
$[\cos\varphi] = -$

Technische Physik

Elektrische Arbeit, Kosten elektrischer Energie

W elektrische Arbeit, elektrischer Energieverbrauch
P elektrische Leistung
t Zeit (Einschaltdauer)
K Kosten
k Kosten pro kWh (Tarif)

$$W = P \cdot t \qquad P = \frac{W}{t} \qquad t = \frac{W}{P}$$

$$K = W \cdot k \qquad W = \frac{K}{k} \qquad k = \frac{K}{W}$$

$$K = P \cdot t \cdot k \qquad P = \frac{K}{t \cdot k} \qquad k = \frac{K}{P \cdot t} \qquad t = \frac{K}{P \cdot k}$$

$[P]$ = kW = kVA
$[W]$ = kWh
$[t]$ = h
$[K]$ = €
$[T] = \frac{€}{\text{kWh}}$

Transformator

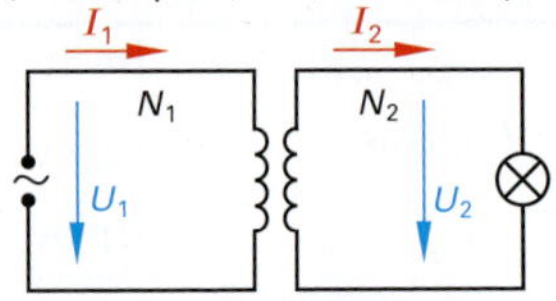

Primärspule
N_1 Windungszahl
U_1 Spannung
I_1 Stromstärke

Sekundärspule
N_2 Windungszahl
U_2 Spannung
I_2 Stromstärke

Spannungen und Windungszahlen

$$\frac{U_1}{U_2} = \frac{N_1}{N_2}$$

$$U_1 = U_2 \cdot \frac{N_1}{N_2}$$

$$U_2 = U_1 \cdot \frac{N_2}{N_1}$$

$$N_1 = N_2 \cdot \frac{U_1}{U_2}$$

$$N_2 = N_1 \cdot \frac{U_2}{U_1}$$

Stromstärken und Windungszahlen

$$\frac{I_1}{I_2} = \frac{N_2}{N_1}$$

$$I_1 = I_2 \cdot \frac{N_2}{N_1}$$

$$I_2 = I_1 \cdot \frac{N_1}{N_2}$$

$$N_1 = N_2 \cdot \frac{I_2}{I_1}$$

$$N_2 = N_1 \cdot \frac{I_1}{I_2}$$

$[U]$ = V
$[I]$ = A

Kondensator – Laden

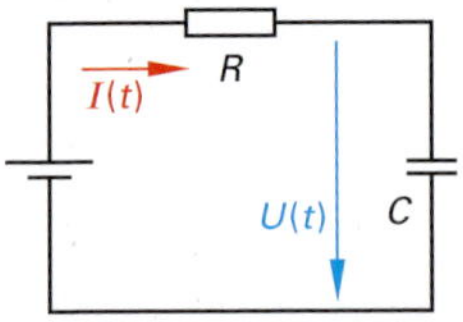

$U(t)$ Spannung (laden)
$I(t)$ Strom (laden)
U_0 Anfangsspannung
t Zeit
τ Zeitkonstante
R Widerstand
C Kapazität

Spannung beim Laden

$$U(t) = U_0 \cdot \left(1 - e^{-\frac{t}{\tau}}\right) \qquad \tau = R \cdot C$$

Hinweis für $\tau = R \cdot C$: [kΩ] · [μF] = [ms]

Strom beim Laden

$$I(t) = \frac{U_0}{R} \cdot e^{-\frac{t}{\tau}} \qquad \tau = R \cdot C$$

Hinweis für $\tau = R \cdot C$: [kΩ] · [μF] = [ms]

$[U(t), U_0]$ = V
$[I(t)]$ = A
$[t, \tau]$ = s
$[R]$ = Ω
$[C]$ = Farad

Plattenkondensator – Kapazität, Reihen- und Parallelschaltung

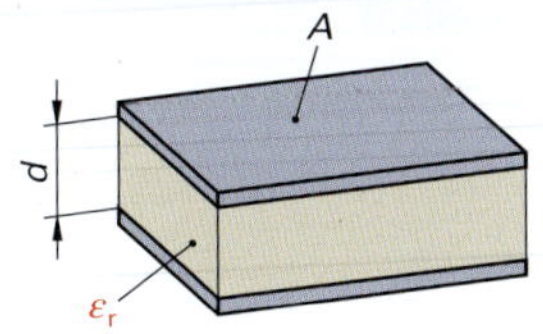

Permittivitätszahl ε_r (Auswahl)	
Vakuum	1
Luft	1,0006
Papier	1 – 4
Keramik	1000 – 10000

C Kapazität

C_1, C_2 Einzelkapazitäten

t Zeit (Einschaltdauer)

ε_0 elektrische Feldkonstante $= 8{,}854 \cdot 10^{-12}\,\frac{\text{As}}{\text{Vm}}$

ε_t Permittivitätszahl (Tabelle oben)

A Plattenfläche

d Plattenabstand

$$C = \varepsilon_0 \cdot \varepsilon_t \cdot \frac{A}{d}$$

$$A = \frac{C \cdot d}{\varepsilon_0 \cdot \varepsilon_t}$$

$$d = \varepsilon_0 \cdot \varepsilon_t \cdot \frac{A}{C}$$

$[C]$ = Farad

$[\varepsilon_0] = \frac{\text{As}}{\text{Vm}}$

$[\varepsilon_t]$ = -

$[A] = \text{m}^2$

$[d]$ = m

Kapazität bei Reihenschaltung von Kondensatoren

$$\frac{1}{C} = \frac{1}{C_1} + \frac{1}{C_2} + \ldots$$

$$C_1 = \frac{1}{\frac{1}{C} - \frac{1}{C_2} - \ldots}$$

Kapazität bei Parallelschaltung von Kondensatoren

$$C = C_1 + C_2 + \ldots$$

$$C_1 = C - C_2 - \ldots$$

$$C = \frac{1}{\frac{1}{C_1} + \frac{1}{C_2} + \ldots}$$

Widerstand und Temperatur

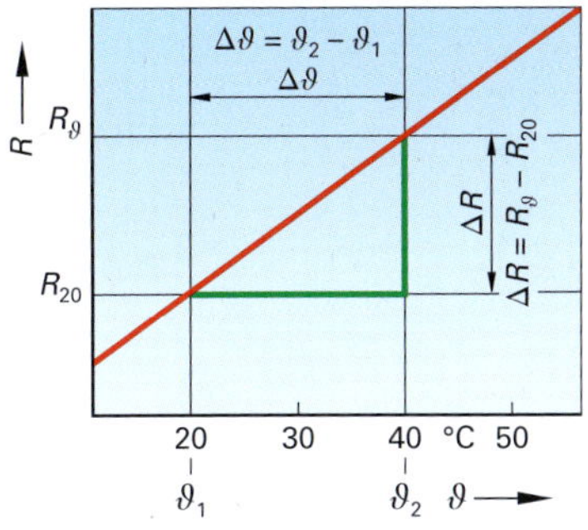

ΔR Widerstandsänderung

R_ϑ Widerstand bei der Temperatur ϑ

R_{20} Widerstand bei der Temperatur 20 °C

ϑ Temperatur

ϑ_1 Anfangstemperatur

ϑ_2 Endtemperatur

$\Delta\vartheta$ Temperaturänderung

α Temperaturkoeffizient (Temperaturbeiwert)

$$\Delta R = \alpha \cdot R_{20} \cdot \Delta\vartheta$$

$$\alpha = \frac{\Delta R}{R_{20} \cdot \Delta\vartheta} \qquad R_{20} = \frac{\Delta R}{\alpha \cdot \Delta\vartheta}$$

$$\Delta\vartheta = \frac{\Delta R}{R_{20} \cdot \alpha}$$

$[\Delta R, R_\vartheta, R_{20}] = \Omega$

$[\vartheta, \vartheta_1, \vartheta_2, \Delta\vartheta]$ = K = °C

$[\alpha] = \frac{1}{\text{K}} = \frac{1}{°\text{C}}$

$$R_\vartheta = R_{20} + \Delta R$$

$$R_{20} = R_\vartheta - \Delta R \qquad \Delta R = R_\vartheta - R_{20}$$

$$R_\vartheta = R_{20} \cdot (1 + \alpha \cdot \Delta\vartheta)$$

$$R_{20} = \frac{R_\vartheta - R_{20}}{\alpha \cdot \Delta\vartheta}$$

$$\alpha = \frac{R_\vartheta - R_{20}}{R_{20} \cdot \Delta\vartheta}$$

$$\Delta\vartheta = \frac{R_\vartheta - R_{20}}{\alpha \cdot R_{20}}$$

Metall	α in 1/K
Kupfer	0,0039
Aluminium	0,004

Leistung von Pumpen

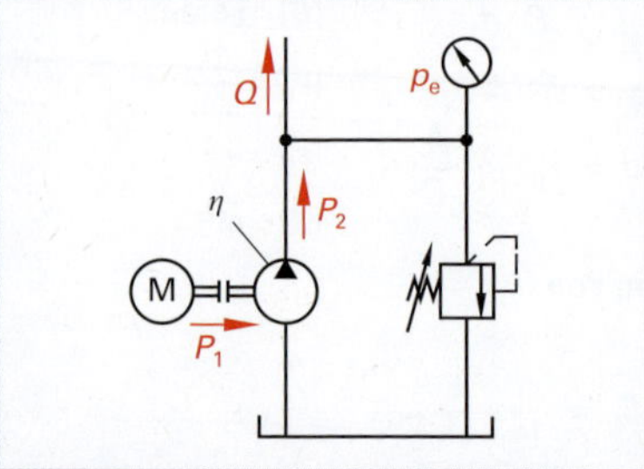

P_1 zugeführte Leistung an der Pumpenwelle
P_2 abgegebene Leistung am Pumpenausgang
Q Volumenstrom
p_e Überdruck
n Drehzahl
M_t Drehmoment an Motorwelle
η Wirkungsgrad der Pumpe

Zahlenwertgleichung (und deren Einheiten)

$$P_2 = \frac{Q \cdot p_e}{600}$$

$$Q = \frac{P_2 \cdot 600}{p_e} \qquad p_e = \frac{P_2 \cdot 600}{Q}$$

$[Q] = \frac{\text{Liter}}{\text{min}}$
$[p_e] = \text{bar}$
$[P_2] = \text{kW}$

$$\eta = \frac{P_2}{P_1} \qquad P_1 = \frac{P_2}{\eta} \qquad P_2 = P_1 \cdot \eta$$

$[P_1] = \text{kW}$
$[P_2] = \text{kW}$
$[\eta] = -$

Zugeführte Leistung der Pumpe P_1 ist die abgegebene Leistung des Motors P_2. Die Berechnung kann mit den nachfolgenden Formeln für P_2 bei Gleichstrom-, Wechselstrom oder Asynchronmotor erfolgen.

Gleichstrommotor, Wechselstrommotor

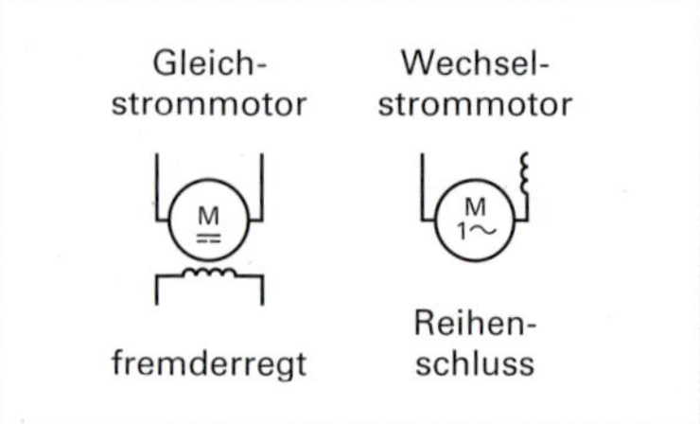

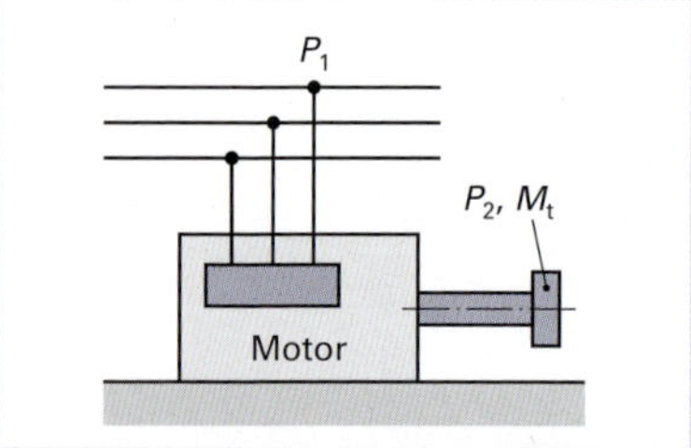

P_1 Wirkleistung, elektrisch
P_2 Motorleistung
n Drehzahl
M_t Drehmoment an Motorwelle
U Spannung
I Strom
$\cos\varphi$ Leistungsfaktor
η Wirkungsgrad

Gleichstrommotor

$$P_1 = U \cdot I \qquad \eta = \frac{P_2}{P_1}$$

$$U = \frac{P_1}{I} \qquad I = \frac{P_1}{U}$$

$$P_1 = \frac{P_2}{\eta} \qquad P_2 = P_1 \cdot \eta$$

$[P_1] = \text{W}$
$[P_2] = \text{W}$
$[U] = \text{V}$
$[I] = \text{A}$
$[\cos\varphi] = -$
$[\eta] = -$

Wechselstrommotor

$$P_1 = U \cdot I \cdot \cos\varphi$$

$$U = \frac{P_1}{I \cdot \cos\varphi} \qquad I = \frac{P_1}{U \cdot \cos\varphi}$$

Zahlenwertgleichung (und deren Einheiten)

$$M_t = \frac{9550 \cdot P_2}{n}$$

$$n = \frac{9550 \cdot P_2}{M_t} \qquad P_2 = \frac{M_t \cdot n}{9550}$$

$[M_t] = \text{Nm}$
$[P_2] = \text{kW}$
$[n] = \frac{1}{\text{min}}$

Asynchronmotor – Leistung, Drehmoment, Wirkungsgrad

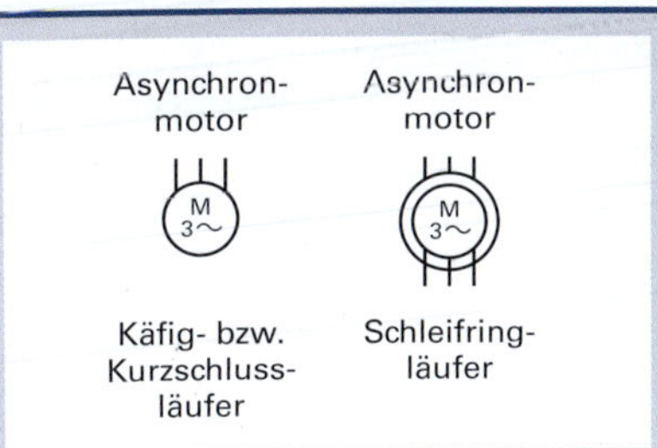

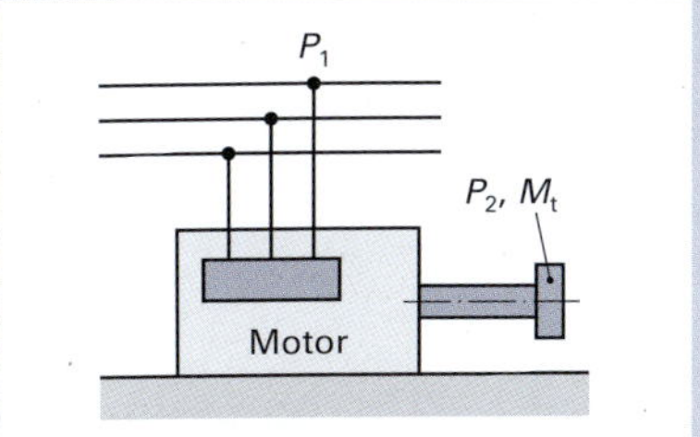

P_1	Wirkleistung, elektrisch
P_2	Motorleistung
n	Drehzahl
M_t	Drehmoment an Motorwelle
U	Spannung
I	Strom
$\cos\varphi$	Leistungsfaktor
η	Wirkungsgrad

Asynchronmotor: Käfig-, Kurzschluss-, Schleifringläufer

$$P_1 = \sqrt{3} \cdot U \cdot I \cdot \cos\varphi$$

$$U = \frac{P_1}{\sqrt{3} \cdot I \cdot \cos\varphi}$$

$$I = \frac{P_1}{\sqrt{3} \cdot U \cdot \cos\varphi}$$

$$\eta = \frac{P_2}{P_1}$$

$$P_1 = \frac{P_2}{\eta}$$

$$P_2 = P_1 \cdot \eta$$

$[P_1] = \mathrm{W}$

$[P_2] = \mathrm{W}$

$[U] = \mathrm{V}$

$[I] = \mathrm{A}$

$[\cos\varphi] = -$

$[\eta] = -$

Zahlenwertgleichung (und deren Einheiten)

$$M_t = \frac{9550 \cdot P_2}{n}$$

$$n = \frac{9550 \cdot P_2}{M_t}$$

$$P_2 = \frac{M_t \cdot n}{9550}$$

$[M_t] = \mathrm{Nm}$

$[P_2] = \mathrm{kW}$

$[n] = \frac{1}{\mathrm{min}}$

Technische Physik

Asynchronmotor – Drehfeld und Schlupf

Asynchronmotor	ASM **100L-2**
Motorwerk ETM Industriestr. 12 D-45678 Stadt	CE
0123456	**5,41** A
Δ**400** V	cos φ 0,87
3 kW	**50** Hz
2890 1/min	IP **54**
Isol. Kl. **F**	2025 Made in Germany
IE3	

n_s	Synchrondrehzahl
f	Frequenz (z. B. 50 Hz)
p	Anzahl der Polpaare
n	Drehzahl des Motors
s	Schlupf

$$n_s = \frac{f \cdot 60 \frac{\mathrm{s}}{\mathrm{min}}}{p}$$

$$p = \frac{f \cdot 60 \frac{\mathrm{s}}{\mathrm{min}}}{n_s}$$

$$f = \frac{p \cdot n_s}{60 \frac{\mathrm{s}}{\mathrm{min}}}$$

$$s = \frac{n_s - n}{n_s} \cdot 100\,\%$$

$$n = n_s \cdot \left(1 - \frac{s}{100\,\%}\right)$$

$$n_s = \frac{n}{1 - \frac{s}{100\,\%}}$$

$[n] = \frac{1}{\mathrm{min}}$

$[f] = \frac{1}{\mathrm{s}}$

$[s] = \%$

Lichtausbreitung

Geradlinigkeit, Strahlenverlauf

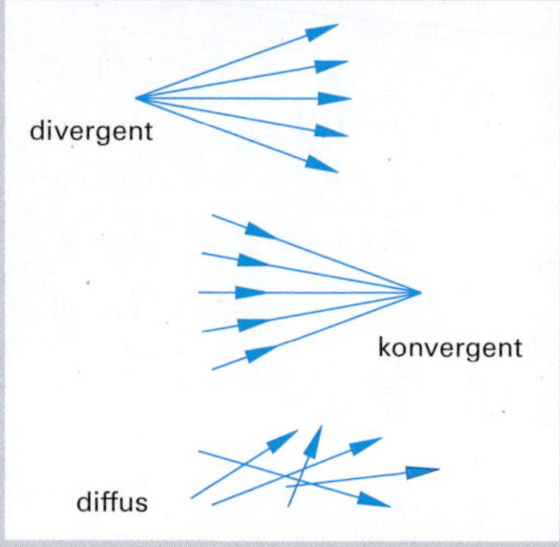

Geradlinigkeit: Licht breitet sich in geradlinigen Strahlen aus.

divergent: Strahlenverlauf, bei dem die Strahlen von einem Punkt ausgehen.

konvergent: Strahlenverlauf, bei dem die Strahlen auf einen Punkt zulaufen.

diffus: Strahlenverlauf ohne gemeinsamen Ausgangs- oder gemeinsamen Zielpunkt.

Lichtgeschwindigkeit c_0 im Vakuum

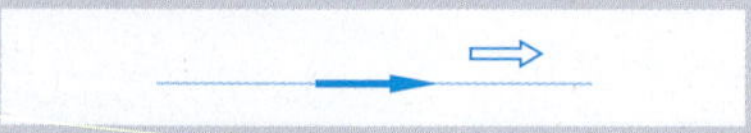

c_0 = 299792458 m/s

$c_0 \approx 300 \cdot 10^3$ m/s

(unabhängig von der Frequenz der Strahlung)

Lichtgeschwindigkeiten

Medium	c in 10^3 km/s
Luft	300
Kohlendioxid	266
Wasser	224
Ethanol	220
Kronglas	197
Flintglas	186
Quarz	104
Diamant	122

Reflexion

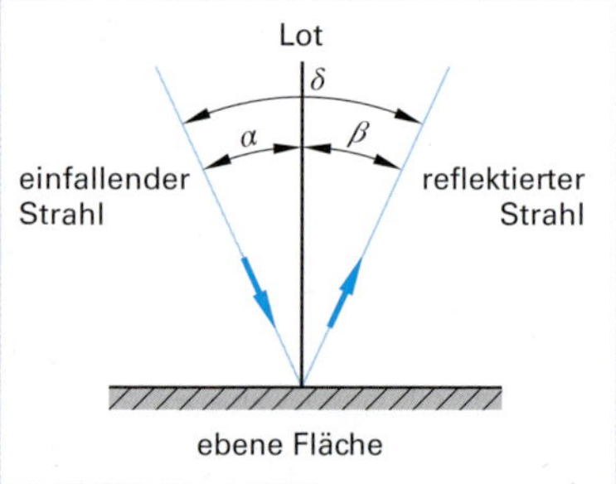

α Einfallswinkel

β Reflexionswinkel

δ Ablenkungswinkel

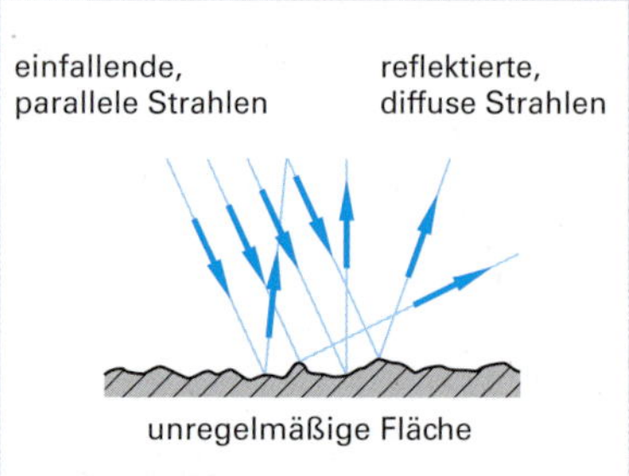

Reflexionsgesetz

$$\alpha = \beta$$

Ablenkungswinkel

$$\delta = \alpha + \beta \qquad \delta = 2 \cdot \alpha \qquad \delta = 2 \cdot \beta$$

$[\alpha], [\beta], [\delta]$ = °, rad

Umformungen

$$1° = \frac{\pi}{180}\,\text{rad} = 0{,}01745\,\text{rad} \qquad 1\,\text{rad} = \frac{180}{\pi} = 57{,}2957°$$

Einfallender Strahl, reflektierter Strahl und Lot liegen in einer Ebene.

Erklärung:

Jeder einzelne Strahl genügt dem Reflexionsgesetz.

Einfallende parallele Strahlen werden an unregelmäßigen Flächen diffus reflektiert.

Reflexion am Spiegel

Spiegel (eben)

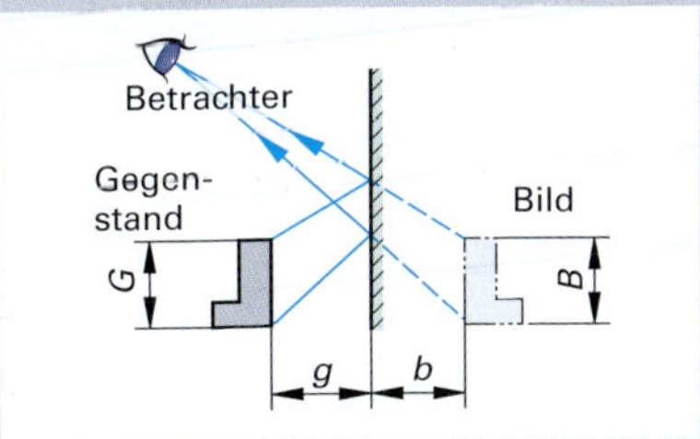

Hohlspiegel (konkav, sphärisch)

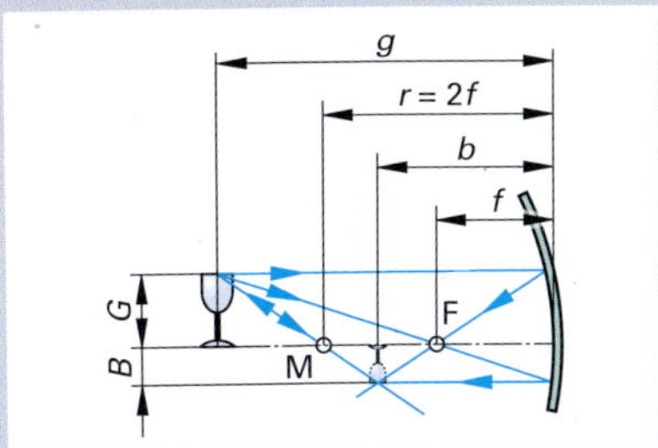

Wölbspiegel (konvex, spährisch)

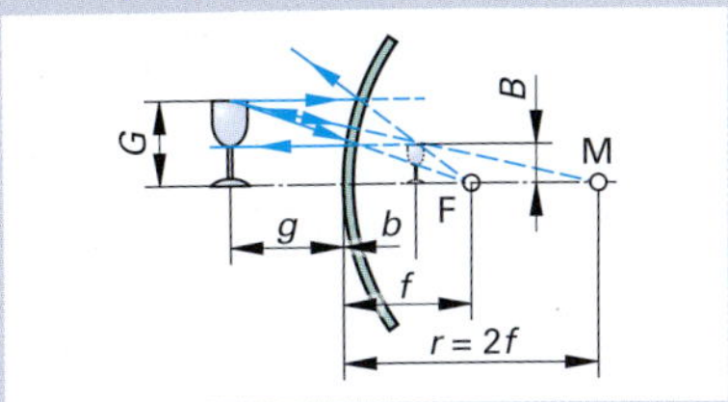

G Gegenstandsgröße
g Gegenstandsweite
B Bildgröße
b Bildweite
r Krümmungsradius des Spiegels
F Brennpunkt
M Krümmungsmittelpunkt des Spiegels
f Brennweite des Spiegels
A Abbildungsmaßstab

Ebener Spiegel:
Der ebene Spiegel erzeugt ein virtuelles, aufrechtes Bild, das symmetrisch mit dem Gegenstand zum Spiegel liegt.

Hohlspiegel:
Der Betrachter erhält nur im Bildpunkt *B* ein scharfes, reelles Bild. Bilder des Hohlspiegels siehe Tabelle unten.

Wölbspiegel:
Der Wölbspiegel kann nur virtuelle, aufrechte und verkleinerte Bilder erzeugen.

Ebener Spiegel:
Abbildungsgleichung

$$b = g;\ B = G$$

$$A = \frac{B}{G} = \frac{b}{g} = 1$$

Sphärischer Spiegel:
Abbildungsgleichung

$$\frac{1}{f} = \frac{1}{b} + \frac{1}{g}$$

$$A = \frac{B}{G} = \frac{b}{g}$$

$$B = \frac{G \cdot b}{g} \qquad b = \frac{B \cdot g}{G}$$

$$G = \frac{B \cdot g}{b} \qquad g = \frac{G \cdot b}{B}$$

$$f = \frac{r}{2}$$

$[G]$ = m
$[g]$ = m
$[B]$ = m
$[b]$ = m
$[r]$ = m
$[f]$ = m

1 m = 10 dm = 100 cm = 1000 mm;
1 mm = 0,1 cm = 0,01 dm = 0,001 m

Bilder des Hohlspiegels

Gegenstandsweite *g*	Bildweite *b*	Bild
$g = \infty$	$b = f$	punktförmig
$g > 2 \cdot f$	$f < b < 2 \cdot f$	reell, umgekehrt, verkleinert
$g = 2 \cdot f$	$b = 2 \cdot f$	reell, umgekehrt, gleich groß
$2 \cdot f > g > f$	$b > 2 \cdot f$	reell, umgekehrt, größer
$g = f$	$b = \infty$	kein Bild
$g < f$	$b < 0$ (negativ)	virtuell, aufrecht, vergrößert

Brechung

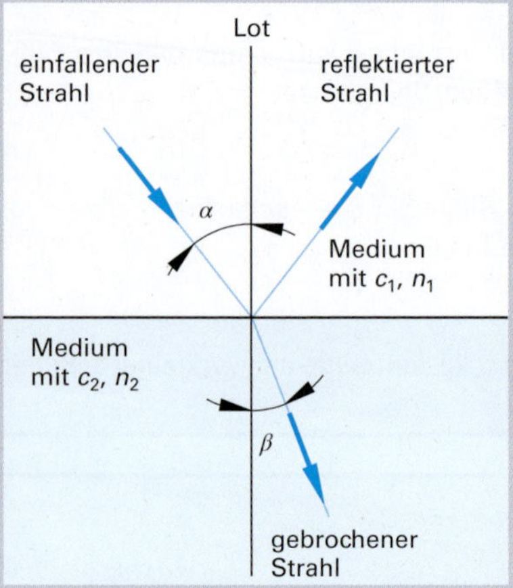

n	Brechzahl
n_1, n_2	Brechzahl Medium 1, Medium 2
c_0	Lichtgeschwindigkeit im Vakuum
c	Lichtgeschwindigkeit im Medium
c_1, c_2	Lichtgeschwindigkeit Medium 1, Medium 2
α	Einfallswinkel (zum Lot)
β	Brechungswinkel (zum Lot)

Einfallender Strahl, gebrochener Strahl und Lot liegen in einer Ebene.

Medium mit kleinerem c wird als **„optisch dichter"**; mit größerem c als **„optisch dünner"** bezeichnet.

Übergang Vakuum, (Luft) → Medium

Brechzahl (konstant für alle Winkel)

$$n = \frac{c_0}{c} \qquad n = \frac{\sin\alpha}{\sin\beta}$$

$[n] = 1$

$[c], [c_0] = \frac{m}{s}$

$[\alpha], [\beta] = °, \text{rad}$

Umrechnung

1 rad = 57,3°

Brechzahlen n (für Natriumlicht λ = 589,3 nm)

Medium	n	Medium	n
bezogen auf Luft			
Wasser	1,33	Plexiglas	1,49
Ethanol	1,36	Kronglas K_1	1,51
Leinöl	1,48	Quarz	1,54
Benzol	1,50	Diamant	2,41
bezogen auf Vakuum			
Wasserstoff	1,000139	Luft	1,000292
Sauerstoff	1,000271	Stickstoff	1,000297

Übergang Medium 1 → Medium 2

Brechungsgesetz

$$\frac{\sin\alpha}{\sin\beta} = \frac{c_1}{c_2} \qquad \frac{\sin\alpha}{\sin\beta} = \frac{n_2}{n_1} \qquad n_1 \cdot \sin\alpha = n_2 \cdot \sin\beta$$

$$\sin\beta = \frac{n_1 \cdot \sin\alpha}{n_2}$$

Totalreflexion

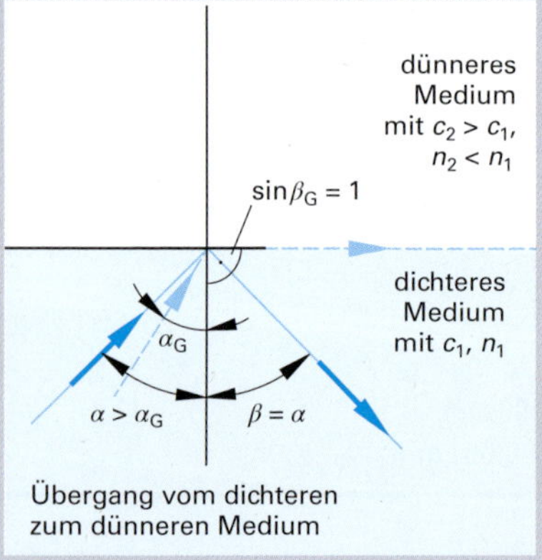

α_G	Grenzwinkel
α	Einfallswinkel
β	Reflexionswinkel
β_G	Grenzreflexionswinkel 90°

Totalreflexion:

Bei Einfallswinkeln α, die größer als der Grenzwinkel α_G sind, tritt keine Brechung mehr auf, d.h. es kommt zur Totalreflexion des Strahls.

wenn Medium 2 Luft oder Vakuum:

$$\sin\alpha_G = \frac{c_1}{c_2} \qquad \sin\alpha_G = \frac{n_2}{n_1} \qquad \sin\alpha_G = \frac{1}{n}$$

$[\alpha], [\alpha_G], [\beta] = °, \text{rad} \qquad [c], [c_0] = \text{m/s}$

Technische Physik

Darstellen von Kräften

Darstellung durch Kraftpfeil

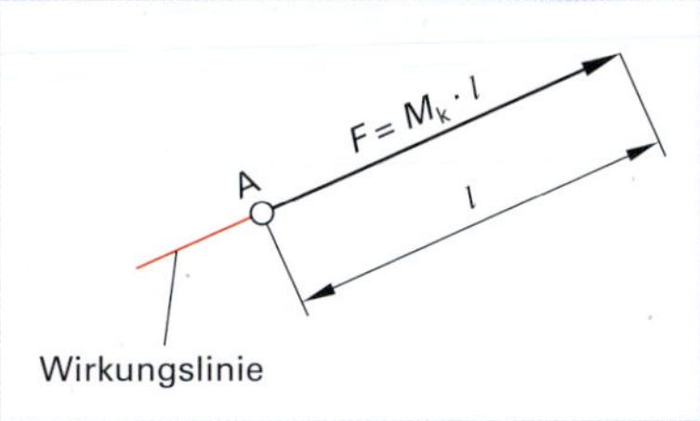

F Kraftbetrag
l Pfeillänge
M_k Kräftemaßstab

$$M_k = \frac{F}{l}$$

$$F = M_k \cdot l$$

$$l = \frac{F}{M_k}$$

$[M_k] = \frac{\text{N}}{\text{mm}}$

$[F] = \text{N}$

$[l] = \text{mm}$

Die Einheit der Kraft ist 1 Newton (1 N)

$$1\,\text{N} = 1\,\text{kg} \cdot 1\,\frac{\text{m}}{\text{s}^2} = 1\,\frac{\text{kg} \cdot \text{m}}{\text{s}^2}$$

Umformungen

$1\,\text{mm} = \frac{1}{10}\,\text{cm}$; $1\,\text{cm} = 10\,\text{mm}$;

$1\,\text{N} = \frac{1}{1000}\,\text{kN}$; $1\,\text{kN} = 1000\,\text{N}$

Resultierende von gleichgerichteten Kräften auf gleicher Wirkungslinie

Teilkräfte und Resultierende

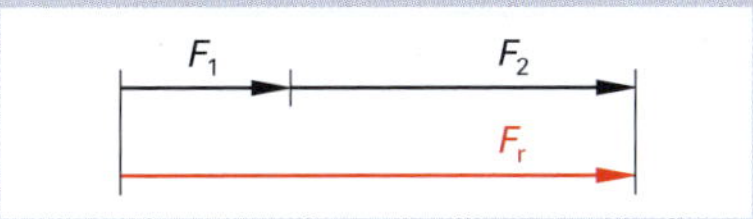

F_1, F_2 Teilkräfte
F_r Resultierende (Gesamtkraft, Ersatzkraft)

$$F_r = F_1 + F_2$$

$$F_1 = F_r - F_2$$

$$F_2 = F_r - F_1$$

$[F] = \text{N}$

Resultierende von entgegengerichteten Kräften auf gleicher Wirkungslinie

Teilkräfte und Resultierende

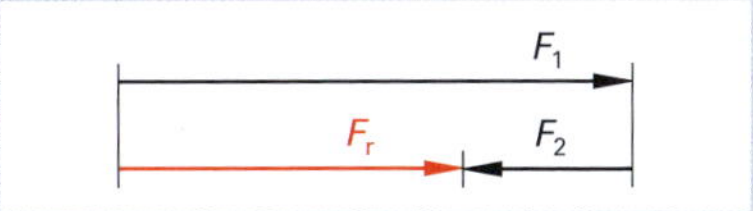

F_1, F_2 Teilkräfte
F_r Resultierende (Gesamtkraft, Ersatzkraft)

$$F_r = F_1 - F_2$$

$$F_1 = F_r + F_2$$

$$F_2 = F_1 - F_r$$

$[F] = \text{N}$

Sonderfall: $F_1 = F_2$

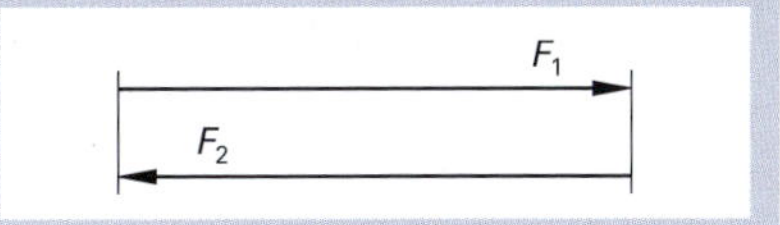

Beim Sonderfall $F_1 = F_2$ ergibt die Resultierende Null, d. h. die Teilkräfte befinden sich im Gleichgewicht.

$$F_r = F_1 - F_2 = 0 \quad (\triangleq \text{Gleichgewicht})$$

Technische Physik

Resultierende von Kräften, deren Wirkungslinien sich schneiden (zeichnerisch)

Beispiel: Spannseile

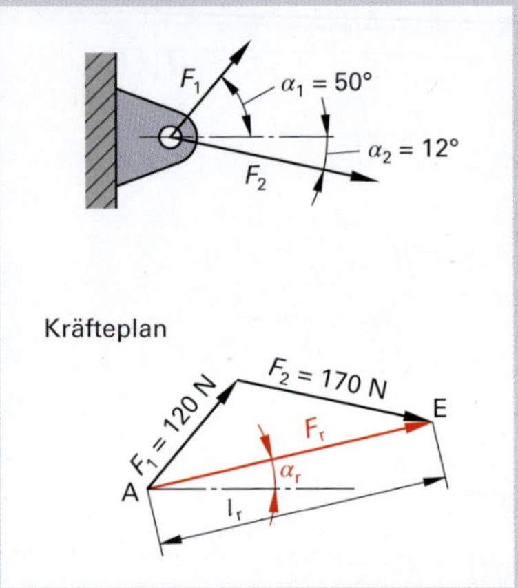

F_1, F_2 Teilkräfte
F_r Resultierende Kraft
α_1, α_2 Winkel der Teilkräfte
α_r Winkel der Resultierenden Kraft
l_r Pfeillänge der Resultierenden Kraft
M_k Kräftemaßstab

Arbeitsschritte:

1. Kraftpfeile vom Punkt A bis zum Endpunkt E winkel- und maßstabsgetreu in beliebiger Reihenfolge aneinanderfügen.
2. Die Resultierende Kraft F_r liegt zwischen Punkt A und E.
3. Betrag der Resultierenden Kraft F_r aus l_r und M_k berechnen und Winkellage α_r der Resultierenden Kraft ausmessen.

$$F_r = M_K \cdot l_r$$

$[F_r] = N$

$[M_k] = \frac{N}{mm}$

$[l_r] = mm$

$[\alpha] = °$

Umformungen

$1\ mm = \frac{1}{10}\ cm$; $1\ cm = 10\ mm$;

$1\ N = \frac{1}{1000}\ kN$; $1\ kN = 1000\ N$

Zerlegung einer Kraft in zwei Teilkräfte (zeichnerisch)

Beispiel: schiefe Ebene

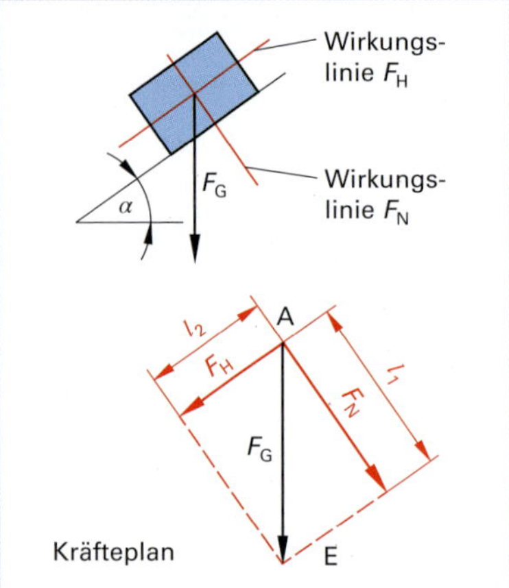

F bekannte Kraft, z. B. Gewichtskraft (F_G)
F_1, F_2 Teilkräfte, z. B. Normalkraft (F_N), Hangabtriebskraft (F_H)
α Neigungswinkel
l_1, l_2 Pfeillänge
M_k Kräftemaßstab

Arbeitsschritte:

1. Bekannte Kraft $F (= F_G)$ winkel- und maßstabsgetreu darstellen und mit den Wirkungslinien der gesuchten Teilkräfte das Kräfteparallelogramm durch Punkt A und E zeichnen.
2. Die Teilkräfte $F_1 (= F_N)$ und $F_2 (= F_H)$ am Punkt A einzeichnen.
3. Beträge der Teilkräfte $F_1 (= F_N)$ und $F_2 (= F_H)$ aus l_1, l_2 und M_k berechnen.

$$F_1 = M_K \cdot l_1$$

$$F_2 = M_K \cdot l_2$$

$[F] = N$

$[M_k] = \frac{N}{mm}$

$[l] = mm$

$[\alpha] = °$

Umformungen, wie oben.

Ermittlung unbekannter Kräfte durch Drei-Kräfte-Verfahren (zeichnerisch)

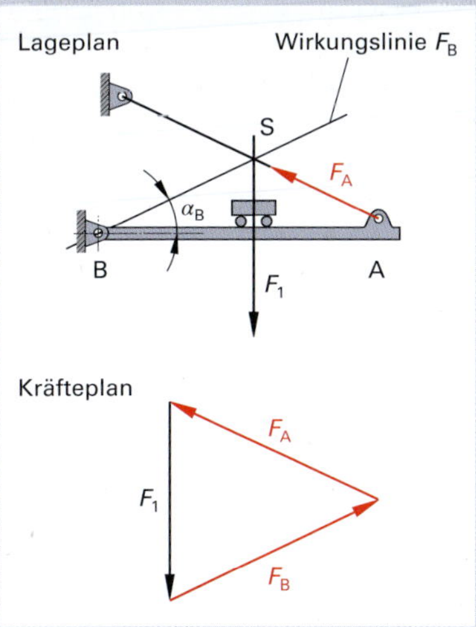

F_1 bekannte Kraft
F_A, F_B unbekannte Kräfte

Drei nichtparallele Kräfte sind im Gleichgewicht, wenn der Kräfteplan geschlossen ist.

Arbeitsschritte:

1. Lageplan maßstäblich zeichnen und mit den beiden bekannten Wirkungslinien den Schnittpunkt S bilden.
2. Kraft im zweiwertigen Lager F_B geht durch das zweiwertige Lager und den Schnittpunkt S (wodurch Wirklinie von F_B bestimmt ist).
3. Kräfteplan maßstäblich mit Kraft F_1 beginnen und mit den Wirkungslinien der unbekannten Kräfte schließen.
4. Beträge der Kräfte F_A und F_B aus Kraftpfeillängen und Kräftemaßstab M_K berechnen.

Kraftbetrag aus Pfeillänge und Kräftemaßstab: Seite 79

Technische Physik

Ermittlung unbekannter Kräfte durch Schlusslinienverfahren (zeichnerisch)

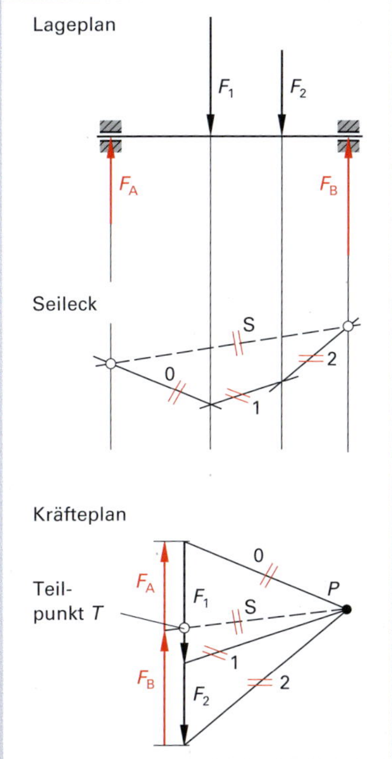

Kräfte sind im Gleichgewicht, wenn der Kräfteplan und das Seileck geschlossen sind.

Arbeitsschritte:

1. Lageplan maßstäblich mit allen Wirkungslinien zeichnen.
2. Kräfteplan maßstäblich mit den bekannten Kräften zeichnen.
3. Pol P beliebig wählen und Polstrahlen 0, 1, 2,... zeichnen.
4. Polstrahlen in Lageplan übertragen (Seileck). Anfangsstrahl 0 bei parallelen Kräften beliebig, sonst Anfangsstrahl durch Lagerpunkt des zweiwertigen Lagers.
5. Anfangs- und Endpunkt des Seilzuges zur Schlusslinie S verbinden.
6. Schlusslinie S in den Kräfteplan übertragen und den Teilpunkt T festlegen.
7. Unbekannte Lagerkräfte nach zugehörigen Seilstrahlen in den Kräfteplan zeichnen.
8. Beträge der Lagerkräfte aus Kraftpfeillängen und Kräftemaßstab berechnen.

F_1, F_2	bekannte Kraft	F_A, F_B	unbekannte Lagerkraft
0, 1, 2	Polstrahlen	T, S	Teilpunkt, Schlusslinie

Kraft und Kraftkomponenten im X-Y-Koordinatensystem (rechnerisch)

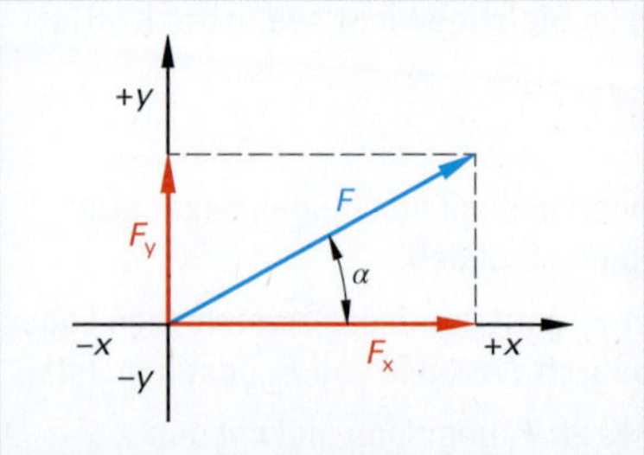

F Kraft
F_x X-Komponente der Kraft
F_y Y-Komponente der Kraft
α spitzer Winkel zur X-Achse

$$F_x = F \cdot \cos\alpha \qquad F_y = F \cdot \sin\alpha$$

$[F]$ = N, kN
$[\alpha]$ = °

$$F = \sqrt{F_x^2 + F_y^2} \qquad F = \frac{F_x}{\cos\alpha}$$

$$\alpha = \arctan\frac{|F_y|}{|F_x|} \qquad F = \frac{F_y}{\sin\alpha}$$

Umformungen

$1\ \text{N} = \frac{1}{1000}\ \text{kN}$; $1\ \text{kN} = 1000\ \text{N}$

Resultierende von zwei Kräften, deren Wirkungslinien sich schneiden (rechnerisch)

Beispiel: Spannseile

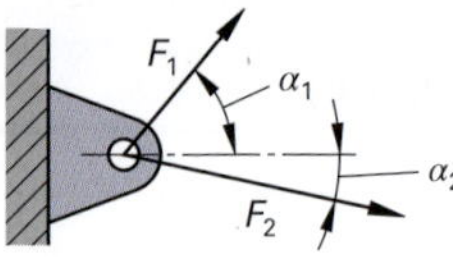

Kräfteplan

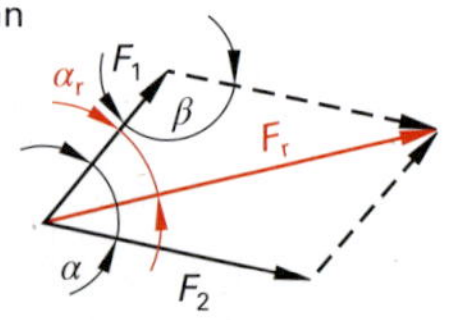

F_1, F_2 Teilkräfte
F_r Resultierende Kraft
α_1, α_2 Winkel der Teilkräfte
α Winkel zwischen den Teilkräften
β Winkel im Krafteck
α_r Winkel zwischen der Resultierenden Kraft und Teilkraft F_1

Sonderfall α = 90°

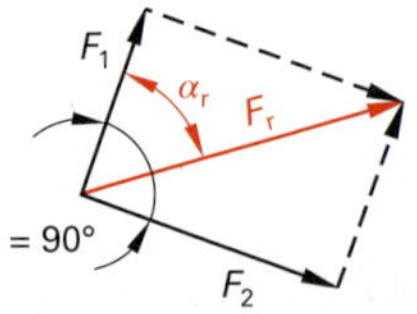

Winkel im Kräfteplan

$$\alpha = \alpha_1 + \alpha_2 \qquad \beta = 180° - \alpha$$

$[\alpha]$, $[\beta]$ = °

Trigonometrische Lösung

– aus Kosinussatz:

$$F_r = \sqrt{F_1^2 + F_2^2 + 2 \cdot F_1 \cdot F_2 \cdot \cos\alpha}$$

$[F]$ = N, kN

oder

$$F_r = \sqrt{F_1^2 + F_2^2 - 2 \cdot F_1 \cdot F_2 \cdot \cos\beta}$$

– aus Sinussatz:

$$\alpha_r = \arcsin\frac{F_2 \cdot \sin\beta}{F_r}$$

$[\alpha_r]$ = °

Sonderfall: Teilkräfte stehen senkrecht aufeinander (α = 90°)

$$F_r = \sqrt{F_1^2 + F_2^2}$$

$[F]$ = N, kN

$$\alpha_r = \arcsin\frac{F_2}{F_r}$$

$[\alpha_r]$ = °

Resultierende aus Kräften, deren Wirkungslinien sich schneiden (rechnerisch)

Lageskizze mit Kräften und Kraftkomponenten
(zu 1., 2. und 3.)

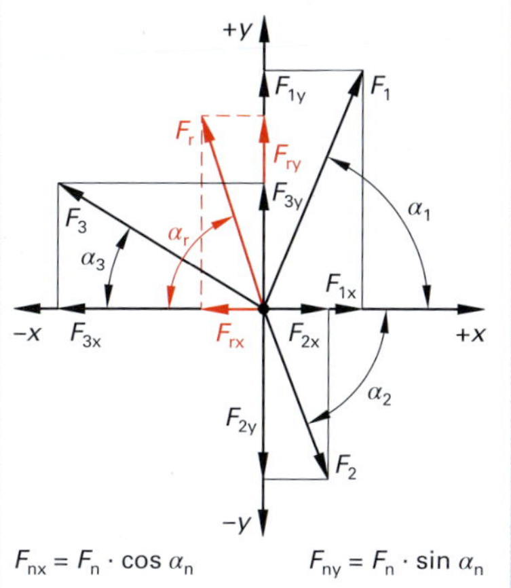

$F_1, \dots F_n$ Einzelkräfte
F_r Resultierende Kraft
$F_{1x}, \dots F_{nx}$ X-Komponenten
$F_{1y}, \dots F_{ny}$ Y-Komponenten
$F_{ry}, \dots F_{ry}$ X-, Y-Komponente der Resultierenden Kraft
$\alpha_1, \dots \alpha_r$ spitze Winkel zur X-Achse

Arbeitsschritte:

1. X-Y-Koordinatensystem mit den in Komponenten F_x und F_y zerlegten Kräften skizzieren.
2. Vorzeichen (+) oder (–) der Komponenten anhand des Koordinatensystems zuweisen.
3. Teilresultierende F_{rx} und F_{ry} entsprechend der Vorzeichen berechnen und einskizzieren.

$$F_{rx} = F_{1x} + F_{2x} + \dots F_{nx}$$ [F] = N, kN

$$F_{ry} = F_{1y} + F_{2y} + \dots F_{ny}$$

4. Betrag der Resultierenden Kraft berechnen.

$$F_r = \sqrt{F_{rx}^{\ 2} + F_{ry}^{\ 2}}$$

5. Winkel α_r der Resultierenden zur X-Achse

$$\alpha_r = \arctan \frac{|F_y|}{|F_x|}$$ [α] = °

Umformungen

$1\ \text{N} = \frac{1}{1000}\ \text{kN}; \quad 1\ \text{kN} = 1000\ \text{N}$

Freiheitsgrade, Vorzeichenregeln, Gleichgewicht in der Ebene

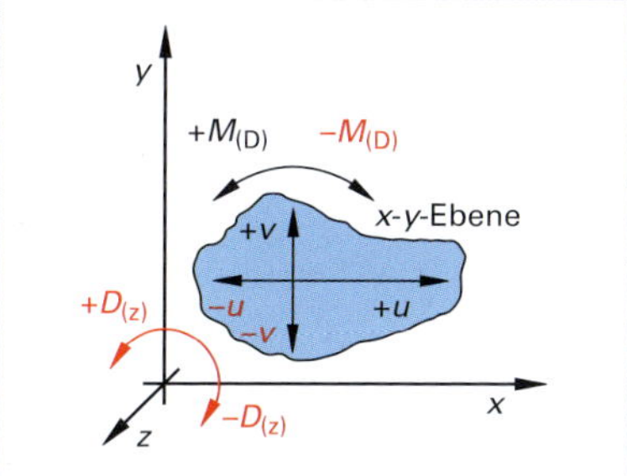

u Verschiebung (Translation) in ± Richtung der X-Achse
v Verschiebung (Translation) in ± Richtung der Y-Achse
$D_{(z)}$ Drehung (Rotation) um Z-Achse
$M_{(D)}$ Moment um gewählten, betrachteten Drehpunkt D

Vorzeichen der Kräfte (Verschiebekräfte)

F in positive Koordinatenrichtung der Achse = +
F in negative Koordinatenrichtung der Achse = –

Vorzeichen der (Dreh-)Momente

$M_{(D)}$ linksdrehend = +
$M_{(D)}$ rechtsdrehend = –

Gleichgewichtsbedingungen in der Ebene

$$\Sigma F_x = 0$$ [F] = N, kN

$$\Sigma F_y = 0$$

$$\Sigma M_{(D)} = 0$$ [M] = Nm, Nmm

Technische Physik

Ermittlung unbekannter Kräfte im zentralen Kräftesystem

Beispiel: Halterung

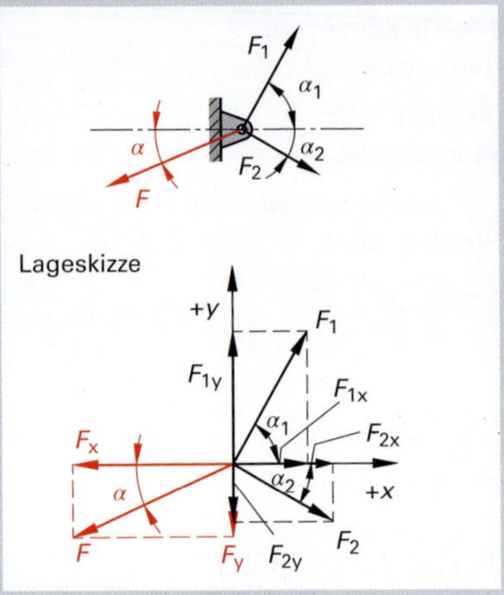

F_1, F_2	bekannte Kräfte
F	unbekannte Kraft (Betrag und Wirkrichtung)
α, α_1, α_2	spitze Winkel zur X-Achse
F_x, F_{1x}, F_{2x}	X-Komponenten
F_y, F_{1y}, F_{2y}	Y-Komponenten

Arbeitsschritte[1]:

1. Kräfte in einem X-Y-Koordinatensystem in Komponenten F_x und F_y zerlegen (Richtung unbekannter Kräfte annehmen).
2. Gleichgewichtsbedingungen formulieren.

$$\Sigma F_x = 0 \qquad \Sigma F_y = 0$$

$[F]$ = N, kN

3. Unbekannte Kraftkomponenten (F_x, F_y) mit Betrag und Richtung aus Gleichungen berechnen.
4. Unbekannte Kraft (F) mit Betrag und Richtung aus Kraftkomponenten F_x, F_y berechnen

[1] Einzelschritte 1. und 4. nach Seite 82, Vorzeichenregeln: Seite 83.

Ermittlung unbekannter Kräfte im allgemeinen Kräftesystem

Beispiel: Welle

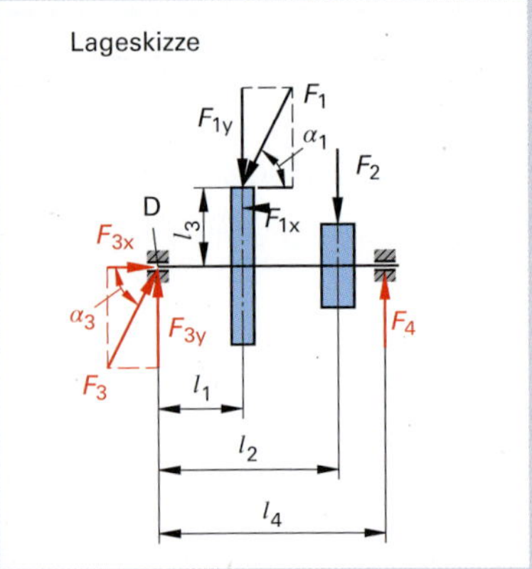

F_1, F_2	bekannte Kräfte
F_3, F_4	unbekannte Kraft
M	Moment
$l_1 \dots l_4$	Wirkabstände vom Drehpunkt D
$\alpha_1 \dots \alpha_3$	spitze Winkel zur X-Achse
F_{1x}, F_{3x}	X-Komponenten
F_{1y}, F_{3y}	Y-Komponenten

Arbeitsschritte[1]:

1. Kräfte in Komponenten F_x und F_y zerlegen. (Richtung unbekannter Kräfte annehmen).
2. Drehpunkt günstig (z. B. auf Wirklinie einer unbekannten Kraft) wählen.
3. Gleichgewichtsbedingungen formulieren.

$$\Sigma F_x = 0 \qquad \Sigma F_y = 0$$

$$\Sigma M_{(D)} = 0$$

$[F]$ = N, kN

$[M]$ = Nm, Nmm

4. Unbekannte Kraftkomponenten (F_{3x}, F_{3y}) und Kraft F_4 mit Betrag und Richtung aus Gleichungen berechnen.
5. Unbekannte Kraft F_3 mit Betrag und Richtung aus Kraftkomponenten (F_{3x}, F_{3y}) berechnen.

[1] Einzelschritte 1. und 4. nach Seite 82, Vorzeichenregeln: Seite 83.

Drehmoment am Hebel

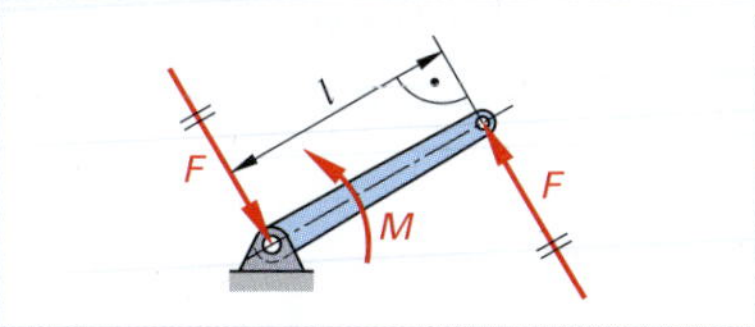

M Drehmoment, Moment
F Kraft
l wirksame Hebellänge (senkrechter Abstand Drehpunkt zu Wirkungslinie der Kraft)

$$M = F \cdot l$$

$$F = \frac{M}{l}$$

$$l = \frac{M}{F}$$

[*M*] = N · m
[*F*] = N
[*l*] = m

Umformungen

1 m = 1000 mm; 1 mm = $\frac{1}{1000}$ m = 0,001 m
1 N = $\frac{1}{1000}$ kN = 0,001 kN; 1 kN = 1000 N

Technische Physik

Hebelgesetz (Gleichgewicht der Momente am Hebel)

einseitiger Hebel

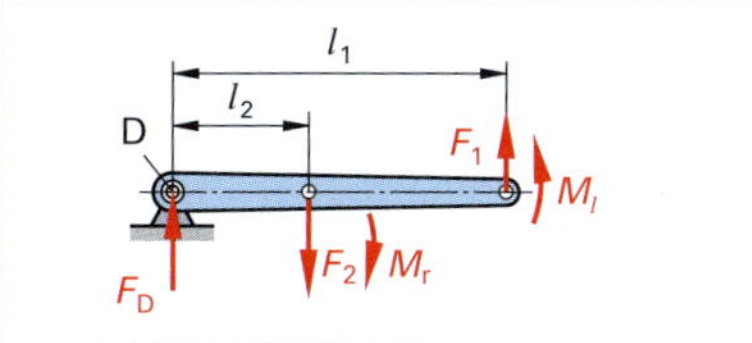

zweiseitiger Hebel

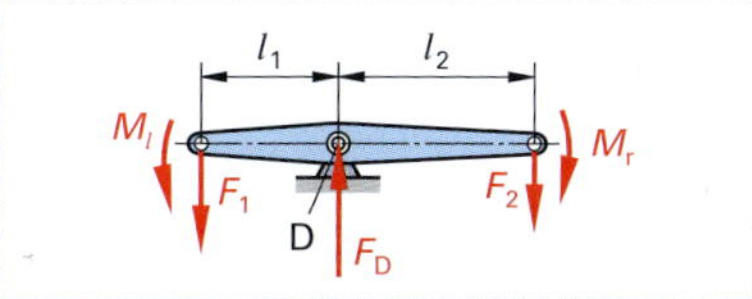

Winkelhebel

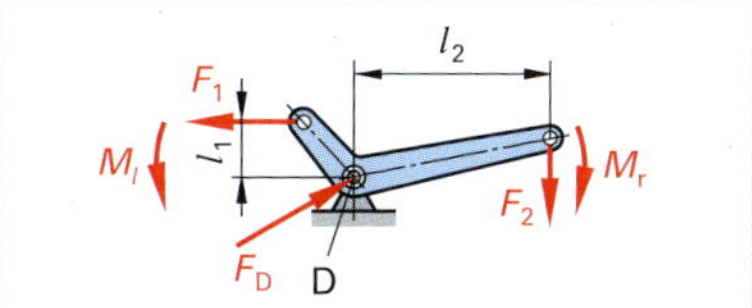

mehr als zwei Kräfte

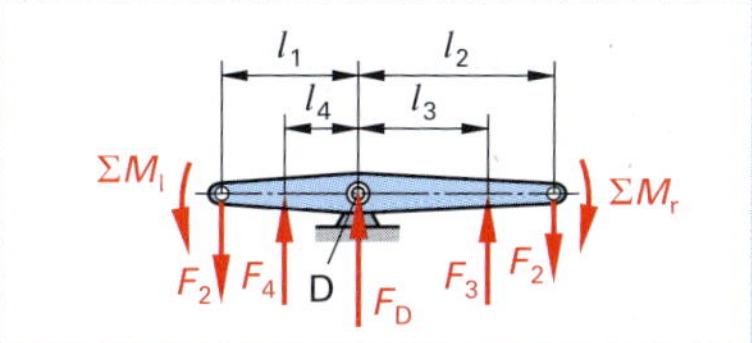

M_l linksdrehendes Moment
M_r rechtsdrehendes Moment
$\Sigma M_{(D)}$ Summe aller Momente um den Drehpunkt D
F_D Lagerkraft

Gleichgewicht der Momente (allgemein)

$$\Sigma M_{(D)} = 0$$

$$\Sigma M_l - \Sigma M_r = 0$$

$$\Sigma M_l = \Sigma M_r$$

[*M*] = N · m

Hebelgesetz (zwei Kräfte)

$$M_l = M_r$$

$$M_l = F_1 \cdot l_1$$

$$M_r = F_2 \cdot l_2$$

[*F*] = N
[*l*] = m

$$F_1 \cdot l_1 = F_2 \cdot l_2$$

$$F_1 = \frac{F_2 \cdot l_2}{l_1} \qquad F_2 = \frac{F_1 \cdot l_1}{l_2}$$

$$l_1 = \frac{F_2 \cdot l_2}{F_1} \qquad l_2 = \frac{F_1 \cdot l_1}{F_2}$$

Hebelgesetz (mehr als zwei Kräfte)

$$\Sigma M_l = \Sigma M_r$$

$$F_1 \cdot l_1 + F_3 \cdot l_3 = F_2 \cdot l_2 + F_4 \cdot l_4$$

[*M*] = N · m
[*F*] = N
[*l*] = m

(Beispiel: Kraft und Hebellänge)

$$F_1 = \frac{F_2 \cdot l_2 + F_4 \cdot l_4 - F_3 \cdot l_3}{l_1}$$

$$l_1 = \frac{F_2 \cdot l_2 + F_4 \cdot l_4 - F_3 \cdot l_3}{F_1}$$

F_1, F_2, F_3, F_4 Kräfte
l_1, l_2, l_3, l_4 wirksame Hebellängen (senkrechte Abstände zwischen Drehpunkt des Hebels und der jeweiligen Wirkungslinie der Kraft)

Auflagerkräfte (senkrechte, mit Anwendung des Hebelgesetzes)

Beispiel für Lagerkraft

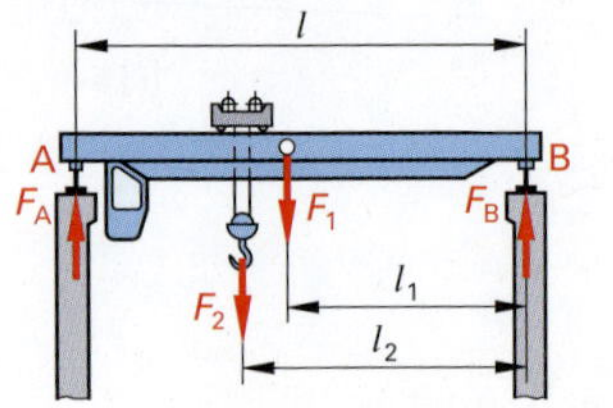

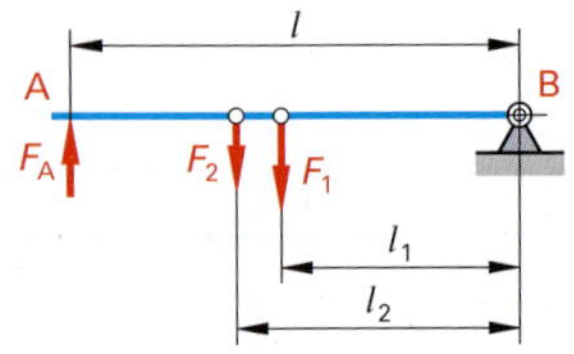

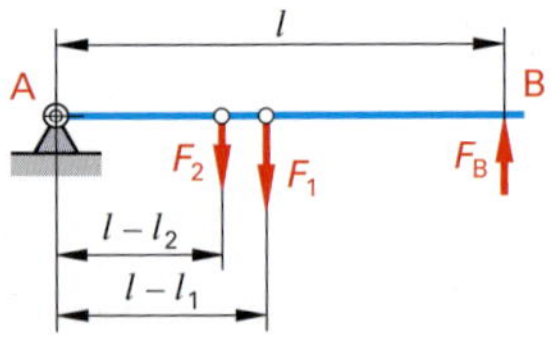

F_A, F_B Auflagerkräfte
F_1, F_2 Kräfte
l, l_1, l_2 wirksame Hebellängen
M_l linksdrehende Momente
M_r rechtsdrehende Momente
$\Sigma M_{(B)}$ Summe aller Momente um Drehpunkt B
$\Sigma M_{(A)}$ Summe aller Momente um Drehpunkt A

Zur Berechnung der Auflagerkräfte nimmt man einen Auflagerpunkt als Drehpunkt an.

Gleichgewicht der Momente (um A bzw. um B)

$$\Sigma M_{(A)} = 0 \qquad \Sigma M_{(B)} = 0$$

$$\Sigma M_l - \Sigma M_r = 0$$

Anwendung Hebelgesetz für Auflagerkraft A (mehrfacher Hebel mit Drehpunkt in B)

$\Sigma M_{(B)} = \Sigma M_l - \Sigma M_r = 0$ $[M] = \text{N} \cdot \text{m}$

$F_1 \cdot l_1 + F_2 \cdot l_2 - F_A \cdot l = 0$

$F_1 \cdot l_1 + F_2 \cdot l_2 = F_A \cdot l$

$$F_A = \frac{F_1 \cdot l_1 + F_2 \cdot l_2}{l}$$

$[F] = \text{N}$
$[l] = \text{m}$

Anwendung Hebelgesetz für Auflagerkraft B (mehrfacher Hebel mit Drehpunkt in A)

$\Sigma M_{(A)} = \Sigma M_l - \Sigma M_r = 0$

$F_B \cdot l - F_1 \cdot (l - l_1) - F_2 \cdot (l - l_2) = 0$

$F_B \cdot l = F_1 \cdot (l - l_1) + F_2 \cdot (l - l_2)$

$$F_B = \frac{F_1 \cdot (l - l_1) + F_2 \cdot (l - l_2)}{l}$$

$[F] = \text{N}$
$[l] = \text{m}$

Die zweite Auflagerkraft kann alternativ aus dem Gleichgewicht der Y-Kräfte errechnet werden.

$\Sigma F_y = 0$

$F_A + F_B - F_1 - F_2 = 0$

$$F_A = F_1 + F_2 - F_B$$

$[F] = \text{N}$

$$F_B = F_1 + F_2 - F_A$$

Umformungen

1 m = 1000 mm; 1 mm = 0,001 m

$1 \text{ N} = \frac{1}{1000} \text{ kN} = 0{,}001 \text{ kN}$

1 kN = 1000 N

Drehmoment an Rotationsteilen

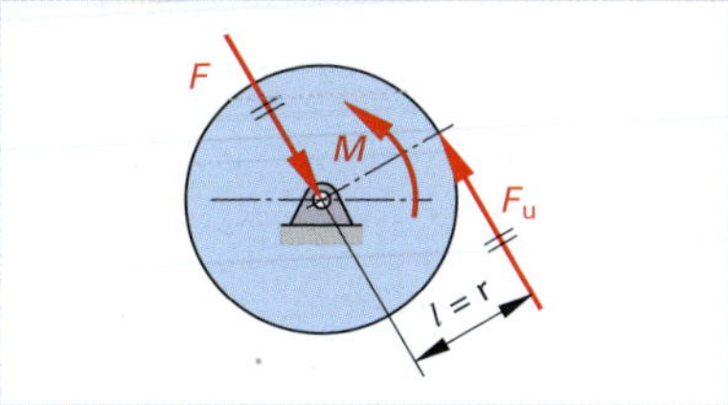

M Drehmoment, Moment
F_u Umfangskraft
l, r wirksame Hebellänge, Radius

$$M = F_u \cdot r$$

$$F_u = \frac{M}{r}$$

$$r = \frac{M}{F_u}$$

$[M] = \text{N} \cdot \text{m}$

$[F_u] = \text{N}$

$[r] = \text{m}$

Umformungen

$1\ \text{m} = 1000\ \text{mm};\ 1\ \text{mm} = \frac{1}{1000}\ \text{m} = 0{,}001\ \text{m}$

$1\ \text{N} = \frac{1}{1000}\ \text{kN} = 0{,}001\ \text{kN};\ 1\ \text{kN} = 1000\ \text{N}$

Technische Physik

Drehmoment an Zahnrädergetrieben

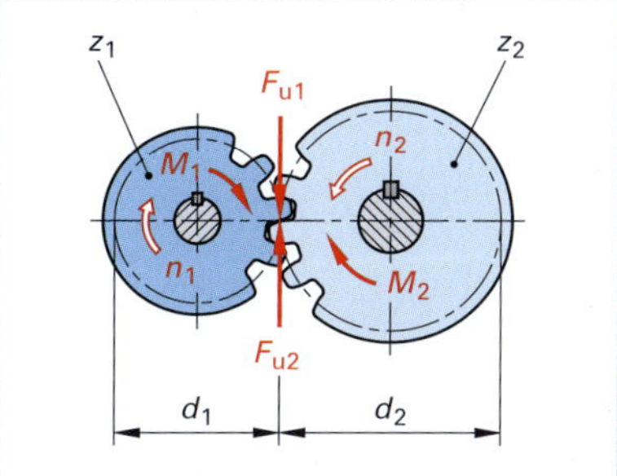

treibendes Rad
F_{u1} Umfangskraft
M_1 Drehmoment
d_1 Teilkreisdurchmesser
z_1 Zähnezahl
n_1 Drehzahl

getriebenes Rad
F_{u2} Umfangskraft
M_2 Drehmoment
d_2 Teilkreisdurchmesser
z_2 Zähnezahl
n_2 Drehzahl

für beide Räder
i Übersetzungsverhältnis (Übersetzung)
η Wirkungsgrad

Drehmomente und Zähnezahlen	**Drehzahlen**	**Übersetzung**
$\frac{M_2}{M_1} = \frac{z_2}{z_1}$	$\frac{M_2}{M_1} = \frac{n_1}{n_2}$	$\frac{M_2}{M_1} = i$

getriebenes Rad

$M_2 = \frac{M_1 \cdot z_2}{z_1}$	$M_2 = \frac{M_1 \cdot n_1}{n_2}$	$M_2 = i \cdot M_1$
$z_2 \approx \frac{M_2 \cdot z_1}{M_1}$ [1]	$n_2 = \frac{M_1 \cdot n_1}{M_2}$	$M_2 = \frac{F_{u2} \cdot d_2}{2}$ [1]
		$F_{u2} = \frac{2 \cdot M_2}{d_2}$

treibendes Rad

$M_1 = \frac{M_2 \cdot z_1}{z_2}$	$M_1 = \frac{M_2 \cdot n_2}{n_1}$	$M_1 = \frac{M_2}{i}$
$z_1 \approx \frac{M_1 \cdot z_2}{M_2}$ [1]	$n_1 = \frac{M_2 \cdot n_2}{M_1}$	$M_1 = \frac{F_{u1} \cdot d_1}{2}$ [1]
		$F_{u1} = \frac{2 \cdot M_1}{d_1}$

bei Berücksichtigung des Wirkungsgrades:

$$M_2 = i \cdot M_1 \cdot \eta \qquad \eta = \frac{M_2}{i \cdot M_1}$$

[1] Zähnezahlen und Teilkreisdurchmesser aus Zahnradgeometrie z. B. als ganzzahlige Zähnezahl festlegen.

Zahnradmaße: Seite 98

$[M] = \text{N} \cdot \text{m}$ $[d] = \text{m}$ $[i] = -$ $[z] = -$

$[F_u] = \text{N}$ $[n] = \frac{1}{\text{min}}$ $[\eta] = -$

Gewichtskraft

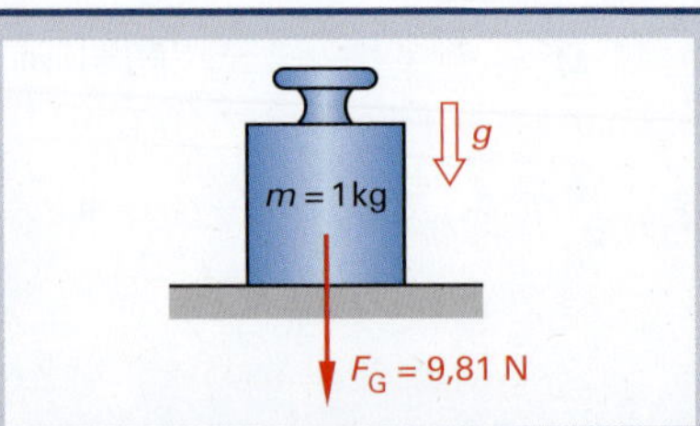

F_G Gewichtskraft
m Masse
g Fallbeschleunigung

$$F_G = m \cdot g$$

$$m = \frac{F_G}{g}$$

$$g = \frac{F_G}{m}$$

$$g = 9{,}81\,\frac{\text{m}}{\text{s}^2} \approx 10\,\frac{\text{m}}{\text{s}^2}.$$

$[F_G]$ = N
$[m]$ = kg
$[g] = \frac{\text{m}}{\text{s}^2}$

Masseberechnung: Seite 42

Kräfte bei Beschleunigung und Verzögerung

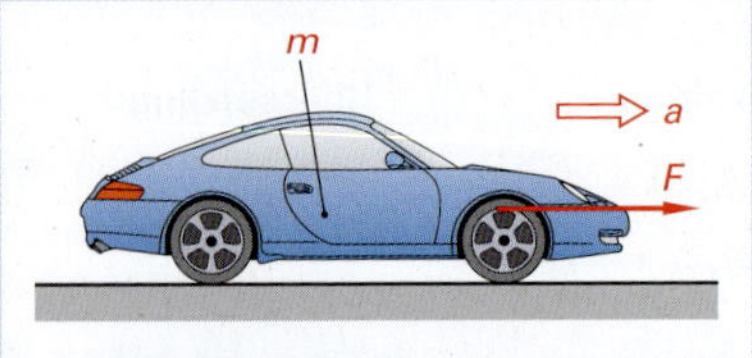

F Beschleunigungskraft, Verzögerungskraft
m Masse
a Beschleunigung oder Verzögerung

$$F = m \cdot a$$

$$m = \frac{F}{a}$$

$$a = \frac{F}{m}$$

$[F]$ = N
$[m]$ = kg
$[a] = \frac{\text{m}}{\text{s}^2}$

Umformungen

$$1\,\text{N} = 1\,\text{kg} \cdot 1\,\frac{\text{m}}{\text{s}^2} = 1\,\frac{\text{kg} \cdot \text{m}}{\text{s}^2}$$

Masseberechnung: Seite 42

Drehmoment bei beschleunigter oder verzögerter Kreisbewegung

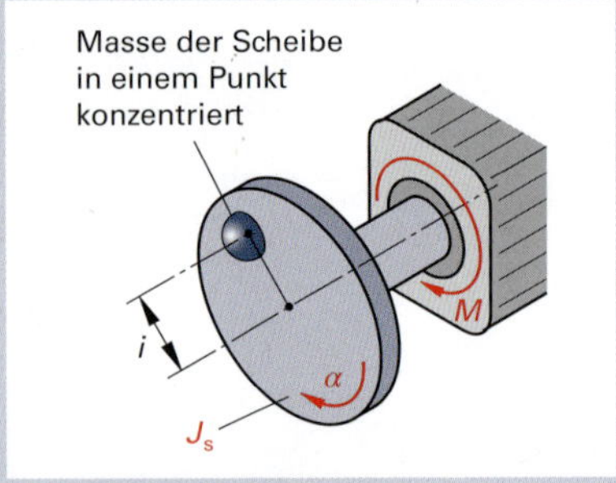

M Drehmoment
J_s Trägheitsmoment (bezogen auf die Schwerpunktachse)
α Winkelbeschleunigung, Winkelverzögerung
i Trägheitsradius
m Masse des Körpers

$$M = J_s \cdot \alpha$$

$$J_s = \frac{M}{\alpha}$$

$$\alpha = \frac{M}{J_s}$$

$$i = \sqrt{\frac{J}{m}}$$

$[M] = \text{N} \cdot \text{m}$
$[J] = \text{kg} \cdot \text{m}^2$
$[\alpha] = \frac{1}{\text{s}^2}$
$[i]$ = m

Winkelbeschleunigung: Seite 45
Masseberechnung: Seite 42
Trägheitsmomente: Seite 89

Trägheitsmoment (Massenmoment 2. Grades) bezogen auf Schwerpunktachsen

Körper	Trägheitsmoment J_{sx} um die X-Achse	Trägheitsmoment J_{sy} um die Y-Achse
Kugel 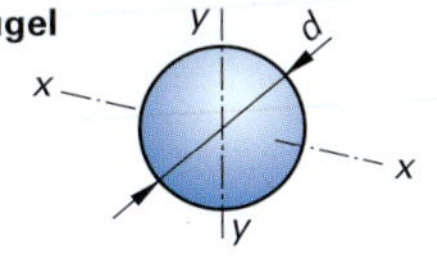	$J_{sx} = \frac{1}{10} \cdot m \cdot d^2$	$J_{sx} = J_{sy}$
Zylinder 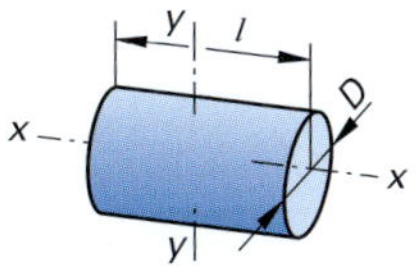	$J_{sx} = \frac{1}{8} \cdot m \cdot d^2$	$J_{sy} = \frac{1}{16} \cdot m \cdot (d^2 + \frac{4}{3} l^2)$
Hohlzylinder 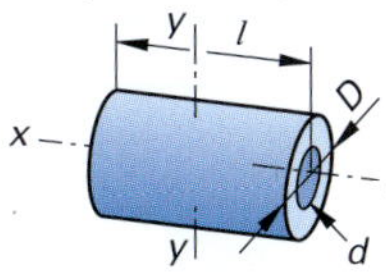	$J_{sx} = \frac{1}{8} \cdot m \cdot (D^2 + d^2)$	$J_{sy} = \frac{1}{16} \cdot m \cdot (D^2 + d^2 + \frac{4}{3} l^2)$
Quader 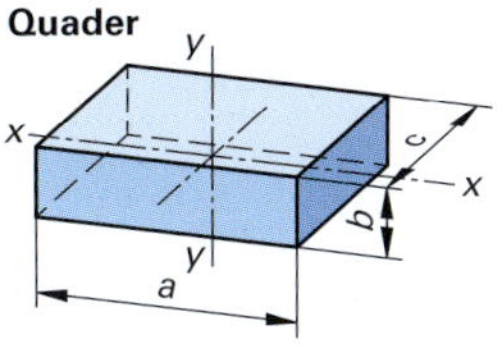	$J_{sx} = \frac{1}{12} \cdot m \cdot (b^2 + c^2)$	$J_{sx} = \frac{1}{12} \cdot m \cdot (a^2 + c^2)$

J_S	Trägheitsmoment (bezogen auf die Schwerpunktachse)	m	Masse des Körpers	$[J] = kg \cdot m^2$
J_{sx}	Trägheitsmoment (um die X-Achse)	D, d	Durchmesser	$[m] = kg$
J_{sy}	Trägheitsmoment (um die Y-Achse)	l	Länge	$[d] = m$
		a, b, c	Kantenlänge	$[l] = m$
				$[a], [b], [c] = m$

Trägheitsmoment auf paralleler Achse

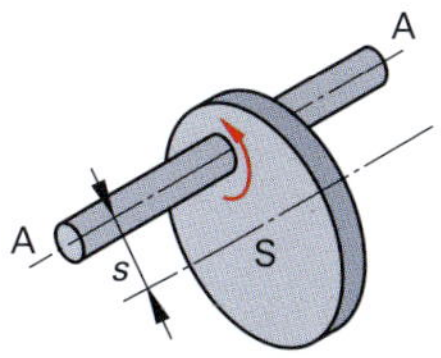

s Abstand der Achsen

m Masse des Körpers

Verschiebesatz (Satz von Steiner)

$$J_A = J_S + m \cdot s^2$$

$$J_S = J_A - m \cdot s^2$$

$$m = \frac{J_A - J_S}{s^2}$$

$$s = \sqrt{\frac{J_A - J_S}{m}}$$

$[J] = kg \cdot m^2$

$[m] = kg$

$[s] = m$

J_A Trägheitsmoment (bezogen auf die Drehachse A)

J_S Trägheitsmoment (bezogen auf die Schwerpunktachse S)

Technische Physik

Federkraft

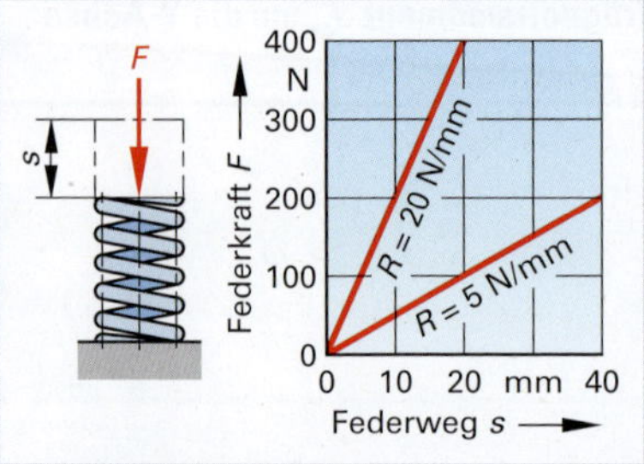

F Federkraft
R Federrate
s Federweg

$$F = R \cdot s$$

$$R = \frac{F}{s} \qquad s = \frac{F}{R}$$

$[F] = \text{N}$ $\quad [R] = \frac{\text{N}}{\text{mm}}$ $\quad [s] = \text{mm}$

Zentripetalkraft, -petalbeschleunigung, -fugalkraft, -fugalbeschleunigung

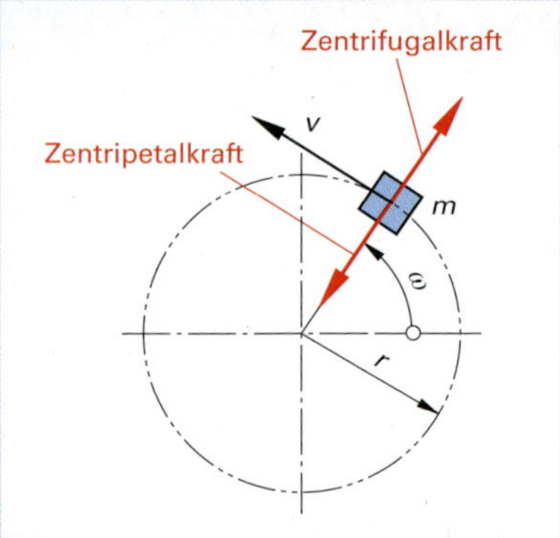

F_z Zentripetalkraft, Zentrifugalkraft (Fliehkraft)
m Masse
r Radius (Abstand Körperschwerpunkt zur Drehachse)
a_z Zentripetalbeschleunigung, Zentrifugalbeschleunigung
ω Winkelgeschwindigkeit
v Umfangsgeschwindigkeit

$$F_z = m \cdot a_z$$

$$m = \frac{F_z}{a_z}$$

$[F_z] = \text{N}$ $\quad [m] = \text{kg}$ $\quad [a_z] = \frac{\text{m}}{\text{s}^2}$

$$a_z = \frac{F_z}{m}$$

$$F_z = m \cdot r \cdot \omega^2$$

$$m = \frac{F_z}{r \cdot \omega^2} \qquad r = \frac{F_z}{m \cdot \omega^2} \qquad \omega = \sqrt{\frac{F_z}{m \cdot r}}$$

$[r] = \text{m}$ $\quad [\omega] = \frac{1}{\text{s}}$

$$F_z = \frac{m \cdot v^2}{r}$$

$$m = \frac{F_z \cdot r}{v^2} \qquad v = \sqrt{\frac{F_z \cdot r}{m}} \qquad r = \frac{m \cdot v^2}{F_z}$$

$[v] = \frac{\text{m}}{\text{s}}$

$$a_z = r \cdot \omega^2$$

$$r = \frac{a_z}{\omega^2} \qquad \omega = \sqrt{\frac{a_z}{r}}$$

$$a_z = \frac{v^2}{r}$$

$$v = \sqrt{a_z \cdot r} \qquad r = \frac{v^2}{a_z}$$

Winkelgeschwindigkeit, Umfangsgeschwindigkeit: Seite 45

Reibungskraft, Reibungsarten

Haftreibung, Gleitreibung

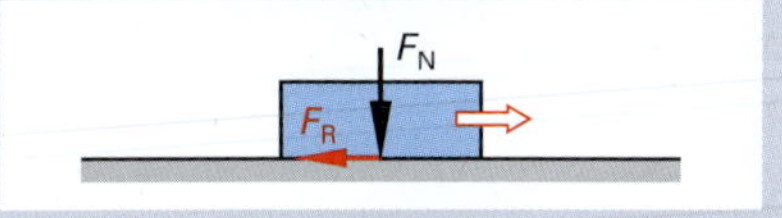

Rollreibung

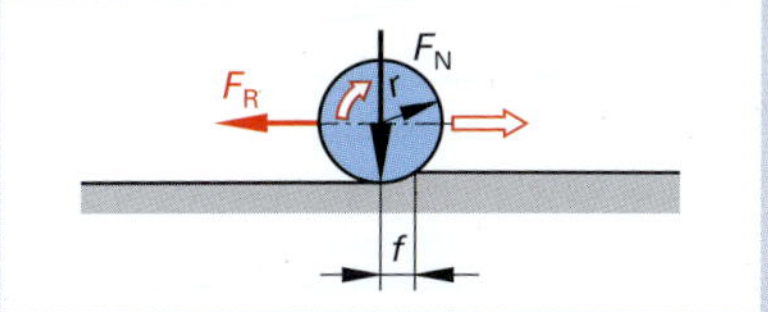

F_R Reibungskraft (als Haft-, Gleit- oder Rollreibungskraft)
F_N Normalkraft
μ_0 Haftreibungszahl
μ Gleitreibungszahl
f Rollreibungszahl
r Radius

Haftreibung:

$$F_R = \mu_0 \cdot F_N$$

$$\mu_0 = \frac{F_R}{F_N} \qquad F_N = \frac{F_R}{\mu_0}$$

$[F_R] = \text{N}$ $[\mu] = -$ $[F_N] = \text{N}$

Gleitreibung:

$$F_R = \mu \cdot F_N$$

$$\mu = \frac{F_R}{F_N} \qquad F_N = \frac{F_R}{\mu}$$

Rollreibung:

$$F_R = \frac{f \cdot F_N}{r}$$

$$f = \frac{F_R \cdot r}{F_N} \qquad F_N = \frac{F_R \cdot r}{f}$$

$[f] = \text{mm}$ $[r] = \text{mm}$

Reibungsmoment am Tragzapfen (Querlager)

Reibungsmoment

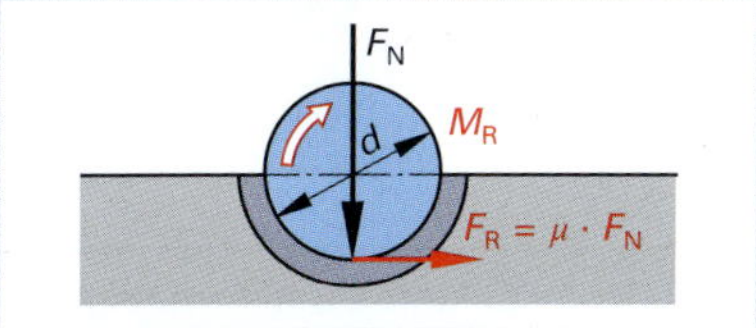

M_R Reibungsmoment
F_N Normalkraft
μ Reibungszahl
d Durchmesser

$$M_R = \frac{\mu \cdot F_N \cdot d}{2}$$

$$\mu = \frac{2 \cdot M_R}{F_N \cdot d} \qquad F_N = \frac{2 \cdot M_R}{\mu \cdot d} \qquad d = \frac{2 \cdot M_R}{\mu \cdot F_N}$$

$[M_R] = \text{N} \cdot \text{m}$ $[\mu] = -$ $[F_N] = \text{N}$ $[d] = \text{m}$

Reibungsmoment am Spurzapfen (Längslager)

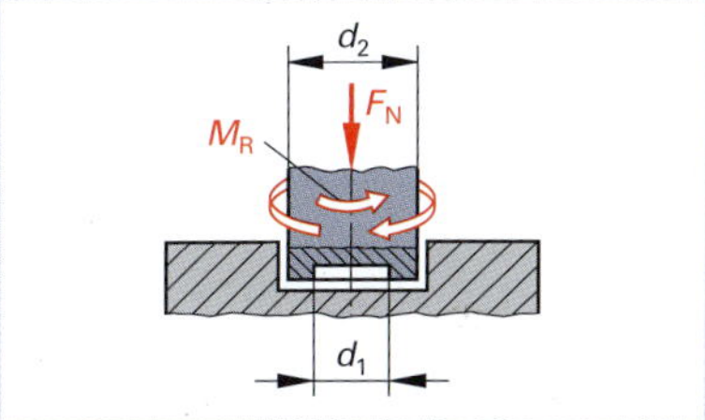

M_R Reibungsmoment
F_N Normalkraft
μ Reibungszahl
d_1, d_2 Innen-, Außendurchmesser

$$M_R = \mu \cdot F_N \cdot \frac{d_1 + d_2}{4}$$

$$\mu = \frac{4 \cdot M_R}{F_N \cdot (d_1 + d_2)} \qquad F_N = \frac{4 \cdot M_R}{\mu \cdot (d_1 + d_2)}$$

$[M_R] = \text{N} \cdot \text{m}$ $[\mu] = -$ $[d] = \text{m}$ $[F_N] = \text{N}$

Reibungszahl und Reibungswinkel, Reibung an der schiefen Ebene

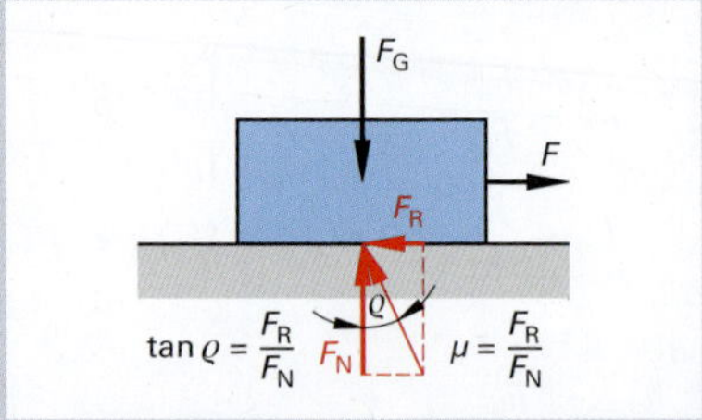

F_G Gewichtskraft
F Zugkraft

$\mu = \tan \varrho$	$\mu_0 = \tan \varrho_0$	$[\mu], [\mu_0] = -$
$\varrho = \arctan \mu$	$\varrho_0 = \arctan \mu_0$	$[\varrho], [\varrho_0] = °$

F_N Normalkraft
μ_0 Haftreibungszahl
μ Gleitreibungszahl
F_R Reibungskraft
ϱ_0 Haftreibungswinkel
ϱ Gleitreibungswinkel

Reibung an der schiefen Ebene

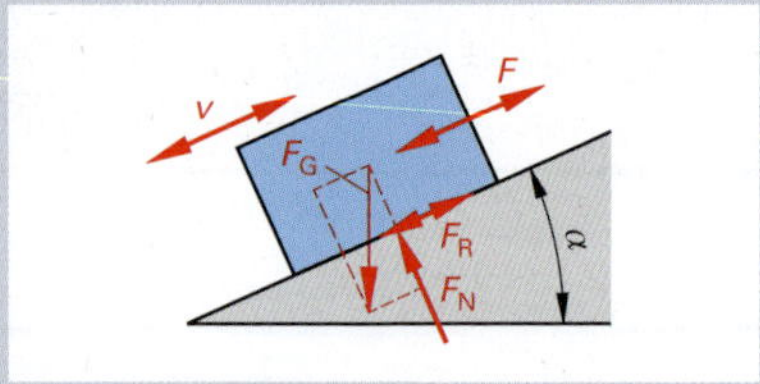

F_G Gewichtskraft
F_N Normalkraft
F_R Reibungskraft
F Zugkraft (für konstante Geschwindigkeit)

Selbsthemmung auf der schiefen Ebene, wenn: $\alpha < \varrho_0$

α Neigungswinkel der schiefen Ebene
v Geschwindigkeit (als Angabe der Bewegungsrichtung oder Bewegungstendenz)
μ_0 Haftreibungszahl
ϱ_0 Haftreibungswinkel
μ Gleitreibungszahl
ϱ Gleitreibungswinkel

Bewegung[1] nach		**Zugkraft *F*** (für konstante Geschwindigkeit) **parallel zur schiefen Ebene**	**Zugkraft *F*** (für konstante Geschwindigkeit) **parallel zur Basis (waagrecht)**
oben mit $\alpha > 0°$	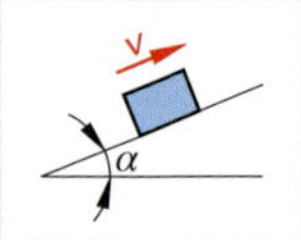	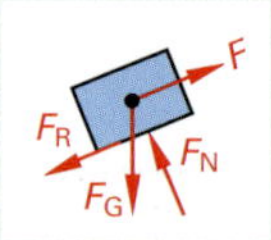 $F = F_G \cdot (\sin\alpha + \mu \cdot \cos\alpha)$ $F = F_G \cdot \frac{\sin(\alpha + \varrho)}{\cos\varrho}$	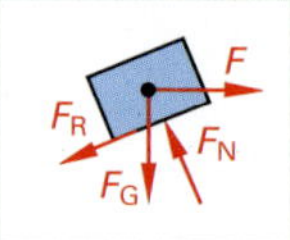 $F = F_G \cdot \tan(\alpha + \varrho)$ $F = F_G \cdot \frac{\sin\alpha + \mu \cdot \cos\alpha}{\cos\alpha - \mu \cdot \sin\alpha}$
unten mit $\alpha < \varrho_0$	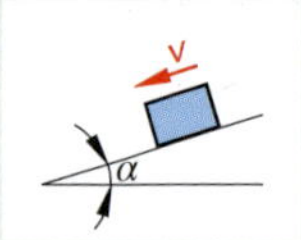	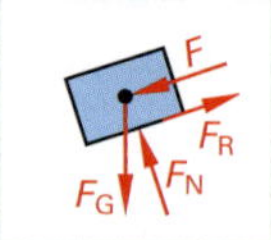 $F = F_G \cdot (\mu \cdot \cos\alpha - \sin\alpha)$ $F = F_G \cdot \frac{\sin(\varrho - \alpha)}{\cos\varrho}$	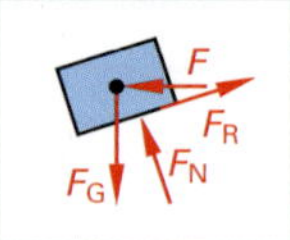 $F = F_G \cdot \tan(\varrho - \alpha)$ $F = F_G \cdot \frac{\mu \cdot \cos\alpha - \sin\alpha}{\cos\alpha + \mu \cdot \sin\alpha}$
unten mit $\alpha > \varrho_0$	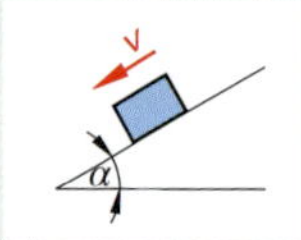	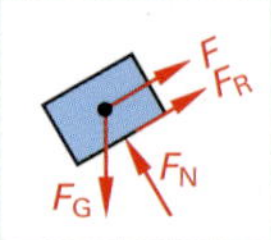 $F = F_G \cdot (\sin\alpha - \mu \cdot \cos\alpha)$ $F = F_G \cdot \frac{\sin(\alpha - \varrho)}{\cos\varrho}$	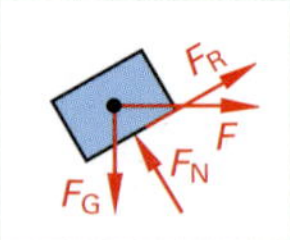 $F = F_G \cdot \tan(\alpha - \varrho)$ $F = F_G \cdot \frac{\sin\alpha - \mu \cdot \cos\alpha}{\cos\alpha + \mu \cdot \sin\alpha}$

[1] Hinweis: Für den Fall der Haftreibung (in Bewegung setzen, in der Lage halten) muss in den Formeln μ durch μ_0 bzw. ϱ durch ϱ_0 ersetzt werden.

Reibung an der Backenbremse

Backenbremse mit überhöhtem Hebellager D

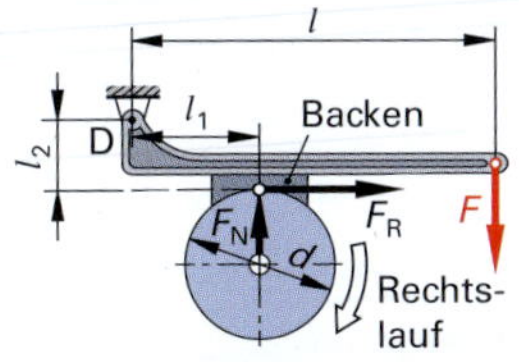

F	Hebelkraft	d	Scheibendurchmesser
F_R	Reibungskraft	M_{Br}	Bremsmoment
F_N	Normalkraft	μ	Reibungszahl
l, l_1, l_2	Hebellängen		

$$F = F_N \cdot \frac{l_1 \pm \mu \cdot l_2}{l}$$

$$F_N = F \cdot \frac{l}{l_1 \pm \mu \cdot l_2}$$

$[F]$ = N
$[l]$ = mm
$[\mu]$ = –

(+) bei Rechtslauf
(–) bei Linkslauf

$$l = F_N \cdot \frac{l_1 \pm \mu \cdot l_2}{F}$$

Selbsthemmung[1)]

$$\text{wenn: } l_1 \leq \mu \cdot l_2$$

nur bei Linkslauf

$$M_{Br} = F_R \cdot \frac{d}{2}$$

$$M_{Br} = \mu \cdot F_N \cdot \frac{d}{2}$$

$[M_{Br}]$ = N · mm
$[d]$ = mm

$$d = \frac{2 \cdot M_{Br}}{F_R}$$

$$d = \frac{2 \cdot M_{Br}}{\mu \cdot F_N}$$

Backenbremse mit unterzogenem Hebellager D

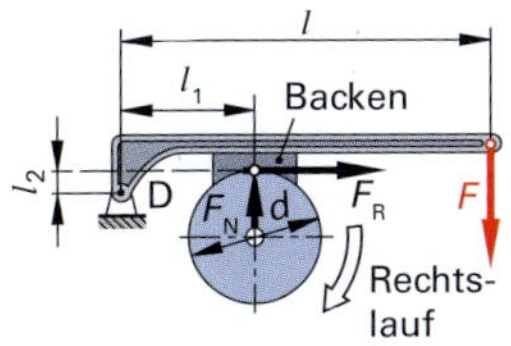

$$F = F_N \cdot \frac{l_1 \mp \mu \cdot l_2}{l}$$

$$F_N = F \cdot \frac{l}{l_1 \mp \mu \cdot l_2}$$

$[F]$ = N
$[l]$ = mm
$[\mu]$ = –

(–) bei Rechtslauf
(+) bei Linkslauf

$$l = F_N \cdot \frac{l_1 \mp \mu \cdot l_2}{F}$$

Selbsthemmung[1)]

$$\text{wenn: } l_1 \leq \mu \cdot l_2$$

nur bei Rechtslauf

$$M_{Br} = F_R \cdot \frac{d}{2}$$

$$M_{Br} = \mu \cdot F_N \cdot \frac{d}{2}$$

$[M_{Br}]$ = N · mm
$[d]$ = mm

$$d = \frac{2 \cdot M_{Br}}{F_R}$$

$$d = \frac{2 \cdot M_{Br}}{\mu \cdot F_N}$$

Reibkraft, Reibungsmoment: Seite 91

Backenbremse mit tangentialem Hebellager D

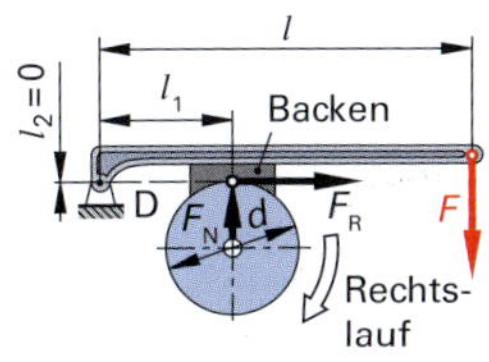

$$F = F_N \cdot \frac{l_1}{l}$$

$$F_N = F \cdot \frac{l}{l_1}$$

$[F]$ = N
$[l]$ = mm
$[\mu]$ = –

gleiche Hebel- und Normalkraft bei Rechts- und Linkslauf

$$l = F_N \cdot \frac{l_1}{F}$$

Selbsthemmung ist nicht möglich.

$$M_{Br} = F_R \cdot \frac{d}{2}$$

$$M_{Br} = \mu \cdot F_N \cdot \frac{d}{2}$$

$[M_{Br}]$ = N · mm
$[d]$ = mm

$$d = \frac{2 \cdot M_{Br}}{F_R}$$

$$d = \frac{2 \cdot M_{Br}}{\mu \cdot F_N}$$

Reibkraft, Reibungsmoment: Seite 91

[1)] auflaufende Reibung blockiert die Bremse

Technische Physik

Mechanische Arbeit, Hubarbeit, Reibungsarbeit

Hubarbeit

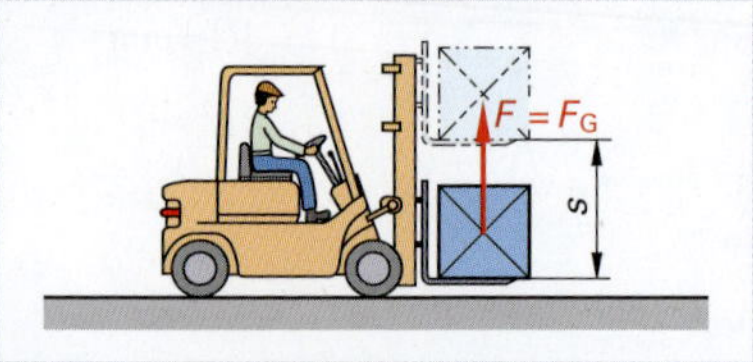

Reibungsarbeit

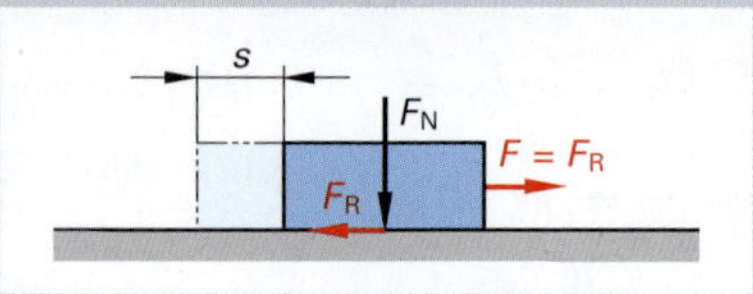

F	Kraft in Wegrichtung
F_G	Gewichtskraft
F_R	Reibungskraft
F_N	Normalkraft
s	Kraftweg
s, h	Hubhöhe
μ	Reibungszahl

Hubarbeit

$$W = F \cdot s$$

$$F = \frac{W}{s} \qquad s = \frac{W}{F}$$

$$W = F_G \cdot h$$

$$F_G = \frac{W}{h} \qquad h = \frac{W}{F_G}$$

$[W] = J$, $[F] = N$, $[F_G] = N$, $[s] = m$, $[h] = m$, $[\mu] = -$

Reibungsarbeit

$$W = \mu \cdot F_N \cdot s$$

$$F_N = \frac{W}{\mu \cdot s} \qquad s = \frac{W}{\mu \cdot F_N} \qquad \mu = \frac{W}{s \cdot F_N}$$

Umformungen

1 kJ = 1000 J = 0,001 MJ

$1\,\text{J} = 1\,\dfrac{\text{kg} \cdot \text{m}^2}{\text{s}^2} = 1\,\text{N} \cdot \text{m} = 1\,\text{W} \cdot \text{s}$

1 W · h = 3600 W · s = 3600 J

Gewichtskraft: Seite 88

Feste Rolle (ohne Reibung, d. h. aufgewendete Arbeit W_1 = abgegebene Arbeit W_2)

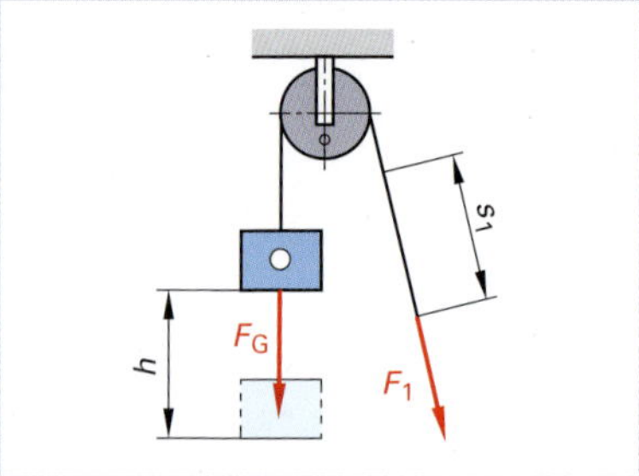

F_1	aufgewendete Kraftkraft
s_1	Weg der Kraft F_1
F_G	Gewichtskraft
h	Hubhöhe
W_1	aufgewendete Arbeit
W_2	abgegebene Arbeit

Goldene Regel der Mechanik

$$F_1 \cdot s_1 = F_G \cdot h$$

$$F_1 = F_G \qquad s_1 = h$$

$$W_1 = F_1 \cdot s_1$$

$$F_1 = \frac{W_1}{s_1} \qquad s_1 = \frac{W_1}{F_1}$$

$$W_2 = F_G \cdot h$$

$$F_G = \frac{W_2}{h} \qquad h = \frac{W_2}{F_G}$$

$[F_1] = N$, $[s_1] = m$, $[W] = J$, $[F_G] = N$, $[h] = m$

Umformungen wie oben

Gewichtskraft: Seite 88

Lose Rolle (ohne Reibung, d. h. aufgewendete Arbeit W_1 = abgegebene Arbeit W_2)

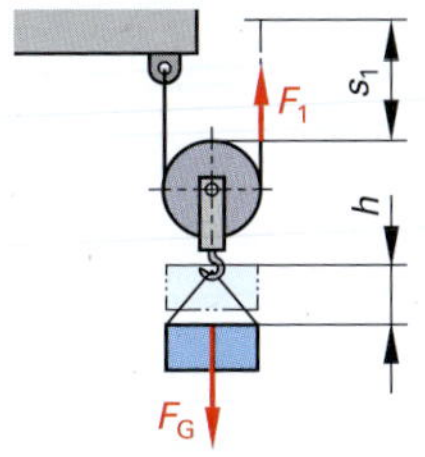

F_1 aufgewendete Kraft
s_1 Weg der Kraft F_1
F_G Gewichtskraft
h Hubhöhe
W_1 aufgewendete Arbeit
W_2 abgegebene Arbeit

Goldene Regel der Mechanik

$$F_1 \cdot s_1 = F_G \cdot h$$

$F_1 = \frac{F_G}{2}$ $F_G = 2 \cdot F_1$

$s_1 = 2 \cdot h$ $h = \frac{s_1}{2}$

$$W_1 = F_1 \cdot s_1$$

$F_1 = \frac{W_1}{s_1}$ $s_1 = \frac{W_1}{F_1}$

$$W_2 = F_G \cdot h$$

$F_G = \frac{W_2}{h}$ $h = \frac{W_2}{F_G}$

Gewichtskraft: Seite 88

Umformungen: Seite 94

$[F_1]$ = N
$[s_1]$ = m
$[W]$ = J
$[F_G]$ = N
$[h]$ = m

Seilwinde (ohne Reibung, d. h. aufgewendete Arbeit W_1 = abgegebene Arbeit W_2)

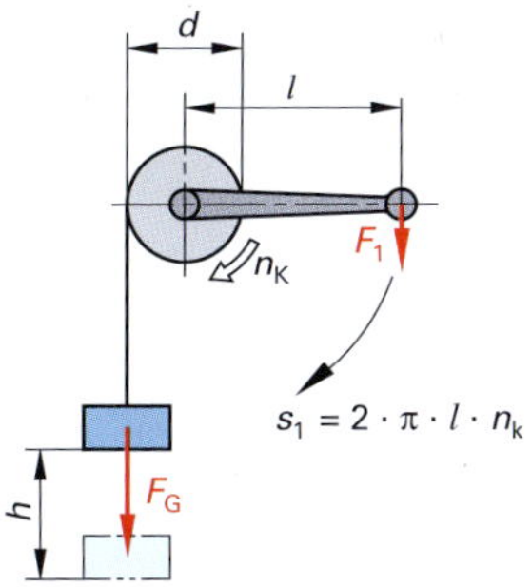

F_1 aufgewendete Kurbelkraft
l Kurbellänge
s_1 Weg der Kurbelkraft
F_G Gewichtskraft
d Trommeldurchmesser
h Hubhöhe
n_K Anzahl Kurbelumdrehungen
W_1 aufgewendete Arbeit
W_2 abgegebene Arbeit

Goldene Regel der Mechanik

$$F_1 \cdot s_1 = F_G \cdot h$$

$$F_1 \cdot 2 \cdot \pi \cdot l \cdot n_K = F_G \cdot \pi \cdot d \cdot n_K$$

$$F_1 \cdot 2 \cdot l = F_G \cdot d$$

$F_1 = \frac{F_G \cdot d}{2 \cdot l}$ $F_G = \frac{F_1 \cdot 2 \cdot l}{d}$

$l = \frac{F_G \cdot d}{2 \cdot F_1}$ $d = \frac{F_1 \cdot 2 \cdot l}{F_G}$

$$s_1 = 2 \cdot \pi \cdot l \cdot n_K \qquad h = \pi \cdot d \cdot n_K$$

$l = \frac{s_1}{2 \cdot \pi \cdot n_K}$ $d = \frac{h}{\pi \cdot n_K}$

$n_k = \frac{s_1}{2 \cdot \pi \cdot l}$ $n_k = \frac{h}{\pi \cdot d}$

$$W_1 = F_1 \cdot s_1 \text{ [1)]} \qquad W_2 = F_G \cdot h \text{ [1)]}$$

$[F_1]$ = N
$[s_1]$ = m
$[F_G]$ = N
$[h]$ = m
$[l]$ = m
$[d]$ = m
$[n_k]$ = –
$[W]$ = J

Gewichtskraft: Seite 88

Umformungen: Seite 94

[1)] Umstellungen hiervon, wie oben

Technische Physik

Flaschenzug (ohne Reibung, d. h. aufgewendete Arbeit W_1 = abgegebene Arbeit W_2)

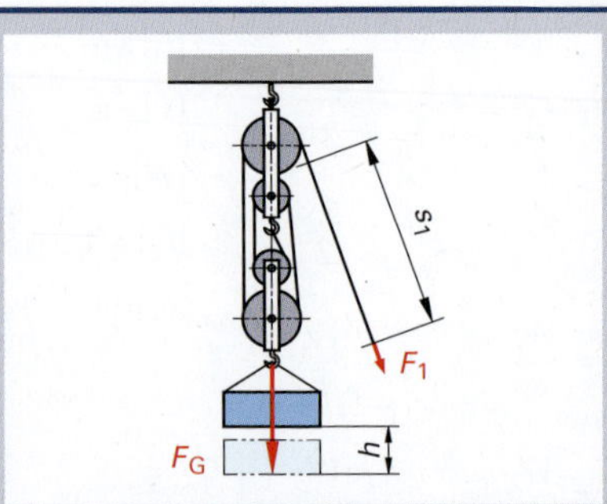

F_1 aufgewendete Kraft
s_1 Weg der Kraft F_1
F_G Gewichtskraft
h Hubhöhe
n Anzahl tragende Seilstränge = Anzahl Rollen
W_1 aufgewendete Arbeit
W_2 abgegebene Arbeit

Gewichtskraft: Seite 88

Umformungen: Seite 94

Goldene Regel der Mechanik

$$F_1 \cdot s_1 = F_G \cdot h$$

$$F_1 = \frac{F_G \cdot h}{s_1} \qquad F_G = \frac{F_1 \cdot s_1}{h}$$

$$s_1 = \frac{F_G \cdot h}{F_1} \qquad h = \frac{F_1 \cdot s_1}{F_G}$$

$[F_1]$ = N
$[F_G]$ = N
$[s]$ = m
$[h]$ = m
$[n]$ = –

$$s_1 = n \cdot h \qquad n = \frac{s_1}{h} \qquad h = \frac{s_1}{n}$$

$$F_1 = \frac{F_G}{n} \qquad F_G = F_1 \cdot n$$

$$W_1 = F_1 \cdot s_1 \qquad F_1 = \frac{W_1}{s_1} \qquad s_1 = \frac{W_1}{F_1}$$

$[W]$ = J

$$W_2 = F_G \cdot h \qquad F_G = \frac{W_2}{h} \qquad h = \frac{W_2}{F_G}$$

Keil (ohne Reibung, d. h. aufgewendete Arbeit W_1 = abgegebene Arbeit W_2)

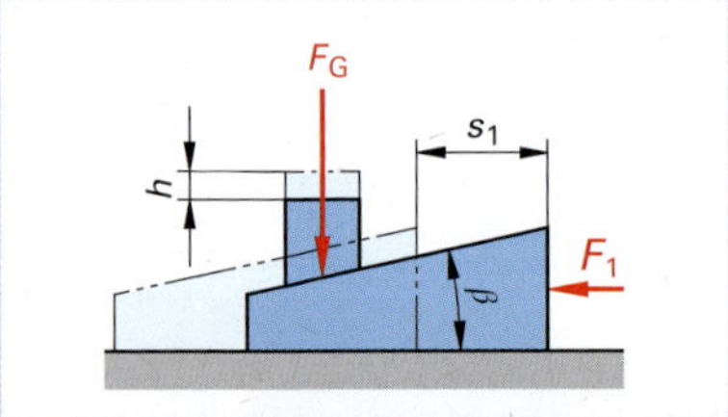

F_1 aufgewendete Kraft
s_1 Weg der Kraft F_1
F_2 abgegebene Kraft (Gewichtskraft)
h Hubhöhe
β Neigungswinkel
W_1 aufgewendete Arbeit
W_2 abgegebene Arbeit

Gewichtskraft: Seite 88

Umformungen: Seite 94

Goldene Regel der Mechanik

$$F_1 \cdot s_1 = F_2 \cdot h \qquad F_1 = \frac{F_2 \cdot h}{s_1} \qquad s_1 = \frac{F_2 \cdot h}{F_1}$$

$$F_2 = \frac{F_1 \cdot s_1}{h} \qquad h = \frac{F_1 \cdot s_1}{F_2}$$

$$\tan\beta = \frac{h}{s_1} \qquad h = \tan\beta \cdot s_1$$

$$s_1 = \frac{h}{\tan\beta}$$

$$F_1 = F_2 \cdot \tan\beta$$

$$F_2 = \frac{F_1}{\tan\beta}$$

$$W_1 = F_1 \cdot s_1 \ ^{1)}$$

$$W_2 = F_G \cdot h \ ^{1)}$$

$[F_1]$ = N
$[s_1]$ = m
$[\tan\beta]$ = °
$[F_2]$ = N
$[h]$ = m
$[W]$ = J

1) Umstellungen hiervon, wie oben.

Schraube (ohne Reibung, d.h. aufgewendete Arbeit W_1 = abgegebene Arbeit W_2)

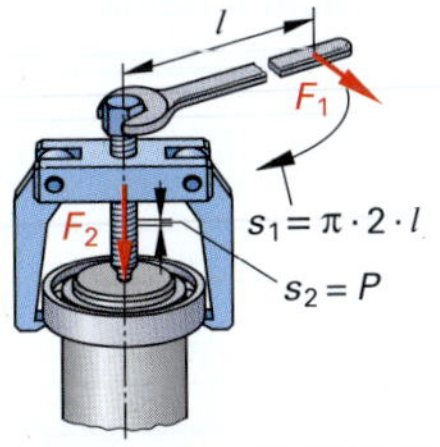

F_1	aufgewendete Kraft
F_2	abgegebene Kraft
s_1	Weg der Kraft F_1
l	Hebellänge
P	Gewindesteigung
W_1	aufgewendete Arbeit
W_2	abgegebene Arbeit

Umformungen: Seite 94

Goldene Regel der Mechanik
(Für 1 volle Umdrehung)

$$F_1 \cdot 2 \cdot \pi \cdot l = F_2 \cdot P$$

$$F_1 = \frac{F_2 \cdot P}{2 \cdot \pi \cdot l} \qquad F_2 = \frac{F_1 \cdot 2 \cdot \pi \cdot l}{P}$$

$$l = \frac{F_2 \cdot P}{F_1 \cdot 2 \cdot \pi} \qquad P = \frac{F_1 \cdot 2 \cdot \pi \cdot l}{F_2}$$

$$s_1 = 2 \cdot \pi \cdot l \qquad l = \frac{s_1}{2 \cdot \pi}$$

$$W_1 = F_1 \cdot 2 \cdot \pi \cdot l \qquad W_2 = F_2 \cdot P$$

$$F_1 = \frac{W_1}{2 \cdot \pi \cdot l} \qquad F_2 = \frac{W_2}{P}$$

$$l = \frac{W_1}{F_1 \cdot 2 \cdot \pi} \qquad P = \frac{W_2}{F_2}$$

$[F_1]$ = N
$[l]$ = mm
$[s_1]$ = mm
$[W]$ = N · mm
$[F_2]$ = N
$[P]$ = mm

Räderwinde (ohne Reibung, d.h. aufgewendete Arbeit W_1 = abgegebene Arbeit W_2)

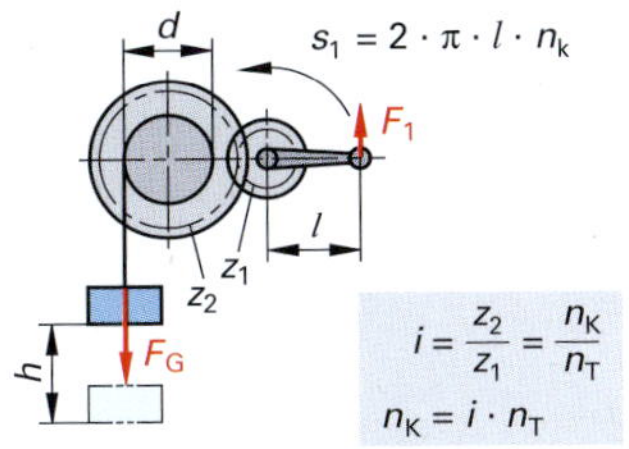

F_1	aufgewendete Kraft
F_G	Gewichtskraft
l	Kurbellänge
h	Hubhöhe
d	Trommeldurchmesser
i	Übersetzungsverhältnis
z_1, z_2	Zähnezahl treibend, getrieben
n_K, n_T	Anzahl Kurbel-, Trommelumdrehungen
W_1	aufgewendete Arbeit
W_2	abgegebene Arbeit

Gewichtskraft: Seite 88

Umformungen: Seite 94

Goldene Regel der Mechanik

$$F_1 \cdot s_1 = F_2 \cdot h$$

$$F_1 \cdot 2 \cdot \pi \cdot l \cdot n_K = F_G \cdot \pi \cdot d \cdot n_T$$

$$F_1 \cdot 2 \cdot l \cdot i = F_G \cdot d$$

$$F_1 = \frac{F_G \cdot d}{2 \cdot l \cdot i} \qquad F_G = \frac{2 \cdot F_1 \cdot l \cdot i}{d}$$

$$l = \frac{F_G \cdot d}{2 \cdot F_1 \cdot i} \qquad d = \frac{2 \cdot F_1 \cdot l \cdot i}{F_G}$$

$$s_1 = 2 \cdot \pi \cdot l \cdot n_K \qquad h = \pi \cdot d \cdot n_T$$

$$l = \frac{s_1}{2 \cdot \pi \cdot n_K} \qquad d = \frac{h}{\pi \cdot n_T}$$

$$n_K = \frac{s_1}{2 \cdot \pi \cdot l} \qquad n_T = \frac{h}{\pi \cdot d}$$

$$W_1 = F_1 \cdot s_1 \text{ }^{1)} \qquad W_2 = F_G \cdot h \text{ }^{1)}$$

$[F]$ = N
$[s_1]$ = mm
$[F_G]$ = N
$[h]$ = m
$[l]$ = m
$[d]$ = m
$[n]$ = –
$[z]$ = –
$[i]$ = –
$[W]$ = J

1) Umstellungen hiervon, wie Seite 94

Technische Physik

Nicht korrigierte Stirnräder mit Geradverzahnung, Zahnradmaße

Außenverzahnung

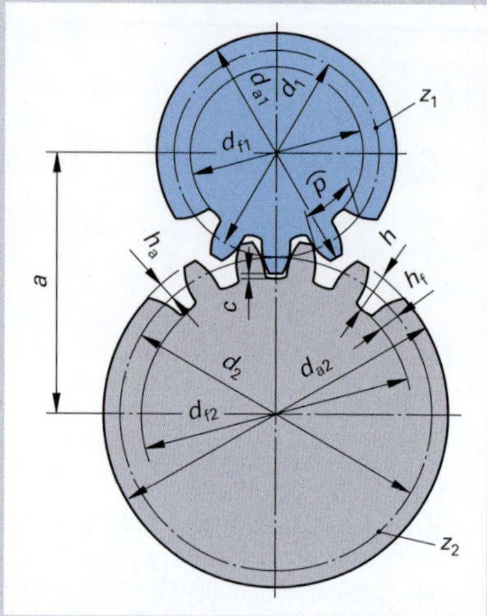

Innenverzahnung

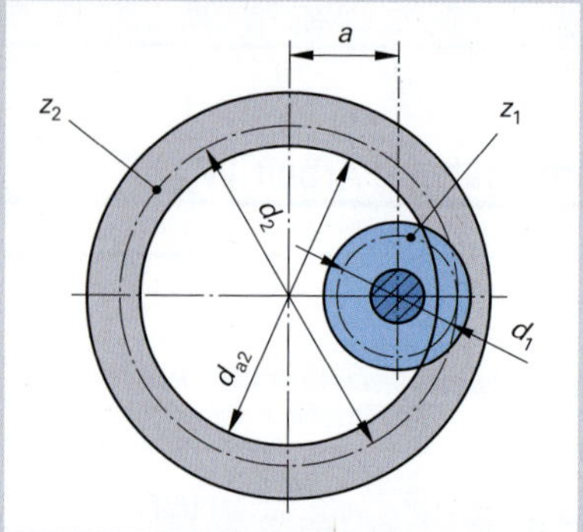

m	Modul
p	Teilung
z, z_1, z_2	Zähnezahlen
h	Zahnhöhe
h_a	Zahnkopfhöhe
h_f	Zahnfußhöhe
d, d_1, d_2	Teilkreisdurchmesser
d_a, d_{a1}, d_{a2}	Kopfkreisdurchmesser
d_f, d_{f1}, d_{f2}	Fußkreisdurchmesser
c	Kopfspiel ($c = 0{,}1 \cdot m$ bis $0{,}3 \cdot m$)
a	Achsabstand

Drehmoment bei Zahnrädergetrieben: Seite 87.

Drehzahlen, Übersetzungen bei Zahnrädergetrieben: Seite 99.

Gemeinsame Maße innen- und außenverzahnter Räder

$$m = \frac{p}{\pi} = \frac{d}{z}$$

$p = \pi \cdot m$ $\quad z = \frac{d}{m}$

$$d = m \cdot z$$

$$h = h_a + h_f$$

$h_a = m$

$h_f = m + c$

$h = 2 \cdot m + c$

$c = h_f - h_a$

häufig: $c = 0{,}25 \cdot m$

$[m]$ = mm, $[z]$ = –, $[p]$ = mm, $[d]$ = mm, $[h]$ = mm, $[h_a]$ = mm, $[h_f]$ = mm, $[c]$ = mm

Maße außenverzahnter Räder

$z = \frac{d_a - 2 \cdot m}{m}$

$d_a = d + 2 \cdot m$

$d_f = d - 2 \cdot (m + c)$

$d_a = m \cdot (z + 2)$

$$a = \frac{d_1 + d_2}{2}$$

$a = \frac{m \cdot (z_1 + z_2)}{2}$

$d_1 = 2 \cdot a - d_2$

$z_1 = \frac{2 \cdot a}{m} - z_2$

$d_2 = 2 \cdot a - d_1$

$z_2 = \frac{2 \cdot a}{m} - z_1$

$m = \frac{2 \cdot a}{z_2 + z_1}$

$[z]$ = –, $[d_a]$ = mm, $[d_f]$ = mm, $[a]$ = mm, $[d_1]$ = mm, $[d_2]$ = mm, $[m]$ = mm

Maße innenverzahnter Räder

$z = \frac{d_a + 2 \cdot m}{m}$

$d_a = d - 2 \cdot m$

$d_f = d + 2 \cdot (m + c)$

$d_a = m \cdot (z - 2)$

$$a = \frac{d_2 - d_1}{2}$$

$a = \frac{m \cdot (z_2 - z_1)}{2}$

$d_1 = d_2 - 2 \cdot a$

$z_1 = z_2 - \frac{2 \cdot a}{m}$

$d_2 = d_1 + 2 \cdot a$

$z_2 = z_1 + \frac{2 \cdot a}{m}$

$m = \frac{2 \cdot a}{z_2 - z_1}$

$[z]$ = –, $[d_a]$ = mm, $[d_f]$ = mm, $[a]$ = mm, $[d_1]$ = mm, $[d_2]$ = mm, $[m]$ = mm

Zahnradtrieb, Schneckentrieb

einfache Übersetzung

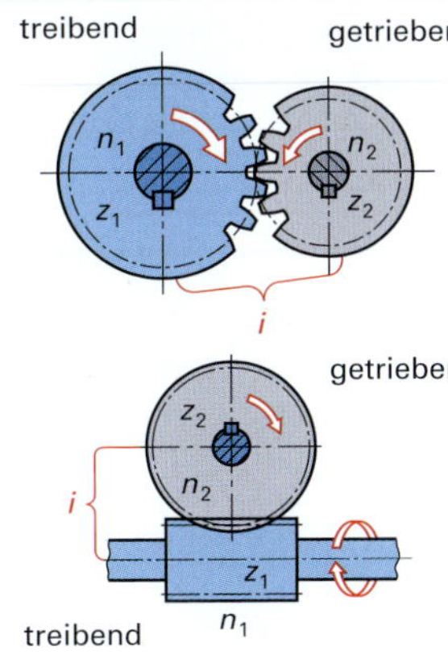

mehrfache Übersetzung

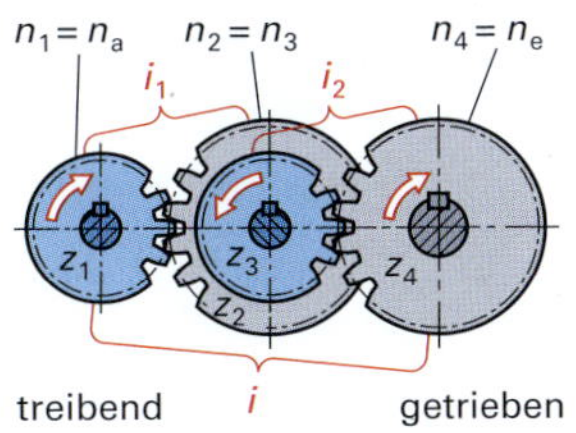

treibende Räder

$z_1, z_3, \ldots$	Zähnezahlen, Gangzahl der Schnecke
$n_1, n_3, \ldots$	Drehzahlen
n_a	Anfangsdrehzahl

getriebene Räder

$z_2, z_4, \ldots$	Zähnezahlen
$n_2, n_4, \ldots$	Drehzahlen
n_e	Enddrehzahl

gesamter Zahnradtrieb

i	Gesamtübersetzungsverhältnis
$i_1, i_2, \ldots$	Einzelübersetzungsverhältnisse

Drehmoment bei Zahnrädergetrieben: Seite 87.

Zahnradmaße: Seite 98.

Einfache Übersetzung

Antriebsformel

$$n_1 \cdot z_1 = n_2 \cdot z_2$$

$$n_1 = \frac{n_2 \cdot z_2}{z_1}$$

$$n_2 = \frac{n_1 \cdot z_1}{z_2}$$

$$z_1 = \frac{n_2 \cdot z_2}{n_1}$$

$$z_2 = \frac{n_1 \cdot z_1}{n_2}$$

Übersetzungsverhältnis

$$i = \frac{z_2}{z_1} = \frac{n_1}{n_2} = \frac{n_a}{n_e}$$

$$n_1 = i \cdot n_2$$

$$n_2 = \frac{n_1}{i}$$

$$z_1 = \frac{z_2}{i}$$

$$z_2 = i \cdot z_1$$

$[n_1] = \frac{1}{\text{min}}$

$[n_2] = \frac{1}{\text{min}}$

$[i] = -$

$[z] = -$

Mehrfache Übersetzung

Gesamtübersetzungsverhältnis

$$i = \frac{n_a}{n_e}$$

$(n_1 = n_a;\ n_4 = n_e)$

$$n_a = i \cdot n_e$$

$$n_e = \frac{n_a}{i}$$

$[n_a] = \frac{1}{\text{min}}$

$[n_e] = \frac{1}{\text{min}}$

$[i] = -$

$$i = i_1 \cdot i_2 \cdot \ldots$$

$$i_1 = \frac{i}{i_2 \cdot i_3 \cdot \ldots}$$

$$i_2 = \frac{i}{i_1 \cdot i_3 \cdot \ldots}$$

$$i_1 = \frac{z_2}{z_1} = \frac{n_1}{n_2}$$

$$i_2 = \frac{z_4}{z_3} = \frac{n_3}{n_4}$$

$$i = \frac{n_1 \cdot n_3 \cdot \ldots}{n_2 \cdot n_4 \cdot \ldots}$$

$$i = \frac{z_2 \cdot z_4 \cdot \ldots}{z_1 \cdot z_3 \cdot \ldots}$$

$[n] = \frac{1}{\text{min}}$

$[z] = -$

$$n_1 = \frac{z_2 \cdot z_4}{z_1 \cdot z_3} \cdot n_4$$

$$n_4 = \frac{z_1 \cdot z_3}{z_2 \cdot z_4} \cdot n_1$$

$$z_1 = \frac{z_2 \cdot z_4}{z_3 \cdot n_1} \cdot n_4$$

$$z_2 = \frac{z_1 \cdot z_3}{z_4 \cdot n_4} \cdot n_1$$

$$z_3 = \frac{z_2 \cdot z_4}{z_1 \cdot n_1} \cdot n_4$$

$$z_4 = \frac{z_1 \cdot z_3}{z_2 \cdot n_4} \cdot n_1$$

Riementrieb

einfache Übersetzung

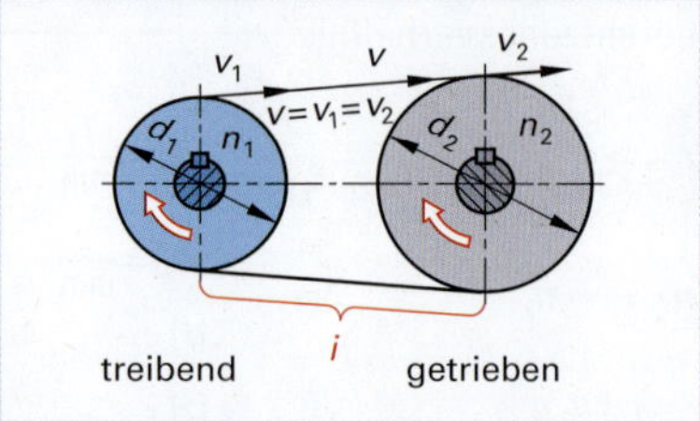

mehrfache Übersetzung

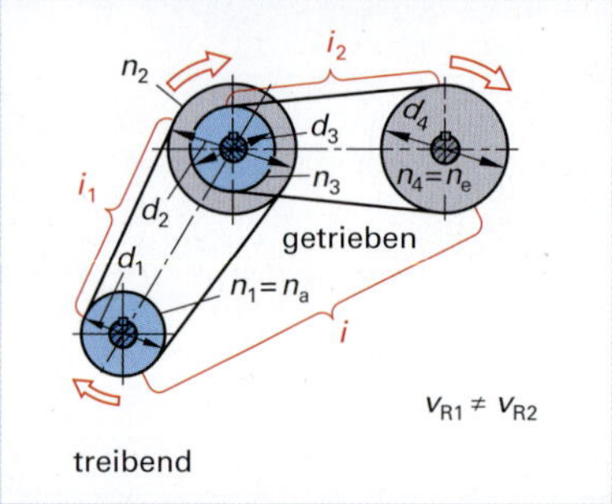

treibende Scheiben

$d_1, d_3, \ldots$ Durchmesser
$n_1, n_3, \ldots$ Drehzahlen
n_a Anfangsdrehzahl

getriebene Scheiben

$d_2, d_4, \ldots$ Durchmesser
$n_2, n_4, \ldots$ Drehzahlen
n_e Enddrehzahl

gesamter Riementrieb

i Gesamtübersetzungsverhältnis
$i_1, i_2, \ldots$ Einzelübersetzungsverhältnisse
v, v_1, v_2 Riemen-, Umfangsgeschwindigkeiten an Riemen

Umfangsgeschwindigkeit: Seite 47.

Drehmoment an Rotationsteil: Seite 87.

Einfache Übersetzung

Antriebsformel

$$n_1 \cdot d_1 = n_2 \cdot d_2$$

Übersetzungsverhältnis

$$i = \frac{d_2}{d_1} = \frac{n_1}{n_2} = \frac{n_a}{n_e}$$

$[i] = -$ $\quad [n] = \frac{1}{\text{min}}$ $\quad [d] = \text{mm}$

$n_1 = \frac{n_2 \cdot d_2}{d_1}$ $\qquad n_1 = i \cdot n_2$

$d_1 = \frac{n_2 \cdot d_2}{n_1}$ $\qquad d_1 = \frac{d_2}{i}$

$n_2 = \frac{n_1 \cdot d_1}{d_2}$ $\qquad n_2 = \frac{n_1}{i}$

$d_2 = \frac{n_1 \cdot d_1}{n_2}$ $\qquad d_2 = i \cdot d_1$

Mehrfache Übersetzung

Gesamtübersetzungsverhältnis

$$i = \frac{n_a}{n_e}$$

$n_a = i \cdot n_e$

$[i] = -$ $\quad [n] = \frac{1}{\text{min}}$

$(n_4 = n_e;\ n_1 = n_a)$ $\qquad n_e = \frac{n_a}{i}$

$$i = i_1 \cdot i_2 \cdot \ldots$$

$i_1 = \frac{i}{i_2 \cdot i_3 \cdot \ldots}$ $\qquad i_2 = \frac{i}{i_1 \cdot i_3 \cdot \ldots}$

$i_1 = \frac{d_2}{d_1} = \frac{n_1}{n_2}$ $\qquad i_2 = \frac{d_4}{d_3} = \frac{n_3}{n_4}$ $\qquad [d] = \text{mm}$

$$i = \frac{n_1 \cdot n_3 \cdot \ldots}{n_2 \cdot n_4 \cdot \ldots} \qquad i = \frac{d_2 \cdot d_4 \cdot \ldots}{d_1 \cdot d_3 \cdot \ldots}$$

$$n_1 = \frac{d_2 \cdot d_4}{d_1 \cdot d_3} \cdot n_4 \qquad n_4 = \frac{d_1 \cdot d_3}{d_2 \cdot d_4} \cdot n_1$$

$d_1 = \frac{d_2 \cdot d_4}{d_3 \cdot n_1} \cdot n_4$ $\qquad d_2 = \frac{d_1 \cdot d_3}{d_4 \cdot n_4} \cdot n_1$

$d_3 = \frac{d_2 \cdot d_4}{d_1 \cdot n_1} \cdot n_4$ $\qquad d_4 = \frac{d_1 \cdot d_3}{d_2 \cdot n_4} \cdot n_1$

$$v = v_1 = v_2$$

$[v] = \frac{1}{\text{min}}$

Potenzielle Energie (Lage- und Federenergie)

Lageenergie

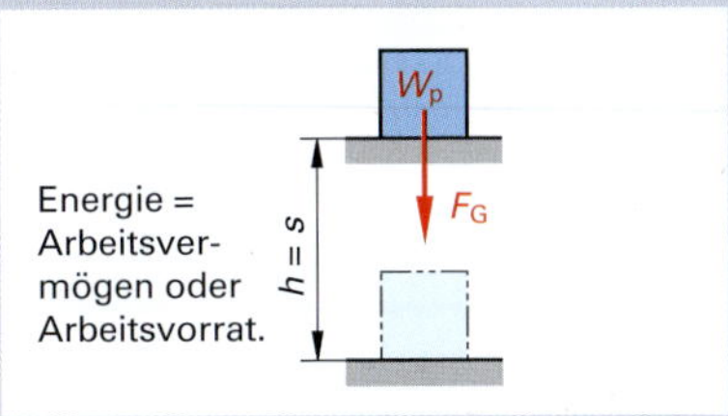

W_p potenzielle Energie
F_G Gewichtskraft
h, s Hubhöhe, -weg, Fallhöhe

Lageenergie ist gespeicherte Hubarbeit.

$$W_p = F_G \cdot h$$

$$F_G = \frac{W_p}{h} \qquad h = \frac{W_p}{F_G}$$

$[W_p] = \text{J}$
$[F_G] = \text{N}$
$[h] = \text{m}$

Umformungen

$1\,\text{kJ} = 1000\,\text{J} = 0{,}001\,\text{MJ}$

$1\,\text{J} = 1\,\text{N} \cdot \text{m} = 1\,\frac{\text{kg} \cdot \text{m}^2}{\text{s}^2} = 1\,\text{W} \cdot \text{s}$

Gewichtskraft: Seite 88

Federenergie

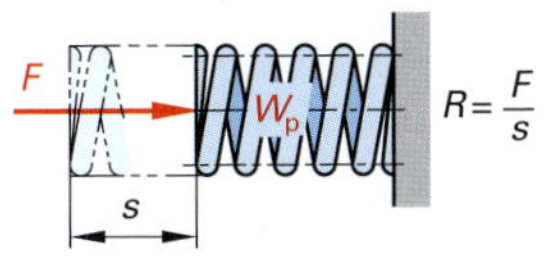

W_p potenzielle Energie
F Federkraft
R Federrate
s Federweg

Federenergie ist gespeicherte Verformungsarbeit (Spannarbeit).

$$W_p = \frac{R \cdot s^2}{2} \qquad W_p = \frac{F \cdot s}{2}$$

$[W_p] = \text{J}$
$[F] = \text{N}$
$[s] = \text{m}$

$$R = \frac{2 \cdot W_p}{s^2} \qquad F = \frac{2 \cdot W_p}{s}$$

$$s = \sqrt{\frac{2 \cdot W_p}{R}} \qquad s = \frac{2 \cdot W_p}{F}$$

$$R = \frac{F}{s}$$

$$F = R \cdot s \qquad s = \frac{F}{R}$$

$[R] = \frac{\text{N}}{\text{m}}$

Umformungen wie oben.

Kinetische Energie

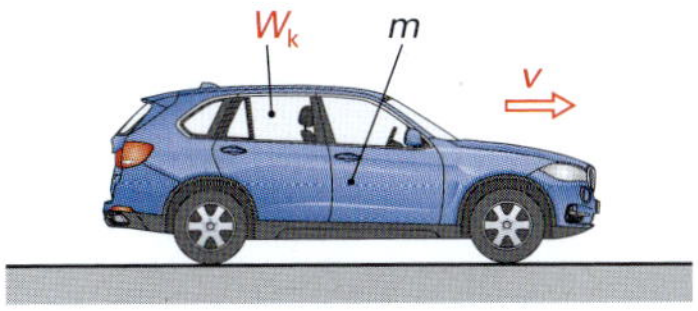

W_k kinetische Energie
v Geschwindigkeit
m Masse
W_{rot} Rotationsenergie
w Winkelgeschwindigkeit
J Trägheitsmoment des Körpers (bezogen auf Rotationsachse)

Kinetische Energie ist gespeicherte Beschleunigungsarbeit.

$$W_k = \frac{m \cdot v^2}{2} \qquad W_{rot} = \frac{J \cdot \omega^2}{2}$$

$$m = \frac{2 \cdot W_k}{v^2} \qquad J = \frac{2 \cdot W_{rot}}{\omega^2}$$

$$v = \sqrt{\frac{2 \cdot W_k}{m}} \qquad \omega = \sqrt{\frac{2 \cdot W_{rot}}{J}}$$

$[W] = \text{J}$
$[J] = \text{kg} \cdot \text{m}^2$
$[m] = \text{kg}$
$[v] = \frac{\text{m}}{\text{s}}$
$[\omega] = \frac{1}{\text{s}}$

Umformungen wie oben.

Trägheitsmomente: Seite 89

Technische Physik

Leistung bei geradliniger Bewegung

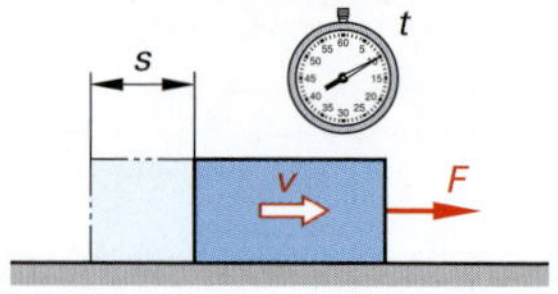

P Leistung
W Arbeit
F Kraft
v Geschwindigkeit
t Zeit
s Weg in Kraftrichtung

Leistung ist die Arbeit je Zeiteinheit.

$$P = \frac{W}{t} \qquad W = P \cdot t \qquad t = \frac{W}{P}$$

$$P = \frac{F \cdot s}{t}$$

$$F = \frac{P \cdot t}{s} \qquad s = \frac{P \cdot t}{F} \qquad t = \frac{F \cdot s}{P}$$

$$P = F \cdot v \qquad F = \frac{P}{v} \qquad v = \frac{P}{F}$$

$$v = \frac{s}{t} \qquad s = v \cdot t \qquad v = \frac{s}{t}$$

$[P] = \text{W}$
$[W] = \text{J}$
$[t] = \text{s}$
$[F] = \text{N}$
$[s] = \text{m}$
$[v] = \frac{\text{m}}{\text{s}}$

Umformungen

$1\ \text{W} = 1\ \frac{\text{J}}{\text{s}} = 1\ \frac{\text{N} \cdot \text{m}}{\text{s}}$

$1\ \text{kW} = 1000\ \text{W} = 1{,}36\ \text{PS}$

Hubarbeit, Reibungsarbeit: Seite 94

Wirkungsgrad

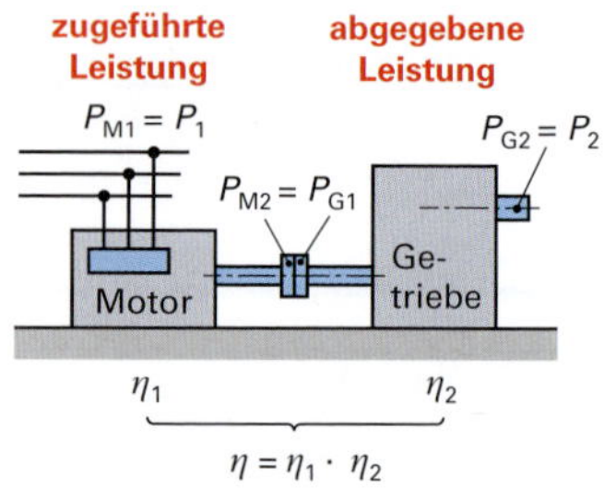

P_1 zugeführte Leistung
P_2 abgegebene Leistung
W_1 zugeführte Energie
W_2 abgegebene Energie
η Gesamtwirkungsgrad
η_1, η_2 Teilwirkungsgrade

$$\eta = \frac{P_2}{P_1} \qquad P_2 = \eta \cdot P_1 \qquad P_1 = \frac{P_2}{\eta}$$

$[\eta] = -$
$[P] = \text{W}$

$$\eta = \frac{W_2}{W_1} \qquad W_2 = \eta \cdot W_1 \qquad W_1 = \frac{W_2}{\eta}$$

$[W] = \text{J}$

$$\eta = \eta_1 \cdot \eta_2 \cdot \eta_3 \cdot \ldots$$

$$\eta_1 = \frac{\eta}{\eta_2 \cdot \eta_3 \cdot \ldots} \qquad \eta_2 = \frac{\eta}{\eta_1 \cdot \eta_3 \cdot \ldots} \qquad \eta_3 = \frac{\eta}{\eta_1 \cdot \eta_2 \cdot \ldots}$$

Getriebedrehmoment und Wirkungsgrad: Seite 87

Leistung bei kreisförmiger Bewegung

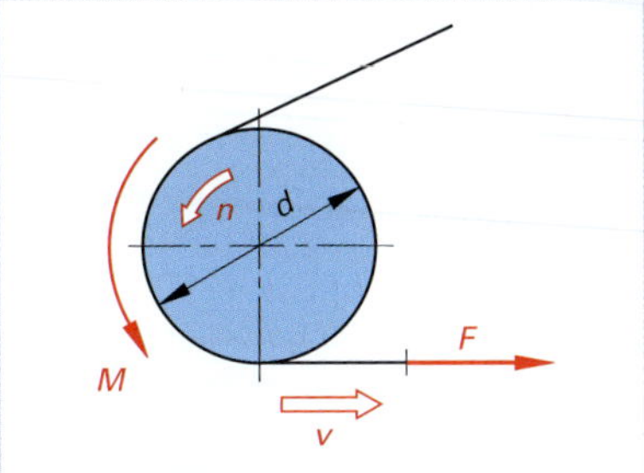

P Leistung
M Drehmoment
F Umfangskraft
v Geschwindigkeit
d Durchmesser
n Drehzahl
ω Winkelgeschwindigkeit

Leistung ist die Arbeit je Zeiteinheit.

Formeln (allgemein)

$$P = F \cdot v \qquad F = \frac{P}{v} \qquad v = \frac{P}{F}$$

$$P = F \cdot \pi \cdot d \cdot n \qquad F = \frac{P}{\pi \cdot d \cdot n} \qquad n = \frac{P}{F \cdot \pi \cdot d} \qquad d = \frac{P}{F \cdot \pi \cdot n}$$

$[P] = \mathrm{W}$, $[F] = \mathrm{N}$, $[v] = \frac{\mathrm{m}}{\mathrm{s}}$, $[n] = \frac{1}{\mathrm{s}}$, $[d] = \mathrm{m}$

$$P = M \cdot 2 \cdot \pi \cdot n \qquad M = \frac{P}{2 \cdot \pi \cdot n} \qquad n = \frac{P}{M \cdot 2 \cdot \pi}$$

$[M] = \mathrm{N \cdot m}$

$$P = M \cdot \omega \qquad M = \frac{P}{\omega} \qquad \omega = \frac{P}{M}$$

$[\omega] = \frac{1}{\mathrm{s}}$

$$M = F \cdot \frac{d}{2} \qquad F = \frac{2 \cdot M}{d} \qquad d = \frac{2 \cdot M}{F}$$

Zahlenwertgleichung (und deren Einheiten)

$$P = \frac{M \cdot n}{9550} \qquad n = 9550 \cdot \frac{P}{M}$$

$$M = 9550 \cdot \frac{P}{n}$$

$[P] = \mathrm{kW}$, $[n] = \frac{1}{\mathrm{min}}$, $[M] = \mathrm{N \cdot m}$

Umformungen

$1\,\mathrm{W} = 1\,\frac{\mathrm{J}}{\mathrm{s}} = 1\,\frac{\mathrm{N \cdot m}}{\mathrm{s}}$

$1\,\mathrm{kW} = 1000\,\mathrm{W} = 1{,}36\,\mathrm{PS}$

$1\,\mathrm{N} = \frac{1}{1000}\,\mathrm{kN} = 0{,}001\,\mathrm{kN}$

$1\,\mathrm{kN} = 1000\,\mathrm{N}$

$1\,\mathrm{m} = 1000\,\mathrm{mm}$; $1\,\mathrm{mm} = 0{,}001\,\mathrm{m}$

$1\frac{\mathrm{m}}{\mathrm{s}} = 60\,\frac{\mathrm{m}}{\mathrm{min}} \qquad 1\frac{\mathrm{m}}{\mathrm{min}} = \frac{1}{60}\,\frac{\mathrm{m}}{\mathrm{s}} \qquad \frac{1}{\mathrm{s}} = 60\frac{1}{\mathrm{min}} \qquad \frac{1}{\mathrm{min}} = \frac{1}{60\,\mathrm{s}}$

$1\,\mathrm{s} = \frac{1}{60}\,\mathrm{min} = \frac{1}{3600}\,\mathrm{h}$; $\quad 1\,\mathrm{h} = 60\,\mathrm{min} = 3600\,\mathrm{s}$

Gleichförmige kreisförmige Bewegung: Seite 45.

Drehmoment an Rotationsteilen: Seite 87.

Umfangsgeschwindigkeit: Seite 47.

Statische Festigkeitsrechnung, allgemeine Aufgabenstellungen

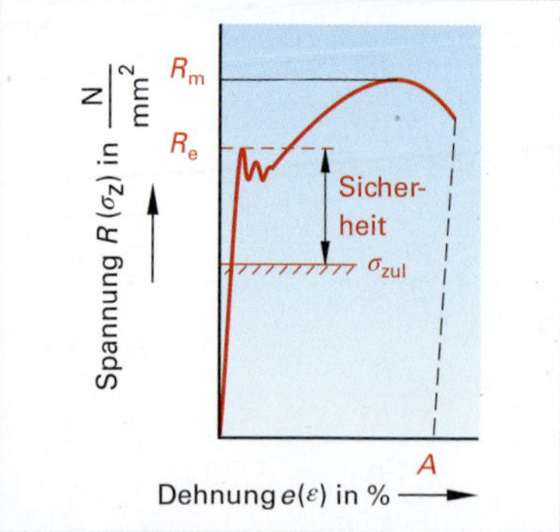

Spannungen

$\sigma(\tau)$ vorhandene Spannung

$\sigma(\tau)_{zul}$ zulässige Spannung

$\sigma(\tau)_{grenz}$ Festigkeitswert (Grenzspannung) unten und Folgeseite

Belastungen

F, M_b, M_t vorhandene Belastungsgröße

$F_{max}, M_{bmax}, M_{tmax}$ maximale Belastungsgröße

Querschnittsgrößen

S, W, W_p vorhandene Querschnittskenngröße

$S_{erf}, W_{erf}, W_{perf}$ erforderliche Querschnittskenngröße

Sicherheiten

ν vorhandene Sicherheitszahl

ν_{erf} geforderte Sicherheitszahl

Hinweis: Eventuell auch die elastischen Verformungen berechnen und kontrollieren.

Vorhandene Spannung, allgemein als Maß der inneren Beanspruchung bestimmen:

$$\text{Spannung } (\sigma, \tau) = \frac{\text{Belastung } (F, M_b, M_t)}{\text{Querschnittsgröße } (S, W, W_p)}$$

Zulässige Spannung aus Festigkeitswert und der geforderten Sicherheitszahl ermitteln:

$$\sigma_{zul} = \frac{\sigma_{grenz}}{\nu_{erf}} \qquad \tau_{zul} = \frac{\tau_{grenz}}{\nu_{erf}}$$

Dimensionierung: Erforderliche Querschnittsgröße aus der vorhandenen maximalen Belastung und der zulässigen Spannung berechnen, um daraus die Abmessungen des Querschnitts festzulegen.

$$S_{erf}\ (W_{erf}, W_{perf}) = \frac{F_{max}\ (M_{bmax}, M_{tmax})}{\sigma_{zul}\ (\tau_{zul})}$$

Maximal zulässige Belastung aus zulässiger Spannung und vorhandenem Querschnitt ermitteln.

$$F_{max}\ (M_{bmax}, M_{tmax}) = \sigma_{zul}\ (\tau_{zul}) \cdot S\ (W, W_p)$$

Werkstoffauswahl anhand des Festigkeitswertes aus vorhandener Spannung und geforderter Sicherheitszahl tätigen.

$$\sigma_{grenz} = \sigma \cdot \nu_{erf} \qquad \tau_{grenz} = \tau \cdot \nu_{erf}$$

Vorhandene Sicherheit als Verhältnis aus Festigkeitswert und vorhandener Spannung ermitteln.

$$\nu = \frac{\sigma_{grenz}}{\sigma} \qquad \nu = \frac{\tau_{grenz}}{\tau}$$

Nachweis der Spannungen oder der Sicherheit

$$\sigma \le \sigma_{zul};\ \tau \le \tau_{zul} \qquad \nu \ge \nu_{erf}$$

Statische Festigkeitswerte (Grenzspannungen $\sigma(\tau)_{grenz}$), Benennungen und Einheiten

R_e Streckgrenze

R_m Zugfestigkeit

σ_{dF} Quetschgrenze

σ_{dB} Druckfestigkeit

σ_{bF} Biegefließgrenze

σ_{bB} Biegefestigkeit

τ_{tF} Torsionsfließgrenze

τ_{tB} Torsionsfestigkeit

τ_{aF} Scherfließgrenze

τ_{aB} Scherfestigkeit

$$[R] = \frac{N}{mm^2} \quad [\sigma] = \frac{N}{mm^2} \quad [\tau] = \frac{N}{mm^2}$$

Ermittlung statischer Festigkeitskennwerte im Zugversuch

ausgeprägte Streckgrenze

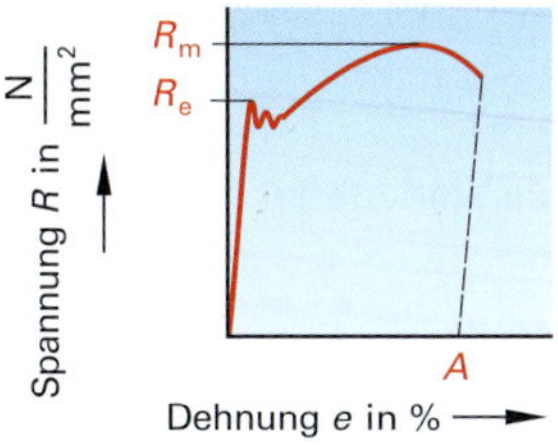

ohne ausgeprägte Streckgrenze

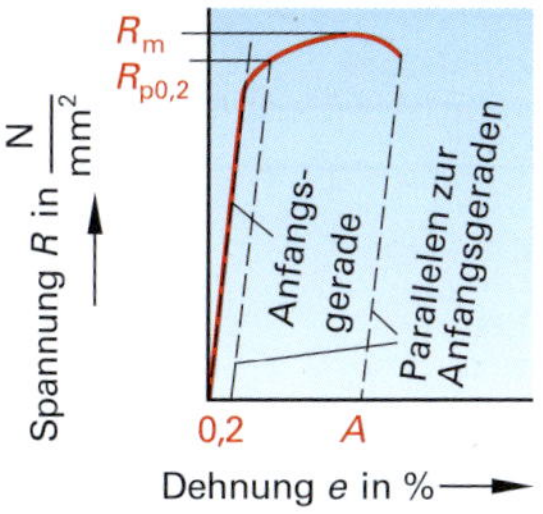

Zugprobe

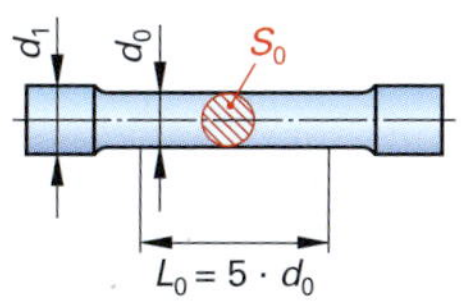

Zugspannung

$$R = \frac{F}{S_0}$$

Dehnung

$$e = \frac{L - L_0}{L_0} \cdot 100\ \%$$

Zugfestigkeit

$$R_m = \frac{F_m}{S_0}$$

Bruchdehnung

$$A = \frac{L_u - L_0}{L_0} \cdot 100\ \%$$

Streckgrenze

$$R_e = \frac{F_e}{S_0}$$

Brucheinschnürung

$$Z = \frac{S_0 - S_u}{S_0} \cdot 100\ \%$$

Dehngrenze

$$R_{p0,2} = \frac{F_{p0,2}}{S_0}$$

Elastizitätsmodul

$$E = \frac{R}{e} = \text{const}$$

$[R] = \frac{N}{mm^2}$

$[F] = N$

$[S] = mm^2$

$[e] = \%, -$

$[L] = mm$

$[A] = \%$

$[Z] = \%$

$[E] = \frac{N}{mm^2}$

R	Zugspannung	$F_{p0,2}$	Zugkraft an der Dehngrenze
R_m	Zugfestigkeit	L	Messlänge
R_e	Streckgrenze	L_0	Anfangsmesslänge
$R_{p0,2}$	Dehngrenze	L_u	Messlänge nach dem Bruch
e	Dehnung	d_0	Anfangsdurchmesser
E	Elastizitätsmodul (Werte: Seite 110)	S_0	Anfangsquerschnitt
F	Zugkraft	S_u	kleinster Probenquerschnitt nach dem Bruch
F_m	Höchstzugkraft	A	Bruchdehnung
F_e	Zugkraft an der Streckgrenze	Z	Brucheinschnürung

Statische Festigkeitswerte (Grenzspannungen) und Sicherheitszahlen

Beanspruchungsart	Zähe (duktile) Werkstoffe				Spröde Werkstoffe			
	Kennwert	St, GE, Cu-Leg.	AW-Leg.	AC-Leg.	Kennwert	GJL	GJM	GJS
Zug	Streckgrenze R_e ($R_{p0,2}$)				Zugfestigkeit R_m			
Druck	σ_{dF}	R_e	R_e	$1{,}5 \cdot R_e$	σ_{dB}	$2{,}5 \cdot R_m$	$1{,}5 \cdot R_m$	$1{,}3 \cdot R_m$
Biegung	σ_{bF}	$1{,}2 \cdot R_e$	R_e	R_e	σ_{bB}	R_m	R_m	R_m
Torsion	τ_{tF}	$0{,}7 \cdot R_e$	$0{,}6 \cdot R_e$	$0{,}65 \cdot R_e$	τ_{tB}	$0{,}8 \cdot R_m$	$0{,}7 \cdot R_m$	$0{,}65 \cdot R_m$
Scherung	τ_{aF}	$0{,}6 \cdot R_e$	$0{,}6 \cdot R_e$	$0{,}75 \cdot R_e$	τ_{aB}	$0{,}8 \cdot R_m$	$0{,}7 \cdot R_m$	$0{,}65 \cdot R_m$
Sicherheitszahl (Richtwerte)	**gegen Fließen**				**gegen Bruch**			
	Spannungsnachweis $\nu \approx 1{,}5$				Spannungsnachweis $\nu \approx 2{,}0$			
	Vordimensionierung $\nu \approx 1{,}7$				Vordimensionierung $\nu \approx 2{,}1$			

Vordimensionierung: R_e, R_m = Nennwerte (Mindestwerte für kleinste Erzeugnisdicke)
Nachweis: R_e, R_m = Wert für entsprechende Erzeugnisdicke des Bauteils

Benennungen und Einheiten der Festigkeitswerte: Seite 104 unten.

Technische Physik

Technische Physik

Beanspruchung auf Zug, Beanspruchung auf Druck

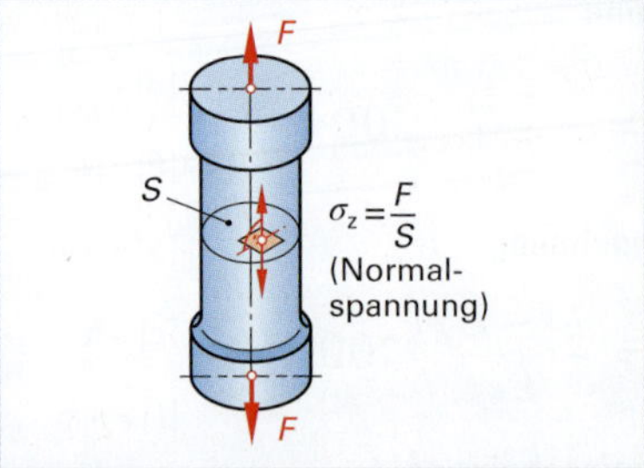

σ_z Zugspannung
F Zugkraft
F_{max} maximale Zugkraft
σ_{zzul} zulässige Zugspannung

$$\sigma_z = \frac{F}{S}$$

$S_{erf} = \frac{F_{max}}{\sigma_{zzul}}$

$F_{max} = \sigma_{zzul} \cdot S$

$[\sigma_z] = \frac{N}{mm^2}$, $[F] = N$, $[S] = mm^2$

zähe Werkstoffe

$$\sigma_{zzul} = \frac{R_e}{\nu_{erf}}$$

$\nu = \frac{R_e}{\sigma_z}$

spröde Werkstoffe

$$\sigma_{zzul} = \frac{R_m}{\nu_{erf}}$$

$\nu = \frac{R_m}{\sigma_z}$

$[R] = \frac{N}{mm^2}$, $[\nu] = -$

R_e Streckgrenze R_m Zugfestigkeit

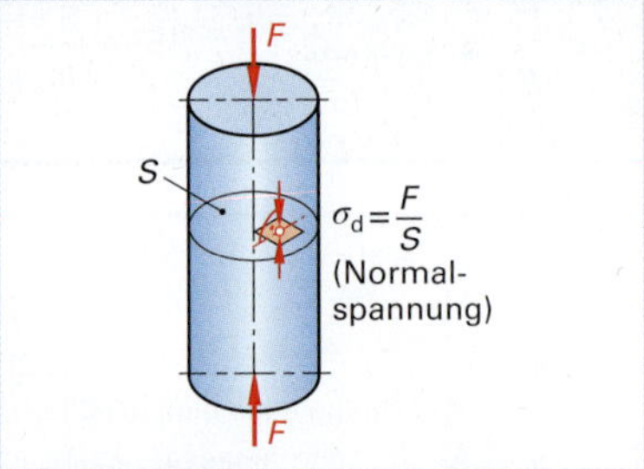

σ_d Druckspannung
F Druckkraft
F_{max} maximale Druckkraft
σ_{dzul} zulässige Druckspannung
σ_{dF} Quetschgrenze
σ_{dB} Druckfestigkeit

$$\sigma_d = \frac{F}{S}$$

$S_{erf} = \frac{F_{max}}{\sigma_{dzul}}$

$F_{max} = \sigma_{dzul} \cdot S$

$[\sigma_d] = \frac{N}{mm^2}$, $[F] = N$, $[S] = mm^2$

zähe Werkstoffe[1)]

$$\sigma_{dzul} = \frac{\sigma_{dF}}{\nu_{erf}}$$

$\nu = \frac{\sigma_{dF}}{\sigma_z}$

spröde Werkstoffe[1)]

$$\sigma_{dzul} = \frac{\sigma_{dB}}{\nu_{erf}}$$

$\nu = \frac{\sigma_{dB}}{\sigma_z}$

$[\nu] = -$

S vorhandene Querschnittsfläche
S_{erf} erforderliche Querschnittsfläche
ν Sicherheitszahl ν_{erf} geforderte Sicherheitszahl

Elastische Verformung bei Zug- oder Druckbeanspruchung

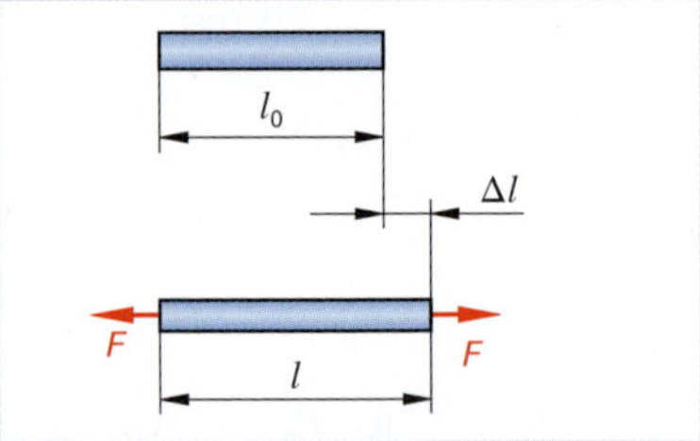

Δl Längenänderung (bei Zug positiv, bei Druck negativ)
l_0 Länge unbelasteter Körper
l Länge belasteter Körper
ε Dehnung; bei Zug positiv, als Stauchung bei Druck negativ ($\varepsilon_d = -\varepsilon$)

$$\Delta l = l - l_0$$

$l = l_0 + \Delta l$ $\quad l_0 = l - \Delta l$

$$\varepsilon = \frac{\Delta l}{l_0}$$

$\Delta l = l_0 \cdot \varepsilon$ $\quad l_0 = \frac{\Delta l}{\varepsilon}$

$$\varepsilon = \frac{l - l_0}{l_0}$$

$l = l_0 \cdot (1 + \varepsilon)$ $\quad l_0 = \frac{l - l_0}{\varepsilon}$

$[\Delta l] = mm$, $[l] = mm$, $[\varepsilon] = -$

Dehnung in %

$$\varepsilon = \frac{\Delta l}{l_0} \cdot 100\ \%$$

$\varepsilon = \frac{l - l_0}{l_0} \cdot 100\ \%$

$[\varepsilon] = \%$

1) **Statische Festigkeitswerte und Sicherheitszahlen:** Seite 104 und 105

Beanspruchung auf Flächenpressung

$A = l \cdot b$

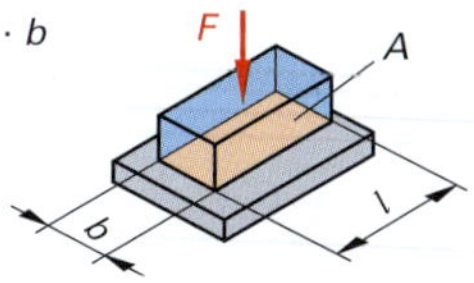

$A = l \cdot d$
(projizierte Fläche)

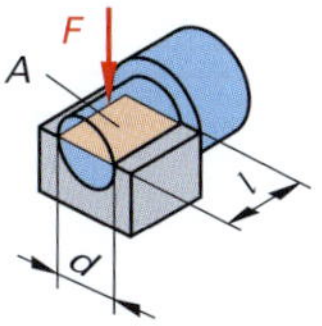

p	Flächenpressung
F	Kraft
F_{max}	maximale Kraft
p_{zul}	zulässige Flächenpressung
s_{dF}	Quetschgrenze (Seite 102)
s_{dB}	Druckfestigkeit (Seite 102)
ν	Sicherheitszahl
ν_{erf}	geforderte Sicherheitszahl
A	vorhandene Berührungsfläche, projizierte Fläche
A_{erf}	erforderliche Berührungsfläche, projizierte Fläche

$$p = \frac{F}{A}$$

$$A_{erf} = \frac{F_{max}}{p_{zul}}$$

$$F_{max} = p_{zul} \cdot A$$

$[p] = \frac{N}{mm^2}$

$[F] = N$

$[A] = mm^2$

zähe Werkstoffe[1)]

$$p_{zul} = \frac{\sigma_{dF}}{\nu_{erf}}$$

$$\nu = \frac{\sigma_{dF}}{\sigma_z}$$

spröde Werkstoffe[1)]

$$p_{zul} = \frac{\sigma_{dB}}{\nu_{erf}}$$

$$\nu = \frac{\sigma_{dB}}{\sigma_z}$$

$[\sigma] = \frac{N}{mm^2}$

$[\nu] = -$

$$A = l \cdot b \qquad l = \frac{A}{b} \qquad b = \frac{A}{l}$$

$$A = l \cdot d \qquad l = \frac{A}{d} \qquad d = \frac{A}{l}$$

$[l] = mm$

$[b] = mm$

$[d] = mm$

1) Für die Berechnung von Maschinenelementen (z. B. Schrauben, Bolzen, Gleitlager) gelten die dort jeweils festgelegten sehr unterschiedlichen zulässigen Werte.

Beanspruchung auf Abscherung

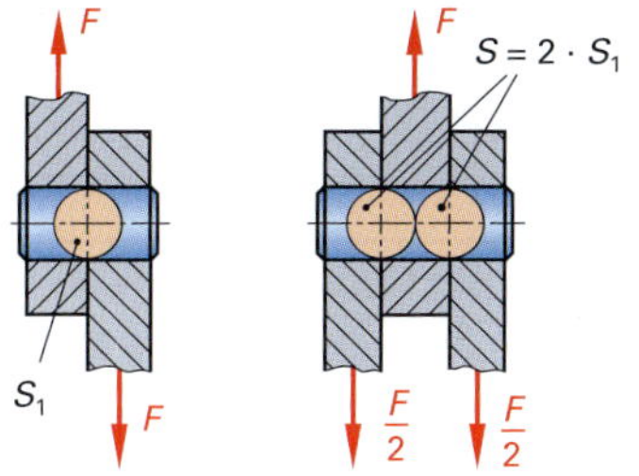

einschnittig ($n = 1$) **zweischnittig** ($n = 2$)

τ_a	Scherspannung
F	(Gesamt-)Scherkraft
F_{max}	maximale (Gesamt-)Scherkraft
τ_{azul}	zulässige Scherspannung
τ_{aF}	Scherfließgrenze
τ_{aB}	Scherfestigkeit
ν	Sicherheitszahl
ν_{erf}	geforderte Sicherheitszahl
n	Schnittigkeit
S	vorhandene (Gesamt-) Querschnittsfläche
S_{erf}	erforderliche (Gesamt-) Querschnittsfläche
S_1	Einzel-Querschnittsfläche

$$\tau_a = \frac{F}{S}$$

$$S_{erf} = \frac{F_{max}}{\tau_{azul}}$$

$$F_{max} = \tau_{azul} \cdot S$$

$[\tau] = \frac{N}{mm^2}$

$[F] = N$

$[S] = mm^2$

zähe Werkstoffe

$$\tau_{azul} = \frac{\tau_{aF}}{\nu_{erf}}$$

$$\nu = \frac{\tau_{aF}}{\tau_a}$$

spröde Werkstoffe

$$\tau_{azul} = \frac{\tau_{aB}}{\nu_{erf}}$$

$$\nu = \frac{\tau_{aB}}{\tau_a}$$

$[\nu] = -$

$$S = n \cdot S_1 \qquad n = \frac{S}{S_1} \qquad S_1 = \frac{S}{n}$$

$[n] = -$

Statische Festigkeitswerte und Sicherheitszahlen: Seite 104 und 105

Scherschneiden: Seite 154

Beanspruchung auf Torsion

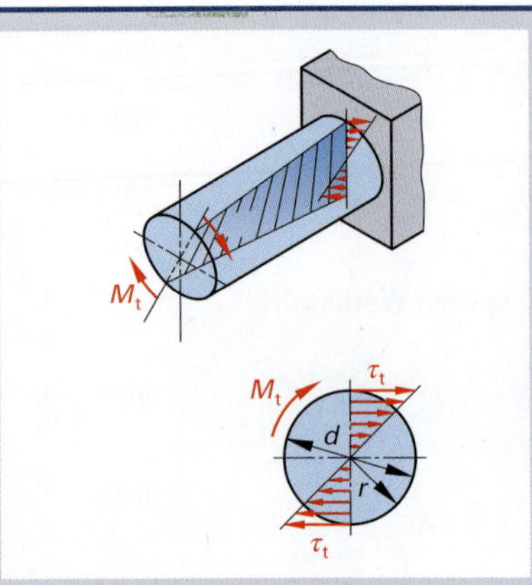

τ_t	Torsionsspannung
M_t	Torsionsmoment
M_{tmax}	maximales Torsionsmoment
τ_{tzul}	zulässige Torsionsspannung
t_{tF}	Torsionsfließgrenze
t_{tB}	Torsionsfestigkeit
W_p	vorhandenes polares Widerstandsmoment[1]
W_{perf}	erforderliches polares Widerstandsmoment[1]
ν	Sicherheitszahl
ν_{erf}	geforderte Sicherheitszahl
d_{erf}	erforderlicher Durchmesser

$$\tau_t = \frac{M_t}{W_p}$$

$$W_{perf} = \frac{M_{tmax}}{\tau_{tzul}}$$

$$M_{tmax} = \tau_{tzul} \cdot W_p$$

$[\tau_t] = \frac{N}{mm^2}$

$[M_t] = N \cdot mm$

$[W_p] = mm^3$

zähe Werkstoffe

$$\tau_{tzul} = \frac{\tau_{tF}}{\nu_{erf}}$$

$$\nu = \frac{\tau_{tF}}{\tau_t}$$

spröde Werkstoffe

$$\tau_{tzul} = \frac{\tau_{tB}}{\nu_{erf}}$$

$$\nu = \frac{\tau_{tB}}{\tau_t}$$

$[\nu] = –$

erforderlicher Durchmesser für Kreisquerschnitt

$$d_{erf} = \sqrt[3]{\frac{16 \cdot M_t}{\pi \cdot \tau_{tzul}}}$$

$[d] = mm$

[1] **polare Widerstandsmomente**: Seite 114

Statische Festigkeitswerte und Sicherheitszahlen: Seite 104 und 105

Elastische Verdrehung, Verdrehwinkel bei Torsionsbeanspruchung

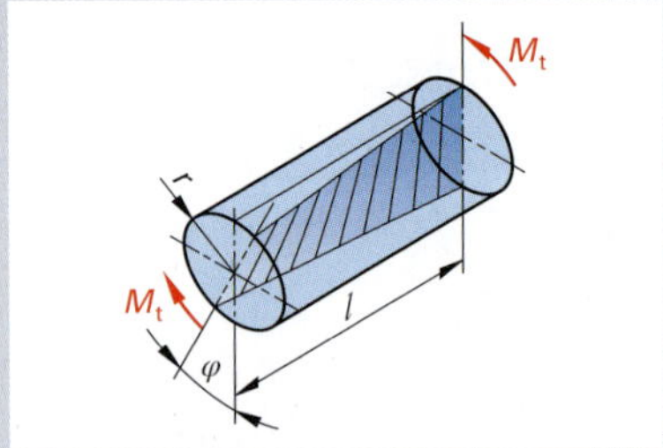

φ	Verdrehwinkel (auf Länge l)
M_t	Torsionsmoment
τ_t	Torsionsspannung
l	Länge
r	(Außen-)Radius
G	Schubmodul $G_{Stahl} \approx 80000\ N/mm^2$
W_p	vorhandenes polares Widerstandsmoment[2]
I_p	polares Flächenmoment 2. Grades[3]

$$\varphi = \frac{\tau_t \cdot l}{G \cdot r} \cdot \frac{180°}{\pi}$$

$$\varphi = \frac{M_t \cdot l}{W_p \cdot r \cdot G} \cdot \frac{180°}{\pi}$$

$$\varphi = \frac{M_t \cdot l}{I_p \cdot G} \cdot \frac{180°}{\pi}$$

$[\varphi] = °$

$[\tau_t] = \frac{N}{mm^2}$

$[l] = mm$

$[G] = \frac{N}{mm^2}$

$[M_t] = N \cdot mm$

$[r] = mm$

$[W_p] = mm^3$

$[I_p] = mm^4$

[2] [3] **polare Widerstandsmomente und polare Flächenmomente 2. Grades**: Seite 114

Torsionsmoment bei kreisförmiger Bewegung: Seite 103; **Drehmoment an Rotationsteilen:** Seite 87

Beanspruchung auf Biegung

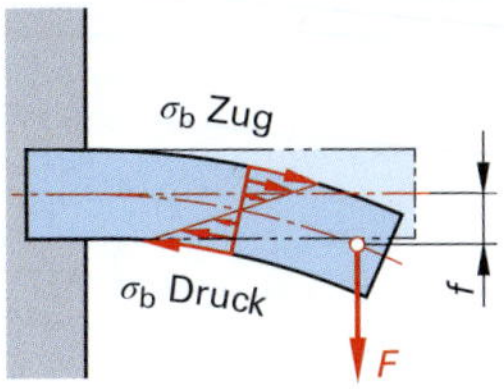

Spannungsverteilung in unsymmetrischen Querschnitten

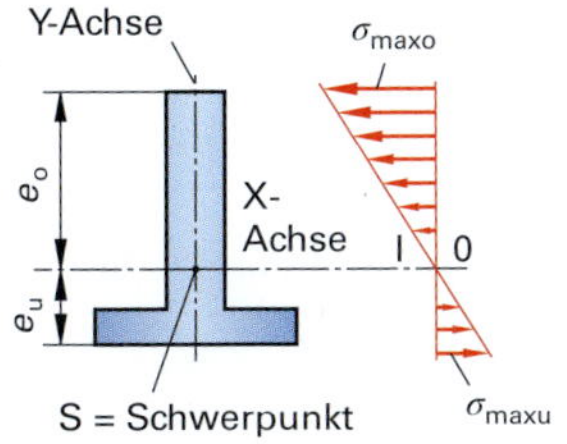

X-Achse = Biegeachse

σ_b	Biegespannung
M_b	Biegemoment[2)]
M_{bmax}	maximales Biegemoment
σ_{bzul}	zulässige Biegespannung
σ_{bF}	Biegefließgrenze[3)]
σ_{bB}	Biegefestigkeit[3)]
W	vorhandenes axiales Widerstandsmoment[1)]
W_{erf}	erforderliches axiales Widerstandsmoment[1)]
ν	Sicherheitszahl
ν_{erf}	geforderte Sicherheitszahl
d_{erf}	erforderlicher Durchmesser
f	Durchbiegung[2)]
σ_{maxo}	maximale Spannung obere Randfaser
σ_{maxu}	maximale Spannung untere Randfaser
e_1, e_2	Randfaserabstände
I	Flächenmoment 2. Grades[1)]

$$\sigma_b = \frac{M_b}{W}$$

$$W_{erf} = \frac{M_{bmax}}{\sigma_{bzul}}$$

$$M_{bmax} = \sigma_{bzul} \cdot W$$

$[\sigma_b] = \frac{N}{mm^2}$

$[M_b] = N \cdot mm$

$[W] = mm^3$

zähe Werkstoffe[3)]

$$\sigma_{bzul} = \frac{\sigma_{bF}}{\nu_{erf}}$$

$$\nu = \frac{\sigma_{bF}}{\sigma_b}$$

$[\nu] = -$

spröde Werkstoffe[3)]

$$\sigma_{bzul} = \frac{\sigma_{bB}}{\nu_{erf}}$$

$$\nu = \frac{\sigma_{bB}}{\sigma_b}$$

$[d] = mm$

erforderlicher Durchmesser für Kreisquerschnitt

$$d_{erf} = \sqrt[3]{\frac{32 \cdot M_b}{\pi \cdot \sigma_{bzul}}}$$

Spannungsverteilung in unsymmetrischen Querschnitten:

$$\sigma_{maxo} = \frac{M_b \cdot e_o}{I}$$

$$M_b = \frac{I \cdot \sigma_{maxo}}{e_o}$$

$$I = \frac{M_b \cdot e_o}{\sigma_{maxo}}$$

$$e_o = \frac{I \cdot \sigma_{maxo}}{M_b}$$

$[\sigma_b] = \frac{N}{mm^2}$

$[M_b] = N \cdot mm$

$[e] = mm$

$[I] = mm^4$

$$\sigma_{maxu} = \frac{M_b \cdot e_u}{I}$$

$$M_b = \frac{I \cdot \sigma_{maxu}}{e_u}$$

$$I = \frac{M_b \cdot e_u}{\sigma_{maxu}}$$

$$e_u = \frac{I \cdot \sigma_{maxu}}{M_b}$$

1) **axiale Widerstandsmomente und Flächenmomente 2. Grades:** Seite 112 und 113

2) **Biegemomente und Durchbiegungen bei Belastungsfällen:** Seite 110;

3) **Statische Festigkeitswerte und Sicherheitszahlen:** Seite 104 und 105

Technische Physik

Biegemomente und Durchbiegungen (Auswahl von Sonderfällen)

Belastungsfall	max. Biegemoment	Durchbiegung
einseitig eingespannt (Einzelkraft) 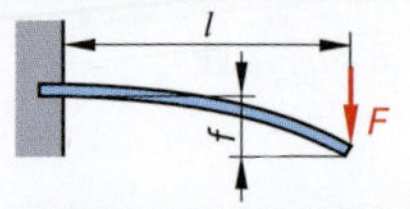	$M_b = F \cdot l$	$f = \dfrac{F \cdot l^3}{3 \cdot E \cdot I}$
auf zwei Stützen 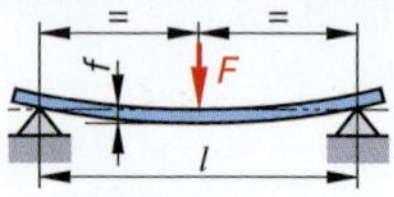	$M_b = \dfrac{F \cdot l}{4}$	$f = \dfrac{F \cdot l^3}{48 \cdot E \cdot I}$
auf zwei Stützen (Einzelkraft) 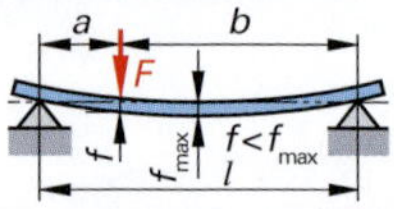	$M_b = F \cdot \dfrac{a \cdot b}{l}$	$f = \dfrac{F \cdot a^2 \cdot b^2}{3 \cdot E \cdot I \cdot l}$ $f_{max} = f \cdot \dfrac{l + a^2}{3a} \cdot \sqrt{\dfrac{l + a}{3b}}$
Kragträger auf zwei Stützen 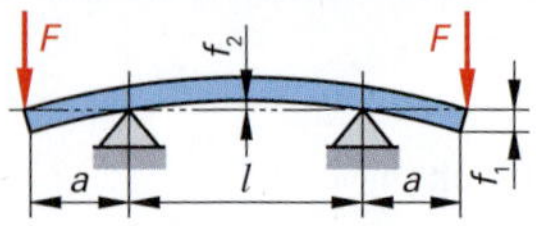	$M_b = F \cdot a$	$f_1 = \dfrac{f \cdot a}{E \cdot I} \cdot \left(\dfrac{l}{2} + \dfrac{a}{3}\right)$ $f_2 = \dfrac{F \cdot l^2 \cdot a}{8 \cdot E \cdot I}$
einseitig eingespannt (Streckenlast) 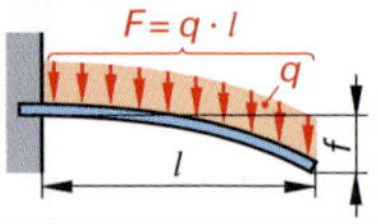	$M_b = \dfrac{F \cdot l}{2}$	$f = \dfrac{F \cdot l^3}{8 \cdot E \cdot I}$
auf zwei Stützen (Streckenlast) 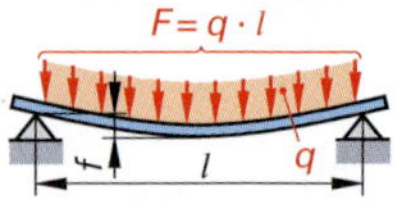	$M_b = \dfrac{F \cdot l}{8}$	$f = \dfrac{5 \cdot F \cdot l^3}{384 \cdot E \cdot I}$
doppelseitig eingespannt (Streckenlast) 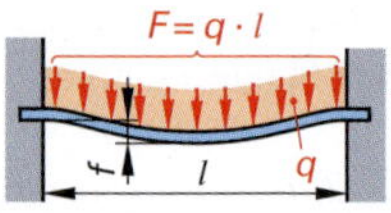	$M_b = \dfrac{F \cdot l}{12}$	$f = \dfrac{F \cdot l^3}{384 \cdot E \cdot I}$

M_b	Biegemoment	$[M_b]$ = N · mm	f	Durchbiegung	$[f]$ = mm
F	Kraft	$[F]$ = N	E	Elastizitätsmodul	$[E]$ = N/mm²
q	Streckenlast	$[q]$ = N/mm	I	Flächenmoment 2. Grades (Seite 112 und 113)	$[I]$ = mm⁴
l, a, b	Längenmaße	$[l], [a], [b]$ = mm			

Beanspruchung auf Knickung

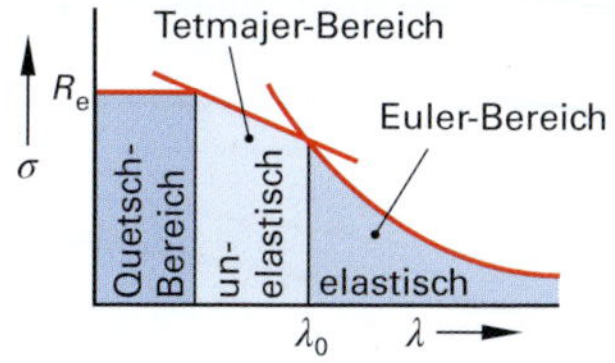

Belastungsfall und freie Knicklänge (nach Euler)

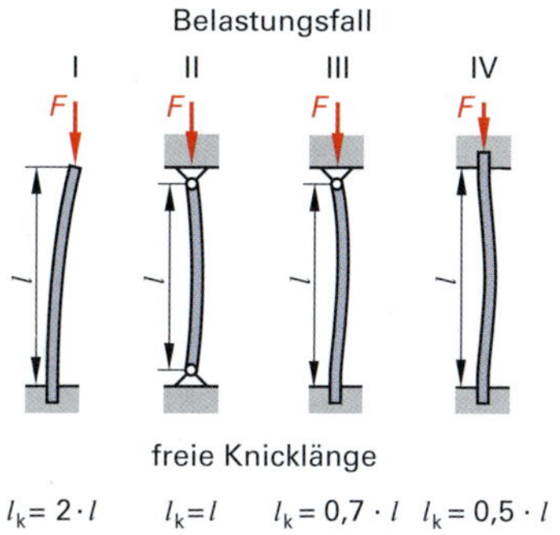

F	Kraft
F_k	Knickkraft (bei der Knickung eintritt)
F_d	Druckkraft
l	Länge
l_k	freie Knicklänge
E	Elastizitätsmodul[1]
I_{min}	kleinstes axiales Flächenmoment 2. Grades[2) 3)]
n	Sicherheitszahl
λ	Schlankheitsgrad
λ_0	Grenzschlankheitsgrad
σ_k	Knickspannung (bei der Knickung eintritt)
σ_d	Druckspannung
i	Trägheitsradius
S	Querschnittsfläche

Schlankheitsgrad

$$\lambda = \frac{l_k}{i}$$

Trägheitsradius

$$i = \sqrt{\frac{I}{S}}$$

Zulässige Druckkraft

$$F_{dzul} = \frac{F_k}{\nu}$$

$$\nu = \frac{F_k}{F_d}$$

Zulässige Druckspannung

$$\sigma_{dzul} = \frac{\sigma_k}{\nu}$$

$$\nu = \frac{\sigma_k}{\sigma_d}$$

$[\lambda] = 1$
$[l_k] = \text{mm}$
$[i] = \text{mm}$
$[I] = \text{mm}^4$
$[S] = \text{mm}^2$
$[F] = \text{N}$
$[\sigma] = \frac{\text{N}}{\text{mm}^2}$
$[\nu] = -$

Elastische Knickung nach Euler

$$\sigma_k = \frac{E \cdot \pi^2}{\lambda^2}$$

$$F_k = \frac{E \cdot I_{min} \cdot \pi^2}{l_k^2}$$

$$I_{min} = \frac{\nu \cdot F \cdot l_k^2}{E \cdot \pi^2}$$

$[\sigma] = \frac{\text{N}}{\text{mm}^2}$
$[F] = \text{N}$
$[\lambda] = -$
$[I] = \text{mm}^4$

1) **Elastizitätsmodul:** Seite 113

2) **axiale Flächenmomente:** Seite 112 und 113

3) **Hinweis: Entwurfsberechnungen** müssen nach den Euler-Gleichungen errechnet oder angenommen werden. Falls sich damit $\lambda < \lambda_0$ ergibt, σ_k nach Tetmajer ermitteln. Falls ν unzureichend, Abmessungen neu annehmen.

Technische Physik

Unelastische Knickung nach Tetmajer und Grenzschlankheitsgrade

Werkstoff	Grenzschlankheitsgrad	Knickspannung (nach Tetmajer)
S235JR	104	$\sigma_k = 310 - 1{,}14 \cdot \lambda$
E295, E355	89	$\sigma_k = 355 - 0{,}62 \cdot \lambda$
EN-GJL-200	80	$\sigma_k = 776 - 12 \cdot \lambda + 0{,}053 \cdot \lambda^2$
5 % Ni-Stahl	86	$\sigma_k = 470 - 2{,}30 \cdot \lambda$

Flächenmomente, Widerstandsmomente für Biegung und Knickung

Querschnitt, Profilform	Flächenmoment 2. Grades I	axiales Widerstandsmoment W
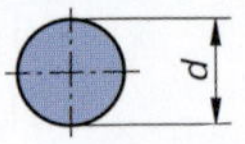	$I = \frac{\pi \cdot d^4}{64}$	$W = \frac{\pi \cdot d^3}{32}$
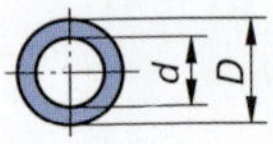	$I = \frac{\pi \cdot (D^4 - d^4)}{64}$	$W = \frac{\pi \cdot (D^3 - d^3)}{32 \cdot D}$
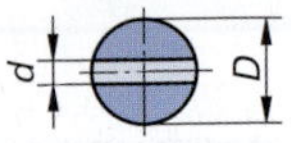	$I = 0{,}05 \cdot D^4 - 0{,}083\, d \cdot D^3$	$W = 0{,}1 \cdot D^3 - 0{,}17\, d \cdot D^2$
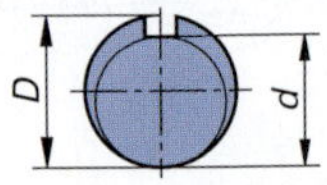	$I = 0{,}003 \cdot (D + d)^4$	$W = 0{,}012 \cdot (D + d)^3$
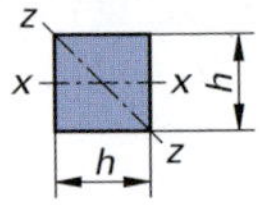	$I_x = I_z = \frac{h^4}{12}$	$W_x = \frac{h^3}{6}$ $W_z = \frac{\sqrt{2} \cdot h^3}{12}$
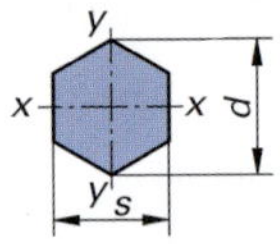	$I_x = I_y = \frac{5 \cdot \sqrt{3} \cdot s^4}{144}$ $I_x = I_y = \frac{5 \cdot \sqrt{3} \cdot d^4}{256}$	$W_x = \frac{5 \cdot s^3}{48} = \frac{5 \cdot \sqrt{3} \cdot d^3}{128}$ $W_y = \frac{5 \cdot s^3}{24 \cdot \sqrt{3}} = \frac{5 \cdot d^3}{64}$
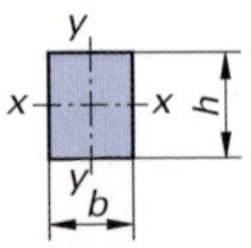	$I_x = \frac{b \cdot h^3}{12}$ $I_y = \frac{h \cdot b^3}{12}$	$W_x = \frac{b \cdot h^2}{6}$ $W_y = \frac{h \cdot b^2}{6}$
$[D], [d] = \text{mm}$ $[H], [h] = \text{mm}$ $[B], [b] = \text{mm}$	$[I] = \text{mm}^4$ $[I_x] = \text{mm}^4$ $[I_y] = \text{mm}^4$	$[W] = \text{mm}^3$ $[W_x] = \text{mm}^3$ $[W_y] = \text{mm}^3$

Flächenmomente, Widerstandsmomente für Biegung und Knickung (Fortsetzung)

Querschnitt, Profilform	Flächenmoment 2. Grades I	axiales Widerstandsmoment W
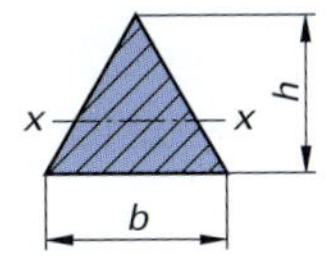	$I_x = \frac{b \cdot h^3}{36}$ $I_y = \frac{b^3 \cdot h}{48}$	$W_x = \frac{b \cdot h^2}{24}$ $W_y = \frac{b^2 \cdot h}{24}$
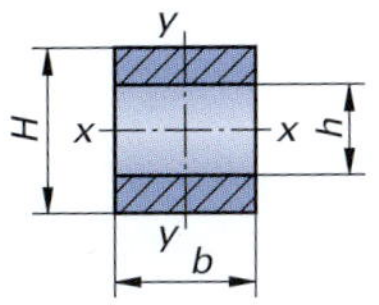	$I_x = \frac{b \cdot (H^3 - h^3)}{12}$ $I_y = \frac{b^3 \cdot (H - h)}{12}$	$W_x = \frac{b \cdot (H^3 - h^3)}{6 \cdot H}$ $W_y = \frac{b^2 \cdot (H - h)}{6}$
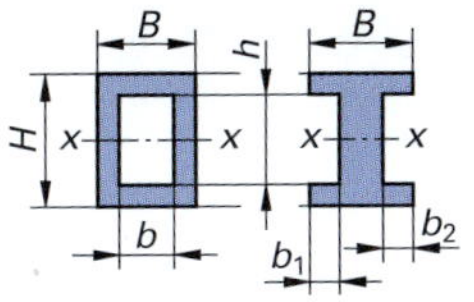	$I_x = \frac{B \cdot H^3 - b \cdot h^3}{12}$ mit $b = b_1 + b_2$	$W_x = \frac{B \cdot H^3 - b \cdot h^3}{6 \cdot H}$ mit $b = b_1 + b_2$
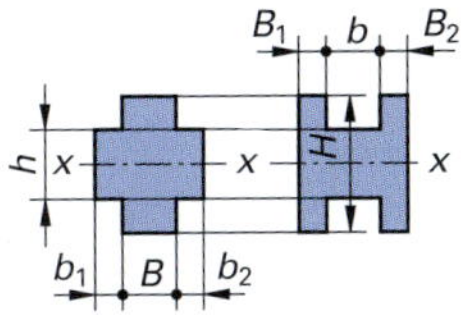	$I_x = \frac{B \cdot H^3 - b \cdot h^3}{12}$ mit $B = B_1 + B_2$ $b = b_1 + b_2$	$W_x = \frac{B \cdot H^3 - b \cdot h^3}{6 \cdot H}$ mit $B = B_1 + B_2$ $b = b_1 + b_2$
$[B], [b]$ = mm $[b_1], [b_2]$ = mm $[H], [h]$ = mm	$[I] = mm^4$ $[I_x] = mm^4$ $[I_y] = mm^4$	$[W] = mm^3$ $[W_x] = mm^3$ $[W_y] = mm^3$

Elastizitätsmodul E in N/mm^2 (Mittelwerte)

Werkstoff	Stahl, Stahlguss	EN-GJL-150	EN-GJL-300	EN-GJL-400
E-Modul	210000	85000	125000	175000
Werkstoff	EN-GJMW-350-4	CuZn40	Al-Legierung	Ti-Legierung
E-Modul	170000	90000	70000	120000

Flächenmomente, Widerstandsmomente für Torsion (Verdrehung)

Querschnitt, Profilform	polares Flächenmoment 2. Grades I_p	polares Widerstandsmoment W_p
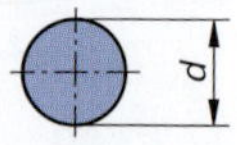	$I_p = \frac{\pi \cdot d^4}{32}$	$W_p = \frac{\pi \cdot d^3}{16}$
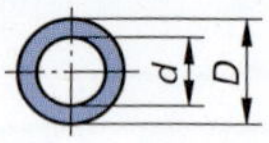	$I_p = \frac{\pi \cdot (D^4 - d^4)}{32}$	$W_p = \frac{\pi \cdot (D^3 - d^3)}{16 \cdot D}$
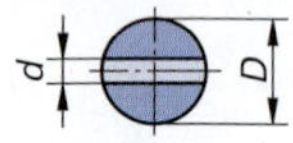	$I_p = 0{,}1 \cdot D^4 - 0{,}17\, d \cdot D^3$	$W_p = 0{,}2 \cdot D^3 - 0{,}34\, d \cdot D^3$
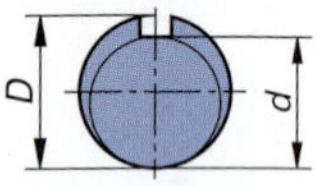	$I_p = 0{,}1 \cdot d^4$	$W_p = 0{,}2 \cdot d^3$
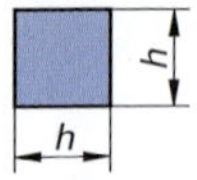	$I_p = 0{,}141 \cdot h^4$	$W_p = 0{,}208 \cdot h^3$
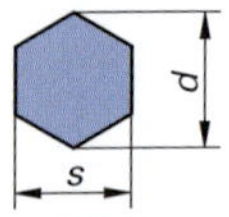	$I_p = 0{,}115 \cdot s^4$ $I_p = 0{,}065 \cdot d^4$	$W_p = 0{,}188 \cdot s^3$ $W_p = 0{,}123 \cdot d^3$
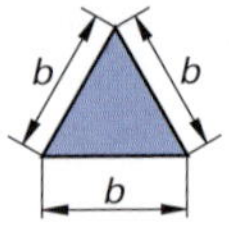	$I_p = \frac{b^4}{46{,}2}$	$W_p = 0{,}05 \cdot b^3$
$[D], [d]$ = mm $[s], [h]$ = mm $[b]$ = mm	$[I_p] = \text{mm}^4$	$[W_p] = \text{mm}^3$

Toleranzen und Passungen

Begriffe

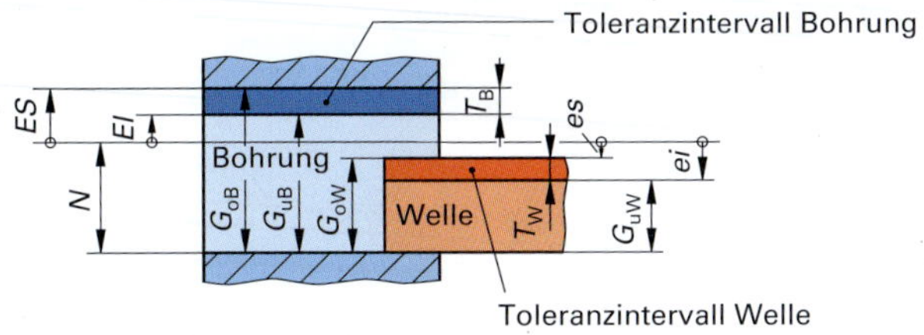

Grenzmaße, Grenzabmaße und Toleranzen

Bohrung

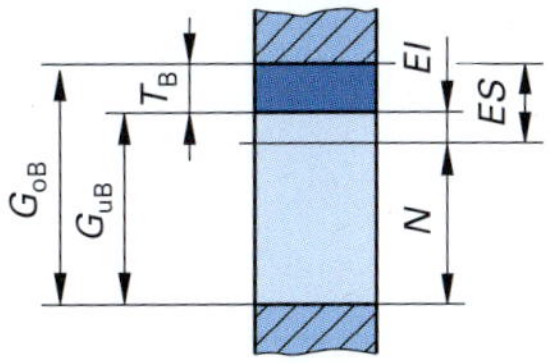

N Nennmaß
G_{oB} Höchstmaß Bohrung
G_{uB} Mindestmaß Bohrung
ES oberes Grenzabmaß Bohrung
EI unteres Grenzabmaß Bohrung
T_B Toleranz Bohrung

$$G_{oB} = N + ES$$

$N = G_{oB} - ES$
$ES = G_{oB} - N$

$$G_{uB} = N + EI$$

$N = G_{uB} - EI$
$EI = G_{uB} - N$

$$T_B = G_{oB} - G_{uB}$$

$G_{oB} = T_B + G_{uB}$
$G_{uB} = G_{oB} - T_B$

$$T_B = ES - EI$$

$ES = T_B + EI$
$EI = ES - T_B$

$[G_{oB}]$ = mm
$[N]$ = mm
$[ES]$ = mm
$[G_{uB}]$ = mm
$[EI]$ = mm
$[T_B]$ = mm

Welle

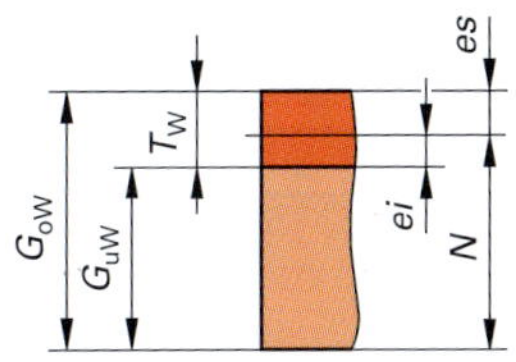

N Nennmaß
G_{oW} Höchstmaß Welle
G_{uW} Mindestmaß Welle
es oberes Grenzabmaß Welle
ei unteres Grenzabmaß Welle
T_W Toleranz Welle

$$G_{oW} = N + es$$

$N = G_{oW} - es$
$es = G_{oW} - N$

$$G_{uW} = N + ei$$

$N = G_{uW} - ei$
$ei = G_{uW} - N$

$$T_W = G_{oW} - G_{uW}$$

$G_{oW} = T_W + G_{uW}$
$G_{uW} = G_{oW} - T_W$

$$T_W = es - ei$$

$es = T_W + ei$
$ei = es - T_W$

$[G_{oW}]$ = mm
$[N]$ = mm
$[es]$ = mm
$[G_{uW}]$ = mm
$[ei]$ = mm
$[T_W]$ = mm

Toleranzen und Passungen

Passungen

Spielpassung

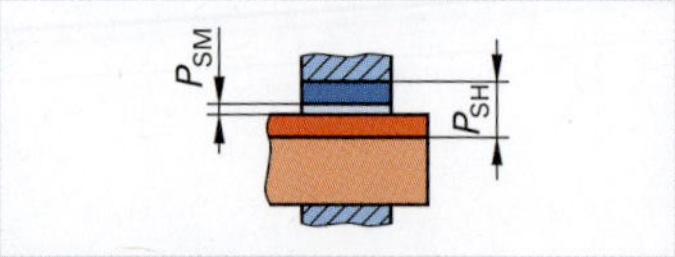

Übergangspassung

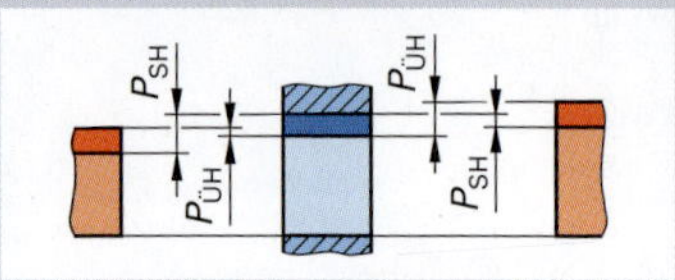

Übermaßpassung

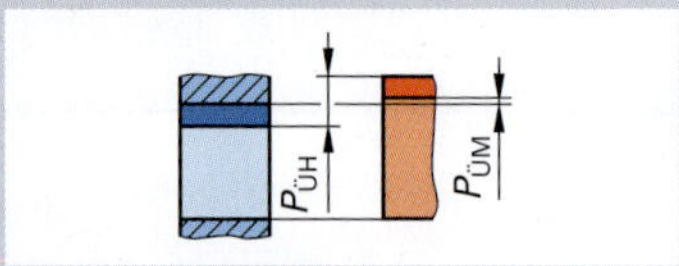

P_{SH} Höchstspiel
P_{SM} Mindestspiel
$P_{ÜH}$ Höchstübermaß
$P_{ÜM}$ Mindestübermaß
ES oberes Grenzabmaß Bohrung
EI unteres Grenzabmaß Bohrung
es oberes Grenzabmaß Welle
ei unteres Grenzabmaß Welle

Spielpassung

$$P_{SH} = G_{oB} - G_{uW}$$ $$P_{SH} = ES - ei$$

$$P_{SM} = G_{uB} - G_{oW}$$ $$P_{SM} = EI - es$$

Übergangspassung

$$P_{SH} = G_{oB} - G_{uW}$$ $$P_{SH} = ES - ei$$

$$P_{ÜH} = G_{uB} - G_{oW}$$ $$P_{ÜH} = EI - es$$

Übermaßpassung

$$P_{ÜH} = G_{uB} - G_{oW}$$ $$P_{ÜH} = EI - es$$

$$P_{ÜM} = G_{oB} - G_{uW}$$ $$P_{ÜM} = ES - ei$$

$[P], [G], [ES], [es], [EI], [ei]$ = mm

Passungssysteme

Passungssystem Einheitsbohrung:

Alle Bohrungsmaße besitzen das Grundabmaß *H*.

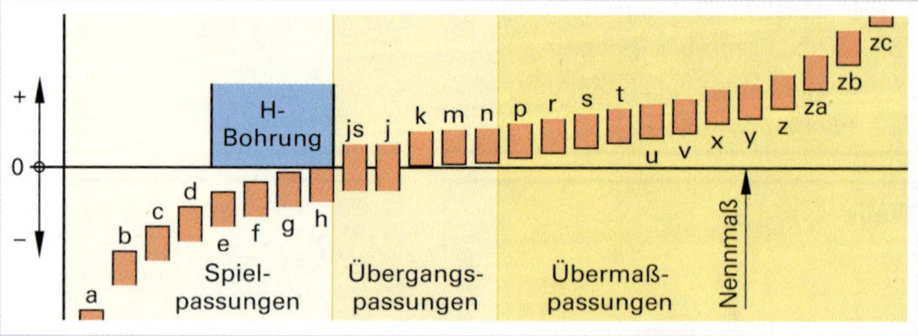

Passungssystem Einheitswelle:

Alle Wellenmaße besitzen das Grundabmaß *h*.

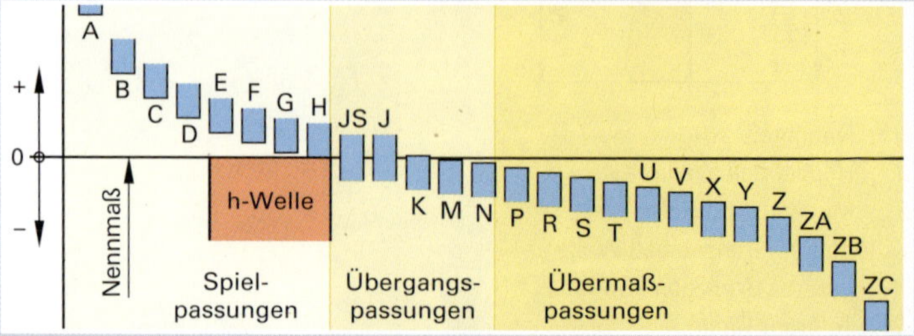

Qualitätsmanagement

Wahrscheinlichkeit (Fehlerwahrscheinlichkeit)

P Wahrscheinlichkeit
g Anzahl fehlerhafter Bauteile
m Gesamtanzahl der Bauteile

$$P = \frac{g}{m} \cdot 100\ \%$$

$$g = \frac{P}{100\ \%} \cdot m$$

$$m = \frac{g}{P} \cdot 100\ \%$$

$[P] = \%$ $[g] = \text{Stück}$ $[m] = \text{Stück}$

Gauß'sche Normalverteilung

σ Standardabweichung
μ Mittelwert

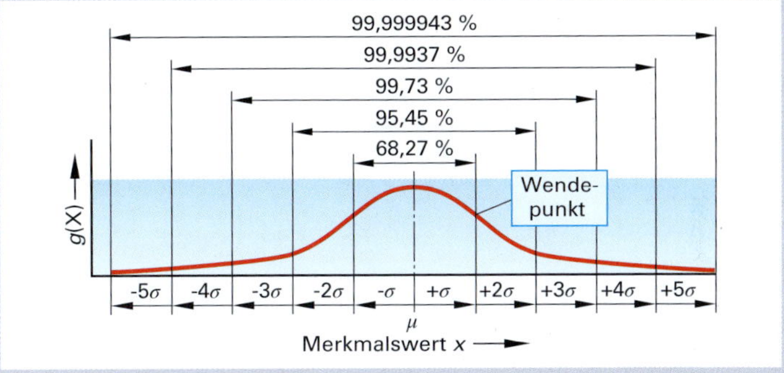

Normalverteilung in Stichproben

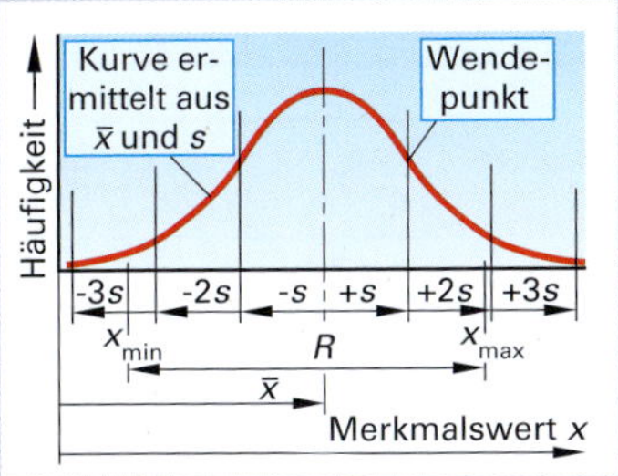

n Anzahl der Einzelwerte
m Anzahl der Stichproben
x_i Wert des messbaren Merkmals
x_{max} größter Messwert
x_{min} kleinster Messwert
$\bar{x}$ arithmetischer Mittelwert
$\tilde{x}$ Medianwert, mittlerer Wert der nach Größe geordneten Messwerte[1)]
s Standardabweichung
R Spannweite
D Modalwert, häufigster Wert einer Messreihe

[1)] Bei gerader Anzahl der Einzelwerte entspricht der Medianwert dem arithmetischen Mittel aus den beiden mittleren Werten.

Arithmetischer Mittelwert

$$\bar{x} = \frac{x_1 + x_2 + \ldots + x_n}{n}$$

Mittelwert mehrerer Stichprobenmittelwerte

$$\bar{\bar{x}} = \frac{\bar{x}_1 + \bar{x}_2 + \ldots + \bar{x}_m}{m}$$

Standardabweichung

$$s = \sqrt{\frac{\sum_{i=1}^{n} (x_i - \bar{x})^2}{n-1}}$$

Mittelwert der Standardabweichungen

$$\bar{s} = \frac{s_1 + s_2 + \ldots + s_m}{m}$$

Varianz

$$s^2 = \frac{\sum_{i=1}^{n} (x_i - \bar{x})^2}{n-1}$$

Spannweite

$$R = x_{max} - x_{min}$$

Mittelwert mehrerer Stichprobenspannweiten

$$\bar{R} = \frac{R_1 + R_2 + \ldots + R_m}{m}$$

Statistische Auswertung

Urliste

Stichprobenumfang: 50 Teile
Prüfmerkmal: Bauteildurchmesser $d = 8 \pm 0{,}05$ mm

Gemessener Bauteildurchmesser *d* in mm

Teile 1 ... 10	7,98	7,96	7,99	8,01	8,02	7,96	8,03	7,99	7,99	8,01
Teile 11 ... 20	7,96	7,99	8,00	8,02	8,02	7,99	8,02	8,00	8,01	8,01
Teile 21 ... 30	7,99	8,05	8,03	8,00	8,03	7,99	7,98	7,99	8,01	8,02
Teile 31 ... 40	8,02	8,01	8,05	7,94	7,98	8,00	8,01	8,01	8,02	8,00
Teile 41...50	7,95	8,01	7,98	8,06	7,96	8,01	8,01	8,02	8,04	8,01

Strichliste

n Anzahl der Einzelwerte
k Anzahl der Klassen
w Klassenweite
R Spannweite
n_j absolute Häufigkeit
h_j relative Häufigkeit in %
F_j Summe der relativen Häufigkeiten in %

$$k \approx \sqrt{n}$$

$$R = x_{max} - x_{min}$$

$$w \approx \frac{R}{k}$$

$$h_j = \frac{n_j}{n} \cdot 100\,\%$$

Klasse Nr.	Messwert ≥	Messwert <
1	x_{min}	$x_{min} + w$
2	$x_{min} + w$	$x_{min} + 2w$
...	...	...

$k = \sqrt{n} = \sqrt{50} = 7{,}1 \approx 7$ Klassen

$R = x_{max} - x_{min}$
$= 8{,}06\text{ mm} - 7{,}94\text{ mm} = 0{,}12\text{ mm}$

$w = \frac{R}{k} = \frac{0{,}12\text{ mm}}{7}$
$= 0{,}017\text{ mm} \approx 0{,}02\text{ mm}$
(auf Messfeinheit aufrunden)

$h_2 = \frac{n_2}{n} \cdot 100\,\%$
$= \frac{4}{50} \cdot 100\,\% = 8\,\%$

Klasse Nr.	Messwert ≥	Messwert <	Strichliste	n_j	h_j in %	F_j in %
1	7,94	7,96	//	2	4	4
2	7,96	7,98	////	4	8	12
3	7,98	8,00	~~////~~ ~~////~~ //	12	24	36
4	8,00	8,02	~~////~~ ~~////~~ ~~////~~ //	17	34	70
5	8,02	8,04	~~////~~ ~~////~~ /	11	22	92
6	8,04	8,06	///	3	6	98
7	8,06	8,08	/	1	2	100
			Σ =	50	100	

Histogramm

Das Histogramm ist ein Säulendiagramm zur Erkennung und Darstellung:

- der Verteilung,
- der Lage und
- der Streuung

von erfassten Einzelwerten.

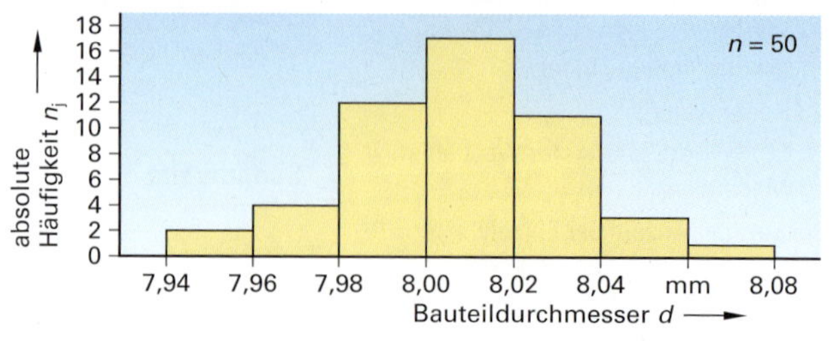

Qualitätsmanagement

Statistische Auswertung mit dem Wahrscheinlichkeitsnetz

Summenlinie im Wahrscheinlichkeitsnetz:

Ergeben die Summen der relativen Häufigkeiten F_j im Wahrscheinlichkeitsnetz angenähert eine Gerade, so kann auf eine Normalverteilung der Einzelwerte geschlossen werden.

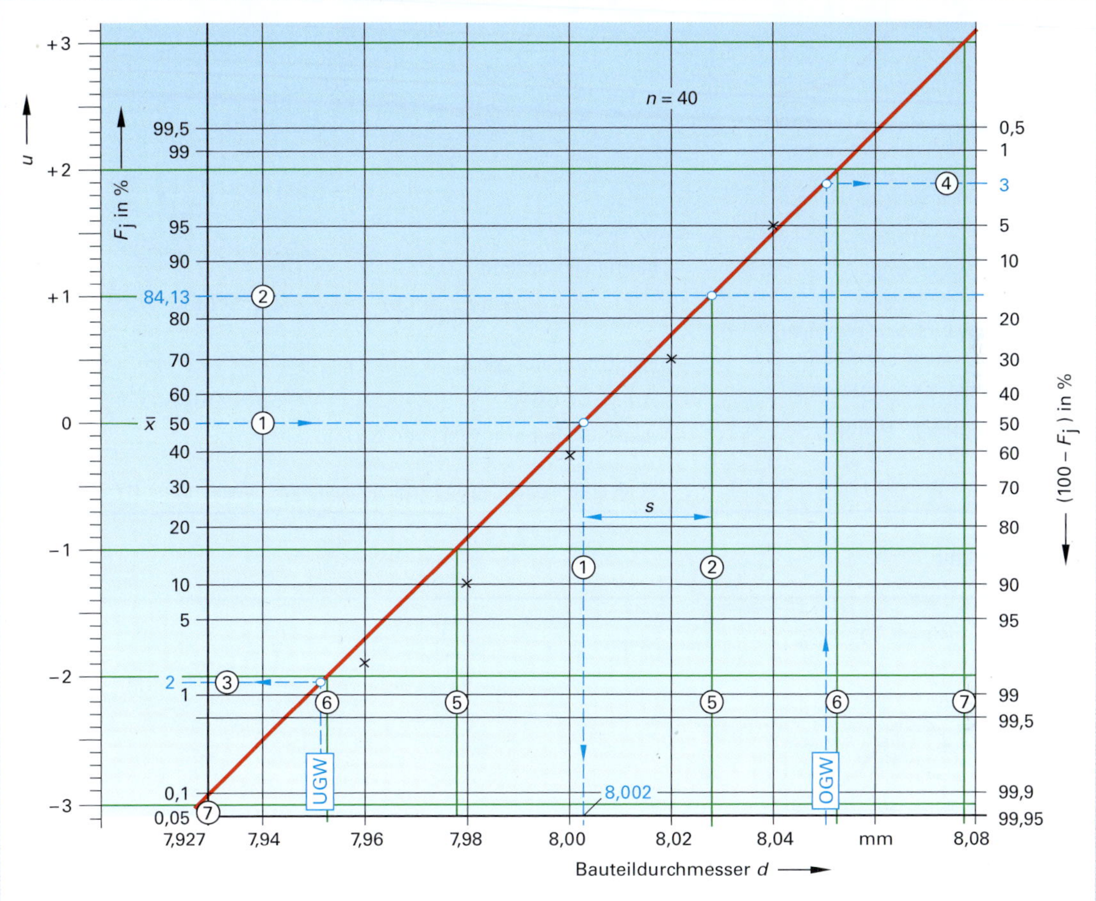

Statistische Auswertung

Kriterien	Ablesebeispiel
① Arithmetischer Mittelwert $\bar{x}$	$\bar{x}$ = 8,002 mm
② Standardabweichung s	s = 8,027 mm – 8,002 mm = 0,025 mm
③ Überschreitung unten	2 % der Merkmalswerte sind zu klein
④ Überschreitung oben	3 % der Merkmalswerte sind zu groß
⑤ Maschinenstreubereich $\bar{x} \pm s$ = 68,27 % der Merkmalswerte	Im Bereich 7,977 bis 8,027 mm liegen 68,27 % der Merkmalswerte.
⑥ Maschinenstreubereich $\bar{x} \pm 2s$ = 95,45 % der Merkmalswerte	Im Bereich 7,952 bis 8,052 mm liegen 95,45 % der Merkmalswerte.
⑦ Maschinenstreubereich $\bar{x} \pm 3s$ = 99,73 % der Merkmalswerte	Im Bereich 7,927 bis 8,077 mm liegen 99,73 % der Merkmalswerte.

Qualitätsmanagement

Maschinenfähigkeit

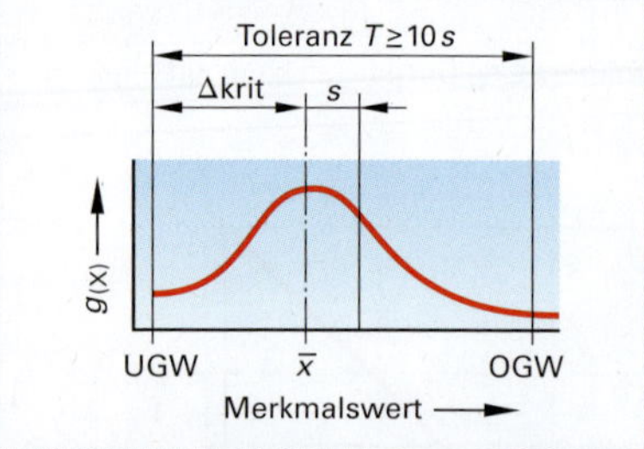

C_m, C_{mk}	Maschinenfähigkeitsindex
T	Toleranz
UGW	unterer Grenzwert
OGW	oberer Grenzwert
Δkrit	kleinster Abstand zwischen Mittelwert und Toleranzgrenze
$\bar{x}$	arithmetischer Mittelwert
s	Standardabweichung

$$C_m = \frac{T}{6 \cdot s}$$

$$s = \frac{T}{6 \cdot C_m}$$

$$T = 6 \cdot C_m \cdot s$$

$$C_{mk} = \frac{\Delta krit}{3 \cdot s}$$

$$s = \frac{\Delta krit}{3 \cdot C_{mk}}$$

$$\Delta krit = 3 \cdot C_{mk} \cdot s$$

häufige Forderung:

$c_m \geq 1{,}67$ $c_{mk} \geq 1{,}67$

Ermittlung von Δkrit:

$\Delta u = \bar{x} - \text{UGW}$ $\Delta o = \text{OGW} - \bar{x}$

$\Delta krit$ = kleinerer Wert von Δu und Δo

Standardabweichung und arithmetischer Mittelwert: Seite 117

Prozessfähigkeit

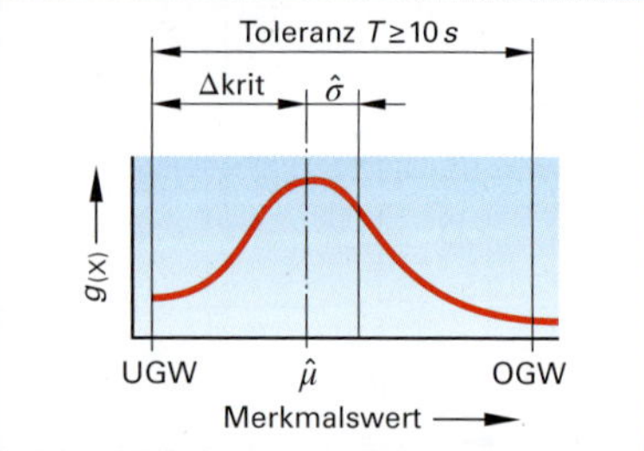

P_p, P_{pk}	Prozessleistungsindex
C_p, C_{pk}	Prozessfähigkeitsindex
$\hat{\mu}$	geschätzter Prozessmittelwert
$\hat{\sigma}$	geschätzte Prozessstandardabweichung
Δkrit	kleinster Abstand zwischen Mittelwert und Toleranzgrenze
$\bar{\bar{x}}$	Mittelwert der Mittelwerte
$\bar{R}$	Mittelwert der Spannweiten
$\bar{s}$	Mittelwert der Standardabweichungen
m	Anzahl der Stichproben

$$P_p = C_p = \frac{T}{6 \cdot \hat{\sigma}}$$

$$\hat{\sigma} = \frac{T}{6 \cdot C_p}$$

$$T = 6 \cdot C_p \cdot \hat{\sigma}$$

$$P_{pk} = C_{pk} = \frac{\Delta krit}{3 \cdot \hat{\sigma}}$$

$$\hat{\sigma} = \frac{\Delta krit}{3 \cdot C_{pk}}$$

$$\Delta krit = 3 \cdot C_{pk} \cdot \hat{\sigma}$$

häufige Forderung:

$P_p, C_p \geq 1{,}33$ $P_{pk}, C_{pk} \geq 1{,}33$

$$\hat{\mu} = \bar{\bar{x}}$$

$$\hat{\sigma} = \sqrt{\frac{s_1^2 + s_2^2 + \ldots + s_m^2}{m}}$$

$$\hat{\sigma} = \frac{\bar{s}}{a_n} = \frac{\bar{R}}{d_n}$$

Ermittlung von Δkrit:

$\Delta u = \hat{\mu} - \text{UGW}$ $\Delta o = \text{OGW} - \hat{\mu}$

$\Delta krit$ = kleinerer Wert von Δu und Δo

Statistische Prozesslenkung

Qualitätsregelkarten (QRK)

Medianwert-Spannweiten-Karte ($\tilde{x}$-R-Karte)

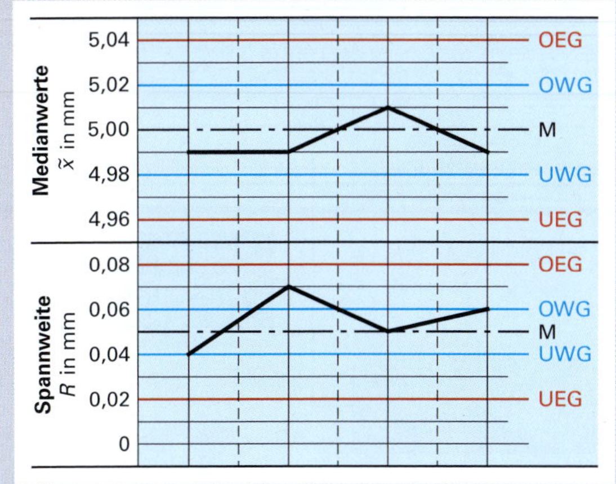

Mittelwert-Standardabweichungs-Karte ($\bar{x}$-s-Karte)

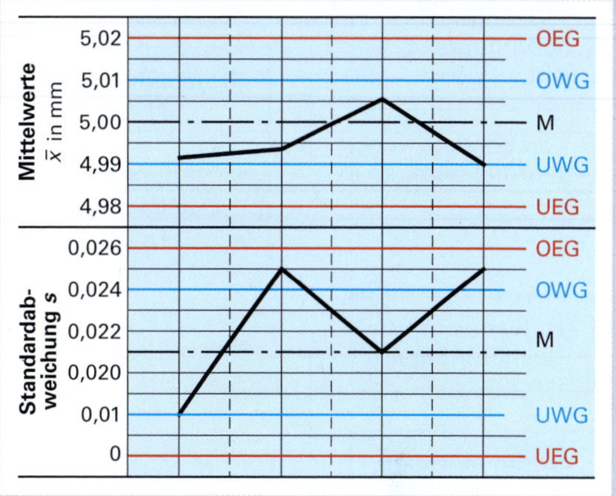

M	Mittenmaß (Mittelwert des Merkmals, Q-Niveau Vorlauf)
OWG	obere Warngrenze
UWG	untere Warngrenze
OEG	obere Eingriffsgrenze
UEG	untere Eingriffsgrenze
OGW	oberer Grenzwert
UGW	unterer Grenzwert
$\hat{\mu}$	geschätzter Prozessmittelwert
$\hat{\sigma}$	geschätzte Prozessstandardabweichung

Regelgrenzen bei Prozessregelkarten für quantitative Merkmale

	$\tilde{x}$-Regelspur	**$\bar{x}$-Regelspur**
Eingriffsgrenzen (99 %)	$OEG = \hat{\mu} + C_E \cdot \hat{\sigma}$ $UEG = \hat{\mu} - C_E \cdot \hat{\sigma}$	$OEG = \hat{\mu} + AE \cdot \hat{\sigma}$ $UEG = \hat{\mu} - AE \cdot \hat{\sigma}$
Warngrenzen (95 %)	$OWG = \hat{\mu} + CW \cdot \hat{\sigma}$ $UWG = \hat{\mu} - CW \cdot \hat{\sigma}$	$OWG = \hat{\mu} + AW \cdot \hat{\sigma}$ $UWG = \hat{\mu} - AW \cdot \hat{\sigma}$
Mittenmaß	$M = \hat{\mu}$	$M = \hat{\mu}$

	R-Regelspur	**s-Regelspur**
Eingriffsgrenzen (99 %)	$OEG = D_{OEG} \cdot \hat{\sigma}$ $UEG = D_{UEG} \cdot \hat{\sigma}$	$OEG = B_{OEG} \cdot \hat{\sigma}$ $UEG = B_{UEG} \cdot \hat{\sigma}$
Warngrenzen (95 %)	$OWG = D_{OWG} \cdot \hat{\sigma}$ $UWG = D_{UWG} \cdot \hat{\sigma}$	$OEG = B_{OWG} \cdot \hat{\sigma}$ $UEG = B_{UWG} \cdot \hat{\sigma}$
Mittenmaß	$M = d_n \cdot \hat{\sigma}$	$M = a_n \cdot \hat{\sigma}$

Durchlaufzeit

Übersicht

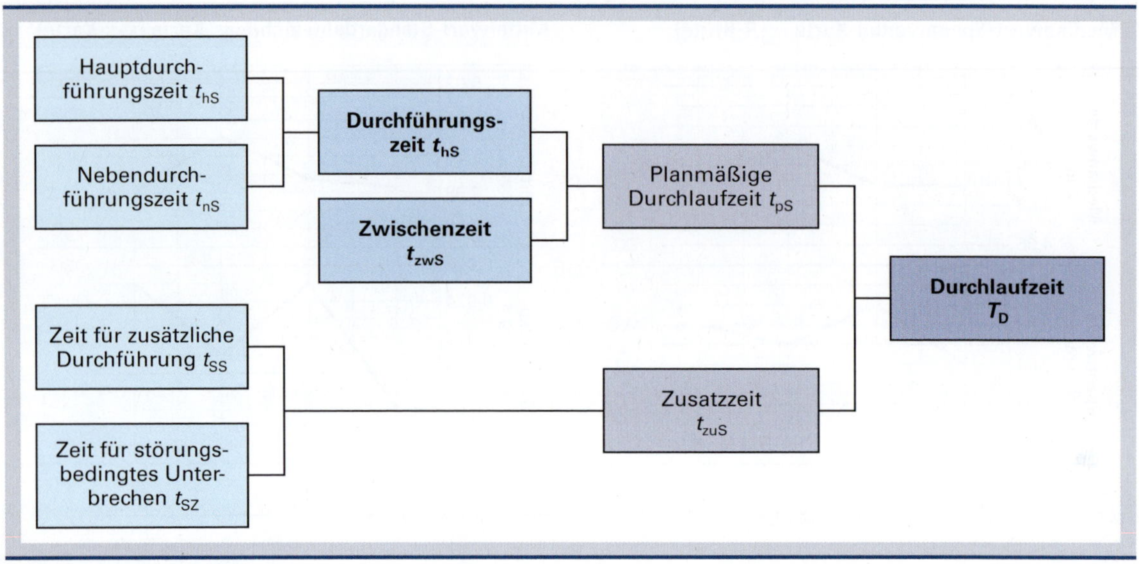

Ermittlung der Druchlaufzeit

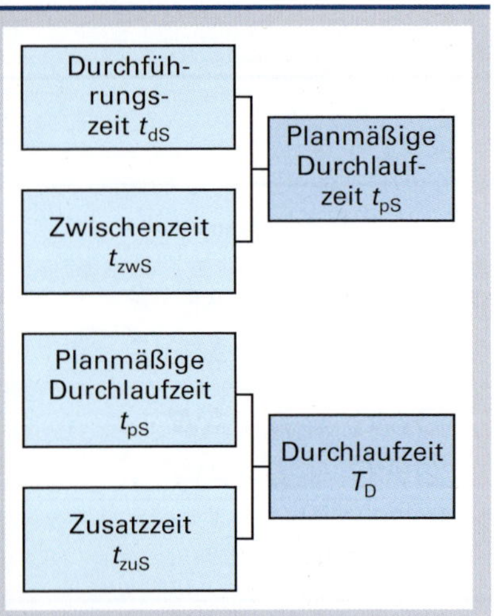

T_D Durchlaufzeit
t_p planmäßige Durchlaufzeit
t_d Durchführungszeit
t_h Hauptdurchführungszeit
t_n Nebendurchführungszeit
t_{zw} Zwischenzeit
t_{zu} Zusatzzeit
Z_{zu} Prozentsatz der planmäßigen Durchlaufzeit
f_{zu} Faktor der planmäßigen Durchlaufzeit

Durchführungszeit

$$t_d = t_h + t_n$$

Planmäßige Durchlaufzeit

$$t_p = t_d + t_z$$

Zusatzzeit

$$t_{zu} = Z_{zu} \cdot \frac{t_p}{100\ \%}$$

Faktor der Durchlaufzeit

$$f_{zu} = Z_{zu} \cdot \frac{t_p}{100\ \%}$$

Durchlaufzeit

$$T_D = t_p + t_{zu}$$

$$T_D = f_{zu} \cdot t_p$$

$[T_D]$ = min, h
$[t_p]$ = min, h
$[t_d]$ = min, h
$[t_h]$ = min, h
$[t_{zw}]$ = min, h
$[t_{zu}]$ = min, h
$[Z_{zu}]$ = %
$[f_{zu}]$ = –

Netzplantechnik

Vorgangsknoten

Vorgangsknoten

Nr.		D
Bezeichnung		
FAZ	GP	FEZ
SAZ	FP	SEZ

Nr. Vorgangsnummer
D Vorgangsdauer
FAZ frühester Anfangszeitpunkt
FEZ frühester Endzeitpunkt
SAZ spätester Anfangszeitpunkt
SEZ spätester Endzeitpunkt
GP Gesamtpufferzeit
FP freie Pufferzeit

Vorwärtsterminierung

$$FEZ = FAZ + D$$

$FAZ = FEZ - D$

$D = FEZ - FAZ$

[FEZ] [FAZ] [D] = h, Tage, Wochen

Rückwärtsterminierung

$$SAZ = SEZ - D$$

$SEZ = SAZ + D$

$D = SAZ - SEZ$

$$GP = SAZ - FAZ$$

$$GP = SEZ - FEZ$$

$$FP = FAZ_{Nachfolger} - FEZ$$

Kritischer Weg oder Pfad (Weg ohne Pufferzeiten)

$$GP = 0$$

[SAZ] [SEZ] [D] [GP] [FP] = h, Tage, Wochen

Netzplan (Beispiel)

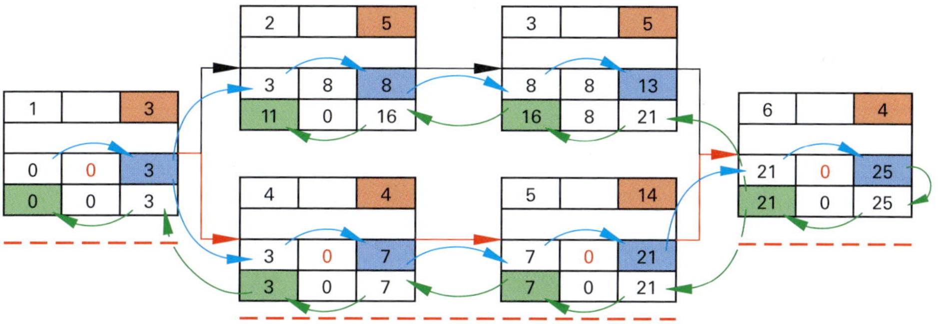

Kritischer Weg (GP = 0): Vorgang 1 – 4 – 5 – 6

Puffer für Vorgang 3:
GP = SAZ – FAZ = 16 – 8 = 8 oder
GP = SEZ – FEZ = 21 – 13 = 8
FP = 21 – 13 = 8

Auftragszeit

Auftragszeit gesamt

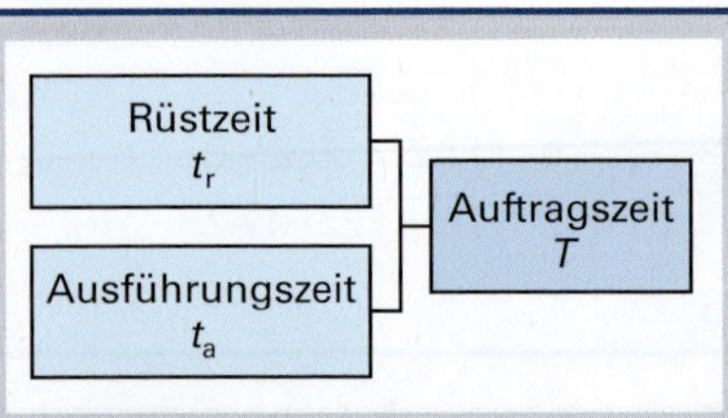

T Auftragszeit
t_r Rüstzeit
t_a Ausführungszeit

Auftragszeit

$$T = t_r + t_a$$

$$t_r = T - t_a$$

$$t_a = T - t_r$$

$[T]$ = min, h

$[t]$ = min, h

Rüsten des Auftrages

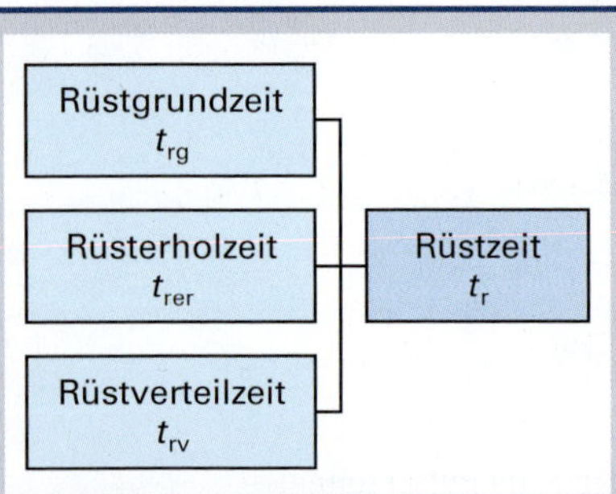

t_r Rüstzeit
t_{rg} Rüstgrundzeit
t_{rer} Rüsterholzeit
t_{rv} Rüstverteilzeit
z_v Verteilzeitzuschlag
z_{er} Erholzeitzuschlag

Rüstzeit

$$t_r = t_{rg} + t_{rer} + t_{rv}$$

$$t_{rg} = t_r - t_{rer} - t_{rv}$$

$[t]$ = min, h

$[z]$ = % v. t_{rg}

Rüsterholzeit

$$t_{rer} = z_{er} \cdot \frac{t_{rg}}{100\ \%}$$

Rüstverteilzeit

$$t_{rv} = z_v \cdot \frac{t_{rg}}{100\ \%}$$

Ausführen des Auftrages

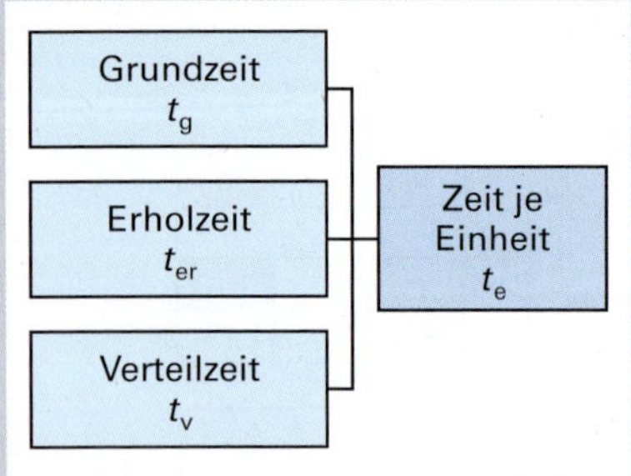

t_a	Ausführungszeit
t_e	Zeit je Einheit
m	Menge, Losgröße
t_t, t_{tb}, t_{tu}	Tätigkeitszeit (beeinflussbar, unbeeinflb,)
t_w	Wartezeit
z_v	Verteilzeitzuschlag
z_{er}	Erholzeitzuschalg

Ausführungszeit

$$t_a = m \cdot t_e$$

$$t_e = \frac{t_a}{m}$$

$[t]$ = s, min, h

$[m]$ = Stück

$[z]$ = % v. t_{rg}

Zeit je Einheit

$$t_e = t_g + t_{er} + t_v$$

$$t_g = t_e - (t_{er} + t_v)$$

Erholzeit

$$t_{er} = z_{er} \cdot \frac{t_g}{100\ \%}$$

Grundzeit

$$t_g = t_t + t_w$$

Verteilzeit

$$t_v = z_v \cdot \frac{t_g}{100\ \%}$$

Tätigkeitszeit

$$t_t = t_{tb} + t_{tu}$$

Belegungszeit

Belegungszeit des Betriebsmittels (BM)

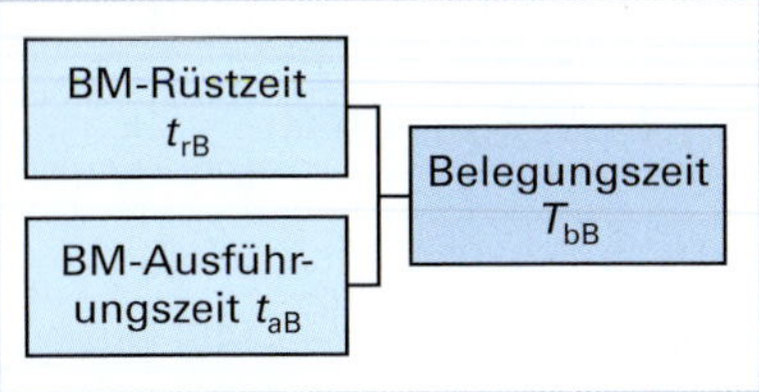

T_{bB} Belegungszeit
t_{rB} BM-Rüstzeit
t_{aB} BM-Ausführungszeit

Belegungszeit

$$T_{bB} = t_{rB} + t_{aB}$$

$t_{rB} = T_{bB} - t_{aB}$

$t_{aB} = T_{bB} - t_{rB}$

$[T_{bB}]$ = min, h
$[t]$ = min, h

Rüsten des Betriebsmittels

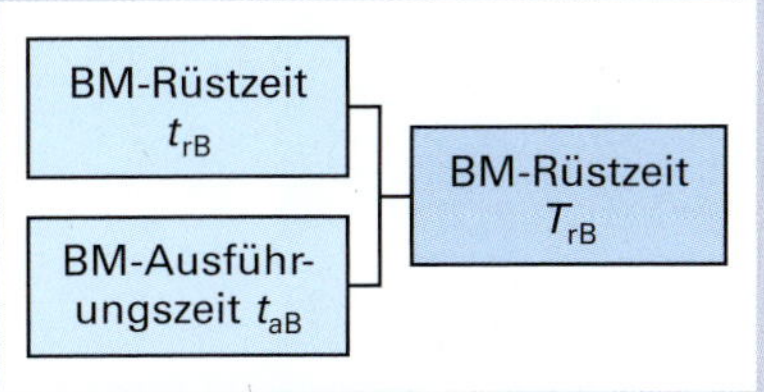

t_{rB} BM-Rüstzeit
t_{rgB} BM-Rüstgrundzeit
t_{rvB} BM-Rüstverteilzeit
z_v Verteilzeitzuschlag

Rüstzeit

$$t_{rB} = t_{rgB} + t_{rvB}$$

$t_{rgB} = t_{rB} - t_{rvB}$

Rüstverteilzeit

$$t_{rvB} = z_v \cdot \frac{t_{rgB}}{100\ \%}$$

$[t]$ = min, h
$[z_v]$ = % v. t_{rgB}

Ausführen mit Betriebsmittel

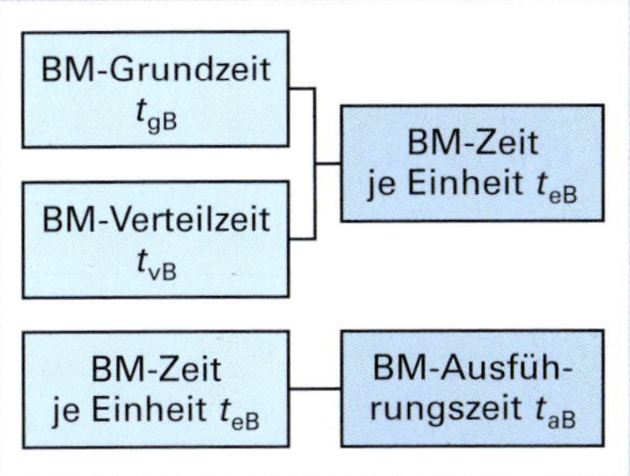

t_{aB} BM-Ausführungszeit
t_{eB} BM-Zeit je Einheit
t_{gB} BM-Grundzeit
t_{vB} BM-Verteilzeit
t_h Hauptnutzungszeit
t_n Nebennutzungszeit
t_b Brachzeit
z_v Verteilzeitzuschlag
m Menge, Losgröße

BM-Ausführungszeit

$$t_{aB} = m \cdot t_{eB}$$

$t_{eB} = \frac{t_{aB}}{m}$

BM-Zeit je Einheit

$$t_{eB} = t_{gB} + t_{vB}$$

$t_{gB} = t_{eB} - t_{vB}$

BM-Grundzeit

$$t_{gB} = t_h + t_n + t_b$$

$t_h = t_{gB} - (t_n + t_b)$

BM-Verteilzeit

$$t_{vB} = z_v \cdot \frac{t_{gB}}{100\ \%}$$

$[t]$ = s, min, h
$[z_v]$ = % v. t_{gB}
$[m]$ = Stück

Kalkulation

Bestellmengenoptimierung

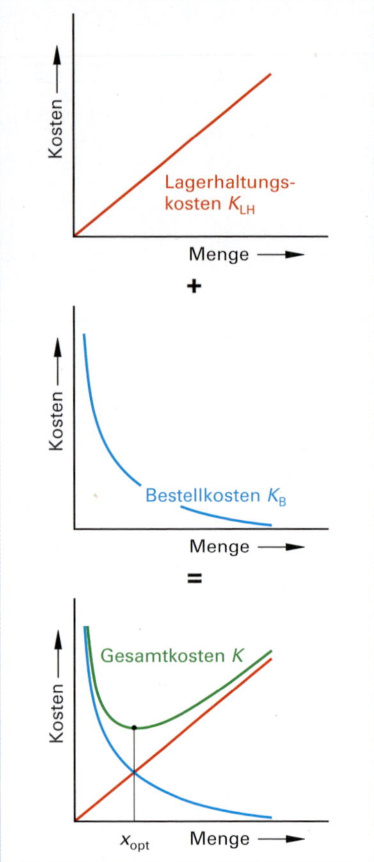

AB	Anfangsbestand
EB	Endbestand
K	Gesamtkosten
K_B	Bestellkosten
K_{Lh}	Lagerhaltungskosten
K_L	Lagerkosten
K_Z	Lagerzinsen
k_B	Kosten pro Bestellung
$\varnothing LB$	durchschnittlicher Lagerbestand
x_{ges}	Gesamtmenge pro Periode
x	Bestellmenge
x_{opt}	optimale Bestellmenge
n	Bestellhäufigkeit
n_{opt}	optimale Bestellhäufigkeit
EP	Einstandspreis pro Stück
i_L	Lagerhaltungskostensatz
i_{L1}	Zinssatz für Kapitalbindung
i_{L2}	Zinssatz für Lagerhaltung

Lagerhaltungskosten

$$K_{Lh} = \varnothing LB \cdot EP \cdot \frac{i_L}{100\ \%}$$

$$i_L = i_{L1} + i_{L2}$$

$$K_{Lh} = K_Z + K_L \qquad K_Z = K_{Lh} - K_L \qquad K_L = K_{Lh} - K_Z$$

$$K_Z = \varnothing LB \cdot EP \cdot \frac{i_{L1}}{100\ \%}$$

$$K_L = \varnothing LB \cdot EP \cdot \frac{i_{L2}}{100\ \%}$$

$$\varnothing LB = \frac{AB + EB}{2}$$

$$\varnothing LB = \frac{AB + 12 \cdot \text{Monats}EB}{13}$$

$[K] = €$
$[\varnothing LB] = \text{Stück}$
$[EP] = €/\text{Stück}$
$[i_L] = \%$
$[AB] = \text{Stück}$
$[EB] = \text{Stück}$

Optimale Bestellmenge

$$K = K_B + K_{Lh} \qquad K_B = K - K_{LH} \qquad K_{Lh} = K - K_B$$

$$K_B = k_B \cdot \frac{x_{ges}}{x}$$

$$K_{Lh} = \frac{x}{2} \cdot EP \cdot \frac{i_L}{100\ \%}$$

$$K = K_B \cdot \frac{x_{ges}}{x} + \frac{x}{2} \cdot EP \cdot \frac{i_L}{100\ \%}$$

$$n = \frac{x_{ges}}{x}$$

$$x_{opt} = \sqrt{\frac{200 \cdot k_B \cdot x_{ges}}{EP \cdot i_L}}$$

$$n_{opt} = \frac{x_{ges}}{x_{opt}}$$

$[K] = €$
$[k_B] = €$
$[x] = \text{Stück}$
$[EP] = €/\text{Stück}$
$[i_L] = \%$
$[n] = –$
$[x_{opt}] = \text{Stück}$

Kalkulation

Losgrößenoptimierung

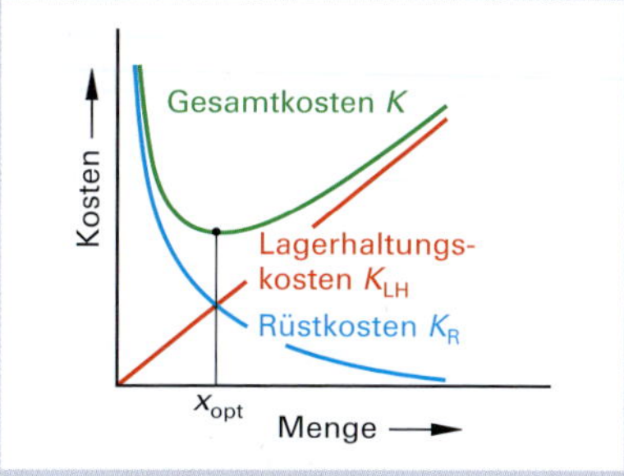

K	Gesamtkosten
K_R	Rüstkosten
K_{Lh}	Lagerhaltungskosten
k_R	Kosten pro Rüstvorgang
k_h	Herstellkosten pro Stück
x_{ges}	Gesamtmenge pro Periode
x	Losgröße
x_{opt}	optimale Losgröße
n	Anzahl der Lose
n_{opt}	optimale Anzahl der Lose
i_L	Lagerhaltungskostensatz
i_{L1}	Zinssatz für Kapitalbindung
i_{L2}	Zinssatz für Lagerhaltung

$$K = K_R + K_{Lh}$$

$$K_R = K - K_{Lh} \qquad K_{Lh} = K - K_R$$

$$K_R = k_R \cdot \frac{x_{ges}}{x}$$

$$K_{Lh} = \frac{x}{2} \cdot k_h \cdot \frac{i_L}{100\ \%}$$

$$i_L = i_{L1} + i_{L2}$$

$$K = k_R \cdot \frac{x_{ges}}{x} + \frac{x}{2} \cdot k_h \cdot \frac{i_L}{100\ \%}$$

$$n = \frac{x_{ges}}{x}$$

$$n_{opt} = \frac{x_{ges}}{x_{opt}}$$

$$x_{opt} = \sqrt{\frac{200 \cdot k_R \cdot x_{ges}}{k_h \cdot i_L}}$$

$[K] = €$

$[k_R] = €$

$[x] = $ Stück

$[k_h] = €/$Stück

$[i_L] = \%$

$[x_{opt}] = $ Stück

Make-or-buy-Entscheidung

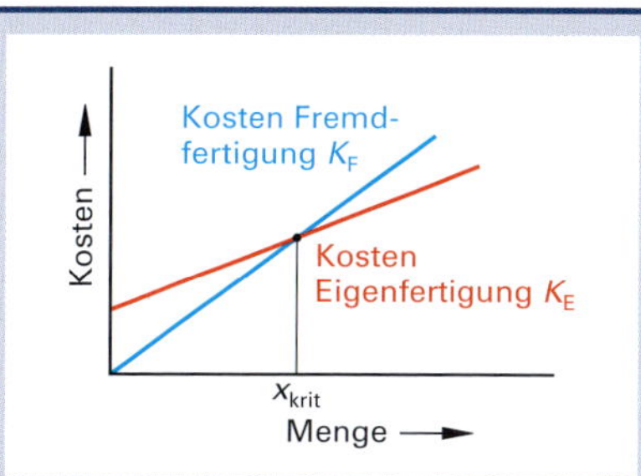

K_E	Kosten Eigenfertigung
K_F	Kosten Fremdfertigung
K_{fE}	Fixe Kosten Eigenfertigung
k_{vE}	variable Stückkosten Eigenfertigung
p	Fremdbezugspreis
x	Losgröße
x_{krit}	kritische Menge

$$K_E = K_{fE} + k_{vE} \cdot x \qquad K_{fe} = K_E - k_{vE} \cdot x$$

$$K_F = p \cdot x \qquad p = \frac{K_F}{x} \qquad x = \frac{K_F}{p}$$

$$x_{krit} = \frac{K_{fe}}{p - k_{vE}}$$

$[K] = €$

$[x] = $ Stück

$[k_{vE}] = €/$Stück

$[p] = €/$Stück

$[x_{krit}] = $ Stück

Arbeitsplanung und Kalkulation

Kalkulation

Divisionskalkulation, Zuschlagskalkulation

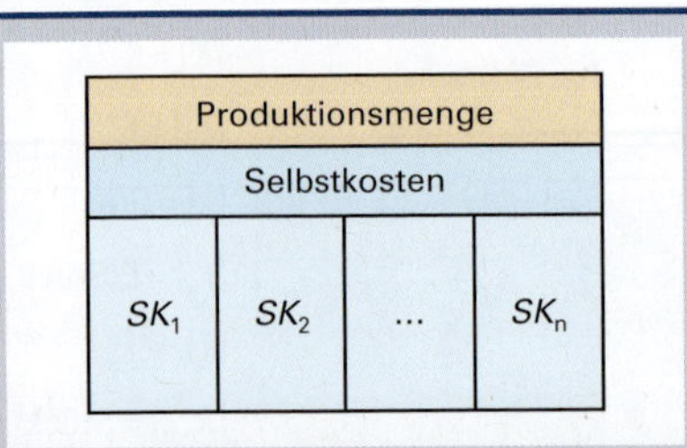

k Selbstkosten pro Stück

SK Selbstkosten

$SK_{1,2}$ Selbstkosten je Kostengruppe

$VwGK$ Verwaltungsgemeinkosten

$VtGK$ Vertriebsgemeinkosten

HK Herstellerkosten

Einfache Divisionskalkulation

$$k = \frac{SK}{m}$$

$$SK = k \cdot m$$

$$m = \frac{SK}{k}$$

$$k = \frac{SK_1}{m} + \frac{SK_2}{m} + \ldots$$

Zweistufige Divisionskalkulation

$$k = \frac{HK}{m} + \frac{VwGK + VtGK}{m}$$

$[SK] = €$

$[k] = €/\text{Stück}$

$[m] = \text{Stück}$

$[HK] = €$

$[VwGK] = €$

$[VtGK] = €$

Summarische Zuschlagskalkulation

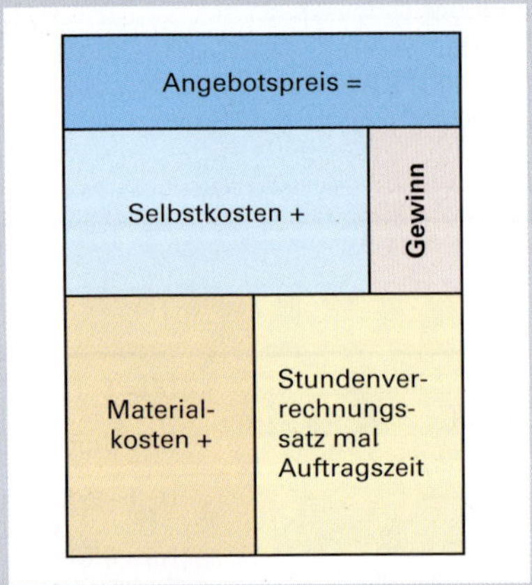

SK Selbstkosten

AP Angebotspreis

MK Materialkosten

T Auftragszeit

LK Lohnkosten

LVS Stundenverrechnungssatz

z_G Zuschlagssatz für Unternehmerlohn und Gewinn

z Zuschlagssatz für Lohnnebenkosten

Selbstkosten eines Auftrags

$$SK = MK + LK + LK \cdot \frac{z}{100\ \%}$$

$$SK = MK + LK \cdot \left(1 + \frac{z}{100\ \%}\right)$$

Stundenverrechnungssatz incl. Gewinnzuschlag

$$LVS = LK/h \cdot \left(1 + \frac{z + z_G}{100\ \%}\right)$$

Angebotspreis mit Stundenverrechnungssatz

$$AP = MK + LVS \cdot T$$

$[AP] = €$

$[MK] = €/\text{Stück}$

$[T] = \text{h}$

$[LVS] = €/\text{h}$

$[z_G] = \%$

$[z] = \%$

$[SK] = €$

Kalkulation

Differenzierte Zuschlagskalkulation (Übersicht)

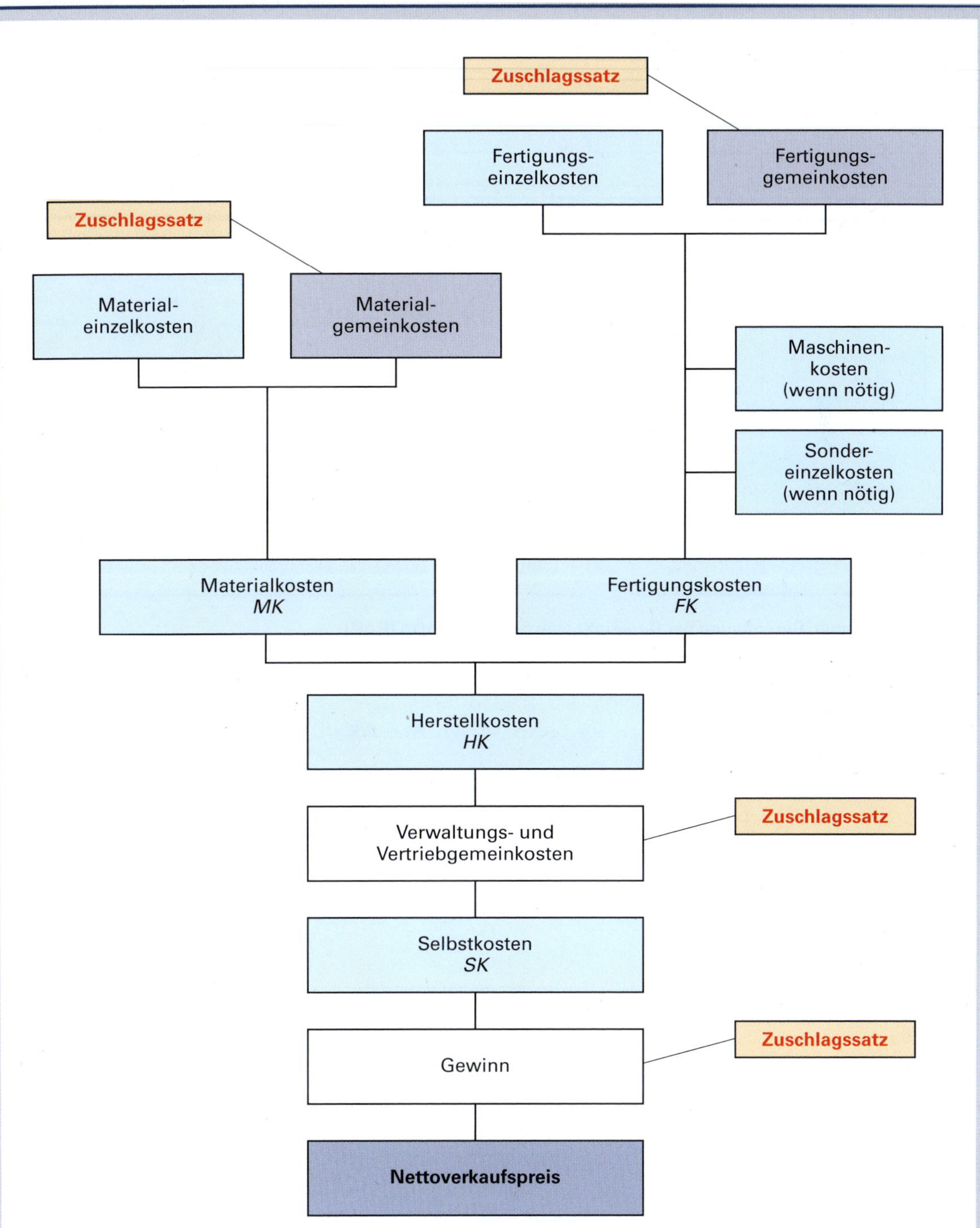

Berechnungsformeln Differenzierte Zuschlagkalkulation: Seite 130 und 131.

Kalkulation

Kostenarten, Betriebsabrechnung

Kostenarten

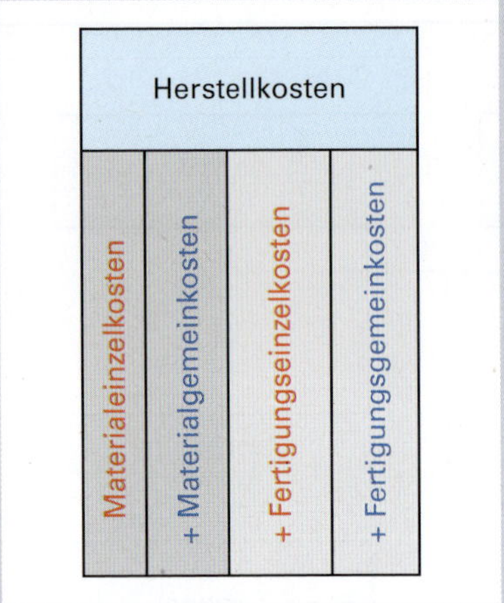

Kostenarten

EK	**Einzelkosten**
MEK	Materialeinzelkosten
FEK	Fertigungseinzelkosten (Fertigungslöhne insgesamt oder je Fertigungsabteilung)
GK	**Gemeinkosten**
	Gehälter, Sozialkosten, Energiekosten, Fuhrpark, Versicherungen, Zinsen, Abschreibungen, Miete } Verteilung auf die Kostenstellen im Betriebsabrechnungsbogen z. B.: • Lager, Material • Fertigungsabteilungen • Verwaltung • Vertrieb
MGK	Materialgemeinkosten
FGK	Fertigungsgemeinkosten
VwGK	Verwaltungsgemeinkosten
VtGK	Vertriebsgemeinkosten

Differenzierte Zuschlagskalkulation (Übersicht): Seite 129

Betriebsabrechnung, Berechnung der Gemeinkostenzuschlagssätze (BAB)

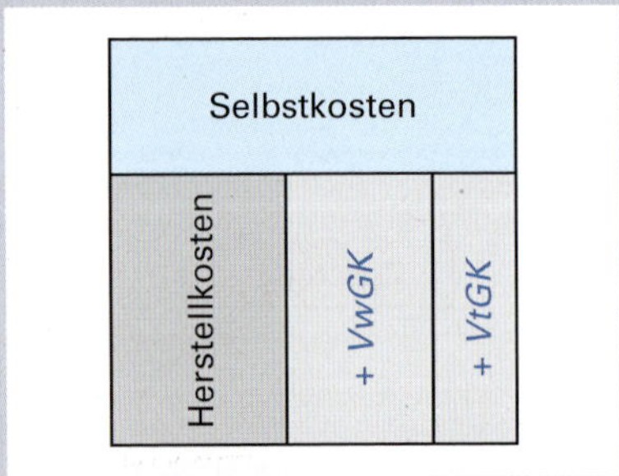

HK	Herstellkosten
SK	Selbstkosten
VwGK	Verwaltungsgemeinkosten
VtGK	Vertriebsgemeinkosten
GKZ	Gemeinkostenzuschlag
$GKZ_{M,F}$	Gemeinkostenzuschlag der jeweiligen Kostenstelle (M, F, ...)

Herstellkosten

$$HK = MEK + MGK + FEK + FGK$$

Selbstkosten eines Auftrags

$$SK = HK + VwGK + VtGK$$

Materialgemeinkostenzuschlagssatz

$$GKZ_M = \frac{\Sigma MGK \cdot 100\,\%}{\Sigma MEK}$$

Fertigungsgemeinkostenzuschlagssatz

$$GKZ_F = \frac{\Sigma FGK \cdot 100\,\%}{\Sigma FEK}$$

Verwaltungsgemeinkostenzuschlagssatz

$$GKZ_{Vw} = \frac{\Sigma VwGK \cdot 100\,\%}{\Sigma HK}$$

Vertriebsgemeinkostenzuschlagssatz

$$GKZ_{Vt} = \frac{\Sigma VtGK \cdot 100\,\%}{\Sigma HK}$$

$[HK] = €$
$[SK] = €$
$[EK] = €$
$[GK] = €$
$[VwGK] = €$
$[VtGK] = €$
$[GKZ] = \%$

Kalkulation

Zuschlagskalkulation

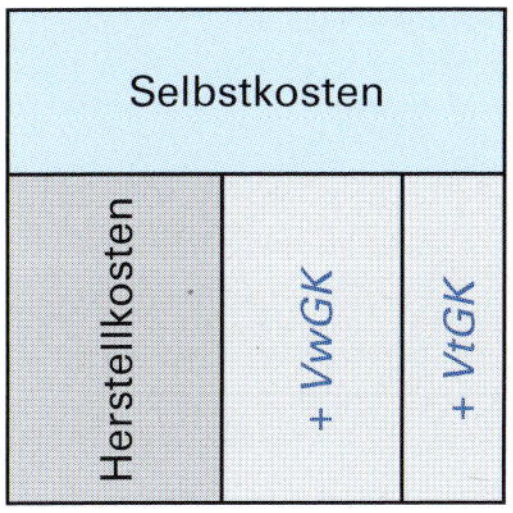

$$HK = MEK + MGK + FEK + FGK$$

$$SK = HK + VwGK + VtGK$$

Materialgemeinkosten

$$MGK = \frac{MEK \cdot GKZ_M}{100\ \%}$$

Fertigungsgemeinkosten

$$FGK = \frac{FEK \cdot GKZ_F}{100\ \%}$$

Verwaltungsgemeinkosten

$$VwGK = \frac{HK \cdot GKZ_{Vw}}{100\ \%}$$

Vertriebsgemeinkosten

$$VtGK = \frac{HK \cdot GKZ_{Vt}}{100\ \%}$$

$[HK] = €$

$[SK] = €$

$[EK] = €$

$[GK] = €$

$[VwGK] = €$

$[VtGK] = €$

$[GKZ] = \%$

Differenzierte Zuschlagskalkulation (Ablauf)

Kostenrechnung		Beispiel	Rechnung
MEK	Werkstoffkosten, Fertigungsmaterial	120,00	120,00
MGK	Lagerkosten ... GKZ in % von MEK	10 %	12,00
FEK	Fertigungslöhne (10 h × 25,- €/h)	250,00	250,00
FGK	Gemeinkostenumlage (Zinsen, Miete, ...)	200 %	500,00
KM	Maschinenkosten (5 h × 40,- €/h)	200,00	200,00
SEK	Spezialwerkzeug für Auftrag	100,00	100,00
HK	**Herstellkosten**	Σ	**1.182,00**
VwGK	Verwaltungskosten ... GKZ in % von HK	5 %	59,10
VtGK	Vertriebskosten ...GKZ in % von HK	7 %	82,74
SK	**Selbstkosten**	Σ	**1.323,84**
G	Gewinn als Zuschlag zu SK	10 %	132,38
NVP	**Barverkaufspreis netto**	Σ	**1.456,22**

Kalkulation

Maschinenstundensatz

Berechnung der Maschinenkosten

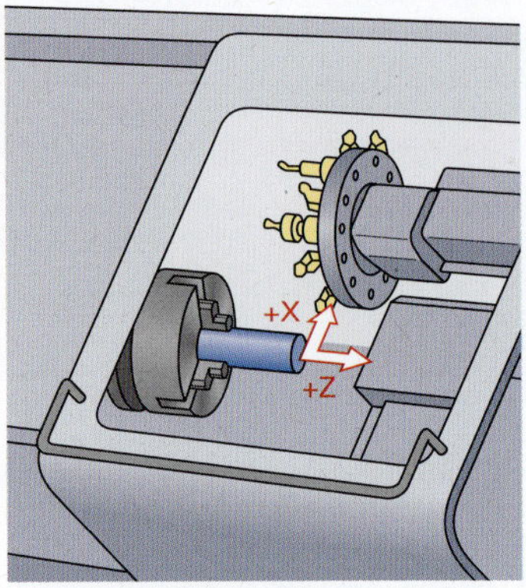

T_L Maschinenlaufzeit
T_G gesamte theoretische Maschinenlaufzeit
T_{ST} Stillstandszeit
T_{IH} Instandhaltungszeit
K_M Maschinenkosten
K_{MH} Maschinenstundensatz
K_f fixe Kosten
k_v variable Kosten pro Stunde

Maschinenlaufzeiten

$$T_L = T_G - T_{ST} - T_{IH}$$

$$T_G = T_L + T_{ST} + T_{IH}$$
$$T_{ST} = T_G - T_L - T_{IH}$$
$$T_{IH} = T_G - T_L - T_{ST}$$

$[T] = \text{h}$
$[K_M] = €$
$[K_{MH}] = €/\text{h}$
$[K_f] = €$
$[k_v] = €/\text{h}$

Maschinenstundensatz

$$K_{MH} = \frac{K_f}{T_L} + k_v$$

Maschinenstundensatzrechnung[1)]

Maschinenstundensatz bei 100 % Auslastung

$$K_{MH} = \frac{K_f}{T_L} + k_v = \frac{23.040{,}00\ €}{1200\ \text{h}} + 6{,}50\frac{€}{\text{h}} = 25{,}70\frac{€}{\text{h}}$$

Maschinenstundensatz bei 80 % Auslastung

$$K_{MH} = \frac{K_f}{T_L} + k_v = \frac{23.040{,}00\ €}{0{,}8 \cdot 1200\ \text{h}} + 6{,}50\frac{€}{\text{h}} = 30{,}50\frac{€}{\text{h}}$$

1) Zahlenwerte aus Beispiel unten

Maschinenstundensatzrechnung

Kostenart	Berechnung (Beispiel)	K_f €/Jahr	k_v €/h
kalkulatorische Abschreibung	$\frac{\text{Beschaffungswert}}{\text{Nutzungsdauer in Jahren}} = \frac{120.000,– €}{10\ \text{Jahre}}$	12.000,00	
kalkulatorische Zinsen	$\frac{½\ \text{Beschaffungswert} \cdot \text{Zins}}{100\ \%} = \frac{60.000,– € \cdot 6\ \%}{100\ \%}$	3.600,00	
Instandhaltungskosten	Faktor · Abschreibung = 0,5 · 12.000,– € auslastungsabhängige Instandhaltungskosten	6.000,00	5,00
Energiekosten	Grundgebühr = 20,– €/Monat · 12 Monate Leistung · Stromkosten = 6 kW · 0,25 €/kWh	240,00	1,50
anteilige Raumkosten	Raumkostensatz · Flächenbedarf = 10,– €/m² · Monat · 10 m² · 12 Monate	1.200,00	
	Summe der Maschinenkosten (K_M)	**23.040,00**	**6,50**

Kalkulation

Teilkostenrechnung, Gewinnschwelle

Teilkostenrechnung

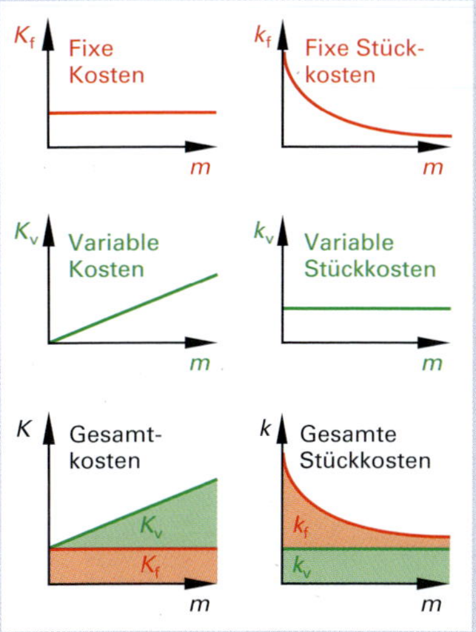

K_f	Fixe Kosten
k_f	Fixe Kosten pro Stück
K_v	Variable Kosten
k_v	Variable Kosten pro Stück
K	Gesamtkosten
k	Gesamtkosten pro Stück
m	Menge
m_{Soll}	Soll-Menge
m_{Ist}	Ist-Menge
BG	Beschäftigungsgrad

Fixe Kosten

$$K_f = k_f \cdot m$$

$$k_f = \frac{K_f}{m}$$

Variable Kosten

$$K_v = k_v \cdot m$$

$$k_v = \frac{K_v}{m}$$

Gesamtkosten

$$K = K_f + K_v$$

$$K_f = K - k_v \cdot m$$

$$K = K_f + k_v \cdot m$$

$$K_v = \frac{K - K_f}{m}$$

Beschäftigungsgrad

$$BG = \frac{m_{Ist} \cdot 100\ \%}{m_{Soll}}$$

$$m_{Ist} = \frac{BG \cdot m_{Soll}}{100\ \%}$$

$$m_{Soll} = \frac{m_{Ist} \cdot 100\ \%}{BG}$$

$[K_f] = €$
$[k_f] = €/\text{Stück}$
$[K_v] = €$
$[k_v] = €/\text{Stück}$
$[K] = €$
$[k] = €/\text{Stück}$
$[m] = \text{Stück}$
$[m_{Soll}] = \text{Stück}$
$[m_{Ist}] = \text{Stück}$
$[BG] = \%$

Gewinnschwelle

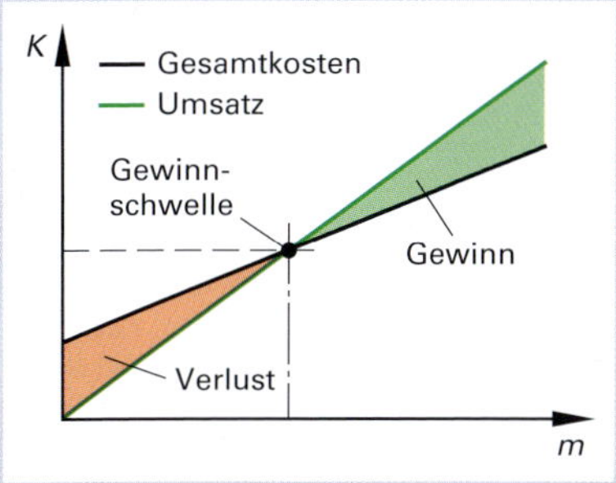

K	Gesamtkosten
E	Erlös, Umsatz
m	Menge
Gs	Gewinnschwelle
G	Gewinn
V	Verlust

Gewinnschwelle

$$Gs = \frac{E - K_f}{k_v}$$

$$k_v = \frac{E - K_f}{Gs}$$

Erlös an Gewinnschwelle

$$E = K_f + Gs \cdot k_v$$

Gewinn
$G = E - K$
wenn $E > K$

$$\text{Gewinn} = 0$$

Verlust
$V = E - K$
wenn $E < K$

$$\text{Erlös}\ (E) = \text{Kosten}\ (K)$$

$[K] = €$
$[K_f] = €$
$[k_v] = €/\text{Stück}$
$[E] = €$
$[m] = \text{Stück}$
$[Gs] = \text{Stück}$
$[G] = €$
$[V] = €$

Kalkulation

Deckungsbeitragsrechnung, Kostenvergleichsrechnung

Deckungsbeitragsrechnung

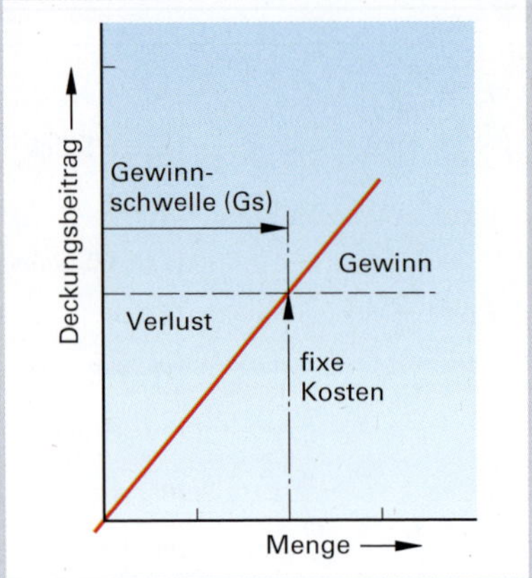

K_f	Fixe Kosten
K_v	Variable Kosten
k_v	Variable Kosten pro Stück
K	Gesamtkosten
m	Menge
VP	Verkaufspreis
E	Erlöse, Umsatz
G	Gewinn
Gs	Gewinnschwelle
DB	Deckungsbeitrag

Deckungsbeitrag (Deckung der Fixkosten)

$$\frac{DB}{\text{Stück}} = VP - k_v$$

$$DB = m \cdot \frac{DB}{\text{Stück}}$$

$$VP = k_v + \frac{DB}{\text{Stück}}$$

$$k_v = VP - \frac{DB}{\text{Stück}}$$

Gewinn

$$G = DB - K_f$$

$$K_f = DB - G$$

$$DB = K_f + G$$

$$K_f = K - k_v \cdot m$$

$$k_v = \frac{K - K_f}{m}$$

Gewinnschwelle G = 0

$$Gs = \frac{K_f}{\frac{DB}{\text{Stück}}}$$

$$K_f = Gs \cdot \frac{DB}{\text{Stück}}$$

Kurzfristige Preisuntergrenze

$$\frac{DB}{\text{Stück}} = 0$$

$$VP - k_v = 0$$

$$VP = k_v$$

$[K_f]$ = €
$[K_v]$ = €
$[k_v]$ = €/Stück
$[K]$ = €
$[m]$ = Stück
$[V_P]$ = €/Stück
$[E]$ = €
$[G]$ = €
$[DB]$ = €
$[Gs]$ = Stück

Kostenvergleichsrechnung

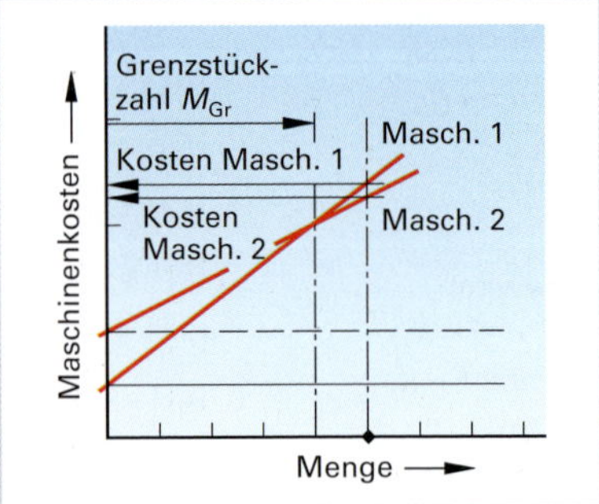

$K_{1,2}$	Gesamtkosten
$K_{f1,2}$	Fixe Kosten
$K_{v1,2}$	Variable Stückkosten
M_{Gr}	Grenzstückzahl
m	Menge

Kostenvergleich zwischen Maschine 1 und Maschine 2

Grenzstückzahl

$$M_{Gr} = \frac{K_{f2} - K_{f1}}{k_{v1} - k_{v2}}$$

wenn m > $M_{Gr} \rightarrow K_2 < K_1$
ist Maschine 2 günstiger als Maschine 1

wenn m < $M_{Gr} \rightarrow K_2 > K_1$
ist Maschine 1 günstiger als Maschine 2

$[K_{1,2}]$ = €
$[K_{f1,2}]$ = €
$[k_{v1,2}]$ = €/Stück
$[M_{Gr}]$ = Stück
$[m]$ = Stück

Kalkulation

Amortisationsrechnung

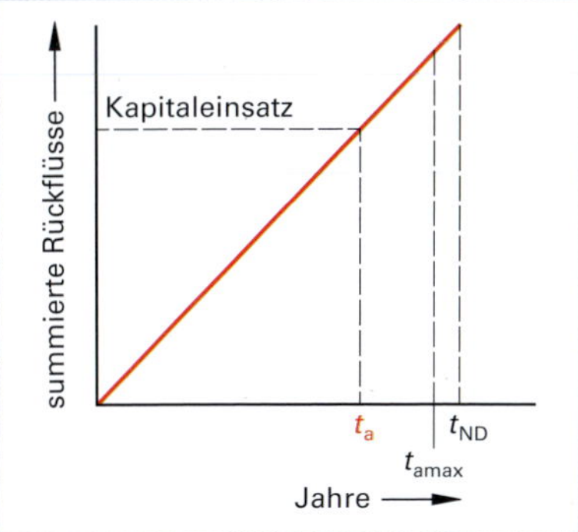

t_a Amortisationszeit
$t_{aI,II}$ Amortisationszeit Alternative I bzw. II
t_{ND} Nutzungsdauer
t_{amax} maximale vorgegebene Amortisationszeit
AK Anschaffungskosten
RW Restwert
ØRF durchschnittlicher Jahresrückfluss (= cash flow)
G Gewinn bzw. Kosteneinsparung der Investition
AfA kalkulatorische Abschreibung der Investition
Z kalkulatorische Zinsen der Investition

durchschnittlicher Jahresrückfluss

$$ØRF = G + AfA + Z$$

Amortisationszeit

$$t_a = \frac{AK - RW}{Ø\, RF}$$

$[ØRF]$ = €/Jahr
$[G]$ = €/Jahr
$[AfA]$ = €/Jahr
$[Z]$ = €/Jahr
$[AK]$ = €
$[RW]$ = €
$[t]$ = Jahre

Entscheidungskriterium

a) Einzelinvestition
$t_a < t_{ND}$ oder
$t_a < t_{amax}$

b) Auswahl von Alternativen
$t_{aI} < t_{aII} \rightarrow$ Alternative I
$t_{aI} > t_{aII} \rightarrow$ Alternative II

Rentabilitätsrechnung

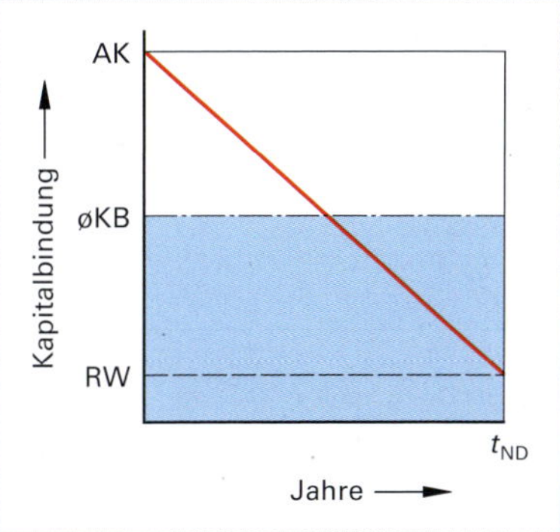

R Kapitalrentabilität bzw. Rentabilität
$R_{I,II}$ Kapitalrentabilität Alternative I bzw. II
R_{min} Mindestrentabilität
G durchschnittlich jährlicher Gewinn
ØKB durchschnittliche Kapitalbindung
AK Anschaffungs- bzw. Herstellkosten
RW Restwert
t_{ND} Nutzungsdauer

durchschnittliche Kapitalbindung

$$ØKB = \frac{AK - RW}{2}$$

Kapitalrentabilität

$$R = \frac{G}{ØKB} \cdot 100\ \%$$

$[ØKB]$ = €
$[AK]$ = €
$[RW]$ = €
$[G]$ = €/Jahr
$[R]$ = %
$[t]$ = Jahre

Entscheidungskriterium

a) Erweiterungsinvestition
$R > R_{min}$

b) Auswahl von Alternativen
$R_I < R_{II} \rightarrow$ Alternative II
$R_I > R_{II} \rightarrow$ Alternative I

Hauptnutzungszeit: Längsrunddrehen – Werkstück ohne Ansatz

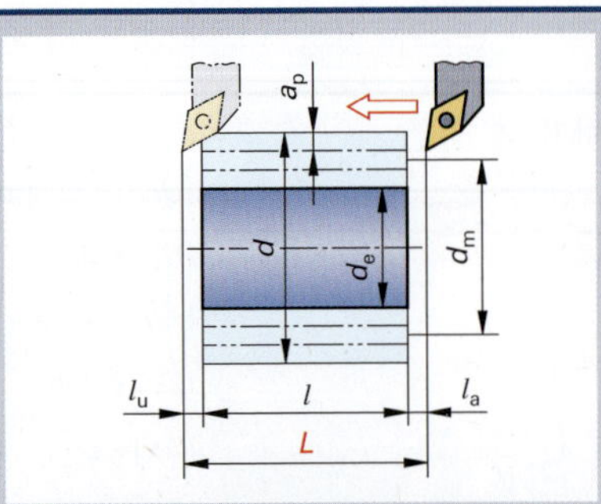

t_h Hauptnutzungszeit
L Vorschubweg
i Anzahl der Schnitte
n Drehzahl
f Vorschub
d Ausgangsdurchmesser
d_e Enddurchmesser
d_m mittlerer Durchmesser
l Werkstücklänge
l_a, l_u Anlaufweg, Überlaufweg
v_c Schnittgeschwindigkeit
a_p Schnitttiefe

Hauptnutzungszeit mit konstanter Drehzahl

$$t_h = \frac{L \cdot i}{n \cdot f}$$

$$n = \frac{v_c \cdot 1000}{d \cdot \pi} \qquad v_c = \frac{d \cdot \pi \cdot n}{1000}$$

(Zahlenwertgleichung, Einheiten rechts)

Hauptnutzungszeit mit konstanter Schnittgeschwindigkeit

$$t_h = \frac{\pi \cdot d_m}{v_c \cdot 1000 \cdot f} \cdot (L \cdot i)$$

(Zahlenwertgleichung, Einheiten rechts)

Vorschubweg

$$L = l + l_a + l_u \qquad l_a = l_u = 1 \ldots 2\,\text{mm}$$

$$i \geq \frac{d - d_e}{2 \cdot a_p} \qquad d_m = \frac{d + d_e}{2}$$

(i wird immer ganzzahlig aufgerundet)

$[t_h]$ = min
$[L]$ = mm
$[i]$ = –
$[n] = \frac{1}{\text{min}}$
$[n] = \text{min}^{-1}$
$[f]$ = mm
$[d]$ = mm
$[l]$ = mm
$[v_c] = \frac{\text{m}}{\text{min}}$
$[a_p]$ = mm

Hauptnutzungszeit: Längsrunddrehen – Werkstück mit Ansatz

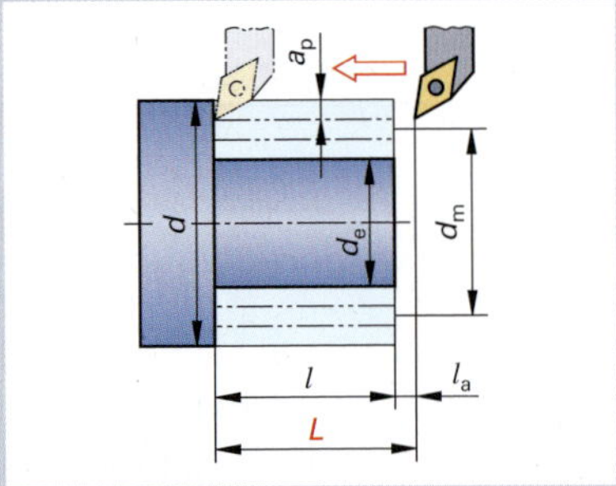

t_h Hauptnutzungszeit
L Vorschubweg
i Anzahl der Schnitte
n Drehzahl
f Vorschub
d Ausgangsdurchmesser
d_e Enddurchmesser
d_m mittlerer Durchmesser
l Werkstücklänge
l_a Anlaufweg
v_c Schnittgeschwindigkeit
a_p Schnitttiefe

Hauptnutzungszeit mit konstanter Drehzahl

$$t_h = \frac{L \cdot i}{n \cdot f}$$

$$n = \frac{v_c \cdot 1000}{d \cdot \pi} \qquad v_c = \frac{d \cdot \pi \cdot n}{1000}$$

(Zahlenwertgleichung, Einheiten rechts)

Hauptnutzungszeit mit konstanter Schnittgeschwindigkeit

$$t_h = \frac{\pi \cdot d_m}{v_c \cdot 1000 \cdot f} \cdot (L \cdot i)$$

(Zahlenwertgleichung, Einheiten rechts)

Vorschubweg

$$L = l + l_a \qquad l_a = 1 \ldots 2\,\text{mm}$$

$$i \geq \frac{d - d_e}{2 \cdot a_p} \qquad d_m = \frac{d + d_e}{2}$$

(i wird immer ganzzahlig aufgerundet)

$[t_h]$ = min
$[L]$ = mm
$[i]$ = –
$[n] = \frac{1}{\text{min}}$
$[n] = \text{min}^{-1}$
$[f]$ = mm
$[d]$ = mm
$[l]$ = mm
$[v_c] = \frac{\text{m}}{\text{min}}$
$[a_p]$ = mm

Hauptnutzungszeit: Querplandrehen – Werkstück ohne Ansatz

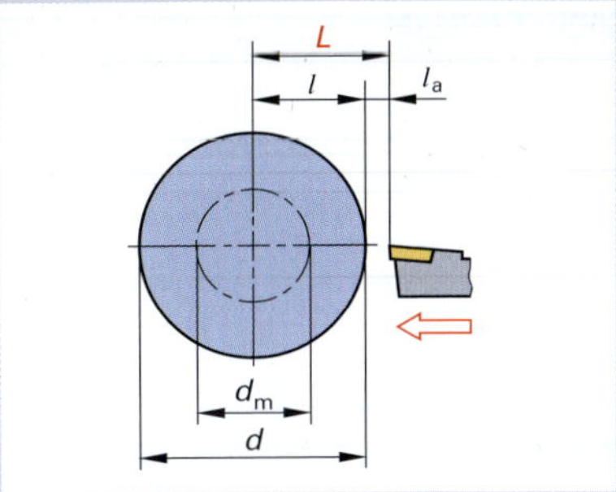

t_h Hauptnutzungszeit
L Vorschubweg
i Anzahl der Schnitte
n Drehzahl
f Vorschub
d Ausgangsdurchmesser
d_m mittlerer Durchmesser
l Werkstücklänge
l_a Anlaufweg
v_c Schnittgeschwindigkeit
a_p Schnitttiefe

Hauptnutzungszeit mit konstanter Drehzahl

$$t_h = \frac{L \cdot i}{n \cdot f}$$

$$n = \frac{v_c \cdot 1000}{d_m \cdot \pi} \qquad v_c = \frac{d_m \cdot \pi \cdot n}{1000}$$

(Zahlenwertgleichung, Einheiten rechts)

Hauptnutzungszeit mit konstanter Schnittgeschwindigkeit

$$t_h = \frac{\pi \cdot d_m}{v_c \cdot 1000 \cdot f} \cdot (L \cdot i)$$

(Zahlenwertgleichung, Einheiten rechts)

Vorschubweg

$$L = \frac{d}{2} + l_a \qquad l_a = 1 \ldots 2\,mm$$

$$d_m = \frac{d}{2} \qquad i \geq \frac{\text{Aufmaß}}{a_p}$$

(i wird immer ganzzahlig aufgerundet)

$[t_h]$ = min
$[L]$ = mm
$[i]$ = –
$[n] = \frac{1}{\text{min}}$
$[n]$ = min^{-1}
$[f]$ = mm
$[d]$ = mm
$[l]$ = mm
$[v_c] = \frac{\text{m}}{\text{min}}$
$[a_p]$ = mm

Hauptnutzungszeit: Querplandrehen – Werkstück mit Ansatz

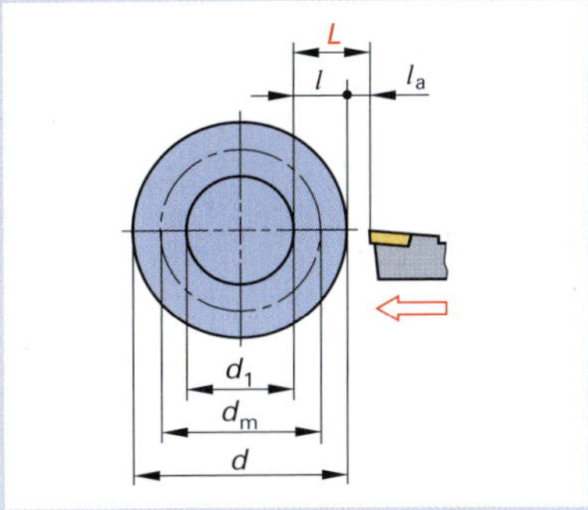

t_h Hauptnutzungszeit
L Vorschubweg
i Anzahl der Schnitte
n Drehzahl
f Vorschub
d Ausgangsdurchmesser
d_1 Enddurchmesser
d_m mittlerer Durchmesser
l Werkstücklänge
l_a Anlaufweg
v_c Schnittgeschwindigkeit
a_p Schnitttiefe

Hauptnutzungszeit mit konstanter Drehzahl

$$t_h = \frac{L \cdot i}{n \cdot f}$$

$$n = \frac{v_c \cdot 1000}{d_m \cdot \pi} \qquad v_c = \frac{d_m \cdot \pi \cdot n}{1000}$$

(Zahlenwertgleichung, Einheiten rechts)

Hauptnutzungszeit mit konstanter Schnittgeschwindigkeit

$$t_h = \frac{\pi \cdot d_m}{v_c \cdot 1000 \cdot f} \cdot (L \cdot i)$$

(Zahlenwertgleichung, Einheiten rechts)

Vorschubweg

$$L = \frac{d - d_1}{2} + l_a \qquad l_a = 1 \ldots 2\,\text{mm}$$

$$d_m = \frac{d + d_1}{2} \qquad i \geq \frac{\text{Aufmaß}}{a_p}$$

(i wird immer ganzzahlig aufgerundet)

$[t_h]$ = min
$[L]$ = mm
$[i]$ = –
$[n] = \frac{1}{\text{min}}$
$[n]$ = min^{-1}
$[f]$ = mm
$[d]$ = mm
$[l]$ = mm
$[v_c] = \frac{\text{m}}{\text{min}}$
$[a_p]$ = mm

Hauptnutzungszeit: Querplandrehen eines Hohlzylinders

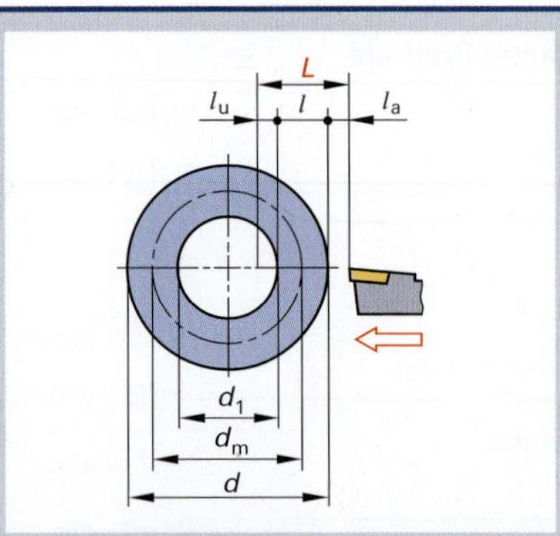

t_h	Hauptnutzungszeit
L	Vorschubweg
i	Anzahl der Schnitte
n	Drehzahl
f	Vorschub
d	Ausgangsdurchmesser
d_e	Enddurchmesser
d_m	mittlerer Durchmesser
l	Werkstücklänge
l_a, l_u	Anlaufweg, Überlaufweg
v_c	Schnittgeschwindigkeit
a_p	Schnitttiefe

Hauptnutzungszeit mit konstanter Drehzahl

$$t_h = \frac{L \cdot i}{n \cdot f}$$

$$n = \frac{v_c \cdot 1000}{d_m \cdot \pi} \qquad v_c = \frac{d_m \cdot \pi \cdot n}{1000}$$

(Zahlenwertgleichung, Einheiten rechts)

Hauptnutzungszeit mit konstanter Schnittgeschwindigkeit

$$t_h = \frac{\pi \cdot d_m}{v_c \cdot 1000 \cdot f} \cdot (L \cdot i)$$

(Zahlenwertgleichung, Einheiten rechts)

Vorschubweg

$$L = \frac{d}{2} + l_a + l_u \qquad l_a = l_u = 1 \ldots 2\,\text{mm}$$

$$d_m = \frac{d + d_1}{2} \qquad i \geq \frac{\text{Aufmaß}}{a_p}$$

(i wird immer ganzzahlig aufgerundet)

$[t_h]$ = min
$[L]$ = mm
$[i]$ = –
$[n] = \frac{1}{\text{min}}$
$[n] = \text{min}^{-1}$
$[f]$ = mm
$[d]$ = mm
$[l]$ = mm
$[v_c] = \frac{\text{m}}{\text{min}}$
$[a_p]$ = mm

Hauptnutzungszeit: Abstechdrehen

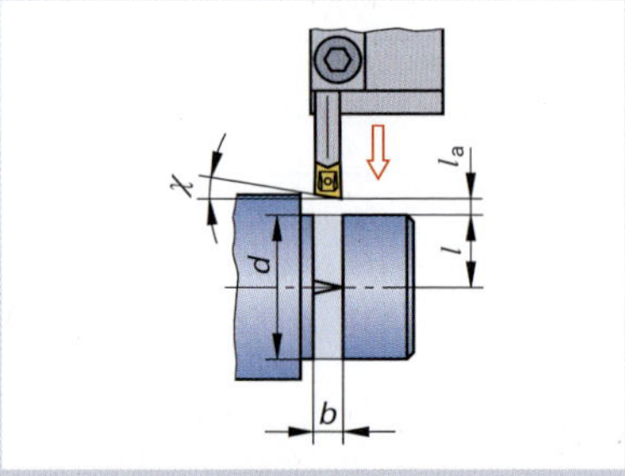

t_h	Hauptnutzungszeit
L	Vorschubweg
n	Drehzahl
f	Vorschub
d	Ausgangsdurchmesser
d_m	mittlerer Durchmesser
l	Werkstücklänge
l_a	Anlaufweg
v_c	Schnittgeschwindigkeit

Hauptnutzungszeit mit konstanter Drehzahl

$$t_h = \frac{L \cdot i}{n \cdot f}$$

$$n = \frac{v_c \cdot 1000}{d \cdot \pi} \qquad v_c = \frac{d \cdot \pi \cdot n}{1000}$$

(Zahlenwertgleichung, Einheiten rechts)

Hauptnutzungszeit mit konstanter Schnittgeschwindigkeit

$$t_h = \frac{\pi \cdot d_m \cdot L}{v_c \cdot 1000 \cdot f}$$

(Zahlenwertgleichung, Einheiten rechts)

Vorschubweg

$$L = \frac{d - d_1}{2} + l_a \qquad l_a = 1 \ldots 2\,\text{mm}$$

$$d_m = \frac{d}{2}$$

(i wird immer ganzzahlig aufgerundet)

$[t_h]$ = min
$[L]$ = mm
$[n] = \frac{1}{\text{min}}$
$[n] = \text{min}^{-1}$
$[f]$ = mm
$[d]$ = mm
$[l]$ = mm
$[v_c] = \frac{\text{m}}{\text{min}}$

Hauptnutzungszeit: Einstechdrehen

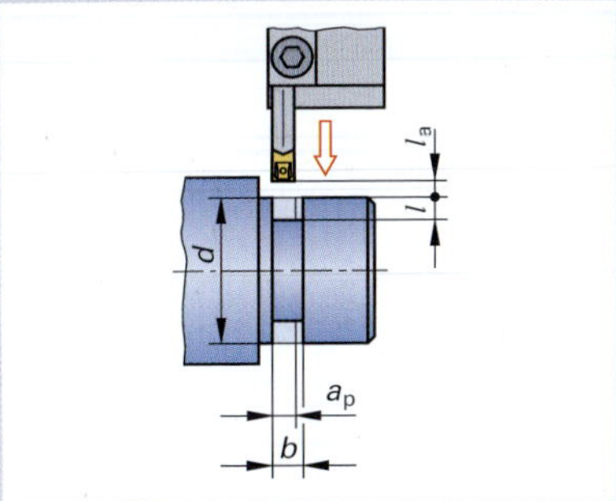

t_h Hauptnutzungszeit
L Vorschubweg
i Anzahl der Schnitte
n Drehzahl
f Vorschub
d Ausgangsdurchmesser
l Nuttiefe
b Nutbreite
l_a Anlaufweg
v_c Schnittgeschwindigkeit
a_p Schnitttiefe

Hauptnutzungszeit mit konstanter Drehzahl

$$t_h = \frac{L \cdot i}{n \cdot f}$$

$$n = \frac{v_c \cdot 1000}{d \cdot \pi} \qquad v_c = \frac{d \cdot \pi \cdot n}{1000}$$

(Zahlenwertgleichung, Einheiten rechts)

Hauptnutzungszeit mit konstanter Schnittgeschwindigkeit

$$t_h = \frac{\pi \cdot d \cdot L}{v_c \cdot 1000 \cdot f}$$

(Zahlenwertgleichung, Einheiten rechts)

Vorschubweg

$$L = l + l_a$$

$i \geq \frac{b}{a_p}$ $\qquad l_a = 1...2\,\text{mm}$

(i wird immer ganzzahlig aufgerundet)

$[t_h] = \text{min}$
$[L = \text{mm}$
$[i] = -$
$[n] = \frac{1}{\text{min}}$
$[n] = \text{min}^{-1}$
$[f] = \text{mm}$
$[d] = \text{mm}$
$[l] = \text{mm}$
$[b] = \text{mm}$
$[v_c] = \frac{\text{m}}{\text{min}}$
$[a_p] = \text{mm}$

Hauptnutzungszeit: Gewindedrehen

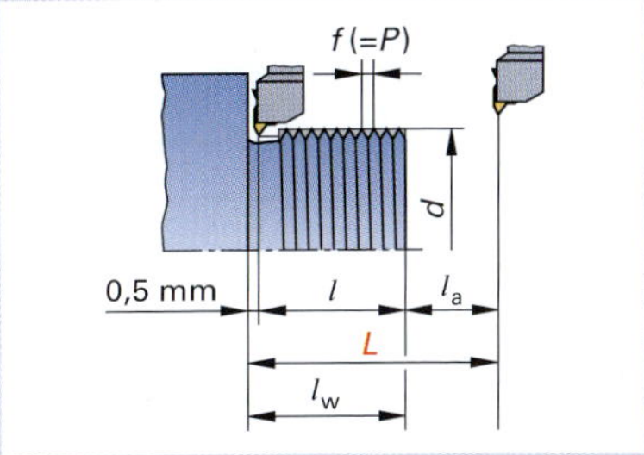

t_h Hauptnutzungszeit
L Vorschubweg
n Drehzahl
f Vorschub
d Ausgangsdurchmesser
l_w Gewindelänge mit Freistich
l Werkstücklänge
l_a Anlaufweg
v_c Schnittgeschwindigkeit
P Steigung des Gewindes
g Gangzahl

Hauptnutzungszeit mit konstanter Drehzahl

$$t_h = \frac{L \cdot i \cdot g}{n \cdot P}$$

$$n = \frac{v_c \cdot 1000}{d \cdot \pi} \qquad v_c = \frac{d \cdot \pi \cdot n}{1000}$$

(Zahlenwertgleichung, Einheiten rechts)

Gewindedrehen wird immer mit einer konstanten Drehzahl durchgeführt.

Vorschubweg

$$L = l + l_a \qquad l_a = 3 \cdot P$$

$l = l_w - 0{,}5\,\text{mm}$

Die Anzahl der Schnitte i ist abhängig von der Steigung P und kann aus dem Tabellenbuch bestimmt werden.

Die Gangzahl ist im Regelfall $g = 1$.

$[t_h] = \text{min}$
$[L] = \text{mm}$
$[n] = \frac{1}{\text{min}}$
$[n] = \text{min}^{-1}$
$[f] = \text{mm}$
$[P] = \text{mm}$
$[d] = \text{mm}$
$[l] = \text{mm}$
$[v_c] = \frac{\text{m}}{\text{min}}$
$[g] = -$

Kegeldrehen

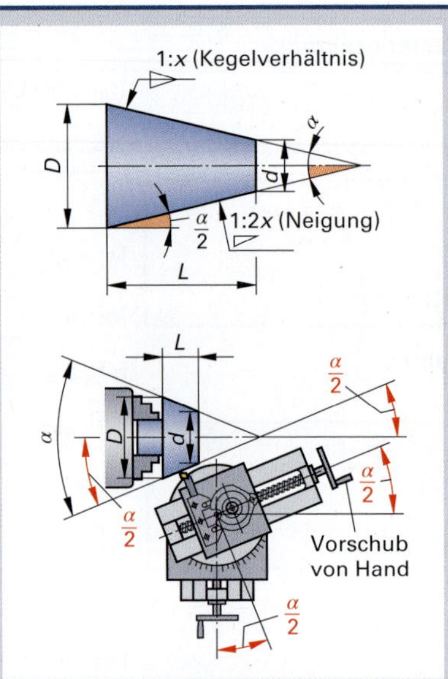

D großer Kegeldurchmesser
d kleiner Kegeldurchmesser
L Kegellänge
α Kegelwinkel
C Kegelverhältnis
1 : *x* Kegelverhältnis
C / 2 Kegelneigung
a / 2 Einstellwinkel

Einstellwinkel

$$\tan\frac{\alpha}{2} = \frac{C}{2} \qquad \alpha = 2 \cdot \underbrace{\arctan}_{\tan^{-1}}\left(\frac{C}{2}\right)$$

$$\tan\frac{\alpha}{2} = \frac{D-d}{2 \cdot L} \qquad \alpha = 2 \cdot \underbrace{\arctan}_{\tan^{-1}}\left(\frac{D-d}{2 \cdot L}\right)$$

[*D*] = mm
[*d*] = mm
[*L*] = mm
[*α*] = °

Kegelverhältnis

$$C = \frac{1}{x} \qquad C = 2 \cdot \tan\frac{\alpha}{2} \qquad C = \frac{D-d}{L}$$

Kegelneigung

$$\frac{C}{2} = \frac{D-d}{2 \cdot L} \qquad \frac{C}{2} = \frac{1}{2 \cdot x} \qquad \frac{C}{2} = \tan\frac{\alpha}{2}$$

Kegellänge

$$L = \frac{D-d}{C} \qquad L = \frac{D-d}{2 \cdot \tan\alpha/2} \qquad D = C \cdot L + d \qquad d = D - C \cdot L$$

$$D = 2 \cdot L \cdot \tan\frac{\alpha}{2} + d \qquad d = D - 2 \cdot L \cdot \tan\frac{\alpha}{2}$$

Rautiefe in Abhängigkeit vom Eckenradius beim Konturdrehen (Schlichten)

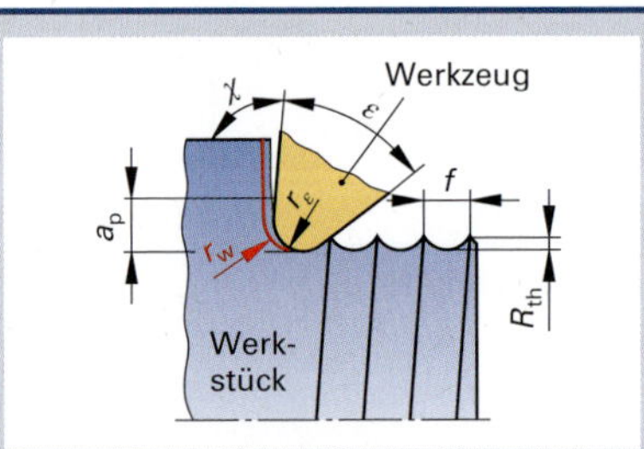

R_{th} theoretische Rautiefe
Rz (gemittelte) Rautiefe
r_ε Eckenradius
f Vorschub
a_p Schnitttiefe
ε Eckenwinkel
χ Einstellwinkel
r_w Radius der Innenecke am Werkstück

Rautiefe

$$Rz \approx R_{th} = \frac{f^2}{8 \cdot r_\varepsilon} \cdot 1000$$

(Zahlenwertgleichung, Einheiten rechts)

Vorschub

$$f \approx \sqrt{8 \cdot r_\varepsilon \cdot \frac{Rz}{1000}}$$

(Zahlenwertgleichung, Einheiten rechts)

größter Eckenradius

$$r_\varepsilon \leq (r_w - 0{,}1\ \text{mm})$$

[R_{th}] = µm
[Rz] = µm
[r_ε] = mm
[f] = mm
[a_p] = mm
[ε] = °
[χ] = °

Kräfte, Leistungen und Zeitspanungsvolumen beim Längsrunddrehen

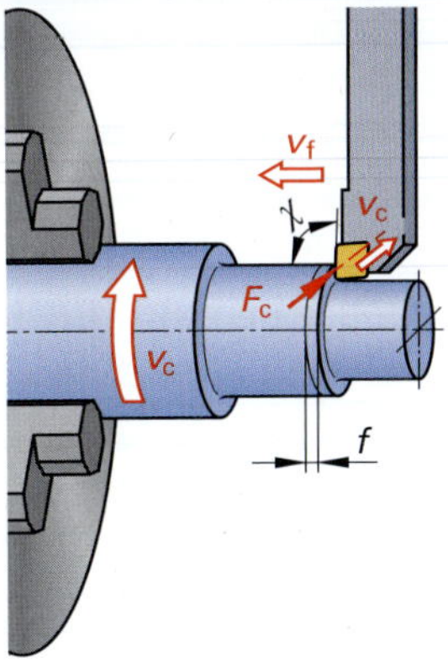

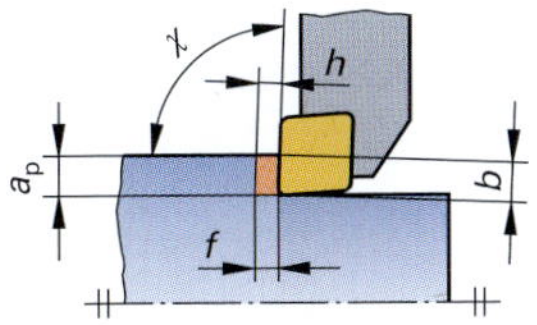

F_c	Schnittkraft
A	Spanungsquerschnitt
a_p	Schnitttiefe
f	Vorschub
h	Spanungsdicke
b	Spanungsbreite
χ	Einstellwinkel
C_1	Korrekturfaktor für den Schneidstoff
C_2	Korrekturfaktor für den Schneidstoff-verschleiß
n	Drehzahl
v_c	Schnittgeschwindigkeit
v_f	Vorschubgeschwindigkeit
k_c	spezifische Schnittkraft
$k_{c1.1}$	spezifische Schnittkraft bei $b = 1$ mm und $h = 1$ mm
m_c	Werkstoffkonstante
P_c	Schnittleistung
P_1	Antriebsleistung der Drehmaschine
Q	Zeitspanungsvolumen
h	Wirkungsgrad der Drehmaschine

Spanungsquerschnitt

$$A = a_p \cdot f \qquad a_p = \frac{A}{f} \qquad f = \frac{A}{a_p}$$

$$A = b \cdot h \qquad b = \frac{A}{h} \qquad h = \frac{A}{b}$$

Spanungsdicke

$$h = f \cdot \sin\chi \qquad f = \frac{h}{\sin\chi}$$

spezifische Schnittkraft

$$k_c = \frac{k_{c1.1}}{h^{m_c}}$$

Die spezifische Schnittkraft k_c kann durch die Formel berechnet werden oder aus Tabellen entnommen werden.

Schnittkraft

$$F_c = A \cdot k_c \cdot C_1 \cdot C_2 \qquad A = \frac{F_c}{k_c \cdot C_1 \cdot C_2}$$

Schnittleistung

$$P_c = F_c \cdot \frac{v_c}{60} \qquad F_c = \frac{P_c \cdot 60}{v_c}$$

$$P_c = \frac{Q}{60} \cdot k_c \qquad Q = \frac{P_c \cdot 60}{k_c}$$

(Zahlenwertgleichungen, Einheiten rechts)

Antriebsleistung

$$P_1 = \frac{P_c}{\eta} \qquad P_c = P_1 \cdot \eta$$

Zeitspanungsvolumen

$$Q = A \cdot \frac{v_c}{60} \qquad A = \frac{Q \cdot 60}{v_c}$$

(Zahlenwertgleichung, Einheiten rechts)

$[F_c] = \text{N}$

$[A] = \text{mm}^2$

$[f] = \text{mm}$

$[h] = \text{mm}$

$[b] = \text{mm}$

$[\chi] = °$

$[C_1] = -$

$[C_2] = -$

$[n] = \frac{1}{\text{min}}$

$[n] = \text{min}^{-1}$

$[v_c] = \frac{\text{m}}{\text{min}}$

$[v_f] = \frac{\text{mm}}{\text{min}}$

$[k_{c1.1}] = \frac{\text{N}}{\text{mm}^2}$

$[m_c] = -$

$[P] = \frac{\text{Nm}}{\text{s}}$

$[P] = \text{W}$

$[Q] = \frac{\text{cm}^3}{\text{min}}$

$[\eta] = -$

Hauptnutzungszeit: Stirnfräsen (Plan- und Eckfräsen)

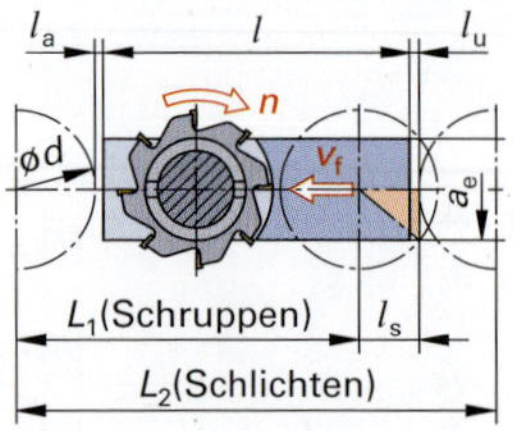

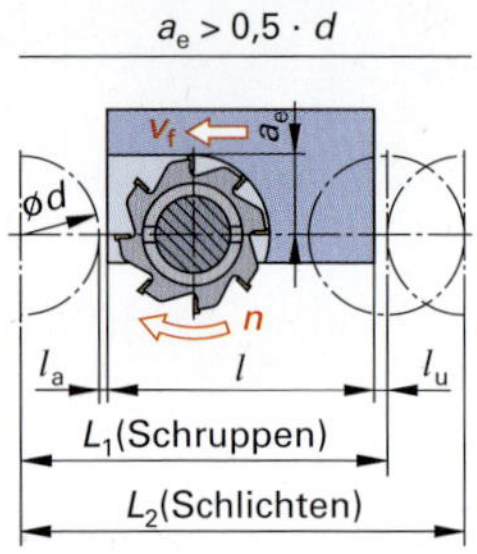

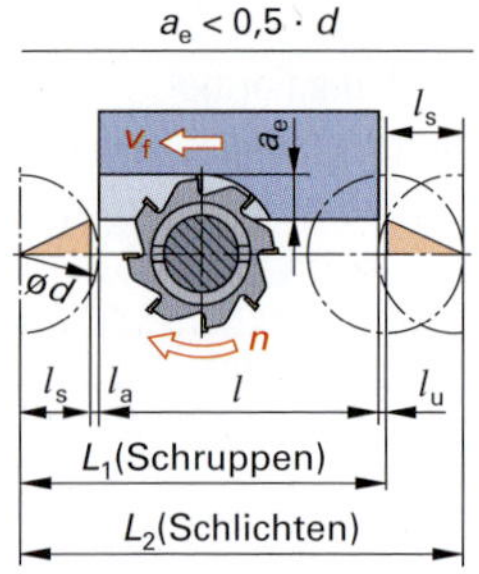

t_h	Hauptnutzungszeit
L_1	Vorschubweg Schruppen
L_2	Vorschubweg Schlichten
i	Anzahl der Schnitte
n	Drehzahl
f	Vorschub
f_z	Vorschub je Schneide
z	Anzahl der Schneiden
d	Fräserdurchmesser
a_p	Schnitttiefe
a_e	Schnittbreite (Fräsbreite)
l	Werkstücklänge
l_a, l_u	Anlaufweg, Überlaufweg
l_s	Anschnitt
v_c	Schnittgeschwindigkeit
v_f	Vorschubgeschwindigkeit

Hauptnutzungszeit

$$t_h = \frac{L \cdot i}{v_f} \qquad t_h = \frac{L \cdot i}{n \cdot f}$$

$$n = \frac{v_c \cdot 1000}{d \cdot \pi} \qquad v_c = \frac{d \cdot \pi \cdot n}{1000}$$

(Zahlenwertgleichung, Einheiten rechts)

Vorschubgeschwindigkeit

$$v_f = n \cdot f \qquad f = f_z \cdot z$$

$$v_f = n \cdot f_z \cdot z \qquad f_z = \frac{v_f}{n \cdot z}$$

Vorschubweg Stirnfräsen mittig – Schruppen

$$L_1 = 0{,}5 \cdot d + l + l_a + l_u - l_s$$

$$l_s = 0{,}5 \cdot \sqrt{d^2 - a_e^2}$$

Vorschubweg Stirnfräsen mittig – Schlichten

$$L_2 = d + l + l_a + l_u$$

Vorschubweg Stirnfräsen außermittig – Schruppen ($a_e > 0{,}5 \cdot d$)

$$L_1 = 0{,}5 \cdot d + l + l_a + l_u$$

Vorschubweg Stirnfräsen außermittig – Schlichten ($a_e > 0{,}5 \cdot d$)

$$L_2 = d + l + l_a + l_u$$

Vorschubweg Stirnfräsen außermittig – Schruppen ($a_e < 0{,}5 \cdot d$)

$$L_1 = l + l_a + l_u + l_s \qquad l_s = \sqrt{a_e \cdot d - a_e^2}$$

Vorschubweg Stirnfräsen außermittig – Schlichten ($a_e < 0{,}5 \cdot d$)

$$L_2 = l + l_a + l_u + 2 \cdot l_s \qquad l_s = \sqrt{a_e \cdot d - a_e^2}$$

l_a = 1...2 mm

l_u = 1...2 mm

t_h = min

L_1 = mm

L_2 = mm

i = –

$n = \frac{1}{\text{min}}$

n = min^{-1}

f = mm

d = mm

a = mm

l = mm

$v_c = \frac{\text{m}}{\text{min}}$

$v_f = \frac{\text{mm}}{\text{min}}$

Hauptnutzungszeit: Umfangsfräsen

Umfangsplanfräsen

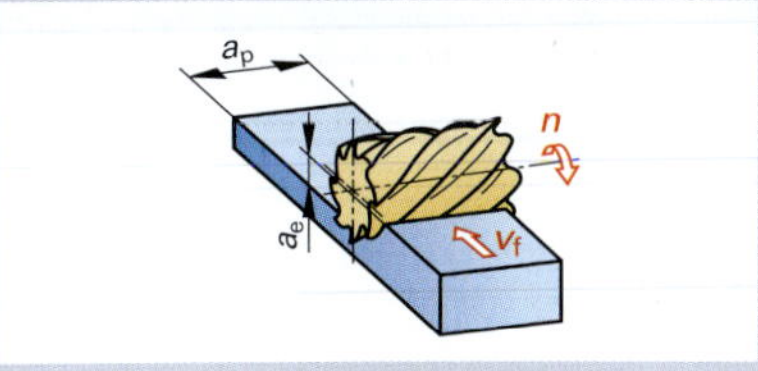

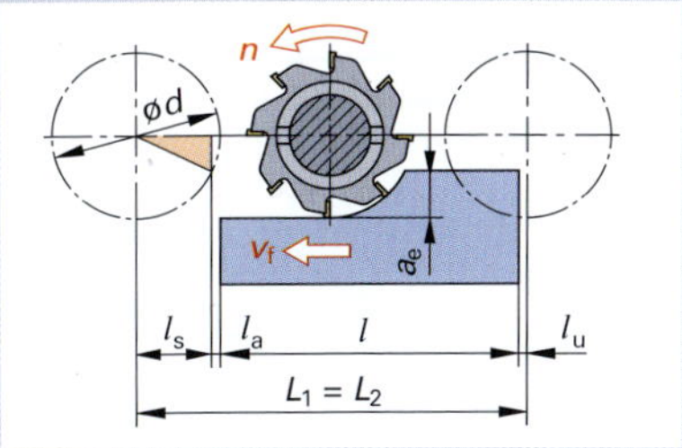

Stirnumfangsplanfräsen

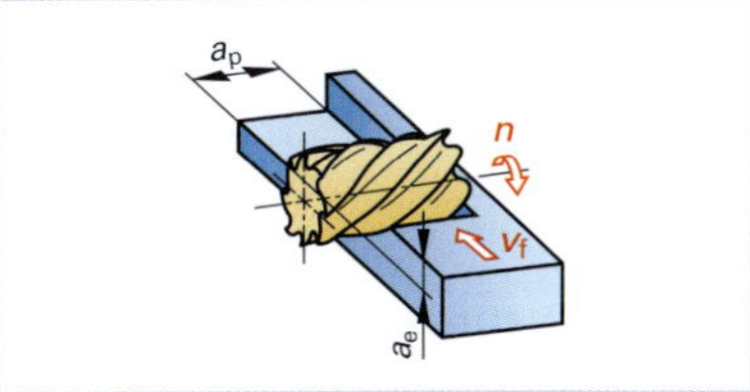

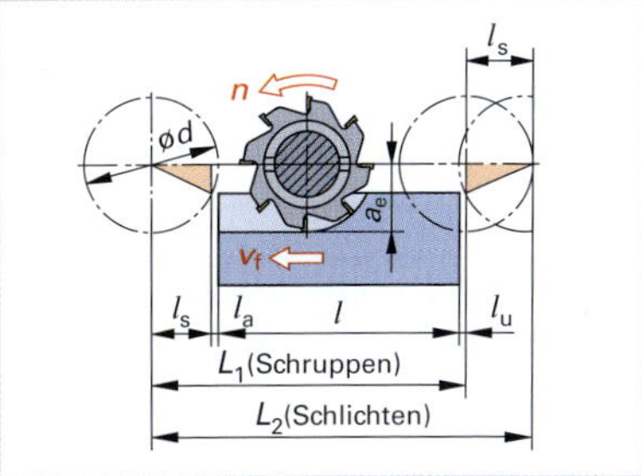

t_h	Hauptnutzungszeit
L_1	Vorschubweg Schruppen
L_2	Vorschubweg Schlichten
i	Anzahl der Schnitte
n	Drehzahl
f	Vorschub
f_z	Vorschub je Schneide
z	Anzahl der Schneiden
d	Fräserdurchmesser
a_p	Schnitttiefe
a_e	Schnittbreite (Fräsbreite)
l	Werkstücklänge
l_a, l_u	Anlaufweg, Überlaufweg
l_s	Anschnitt
v_c	Schnittgeschwindigkeit
v_f	Vorschubgeschwindigkeit

Hauptnutzungszeit

$$t_h = \frac{L \cdot i}{v_f} \qquad t_h = \frac{L \cdot i}{n \cdot f}$$

$$n = \frac{v_c \cdot 1000}{d \cdot \pi} \qquad v_c = \frac{d \cdot \pi \cdot n}{1000}$$

(Zahlenwertgleichung, Einheiten rechts)

Vorschubgeschwindigkeit

$$v_f = n \cdot f \qquad f = f_z \cdot z$$

$$v_f = n \cdot f_z \cdot z \qquad f_z = \frac{v_f}{n \cdot z}$$

Vorschubweg Umfangsplanfräsen – Schruppen, Schlichten

$$L_1 = L_2 = l + l_a + l_u + l_s$$

$$l_s = \sqrt{a_e \cdot d - a_e^2}$$

Vorschubweg Stirnumfangsplanfräsen – Schruppen

$$L_1 = l + l_a + l_u + l_s$$

$$l_s = \sqrt{a_e \cdot d - a_e^2}$$

Vorschubweg Stirnumfangsplanfräsen – Schlichten

$$L_2 = l + l_a + l_u + 2 \cdot l_s$$

$$l_s = \sqrt{a_e \cdot d - a_e^2}$$

l_a = 1...2 mm

l_u = 1...2 mm

t_h = min

L = mm

i = –

$n = \frac{1}{\text{min}}$

n = min^{-1}

f = mm

d = mm

a = mm

l = mm

$v_c = \frac{\text{m}}{\text{min}}$

$v_f = \frac{\text{mm}}{\text{min}}$

Hauptnutzungszeit: Nutenfräsen

Nut geschlossen

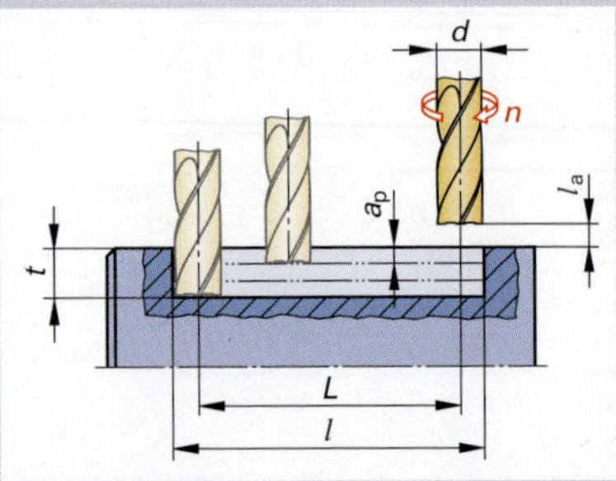

Nut einseitig offen

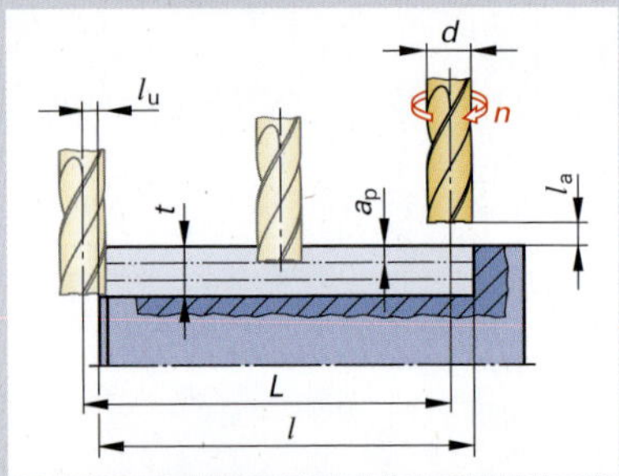

t_h Hauptnutzungszeit
L Vorschubweg
i Anzahl der Schnitte
n, f Drehzahl, Vorschub
f_z Vorschub je Schneide
z Anzahl der Schneiden
d Fräserdurchmesser
a_p Schnitttiefe
l, t Nutlänge, Nuttiefe
l_a, l_u Anlaufweg, Überlaufweg

Hauptnutzungszeit

$$t_h = \frac{L \cdot i}{v_f}$$

$$t_h = \frac{L \cdot i}{n \cdot f}$$

$$n = \frac{v_c \cdot 1000}{d \cdot \pi}$$

$$v_c = \frac{d \cdot \pi \cdot n}{1000}$$

(Zahlenwertgleichung, Einheiten rechts)

Vorschubgeschwindigkeit

$$v_f = n \cdot f$$

$$f = f_z \cdot z$$

$$v_f = n \cdot f_z \cdot z$$

$$f_z = \frac{v_f}{n \cdot z}$$

Anzahl der Schnitte

$$i = \frac{l_a + t}{a_p}$$

$$a_p = \frac{l_a + t}{i}$$

$l_a = 1 \ldots 2$ mm

$$t = i \cdot a_p - l_a$$

Vorschubweg – Nut geschlossen

$$L = l - d$$

$$l = L + d$$

Vorschubweg – Nut einseitig offen

$$L = l - \frac{d}{2} + l_u$$

$l_u = 1 \ldots 2$ mm

$[t_h]$ = min
$[L]$ = mm
$[i]$ = –
$[n] = \frac{1}{\text{min}}$
$[n]$ = min^{-1}
$[f]$ = mm
$[d]$ = mm
$[a_p]$ = mm
$[l]$ = mm
$[t]$ = mm
$[v_c] = \frac{\text{m}}{\text{min}}$
$[v_f] = \frac{\text{mm}}{\text{min}}$

v_c Schnittgeschwindigkeit v_f Vorschubgeschwindigkeit

Hauptnutzungszeit: Bandsägen

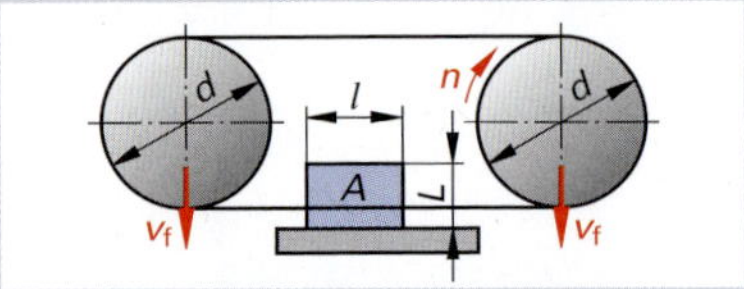

t_h Hauptnutzungszeit
L Vorschubweg
l Schnittlänge
v_f Vorschubgeschwindigkeit
f_z Vorschub je Sägezahn
p Teilung des Sägeblattes
n Drehzahl Antriebsrad
d Durchmesser Antriebsrad
A_s spezifische Schnittfläche
A Sägefläche

Hauptnutzungszeit

$$t_h = \frac{L}{v_f}$$

$$t_h = \frac{L \cdot p}{d \cdot \pi \cdot n \cdot f_z}$$

$$t_h = \frac{A}{A_s}$$

$$v_f = \frac{d \cdot \pi \cdot n \cdot f_z}{p}$$

$$A = L \cdot l$$

$$f_z = \frac{A_s \cdot p}{d \cdot \pi \cdot n \cdot l}$$

Stahl	A_s
S235	20000
C35	20000
41Cr4	15000
35S20	10000

$[t_h]$ = min
$[L, l]$ = mm
$[v_f] = \frac{\text{mm}}{\text{min}}$
$[f_z]$ = mm
$[p]$ = mm
$[n] = \frac{1}{\text{min}}$
$[d]$ = mm
$[A_s] = \frac{\text{mm}^2}{\text{min}}$
$[A] = \text{mm}^2$

Direktes Teilen mit dem Teilkopf

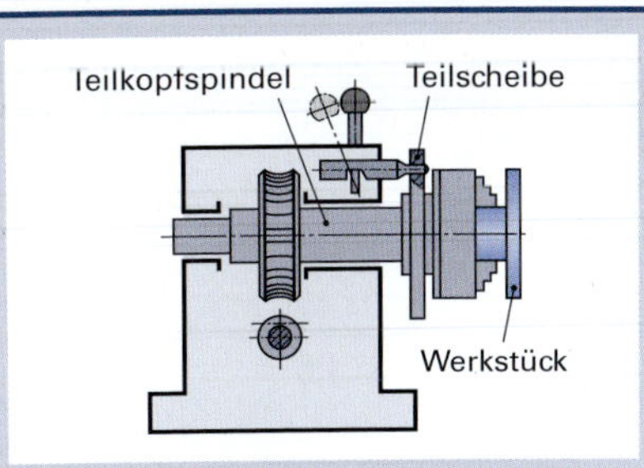

n_l Anzahl der Löcher, um die bei einem Teilschritt weitergedreht werden muss

n_L Anzahl der Löcher der Teilscheibe

T Teilzahl; Teilung des Werkstücks

α Winkelteilung des Werkstücks

Anzahl der Löcher, um die bei einem Teilschritt weitergedreht werden muss.
(n_l muss ganzzahlig aufgehen)

$$n_l = \frac{n_L}{T}$$

$$T = \frac{n_L}{n_l} \qquad n_L = n_l \cdot T$$

$[n_l] = -$ $[n_L] = -$ $[T] = -$

$$n_l = \frac{n_L \cdot \alpha}{360°}$$

$$n_L = \frac{360° \cdot n_l}{\alpha} \qquad \alpha = \frac{360° \cdot n_l}{n_L}$$

$[\alpha] = °$

Beim direkten Teilen ist die Schnecke nicht im Eingriff und die Klemmung ist gelöst.

Die Teilkopfspindel wird mit der Teilscheibe und dem Werkstück je nach Teilschritt von Hand gedreht.

Indirektes Teilen mit dem Teilkopf

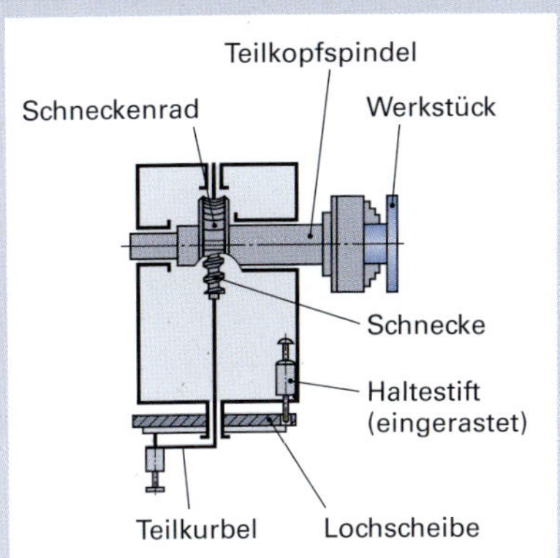

n_k Anzahl der Teilkurbelumdrehungen für einen Teilschritt

i Übersetzungsverhältnis des Teilkopfs

T Teilzahl; Teilung des Werkstücks

α Winkelteilung des Werkstücks

l_B Bogenteilung des Werkstücks

d Teilkreisdurchmesser des Werkstücks

Anzahl der Teilkurbelumdrehungen für einen Teilschritt

$$n_k = \frac{i}{T}$$

$$i = n_k \cdot T \qquad T = \frac{i}{n_k}$$

$i = 40:1$
(üblicher Wert)

$[n_k] = -$ $[i] = -$ $[T] = -$ $[\alpha] = °$

$$n_k = \frac{i \cdot \alpha}{360°}$$

$$i = \frac{n_k \cdot 360°}{\alpha} \qquad \alpha = \frac{n_k \cdot 360°}{i}$$

$$n_k = \frac{i \cdot l_B}{\pi \cdot d}$$

$$i = \frac{n_k \cdot d \cdot \pi}{l_B} \qquad d = \frac{i \cdot l_B}{\pi \cdot n_k} \qquad l_B = \frac{n_k \cdot d \cdot \pi}{i}$$

$[l_B] = \text{mm}$ $[d] = \text{mm}$

Beim indirekten Teilen ist die Schnecke im Eingriff.

Die Teilkopfspindel wird über die Teilkurbel mit einem Stift, der in der Lochscheibe eingreift, verdreht.

Fertigungstechnik

Kräfte, Leistungen und Zeitspanungsvolumen beim Stirnfräsen

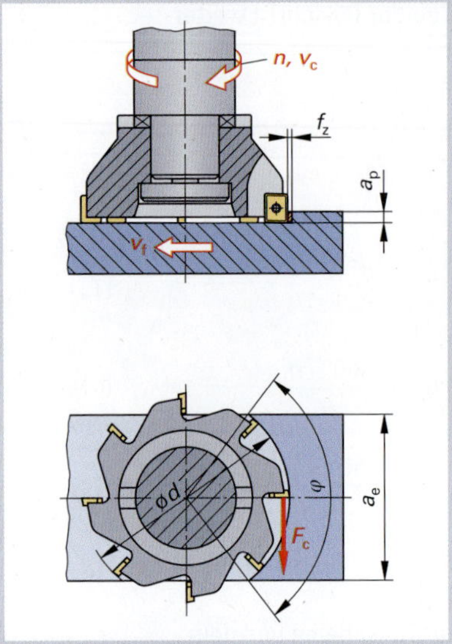

F_c	Schnittkraft
A	Spanungsquerschnitt
a_p	Schnitttiefe
a_e	Schnittbreite (Fräsbreite)
f	Vorschub
f_z	Vorschub je Schneide
z	Anzahl der Schneiden
z_e	Anzahl der Schneiden im Eingriff
φ	Eingriffswinkel
h	mittlere Spanungsdicke
C_1	Korrekturfaktor für den Schneidstoff
C_2	Korrekturfaktor für den Schneidstoff-verschleiß
n	Drehzahl
v_c	Schnittgeschwindigkeit
v_f	Vorschubgeschwindigkeit
k_c	spezifische Schnittkraft
$k_{c1.1}$	spezifische Schnittkraft bei $b = 1$ mm und $h = 1$ mm
m_c	Werkstoffkonstante
P_c	Schnittleistung
P_1	Antriebsleistung der Drehmaschine
Q	Zeitspanungsvolumen
h	Wirkungsgrad der Drehmaschine

Vorschubgeschwindigkeit

$$v_f = z \cdot f_z \cdot n \qquad v_f = f \cdot n \qquad f = z \cdot f_z$$

mittlere Spanungsdicke

$$h \approx f_z \qquad \text{bei } \frac{d}{a_e} = 1{,}2 \ldots 1{,}6$$

spezifische Schnittkraft

$$k_c = \frac{k_{c1.1}}{h^{m_c}}$$

Die spezifische Schnittkraft k_c kann durch die Formel berechnet werden oder aus Tabellen entnommen werden.

Spanungsquerschnitt je Schneide

$$A = a_p \cdot f_z \qquad a_p = \frac{A}{f_z}$$

Schnittkraft je Schneide

$$F_c = A \cdot k_c \cdot C_1 \cdot C_2 \qquad A = \frac{F_c}{k_c \cdot C_1 \cdot C_2}$$

Eingriffswinkel

$$\sin\frac{\varphi}{2} = \frac{a_e}{d} \qquad \varphi = 2 \cdot \underbrace{\arcsin}_{\sin^{-1}}\left(\frac{a_e}{d}\right)$$

Zahl der Schneiden im Eingriff

$$z_e = z \cdot \frac{\varphi}{360°}$$

Schnittleistung

$$P_c = z_e \cdot F_c \cdot \frac{v_c}{60} \qquad F_c = \frac{P_c \cdot 60}{z_e \cdot v_c}$$

$$P_c = \frac{Q}{60} \cdot k_c \qquad Q = \frac{P_c \cdot 60}{k_c}$$

(Zahlenwertgleichungen, Einheiten rechts)

Antriebsleistung

$$P_1 = \frac{P_c}{\eta} \qquad P_c = P_1 \cdot \eta$$

Zeitspanungsvolumen

$$Q = \frac{a_p \cdot a_e \cdot v_f}{1000} \qquad a_p = \frac{Q \cdot 1000}{a_e \cdot v_f}$$

(Zahlenwertgleichung, Einheiten rechts)

$[F_c] = \text{N}$

$[A] = \text{mm}^2$

$[a] = \text{mm}$

$[f] = \text{mm}$

$[z] = –$

$[\varphi] = °$

$[h] = \text{mm}$

$[C_1] = –$

$[C_2] = –$

$[n] = \frac{1}{\text{min}}$

$[n] = \text{min}^{-1}$

$[v_c] = \frac{\text{m}}{\text{min}}$

$[v_f] = \frac{\text{mm}}{\text{min}}$

$[k_{c1.1}] = \frac{\text{N}}{\text{mm}^2}$

$[m_c] = –$

$[P] = \frac{\text{Nm}}{\text{s}}$

$[P] = \text{W}$

$[Q] = \frac{\text{cm}^3}{\text{min}}$

$[\eta] = –$

Hauptnutzungszeit: Bohren und Reiben einer Durchgangsbohrung

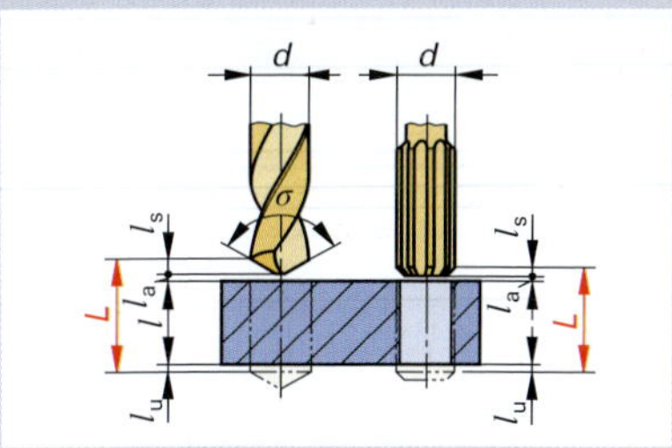

t_h Hauptnutzungszeit
L Vorschubweg
i Anzahl der Schnitte
n Drehzahl
f Vorschub
d Werkzeugdurchmesser
l Bohrungstiefe
l_s Anschnittweg
l_a, l_u Anlaufweg, Überlaufweg
v_c Schnittgeschwindigkeit
v_f Vorschubgeschwindigkeit
σ Spitzenwinkel

Hauptnutzungszeit

$$t_h = \frac{L \cdot i}{n \cdot f} \qquad t_h = \frac{L \cdot i}{v_f}$$

$$n = \frac{v_c \cdot 1000}{d \cdot \pi} \qquad v_c = \frac{d \cdot \pi \cdot n}{1000}$$

(Zahlenwertgleichung, Einheiten rechts)

$v_f = f \cdot n$

Vorschubweg

$$L = l + l_s + l_a + l_u$$

$l_a = 1 \ldots 2\,\text{mm}$
$l_u = 1 \ldots 2\,\text{mm}$

Anschnittweg beim Spiralbohrer

$$l_s = \frac{d}{2 \cdot \tan\frac{\sigma}{2}}$$

σ	l_s
80°	$0{,}6 \cdot d$
118°	$0{,}3 \cdot d$
130°	$0{,}23 \cdot d$
140°	$0{,}18 \cdot d$

$[t_h]$ = min
$[L]$ = mm
$[i]$ = –
$[n] = \frac{1}{\text{min}}$
$[n] = \text{min}^{-1}$
$[f]$ = mm
$[d]$ = mm
$[l]$ = mm
$[v_c] = \frac{\text{m}}{\text{min}}$
$[v_f] = \frac{\text{mm}}{\text{min}}$
$[\sigma]$ = °

Hauptnutzungszeit: Bohren und Reiben einer Grundlochbohrung

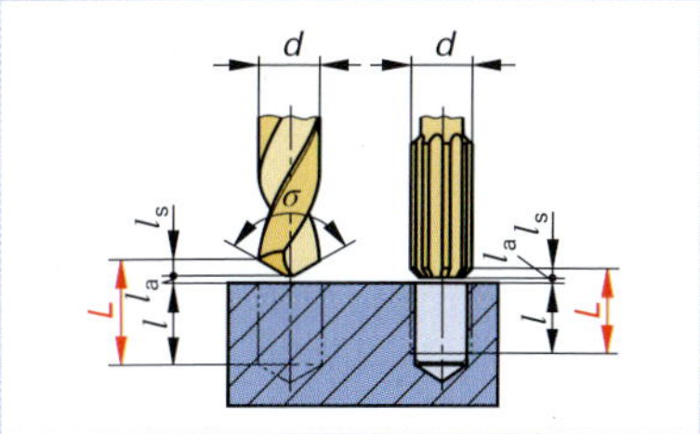

t_h Hauptnutzungszeit
L Vorschubweg
i Anzahl der Schnitte
n Drehzahl
f Vorschub
d Werkzeugdurchmesser
l Bohrungstiefe
l_s Anschnittweg
l_a Anlaufweg
v_c Schnittgeschwindigkeit
v_f Vorschubgeschwindigkeit
σ Spitzenwinkel

Hauptnutzungszeit mit konstanter Drehzahl

$$t_h = \frac{L \cdot i}{n \cdot f} \qquad t_h = \frac{L \cdot i}{v_f}$$

$$n = \frac{v_c \cdot 1000}{d \cdot \pi} \qquad v_c = \frac{d \cdot \pi \cdot n}{1000}$$

(Zahlenwertgleichung, Einheiten rechts)

$v_f = f \cdot n$

Vorschubweg

$$L = l + l_s + l_a$$

$l_a = 1 \ldots 2\,\text{mm}$

Anschnittweg beim Spiralbohrer

$$l_s = \frac{d}{2 \cdot \tan\frac{\sigma}{2}}$$

σ	l_s
80°	$0{,}6 \cdot d$
118°	$0{,}3 \cdot d$
130°	$0{,}23 \cdot d$
140°	$0{,}18 \cdot d$

$[t_h]$ = min
$[L]$ = mm
$[i]$ = –
$[n] = \frac{1}{\text{min}}$
$[n] = \text{min}^{-1}$
$[f]$ = mm
$[d]$ = mm
$[l]$ = mm
$[v_c] = \frac{\text{m}}{\text{min}}$
$[v_f] = \frac{\text{mm}}{\text{min}}$
$[\sigma]$ = °

Hauptnutzungszeit: Senken und Zentrierbohren

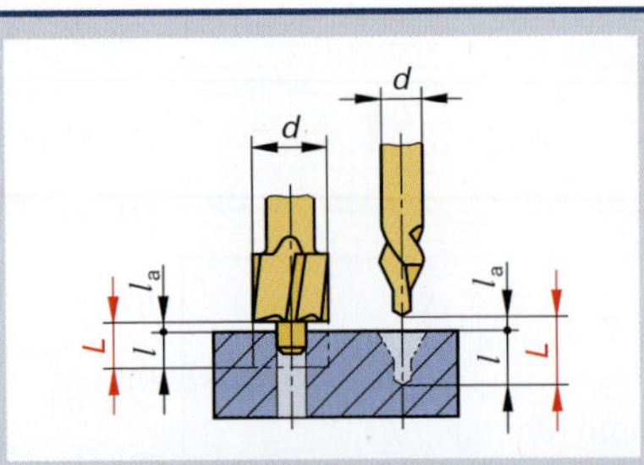

t_h	Hauptnutzungszeit
L	Vorschubweg
i	Anzahl der Schnitte
n	Drehzahl
f	Vorschub
d	Werkzeugdurchmesser
l	Senktiefe, Zentriertiefe
l_a	Anlaufweg
v_c	Schnittgeschwindigkeit
v_f	Vorschubgeschwindigkeit
t_{min}	Mindesttiefe der Zentrierbohrung

Hauptnutzungszeit

$$t_h = \frac{L \cdot i}{n \cdot f} \qquad t_h = \frac{L \cdot i}{v_f}$$

$$n = \frac{v_c \cdot 1000}{d \cdot \pi} \qquad v_c = \frac{d \cdot \pi \cdot n}{1000}$$

(Zahlenwertgleichung, Einheiten rechts)

Vorschubweg

$$L = l + l_a \qquad l_a = 1 \dots 2\ \text{mm}$$

Zentriertiefe

$$l = t_{min}$$

t_{min} ist abhängig von der Form und Größe der Zentrierbohrung und kann aus Tabellen entnommen werden.

Vorschubgeschwindigkeit

$$v_f = f \cdot n$$

$[t_h]$ = min
$[L]$ = mm
$[i]$ = –
$[n] = \frac{1}{\text{min}}$
$[n] = \text{min}^{-1}$
$[f]$ = mm
$[d]$ = mm
$[l]$ = mm
$[v_c] = \frac{\text{m}}{\text{min}}$
$[v_f] = \frac{\text{mm}}{\text{min}}$
$[t_{min}]$ = mm

Hauptnutzungszeit: Gewindebohren

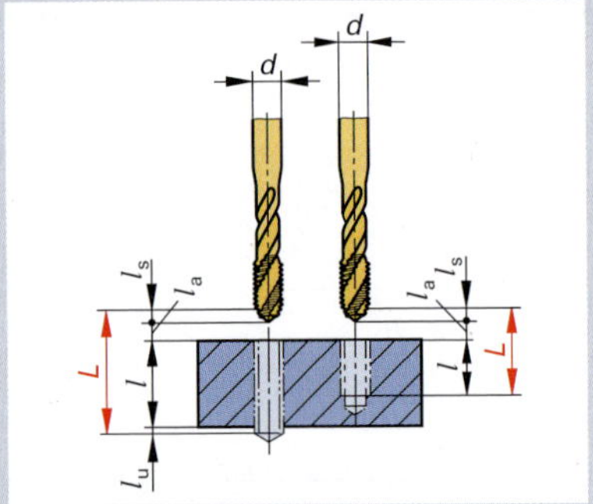

t_h	Hauptnutzungszeit
L	Vorschubweg
i	Anzahl der Schnitte
n	Drehzahl
f	Vorschub
d	Werkzeugdurchmesser
l	Gewindebohrungstiefe
l_s	Anschnittweg
l_a, l_u	Anlaufweg, Überlaufweg
P	Steigung
v_c	Schnittgeschwindigkeit
v_f	Vorschubgeschwindigkeit

Hauptnutzungszeit mit konstanter Drehzahl

$$t_h = \frac{L \cdot i}{n \cdot f} \qquad t_h = \frac{L \cdot i}{v_f}$$

$$n = \frac{v_c \cdot 1000}{d \cdot \pi} \qquad v_c = \frac{d \cdot \pi \cdot n}{1000}$$

(Zahlenwertgleichung, Einheiten rechts)

Anschnittweg

$$l_s = P$$

Vorschubweg: Durchgangsgewinde

$$L = l + l_s + l_a + l_u \qquad l_a = l_u = 1 \dots 2\ \text{mm}$$

Vorschubweg: Grundlochgewinde

$$L = l + l_s + l_a \qquad l_a = 1 \dots 2\ \text{mm}$$

Vorschubgeschwindigkeit

$$v_f = f \cdot n \qquad f = P$$

$[t_h]$ = min
$[L]$ = mm
$[i]$ = –
$[n] = \frac{1}{\text{min}}$
$[n] = \text{min}^{-1}$
$[f]$ = mm
$[d]$ = mm
$[l]$ = mm
$[P]$ = mm
$[v_c] = \frac{\text{m}}{\text{min}}$
$[v_f] = \frac{\text{mm}}{\text{min}}$

Kräfte, Leistungen und Zeitspanungsvolumen beim Bohren (Spiralbohrer)

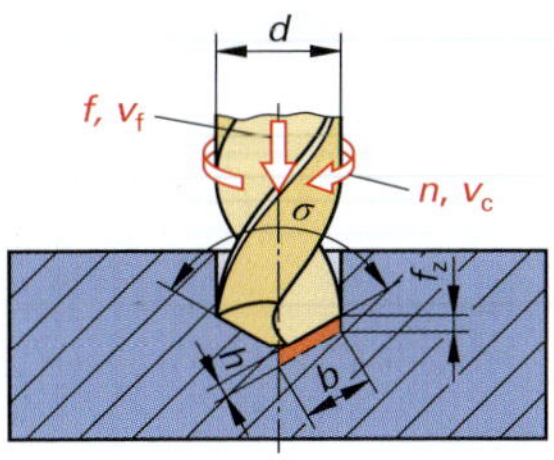

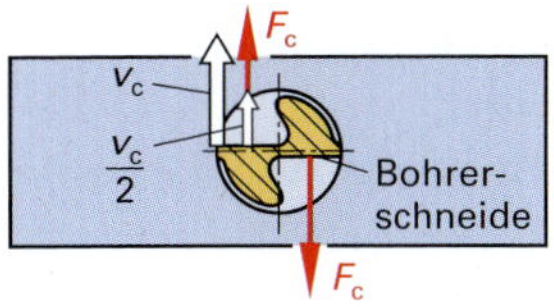

F_c	Schnittkraft
A	Spanungsquerschnitt
d	Bohrerdurchmesser
f	Vorschub
f_z	Vorschub je Schneide
σ	Spitzenwinkel
h	Spanungsdicke
C_1	Korrekturfaktor für den Schneidstoff
C_2	Korrekturfaktor für den Schneidstoff-verschleiß
n	Drehzahl
v_c	Schnittgeschwindigkeit
v_f	Vorschubgeschwindigkeit
k_c	spezifische Schnittkraft
$k_{c1.1}$	spezifische Schnittkraft bei $b = 1$ mm und $h = 1$ mm
m_c	Werkstoffkonstante
P_c	Schnittleistung
P_1	Antriebsleistung der Drehmaschine
M_c	Gesamtschnittmoment
Q	Zeitspanungsvolumen
h	Wirkungsgrad der Drehmaschine

Spitzenwinkel: Seite 147

Spanungsdicke

$$h = f_z \cdot \sin\frac{\sigma}{2} \qquad f_z = \frac{f}{2}$$

$$h = \frac{f}{2} \cdot \sin\frac{\sigma}{2}$$

spezifische Schnittkraft

$$k_c = \frac{k_{c1.1}}{h^{m_c}}$$

Die spezifische Schnittkraft k_c kann durch die Formel berechnet werden oder aus Tabellen entnommen werden.

Spanungsquerschnitt je Schneide

$$A = \frac{d \cdot f}{4} \qquad A = \frac{d}{2} \cdot f_z$$

$$A = b \cdot h \qquad b = \frac{A}{h}$$

Schnittkraft je Schneide

$$F_c = A \cdot k_c \cdot C_1 \cdot C_2 \qquad A = \frac{F_c}{k_c \cdot C_1 \cdot C_2}$$

Schnittleistung

$$P_c = \frac{F_c \cdot v_c}{60} \qquad F_c = \frac{P_c \cdot 60}{v_c}$$

$$P_c = \frac{Q}{60} \cdot k_c \qquad Q = \frac{P_c \cdot 60}{k_c}$$

(Zahlenwertgleichung, Einheiten rechts)

Antriebsleistung

$$P_1 = \frac{P_c}{\eta} \qquad P_c = P_1 \cdot \eta$$

Gesamtschnittmoment

$$M_c = \frac{F_c \cdot d}{2} \qquad F_c = \frac{2 \cdot M_c}{d}$$

Zeitspanungsvolumen

$$Q = A \cdot v_c \qquad A = \frac{Q}{v_c}$$

$[F_c]$ = N
$[A]$ = mm²
$[d]$ = mm
$[f]$ = mm
$[z]$ = –
$[\sigma]$ = °
$[h]$ = mm
$[C_1]$ = –
$[C_2]$ = –
$[n] = \frac{1}{\text{min}}$
$[n] = \text{min}^{-1}$
$[v_c] = \frac{\text{m}}{\text{min}}$
$[v_f] = \frac{\text{mm}}{\text{min}}$
$[k_{c1.1}] = \frac{\text{N}}{\text{mm}^2}$
$[m_c]$ = –
$[P] = \frac{\text{Nm}}{\text{s}}$
$[P]$ = W
$[M_c]$ = Nmm
$[Q] = \frac{\text{cm}^3}{\text{min}}$
$[\eta]$ = –

Hauptnutzungszeit: Längsrundschleifen (Außenrundschleifen)

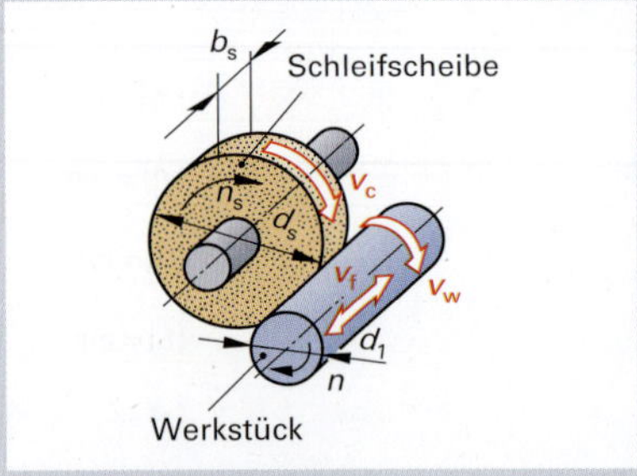

Werkstück ohne Ansatz

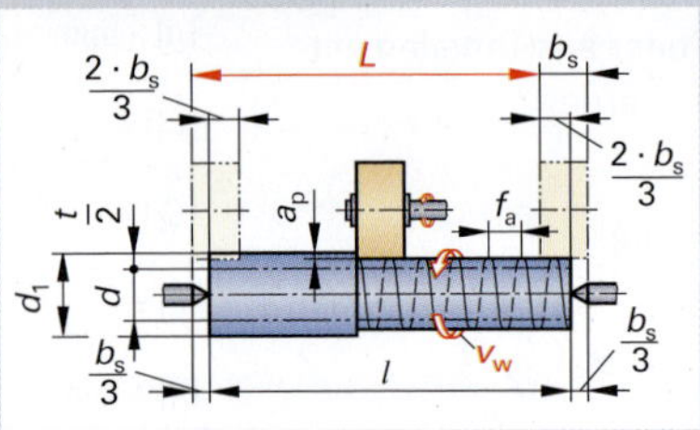

Werkstück mit Ansatz

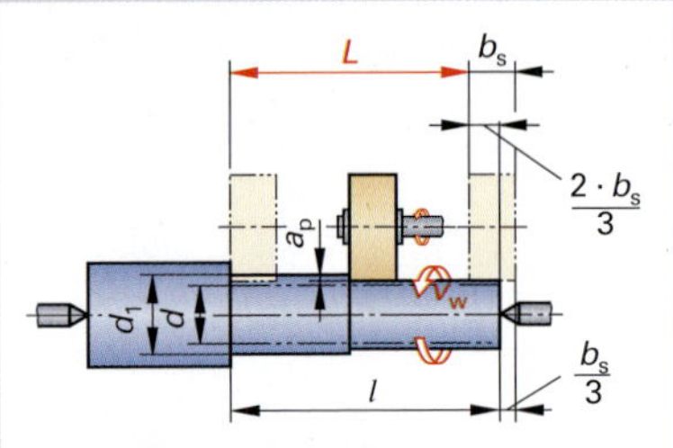

- t_h Hauptnutzungszeit
- L Vorschubweg
- i Anzahl der Schnitte
- n Drehzahl
- f_a Vorschub je Umdrehung des Werkstücks
- d_1 Ausgangsdurchmesser des Werkstücks
- d Fertigdurchmesser des Werkstücks
- t Aufmaß zum Schleifen (Schleifzugabe)
- a_p Schnitttiefe
- l Werkstücklänge
- b_s Schleifscheibenbreite
- v_w Werkstückgeschwindigkeit
- v_c Schnittgeschwindigkeit
- n_s Drehzahl der Schleifscheibe
- d_s Durchmesser der Schleifscheibe
- q Geschwindigkeitsverhältnis

Hauptnutzungszeit

$$t_h = \frac{L \cdot i}{n \cdot f_a}$$

$$n = \frac{v_w \cdot 1000}{d_1 \cdot \pi} \qquad v_w = \frac{d_1 \cdot \pi \cdot n}{1000}$$

(Zahlenwertgleichung, Einheiten rechts)

Anzahl der Schnitte

$$i = \frac{t}{2 \cdot a_p} + 2$$

$$i = \frac{d_1 - d}{2 \cdot a_p} + 2$$

- 2 Schnitte zum Ausfeuern
- Bei einem sehr kleinen Toleranzgrad sind zusätzliche Schnitte erforderlich.

Vorschubweg für Werkstücke

– ohne Ansatz

$$L = l - \frac{1}{3} \cdot b_s$$

– mit Ansatz

$$L = l - \frac{2}{3} \cdot b_s$$

Vorschub beim Schruppen

$$f_a = \frac{2}{3} \cdot b_s \ldots \frac{3}{4} \cdot b_s$$

Vorschub beim Schlichten

$$f_a = \frac{1}{4} \cdot b_s \ldots \frac{1}{2} \cdot b_s$$

Geschwindigkeitsverhältnis

$$q = \frac{v_c \cdot 60}{v_w} \qquad v_c = \frac{q \cdot v_w}{60} \qquad v_w = \frac{v_c \cdot 60}{q}$$

(Zahlenwertgleichung, Einheiten rechts)

Geschwindigkeitsverhältnis beim Längsrundschleifen von Stahl: $q = 80$

Drehzahl der Schleifscheibe

$$n_s = \frac{v_c \cdot 1000 \cdot 60}{d_s \cdot \pi} \qquad v_c = \frac{d_s \cdot \pi \cdot n_s}{1000 \cdot 60}$$

(Zahlenwertgleichung, Einheiten rechts)

$[t_h]$ = min
$[L]$ = mm
$[i]$ = –
$[n] = \frac{1}{\text{min}}$
$[n]$ = min^{-1}
$[f_a]$ = mm
$[d_1]$ = mm
$[d]$ = mm
$[t]$ = mm
$[a_p]$ = mm
$[l]$ = mm
$[b_s]$ = mm
$[v_w] = \frac{\text{m}}{\text{min}}$
$[v_c] = \frac{\text{m}}{\text{s}}$
$[n_s] = \frac{1}{\text{min}}$
$[n_s]$ = min^{-1}
$[d_s]$ = mm
$[q]$ = –

Hauptnutzungszeit: Planschleifen (Umfangsschleifen)

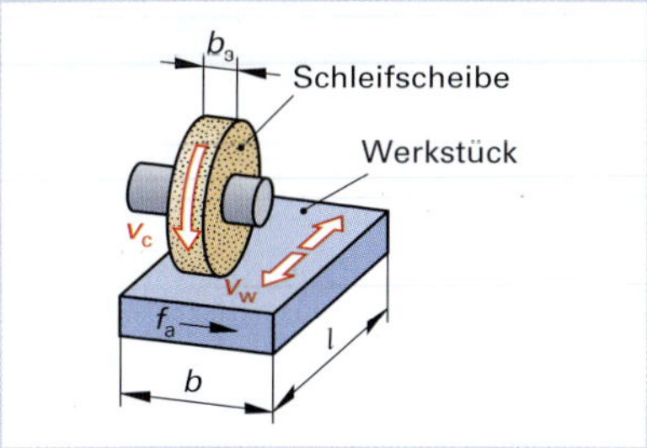

Werkstück ohne Ansatz

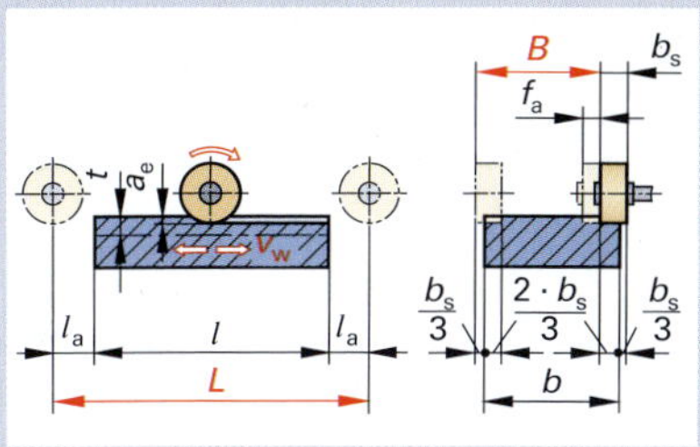

Werkstück mit Ansatz

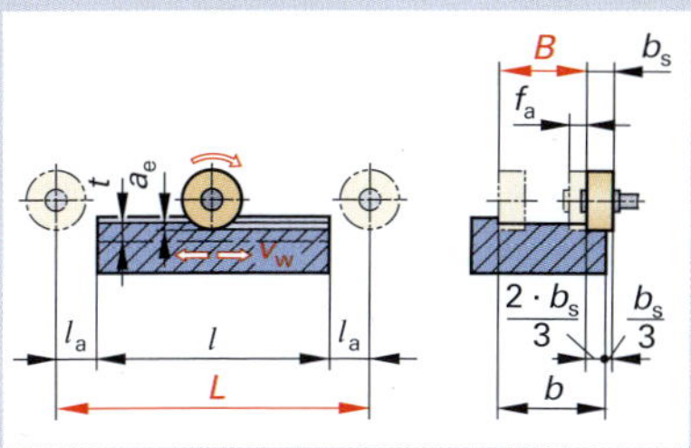

t_h Hauptnutzungszeit
L Vorschubweg
i Anzahl der Schnitte
n_H Hubzahl je Minute
f_a Quervorschub des Werkstücks je Hub
B Schleifbreite
b Werkstückbreite
t Aufmaß zum Schleifen
a_e Schnitttiefe
l Werkstücklänge
l_a Anlaufweg
b_s Schleifscheibenbreite
v_w Werkstückgeschwindigkeit
v_c Schnittgeschwindigkeit
n_s Drehzahl der Schleifscheibe
d_s Durchmesser der Schleifscheibe
q Geschwindigkeitsverhältnis

Hauptnutzungszeit

$$t_h = \frac{i}{n_H} \cdot \left(\frac{B}{f_a} + 1\right)$$

$$n_H = \frac{v_w \cdot 1000}{L} \qquad v_w = \frac{n_H \cdot L}{1000}$$

(Zahlenwertgleichung, Einheiten rechts)

Anzahl der Schnitte

$$i = \frac{t}{a_p} + 2$$

- 2 Schnitte zum Ausfeuern
- Bei einem niedrigen Toleranzgrad sind zusätzliche Schnitte erforderlich.

Vorschubweg

$$L = l + 2 \cdot l_a \qquad l_a \approx 0{,}04 \cdot l$$

Schleifbreite für Werkstück

– ohne Ansatz

$$B = b - \frac{1}{3} \cdot b_s$$

– mit Ansatz

$$B = b - \frac{2}{3} \cdot b_s$$

Vorschub beim Schruppen

$$f_a = \frac{2}{3} \cdot b_s \ldots \frac{4}{5} \cdot b_s$$

Vorschub beim Schlichten

$$f_a = \frac{1}{2} \cdot b_s \ldots \frac{2}{3} \cdot b_s$$

Geschwindigkeitsverhältnis

$$q = \frac{v_c \cdot 60}{v_w} \qquad v_c = \frac{q \cdot v_w}{60} \qquad v_w = \frac{v_c \cdot 60}{q}$$

(Zahlenwertgleichung, Einheiten rechts)

Geschwindigkeitsverhältnis beim Umfangs-Planschleifen von Stahl: $q = 80$

Drehzahl der Schleifscheibe

$$n_s = \frac{v_c \cdot 1000 \cdot 60}{d_s \cdot \pi} \qquad v_c = \frac{d_s \cdot \pi \cdot n_s}{1000 \cdot 60}$$

(Zahlenwertgleichung, Einheiten rechts)

$[t_h]$ = min
$[L]$ = mm
$[i]$ = –
$[n] = \frac{1}{\text{min}}$
$[n] = \text{min}^{-1}$
$[f_a]$ = mm
$[d_1]$ = mm
$[d]$ = mm
$[t]$ = mm
$[a_p]$ = mm
$[l]$ = mm
$[b_s]$ = mm
$[v_w] = \frac{\text{m}}{\text{min}}$
$[v_c] = \frac{\text{m}}{\text{s}}$
$[n_s] = \frac{1}{\text{min}}$
$[n_s] = \text{min}^{-1}$
$[d_s]$ = mm
$[q]$ = –

Abtragen

Funkenerosives Schneiden (Drahterodieren)

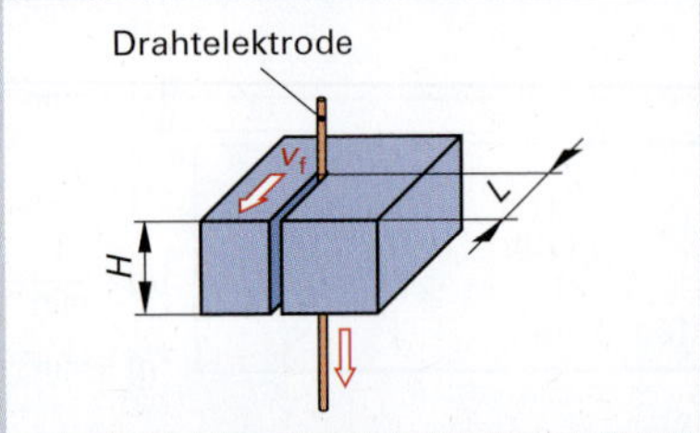

t_h Hauptnutzungszeit
v_f Vorschubgeschwindigkeit
L Vorschubweg, Schnittlänge

$$t_h = \frac{L}{v_f}$$

$L = t_h \cdot v_f$

$v_f = \frac{L}{t_h}$

$[t_h] = \text{min}$
$[L] = \text{mm}$
$[v_f] = \frac{\text{mm}}{\text{min}}$

Umformungen

$1\,\frac{\text{m}}{\text{s}} = 60\,\frac{\text{m}}{\text{min}} = 3{,}6\,\frac{\text{km}}{\text{h}}$

$1\,\frac{\text{m}}{\text{min}} = \frac{1\,\text{m}}{60\,\text{s}}$

Funkenerosives Senken (Senkerodieren)

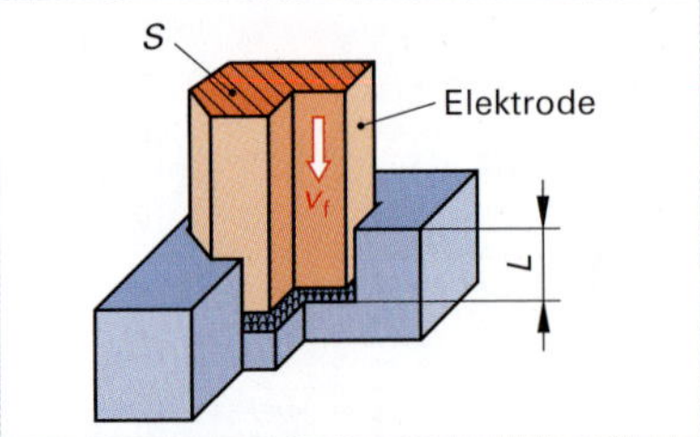

t_h Hauptnutzungszeit
S abtragender Querschnitt der Elektrode
L Vorschubweg
V Abtragvolumen
V_W Abtragrate
v_f Vorschubgeschwindigkeit
t Abtragzeit
V_E absoluter Werkzeugverschleiß
V_{rel} relativer Werkzeugverschleiß

$$t_h = \frac{V}{V_W}$$

$V = t_h \cdot V_W$

$V_W = \frac{V}{t_h}$

$$t_h = \frac{L}{v_f}$$

$L = t_h \cdot v_f$

$v_f = \frac{L}{t_h}$

$$t_h = \frac{V}{S \cdot v_f}$$

$V = t_h \cdot v_f \cdot S$

$v_f = \frac{V}{S \cdot t_h}$

$$V = S \cdot L$$

$S = \frac{V}{L}$

$L = \frac{V}{S}$

$$V_W = \frac{V}{t}$$

$V = t \cdot V_W$

$t = \frac{V}{V_W}$

$$V_W = S \cdot v_f$$

$S = \frac{V_W}{v_f}$

$v_f = \frac{V_W}{S}$

$$V_{rel} = \frac{V_E}{V} \cdot 100\,\%$$

$[t_h] = \text{min}$
$[V] = \text{mm}^3$
$[V_W] = \frac{\text{mm}^3}{\text{min}}$
$[L] = \text{mm}$
$[v_f] = \frac{\text{mm}}{\text{min}}$
$[S] = \text{mm}^2$
$[t_H] = \text{min}$
$[V_{rel}] = \%$
$[V_E] = \text{mm}^3$

Fertigungstechnik

Scherschneiden

Schneidkraft

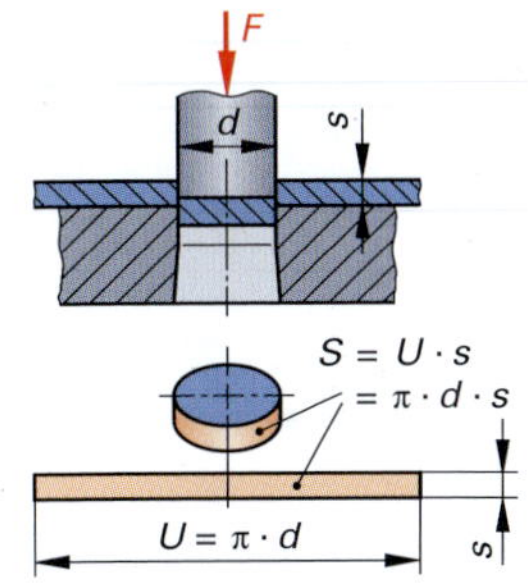

F	Schneidkraft
F_m	gemittelte Schneidkraft
F_{max}	maximale Schneidkraft
S	Scherfläche
$R_{m\,max}$	maximale Zugfestigkeit
$\tau_{aB\,max}$	maximale Scherfestigkeit
W	maximale Schneidarbeit
s	Blechdicke
U	Schnittkantenlänge, Umfang
S_{max}	maximale Scherfläche

$$F = S \cdot \tau_{aB\,max}$$

$$S = \frac{F}{\tau_{aBmax}} \qquad \tau_{aBmax} = \frac{F}{S}$$

$$\tau_{aB\,max} \approx 0{,}8 \cdot R_{m\,max}$$

$$S = U \cdot s$$

$$U = \frac{S}{s} \qquad s = \frac{S}{U}$$

$$W = \frac{2}{3} \cdot F \cdot s$$

$$F = \frac{3 \cdot W}{2 \cdot s} \qquad s = \frac{3 \cdot W}{2 \cdot F}$$

$$S_{max} = \frac{F_{max}}{\tau_{AB\,max}}$$

$$F_m = \frac{2}{3} \cdot F_{max}$$

$[F]$ = N

$[S]$ = mm²

$[\tau_{aB\,max}] = \frac{N}{mm^2}$

$[R_{m\,max}] = \frac{N}{mm^2}$

$[U]$ = mm

$[s]$ = mm

$[W]$ = Nm

$[S_{max}]$ = mm²

$[F_m]$ = N

Abscherung: Seite 104

Schneidstempel- und Schneidplattenmaße

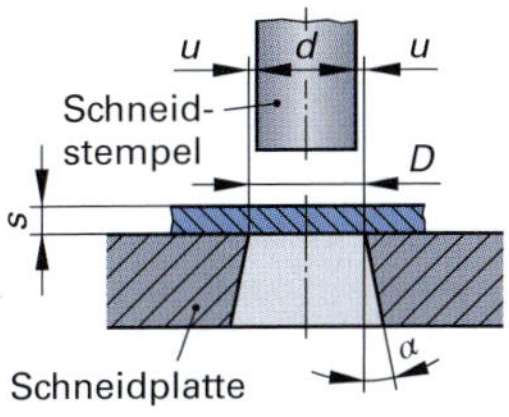

d	Schneidstempelmaß
D	Schneidplattenmaß
u	Schneidspalt
s	Blechdicke
α	Freiwinkel

Verfahren	Lochen	Ausschneiden
Form des Werkstücks	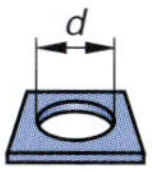	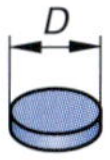
Für das Sollmaß ist maßgebend	$d = D - 2 \cdot u$	$D = d + 2 \cdot u$
Maß des Gegen-werkzeugs	$D = d + 2 \cdot u$	$d = D - 2 \cdot u$

$[d]$ = mm, $[D]$ = mm, $[u]$ = mm

Scherschneiden

Streifenausnutzung beim Ausschneiden

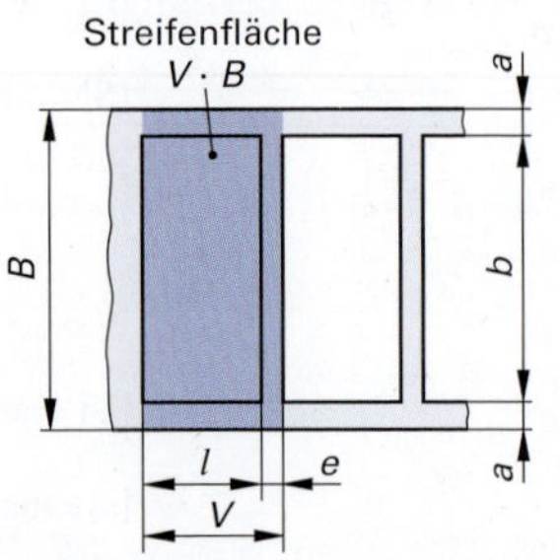

l Werkstücklänge
b Werkstückbreite
B Streifenbreite
a Randbreite
e Stegbreite
d Werkstückdurchmesser
a_R Reihenabstand
V Streifenvorschub
A Fläche eines Werkstücks (einschl. Lochungen
A_S Streifenfläche für ein Werkstück
R Anzahl der Reihen
η Ausnutzungsgrad

$$A = l \cdot b \qquad l = \frac{A}{b} \qquad b = \frac{A}{l}$$

$$A_S = V \cdot B \qquad V = \frac{A_S}{B} \qquad B = \frac{A_S}{V}$$

$$B = b + 2 \cdot a \qquad b = B - 2 \cdot a \qquad a = \frac{B-b}{2}$$

$$V = l + e \qquad e = V - l \qquad l = V - e$$

$$\eta = \frac{A}{A_S} \qquad A = \eta \cdot A_S \qquad A_S = \frac{A}{\eta}$$

$$\eta = \frac{R \cdot A}{V \cdot B} \qquad V = \frac{R \cdot A}{\eta \cdot B}$$

$$R = \frac{\eta \cdot V \cdot B}{A} \qquad B = \frac{R \cdot A}{\eta \cdot V}$$

$[A] = mm^2$
$[A_S] = mm^2$
$[B] = mm$
$[a] = mm$
$[b] = mm$
$[e] = mm$
$[l] = mm$
$[V] = mm$
$[\eta] = -$

Einreihige Anordnung runder Teile

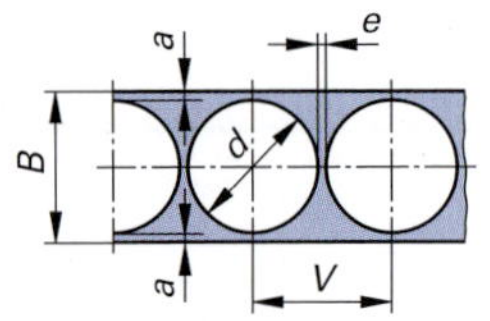

$$B = d + 2 \cdot a$$

$$V = d + e$$

$$\eta = \frac{A}{V \cdot B}$$

$[B] = mm$
$[d] = mm$
$[a] = mm$
$[e] = mm$
$[A] = mm^2$
$[V] = mm$

Zweireihige Anordnung runder Teile

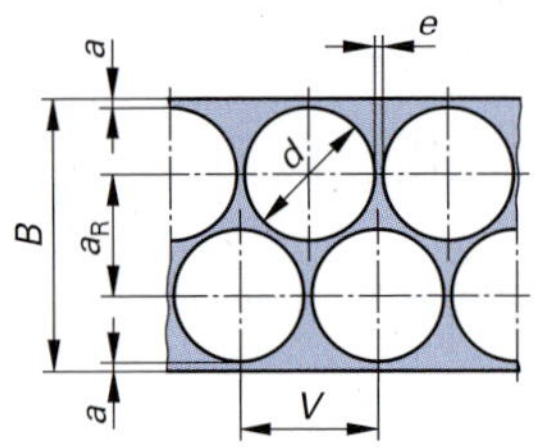

$$B = d + a_R + 2 \cdot a$$

$$V = d + e$$

$$\eta = \frac{2 \cdot A}{V \cdot B}$$

$[B] = mm$
$[d] = mm$
$[a] = mm$
$[e] = mm$
$[A] = mm^2$
$[V] = mm$

Biegen

Gestreckte Länge: Zuschnittsermittlung für 90°-Biegeteile

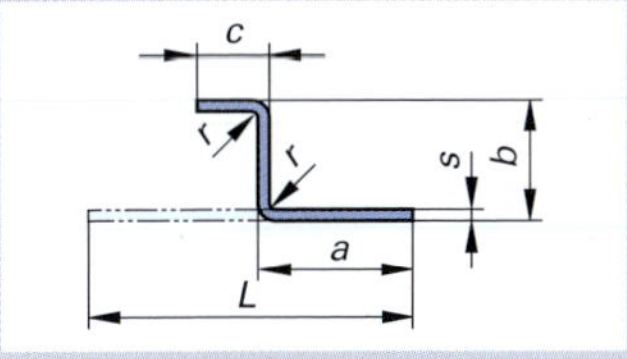

L	gestreckte Länge[1]
a, b, c	Längen der Schenkel
s	Dicke
r	Biegeradius
n	Anzahl der Biegestellen
v	Ausgleichswert

$$L = a + b + c + \ldots - n \cdot v$$

$[L]$ = mm, $[a]\,[b]\,[c]$ = mm, $[v]$ = mm, $[n]$ = –

[1] Bei $r/s > 5$ kann mit hinreichender Genauigkeit auch mit der Bogenlänge der neutralen Faser gerechnet werden.

Gestreckte Länge: Zuschnittsermittlung für Teile mit beliebigem Biegewinkel

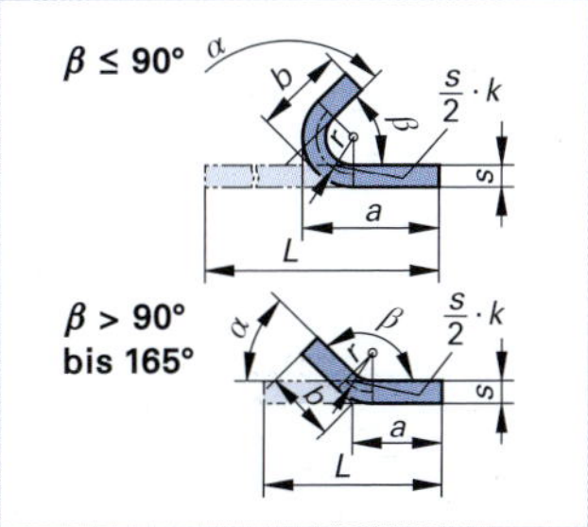

L	gestreckte Länge[1]
a, b	Längen der Schenkel
s	Dicke
r	Biegeradius
v	Ausgleichswert
β	Öffnungswinkel
k	Korrekturfaktor

$$L = a + b - v$$

Ausgleichswert v für β = 0° bis 90°

$$v = 2 \cdot (r + s) - \pi \cdot \left(\frac{180° - \beta}{180°}\right) \cdot \left(r + \frac{s}{2} \cdot k\right)$$

Ausgleichswert v für β über 90° bis 165°

$$v = 2 \cdot (r + s) \cdot \tan\frac{180° - \beta}{2} - \pi \cdot \left(\frac{180° - \beta}{180°}\right) \cdot \left(r + \frac{s}{2} \cdot k\right)$$

Ausgleichswert für β über 165° bis 180°

$v \approx 0$ (vernachlässigbar klein)

$[L]$ = mm, $[a]\,[b]\,[c]\,[r]\,[s]\,[v]$ = mm, $[\beta]$ = °

Rückfederung beim Biegen

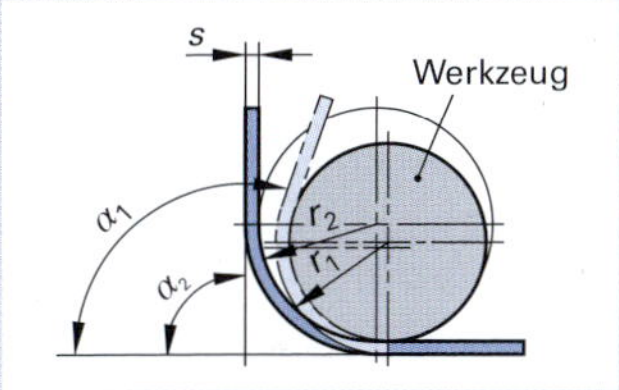

α_1	Biegewinkel vor Rückfederung (am Werkzeug)
α_2	Biegewinkel nach Rückfederung (am Werkstück)
r_1	Radius am Werkzeug
r_2	Biegeradius am Werkstück
k_R	Rückfederungsfaktor
s	Blechdicke

$$r_1 = k_R \cdot (r_2 + 0{,}5 \cdot s) - 0{,}5 \cdot s$$

$$\alpha_1 = \frac{\alpha_2}{k_R}$$

$$\alpha_2 = k_R \cdot \alpha_1$$

$$k_R = \frac{\alpha_2}{\alpha_1}$$

$[r_1]\,[r_2]\,[s]$ = mm, $[\alpha_1]\,[\alpha_2]$ = °, $[k_R]$ = –

Fertigungstechnik

Tiefziehen

Berechnung der Zuschnittdurchmesser

Ziehteil | **Zuschnittdurchmesser *D***

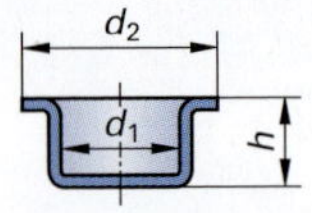

ohne Rand d_2	$D = \sqrt{d_1^2 + 4 \cdot d_1 \cdot h}$
mit Rand d_2	$D = \sqrt{d_2^2 + 4 \cdot d_1 \cdot h}$

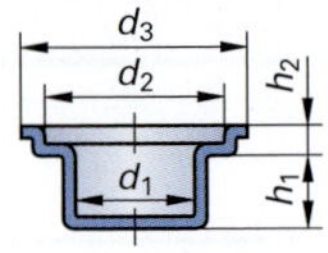

ohne Rand d_3	$D = \sqrt{d_2^2 + 4 \cdot (d_1 \cdot h_1 + d_2 \cdot h_2)}$
mit Rand d_3	$D = \sqrt{d_3^2 + 4 \cdot (d_1 \cdot h_1 + d_2 \cdot h_2)}$

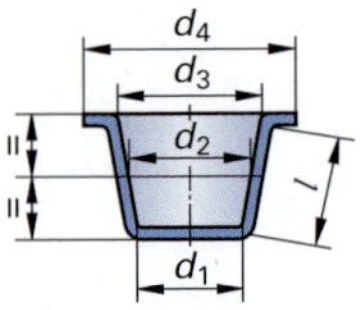

ohne Rand d_4	$D = \sqrt{d_1^2 + 4 \cdot d_2 \cdot l}$
mit Rand d_4	$D = \sqrt{d_1^2 + 4 \cdot d_2 \cdot l + (d_4^2 - d_3^2)}$

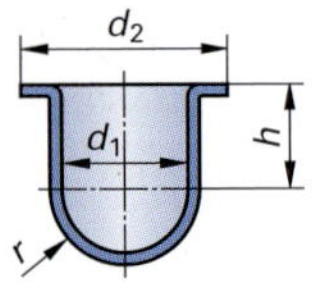

ohne Rand d_2	$D = \sqrt{2 \cdot d_1^2 + 4 \cdot d_1 \cdot h}$
mit Rand d_2	$D = \sqrt{2 \cdot d_1^2 + 4 \cdot d_1 \cdot h + (d_2^2 - d_3^2)}$

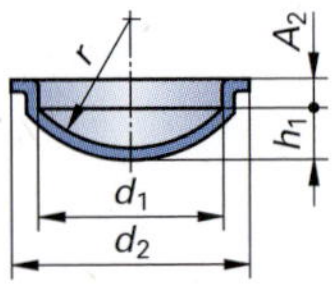

ohne Rand d_2	$D = \sqrt{d_1^2 + 4 \cdot h_1^2 + 4 \cdot d_1 \cdot h_2}$
mit Rand d_2	$D = \sqrt{d_1^2 + 4 \cdot h_1^2 + 4 \cdot d_1 \cdot h_2 + (d_2^2 - d_1^2)}$

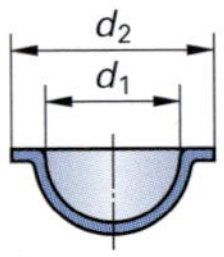

ohne Rand d_2	$D = \sqrt{2 \cdot d_1^2} = 1{,}414 \cdot d$
mit Rand d_2	$D = \sqrt{d_1^2 + d_2^2}$

$[D], [d], [h], [l]$ = mm

Fertigungstechnik

Tiefziehen

Ziehspalt und Radien am Ziehring und Ziehstempel

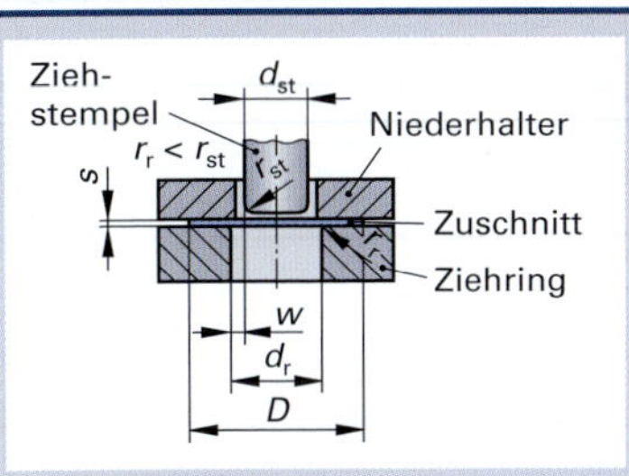

w Ziehspalt
s Blechdicke
k Werkstofffaktor
r_r Radius am Ziehring
r_{st} Radius am Ziehstempel
D Zuschnittdurchmesser
d_{st} Stempeldurchmesser
d_r Ziehringdurchmesser

$$w = s + k \cdot \sqrt{10 \cdot s}$$

$$d_r = 2 \cdot w + d_{st} \qquad d_{st} = d_r - 2 \cdot w$$

$$r_r = 0{,}035 \cdot [50 + (D - d_{st})] \cdot \sqrt{s}$$

$$D = \frac{r_r}{0{,}035 \cdot \sqrt{s}} - 50 + d_{st}$$

$$d_{st} = D + 50 - \frac{r_r}{0{,}035 \cdot \sqrt{s}}$$

$$r_{st} = (4 \ldots 5) \cdot s$$

$[w]$ = mm
$[s]$ = mm
$[d_r]$ = mm
$[d_{st}]$ = mm
$[r_r]$ = mm
$[D]$ = mm
$[r_{st}]$ = mm

Tiefziehkraft, Niederhalterkraft

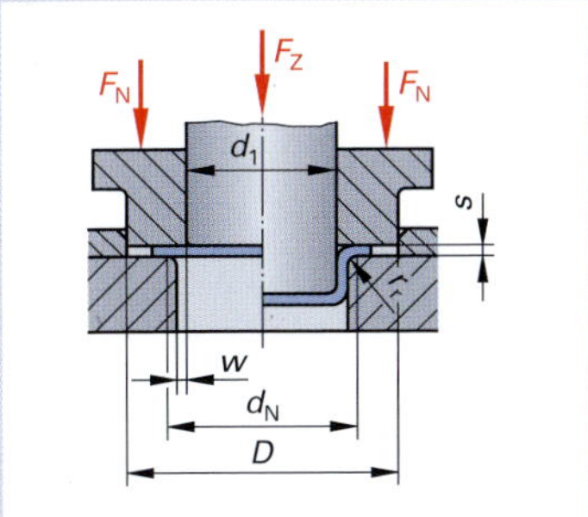

F_z Tiefziehkraft
d_1 Stempeldurchmesser
s Blechdicke
R_m Zugfestigkeit
β Ziehverhältnis
β_{max} höchstmögliches Ziehverhältnis
F_N Niederhalterkraft
D Zuschnittdurchmesser
d_N Auflagedurchmesser des Niederhalters
p Niederhalterdruck
r_r Radius am Ziehring
w Ziehspalt

$$F_Z = \pi \cdot (d_1 + s) \cdot s \cdot R_m \cdot 1{,}2 \cdot \frac{\beta - 1}{\beta_{max} - 1}$$

$$\beta = \frac{D}{d_1} \qquad D = \beta \cdot d_1 \qquad d_1 = \frac{D}{\beta_1}$$

$$F_N = \frac{\pi}{4} \cdot (D^2 - d_N^2) \cdot p$$

$$p = \frac{4}{\pi} \cdot \frac{F_N}{(D^2 - d_N^2)}$$

$$D = \sqrt{\frac{4 \cdot F_N}{\pi \cdot p} + d_N^2}$$

$$d_N = \sqrt{D^2 - \frac{4 \cdot F_N}{\pi \cdot p}}$$

$$r_r = \frac{d_N - d_1}{2} - w \qquad w = \frac{d_N - d_1}{2} - r_r$$

$$d_N = d_1 + 2 \cdot (r_r + w)$$

$[F_Z]$ = N
$[d_1]$ = mm
$[s]$ = mm
$[R_m] = \frac{N}{mm^2}$
$[\beta]$ = °
$[D]$ = mm
$[F_N]$ = N
$[p] = \frac{N}{mm^2}$
$[d_N]$ = mm
$[r_r]$ = mm
$[w]$ = mm

Tiefziehen

Ziehstufen und Ziehverhältnisse

1. Zug

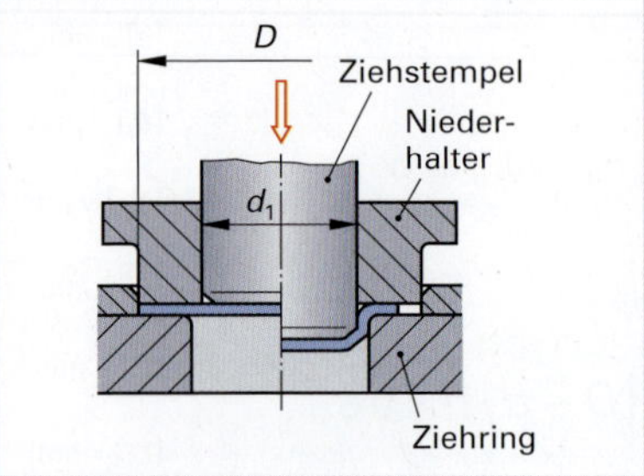

D Zuschnittdurchmesser
d_1 Stempeldurchmesser beim 1. Zug
β_1 Ziehverhältnis für 1. Zug

1. Zug

$$\beta_1 = \frac{D}{d_1}$$

$$D = \beta_1 \cdot d_1$$

$$d_1 = \frac{D}{\beta_1}$$

$[D]$ = mm
$[d]$ = mm
$[\beta_1]$ = °

Weitere Züge

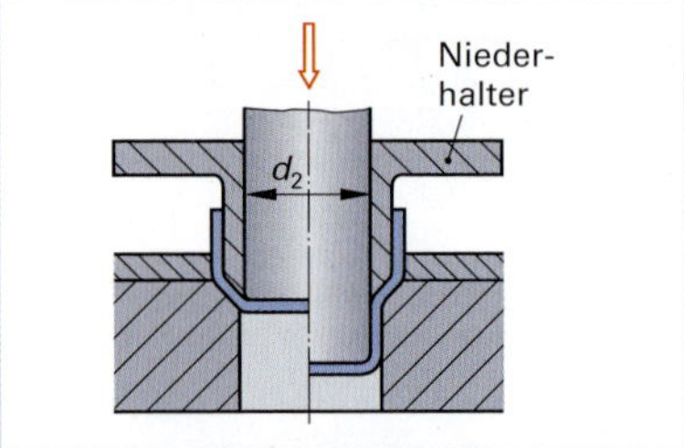

D Zuschnittdurchmesser
d_2 Stempeldurchmesser beim 2. Zug
d_3 Stempeldurchmesser beim 3. Zug
d_n Stempeldurchmesser beim n. Zug
β_2 Ziehverhältnis für 2. Zug
β_3 Ziehverhältnis für 3. Zug
β_{ges} Gesamt-Ziehverhältnis

2. Zug

$$\beta_2 = \frac{d_1}{d_2}$$

$$d_1 = \beta_2 \cdot d_2$$

$$d_2 = \frac{d_1}{\beta_2}$$

3. Zug

$$\beta_3 = \frac{d_2}{d_3}$$

$$d_2 = \beta_3 \cdot d_3$$

$$d_3 = \frac{d_2}{\beta_3}$$

$[D]$ = mm
$[d]$ = mm
$[\beta]$ = °

Gesamt:

$$\beta_{ges} = \beta_1 \cdot \beta_2 \cdot \ldots$$

$$\beta_{ges} = \frac{D}{d_n}$$

$$D = \beta_{ges} \cdot d_n$$

$$d_n = \frac{D}{\beta_{ges}}$$

$[D]$ = mm
$[d]$ = mm
$[\beta]$ = °

Fertigungstechnik

Schweißen

Gasinhalt, Gasverbrauch (außer bei Acetylen)

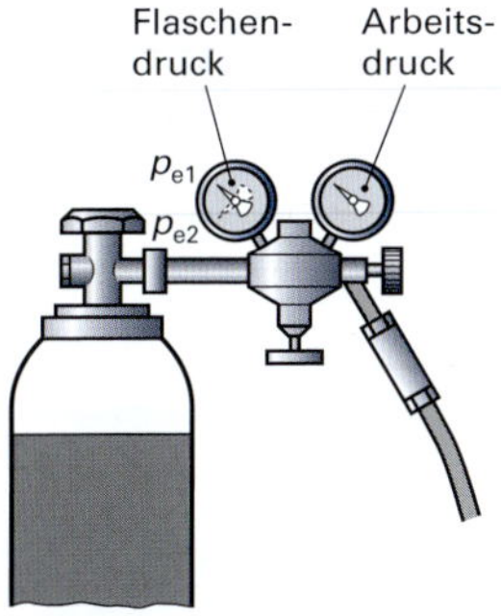

V_1 Volumen der Gasflasche
V Gasinhalt der Flasche
ΔV Gasverbrauch
p_e Überdruck in der Glasflasche
p_{e1} Überdruck vor der Gasentnahme
p_{e2} Überdruck nach der Gasentnahme
Δp_e Druckdifferenz ($= p_{e1} - p_{e2}$)
p_{amb} Luftdruck ($p_{amb} = 1{,}013$ bar ≈ 1 bar)

$$V = \frac{V_1 \cdot p_e}{p_{amb}}$$

$$p_e = \frac{V \cdot p_{amb}}{V_1} \qquad V_1 = \frac{V \cdot p_{amb}}{p_e}$$

$$\Delta V = \frac{V_1 \cdot (p_{e1} - p_{e2})}{p_{amb}}$$

$$p_{e1} = \frac{\Delta V \cdot p_{amb}}{V_1} + p_{e2} \qquad p_{e2} = p_{e1} - \frac{\Delta V \cdot p_{amb}}{V_1}$$

$$\Delta V = \frac{V_1 \cdot \Delta p_e}{p_{amb}}$$

$$V_1 = \frac{\Delta V \cdot p_{amb}}{p_{e1} - p_{e2}}$$

$[V] = \mathrm{l, dm^3}$
$[V_1] = \mathrm{l, dm^3}$
$[p_e] = \mathrm{bar}$
$[p_{amb}] = \mathrm{bar}$
$[\Delta V] = \mathrm{l, dm^3}$
$[\Delta p_e] = \mathrm{bar}$

Umformung

$p_{amb} = 1\ \mathrm{bar} = 10^5\ \mathrm{Pa} = 10\ \frac{\mathrm{N}}{\mathrm{cm^2}}$

$1\ \mathrm{l} = 1\ \mathrm{dm^3} = 1000\ \mathrm{cm^3} = 0{,}001\ \mathrm{m^3}$

Gasinhalt, Gasverbrauch (bei Acetylen)

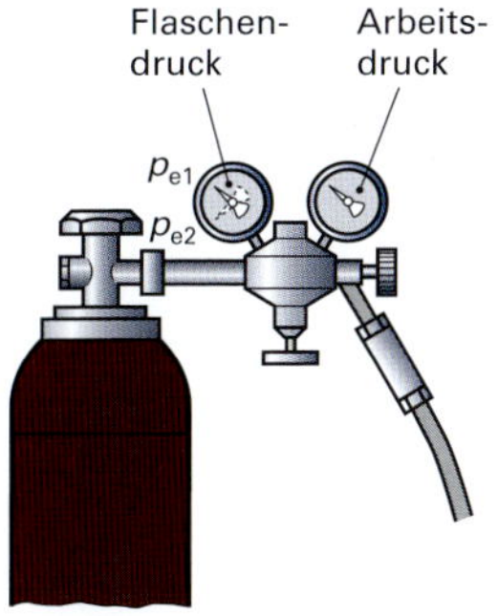

V_1 Volumen der Acetylenflasche
V[1] Gasinhalt der Acetylenflasche
ΔV Gasverbrauch
p_e Überdruck in der Glasflasche
p_{e1} Überdruck vor der Gasentnahme
p_{e2} Überdruck nach der Gasentnahme
Δp_e Druckdifferenz ($= p_{e1} - p_{e2}$)
V_L Füllmenge Aceton (normal 13 l)
p_F Fülldruck der Acetylenflasche (normal 18 bar)

$$V = 25 \cdot V_L \cdot p_F$$

(Zahlenwertgleichung, Einheiten rechts)

[1] Der maximale Gasinhalt einer Acetylenflasche mit $V_1 = 40$ l ($p_F = 18$ bar) beträgt $V = 5850$ l

$$\Delta V = \frac{V_1 \cdot (p_{e1} - p_{e2})}{p_F}$$

$$p_{e1} = \frac{\Delta V \cdot p_F}{V} + p_{e2} \qquad p_{e2} = p_{e1} - \frac{\Delta V \cdot p_F}{V}$$

$$\Delta V = \frac{V \cdot \Delta p_e}{p_F}$$

$$V = \frac{\Delta V \cdot p_F}{p_{e1} - p_{e2}}$$

$[V^{1)}] = \mathrm{l, dm^3}$
$[V_L] = \mathrm{l, dm^3}$
$[p_F] = \mathrm{bar}$
$[\Delta V] = \mathrm{l, dm^3}$
$[p_e] = \mathrm{bar}$
$[\Delta p_e] = \mathrm{bar}$

Schweißen

Elektrodenbedarf aus Volumenberechnung

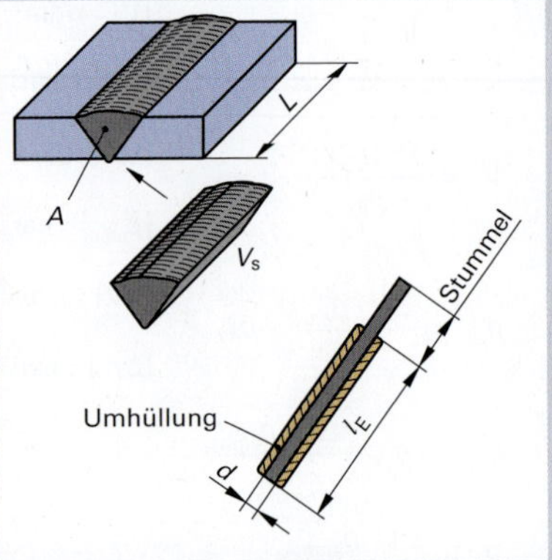

V_S Schweißnahtvolumen
A Nahtquerschnitt
L Schweißnahtlänge
V_E nutzbares Volumen einer Elektrode
d Kerndurchmesser der Elektrode
l_E nutzbare Elektrodenlänge
a Schweißnahtdicke
s Nahtspaltbreite
α Öffnungswinkel
Z Elektrodenbedarf

$$V_S = A \cdot L \qquad A = \frac{V_S}{L} \qquad L = \frac{V_S}{A}$$

$$V_E = \frac{\pi \cdot d_2}{4} \cdot l_E$$

$$Z = \frac{V_S}{V_E} \qquad V_S = Z \cdot V_E \qquad V_E = \frac{V_S}{Z}$$

$[V_S] = mm^3$
$[A] = mm^2$
$[L] = mm$
$[d] = mm$
$[V_E] = \frac{mm^3}{Stück}$
$[l_E] = mm$
$[Z] = Stück$

Schweißnahtquerschnitt

I-Naht

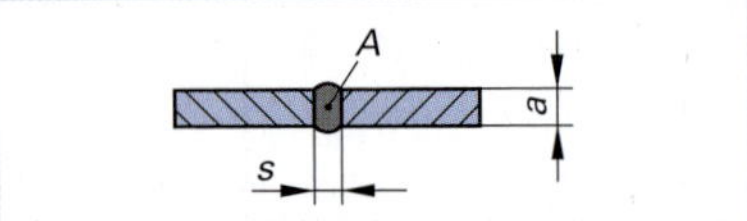

Schweißnatquerschnitt I-Naht

$$A = a \cdot s$$

$[A] = mm^2$
$[a] = mm$
$[s] = mm$

V-Naht

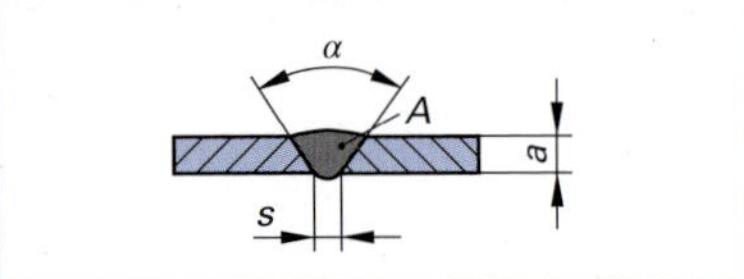

Schweißnatquerschnitt V-Naht

$$A = a^2 \cdot \tan\frac{\alpha}{2} + a \cdot s$$

$[A] = mm^2$
$[a] = mm$
$[s] = mm$
$[\alpha] = °$

Kehlnaht

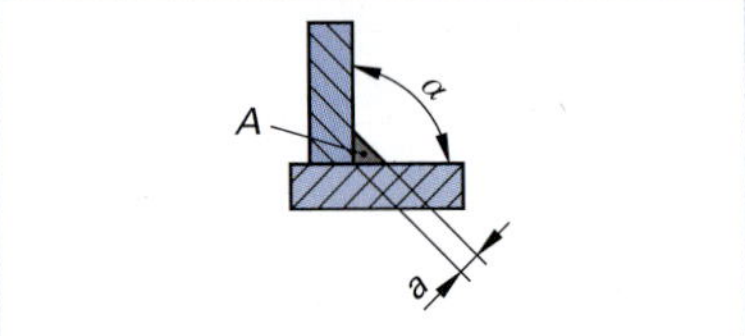

Schweißnatquerschnitt Kehlnaht

$$A = a^2 \cdot \tan\frac{\alpha}{2}$$

Für $\alpha = 90°$:

$$A = a^2$$

$[A] = mm^2$
$[a] = mm$
$[\alpha] = °$

PAL-Drehen: Befehlscodierung

G-Funktionen – Interploationsarten	
G0	Verfahrweg im Eilgang
G1[1]	Linearinterpolation
G2	Kreisinterpolation im Uhrzeigersinn
G3	Kreisinterpolation im Gegenuhrzeigersinn
G4	Verweildauer
G9	Genauhalt
G14	Werkzeugwechselpunkt (WWP) anfahren
Programmtechniken	
G22	Unterprogrammaufruf
G23	Programmwiederholung
Schneidenradiuskorrektur (SRK)	
G40[1]	Abwahl der Schneidenradiuskorrektur (SRK)
G41	SRK – Werkzeug links von der Kontur (vor der Drehmitte)
G42	SRK – Werkzeug rechts von der Kontur (hinter der Drehmitte)
Nullpunkte	
G50	Aufheben der inkrementalen Nullpunktverschiebungen und Drehungen
G53[1]	alle Nullpunktverschiebungen und Drehungen aufheben
G54 … … G57	Einstellbare absolute Nullpunkte
G59	Inkrementale Nullpunktverschiebung kartesisch und Drehung
Bearbeitungszyklen	
G80	Abwahl einer Bearbeitungszyklus-Konturbeschreibung
G31	Gewindezyklus
G32	Gewindebohrzyklus
G81	Längsschruppzyklus
G82	Planschruppzyklus
G84	Bohrzyklus
G85	Freistichzyklus
G86	radialer Einstechzyklus
G88	axialer Einstechzyklus

Maßangabe	
G70	Maßeinheit Zoll (Inch)
G71[1]	Maßeinheit Millimeter (mm)
G90[1]	absolute Maßangabe
G91	Kettenmaßangabe
Schnittgrößen	
G92	Drehzahlbegrenzung (S)
G94	Vorschubgeschwindigkeit (F)
G95[1]	Vorschub (F)
G96	konstante Schnittgeschwindigkeit (S)
G97	konstante Drehzahl (S)
M-Funktionen – Zusatzfunktionen	
M0	Programmierter Halt
M3	Spindel dreht rechts herum
M4	Spindel dreht links herum
M5[1]	Spindel ausschalten
M8	Kühlschmiermittel ein
M9[1]	Kühlschmiermittel aus
M10	Reitstockpinole lösen
M11	Reitstockpinole setzen
M17	Unterprogramm-Ende
M30	Programmende mit Rücksetzen auf Programmanfang
M60[1]	konstanter Vorschub
Werkzeug-Adresse	
T	Werkzeugspeicherplatz
TC	Korrektur-Speichernummer
TR	inkrementale Veränderung des Werkzeugradiuswertes
TL	inkrementale Veränderung der Werkzeuglänge
TX	inkrementale Veränderung des X-Korrekturwerts
TZ	inkrementale Veränderung des Z-Korrekturwerts für konturparallele Aufmaße
Bearbeitungsebenen/Umspannen	
G15	Bearbeitungsebenenanwahl (IP0-IP5)
G17	Stirnseitenbearbeitungsebene (IP3)
G18[1]	Drehebene
G19	Mantelflächen-/Sehnenflächenbearbeitungsebene (IP1/IP0)
G30	Umspannen/Gegenspindelübernahme

[1] Einschaltzustand beim Start eines CNC-Programms

Aufbau von CNC-Programmen nach PAL-Drehen (Beispielprogramm)

%10							Programmanfang
N1	G54						Werkstücknullpunkt
N2	G92	S4000					$n_{max} = 4000\ min^{-1}$
N3	G14	H0					Fahrt zum WWP
N4	G96	T1	S250	F0.2	M4		**Plandrehmeißel**
N5	G0	X34	Z3		M8		Eilgang Werkstück
N6	G82	D1	H1				**Planschruppzyklus**
N7	G0	Z0.1					Schlichtaufmaß
N8	G1	X-1.6					$X = -2 \cdot r_e$
N9		Z1					
N10	G80						Abwahl von G82
N11	G14	H0			M9		Fahrt zum WWP
N12	G96	T2	S200	F0.4	M4		**Schruppdrehmeißel**
N13	G0	X30	Z2			M8	Eilgang Werkstück
N14	G81	D3	AX0.5	AZ0.1			**Längsschruppzyklus**
N15	G0	X14					Anfahrt zum ersten
N16	G1	Z0					Punkt unterhalb der
N17		X20	RN-2				Fase 2 × 45°
N18	G14	XA20	ZA-28	H2			
N19	G1	X30	RN3				Konturbeschreibung
N20		Z-33					zum Schruppen
N21		X34					
N22	G80						Abwahl von G81
N23	G14	H0			M9		Fahrt zum WWP
N24	G96	T3	S300	F0.1	M4		**Schlichtdrehmeißel**
N25	G0	X0	Z2		M8		Eilgang Werkstück

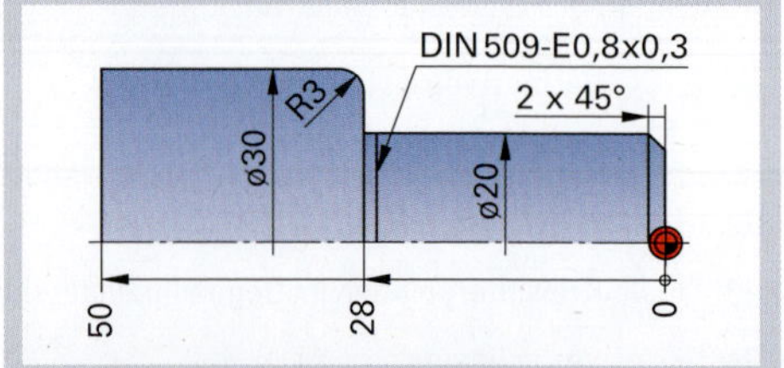

Halbzeug: Ø30 x 52 (einseitig geplant)

Plandrehmeißel T1:
v_c = 250 m/min, f = 0,2 mm, a_p = 1 mm
Eckenradius r_e = 0,8 mm

Schruppdrehmeißel T2:
v_c = 200 m/min, f = 0,4 mm, a_p = 3 mm

Schlichtdrehmeißel T3:
v_c = 300 m/min, f = 0,1 mm, a_p = 0,5 mm

N26	G42	G1	Z0	Eilgang SRK ein
N27	G23	N17	N21	**Schlichten**
N28	G40			SRK aus
N29	G14	H0	M9	Fahrt WWP
N30	M30			Programm-Ende

PAL-Drehen: G1 (Linearinterpolation von P1 nach P2)

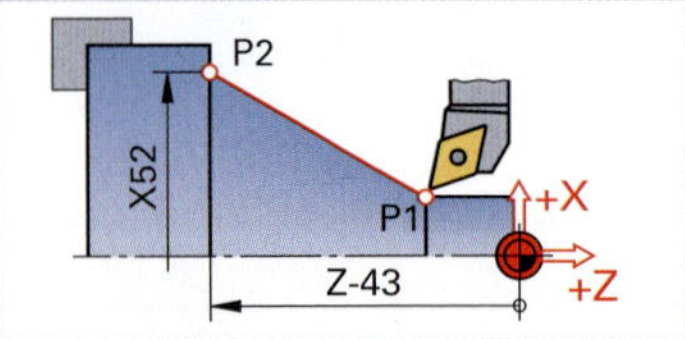

N... G1 X52 Z-43

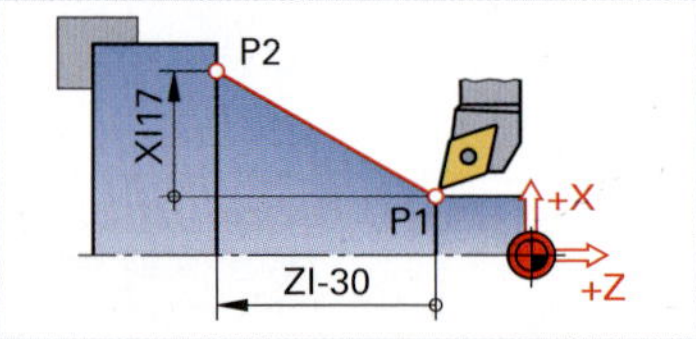

N... G1 XI17 ZI-30

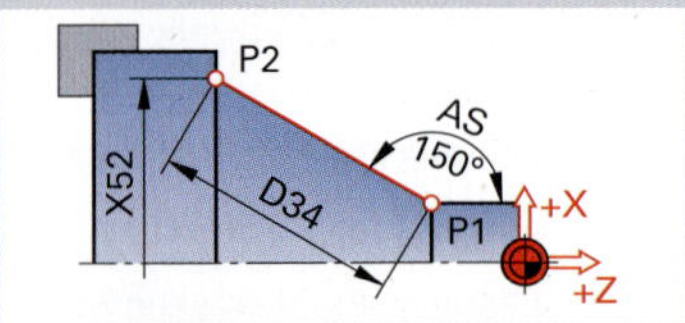

N... G1 D34 AS150

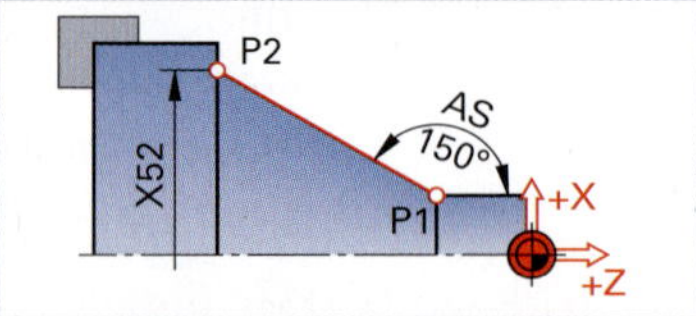

N... G1 X52 AS150

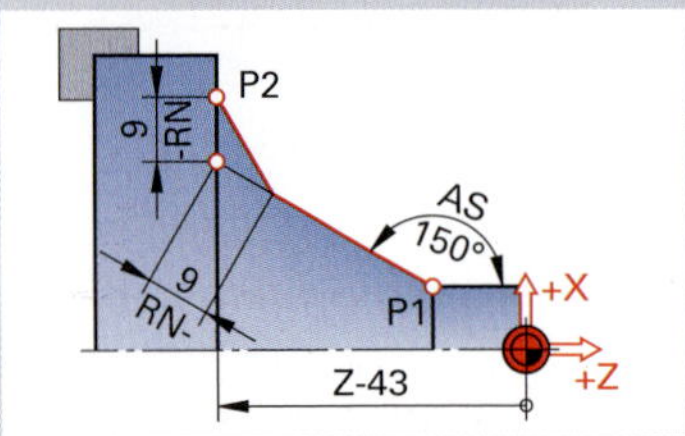

N... G1 Z-43 AS150 RN-9

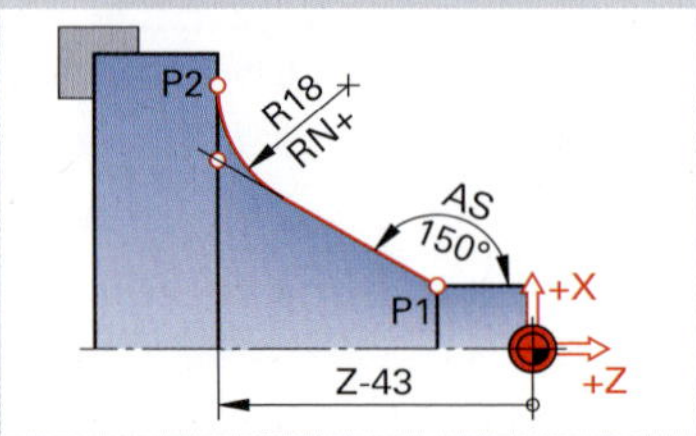

N... G1 Z-43 AS150 RN18

verpflichtende Adressen für G1

X/Z
Koordinateneingabe (gesteuert durch G90/G91)

XA/ZA
Absolutmaße (nur notwendig, wenn vorher G91 eingeschaltet wurde)

XI/ZI
Inkrementalmaße

optionale Andressen

RN +
Verrundungsradius zum nächsten Konturelement

RN–
Fasenbreite zum nächsten Konturelement

D
Länge der Verfahrstrecke

AS
Anstiegswinkel

E
Feinkonturvorschub

PAL-Drehen: G2 (Kreisinterpolation im Uhrzeigersinn von P1 nach P2)

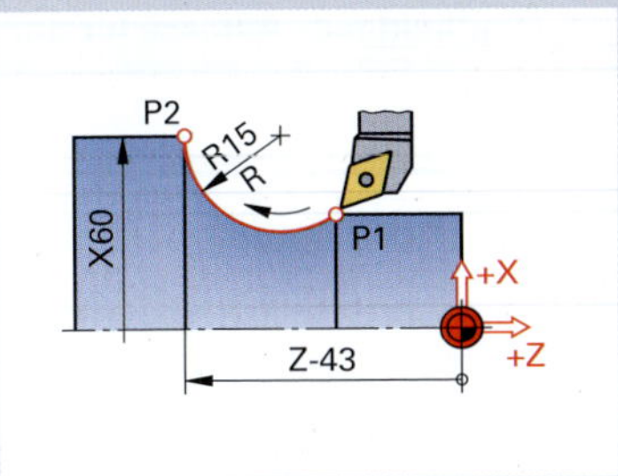

N... G2 X60 Z-43 R15

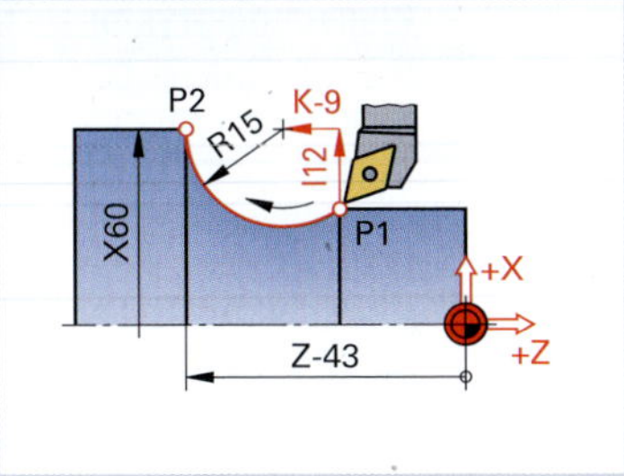

N... G2 X60 Z-43 I12 K-9

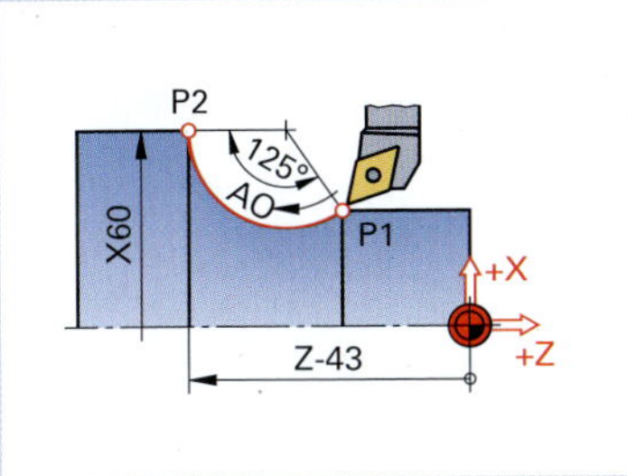

N... G2 X60 Z-43 AO125

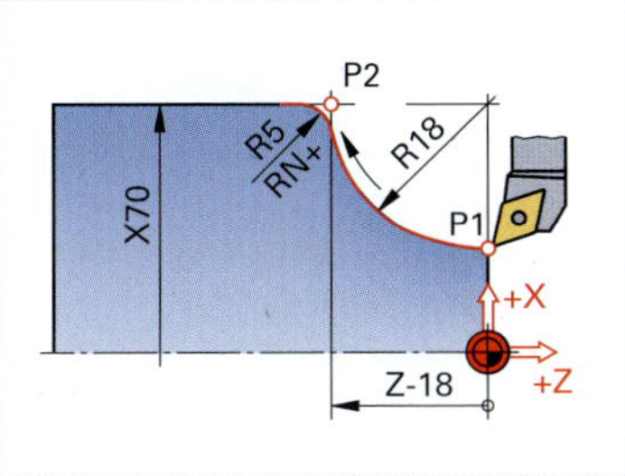

N... G2 X70 Z-18 R18 RN6

verpflichtende Adressen für G2

X/Z
Koordinateneingabe (gesteuert durch G90/G91)

XA/ZA, XI/ZI
Absolutmaße, Inkrementalmaße

optionale Adressen

R Radius

I/K, IA/KA
Mittelpunktskoordinaten in X- und Z-Richtung

RN +
Verrundungsradius zum nächsten Konturelement

RN –
Fasenbreite zum nächsten Konturelement

AO Öffnungswinkel

E Feinkonturvorschub

PAL-Drehen: G3 (Kreisinterpolation im Gegenuhrzeigersinn von P1 nach P2)

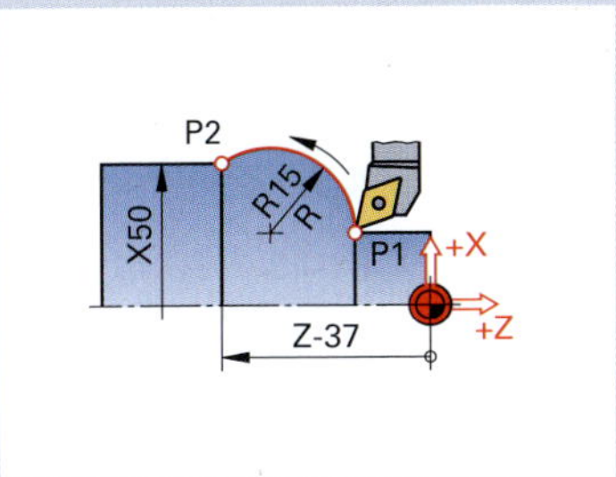

N... G3 X50 Z-37 R15

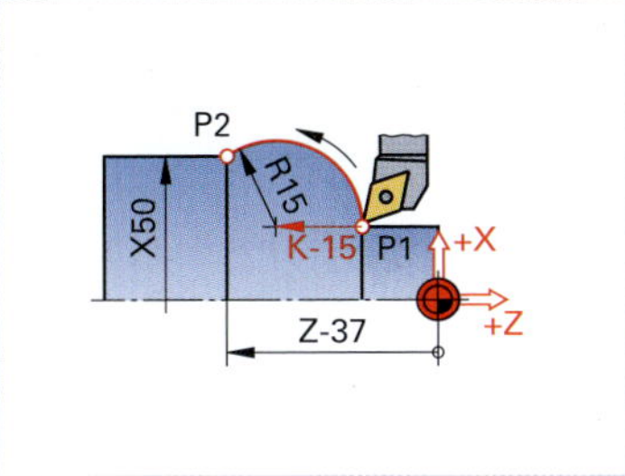

N... G3 X50 Z-37 I0 K-15

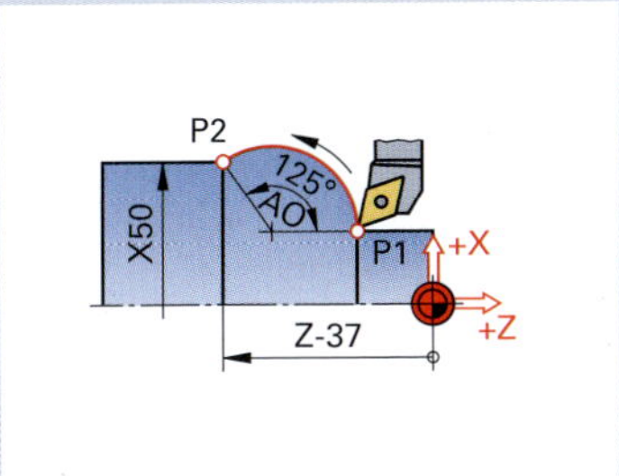

N... G3 X50 Z-37 AO125

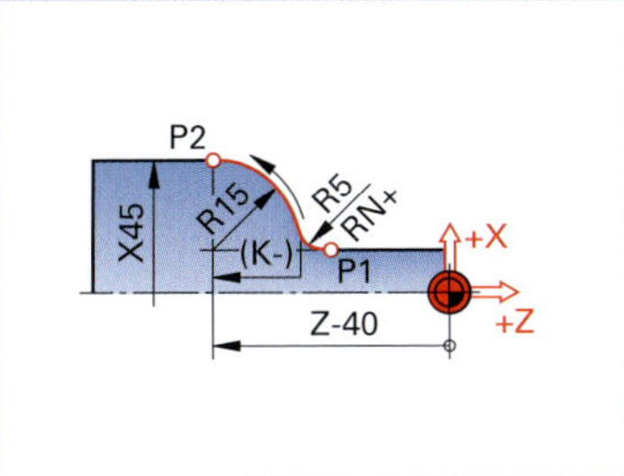

N... G3 X45 Z-40 R15 RN5

verpflichtende Adressen für G3

X/Z
Koordinateneingabe (gesteuert durch G90/G91)

XA/ZA, XI/ZI
Absolutmaße, Inkrementalmaße

optionale Adressen

R Radius

I/K, IA/KA
Mittelpunktskoordinaten in X- und Z-Richtung

RN +
Verrundungsradius zum nächsten Konturelement

RN –
Fasenbreite zum nächsten Konturelement

AO Öffnungswinkel

E Feinkonturvorschub

PAL-Drehen: G82 (Planschruppzyklus) – Abwahl mit G80

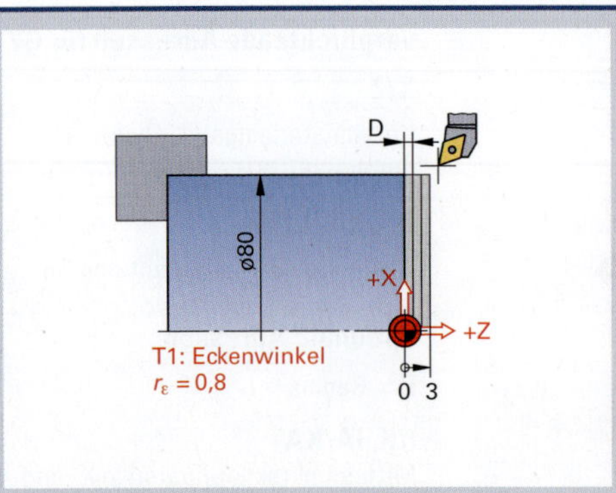

Planschruppzyklus G82

Die Startposition des Drehmeißels befindet sich mit einem Sicherheitsabstand über dem zu planenden Drehteil und vor der ungeplanten Stirnfläche.

Der Sicherheitsabstand beträgt 1 mm bis 2 mm.

N19	G0	X82	Z4	Anfahren der Startposition
N20	G82	D1	H1	Aufruf G82 mit a_p = 1 mm
N21	G0		Z0.1	Konturbeschreibung: – Anfangsdurchmesser: X80 – Aufmaß Planfläche: Z0.1 – Enddurchmesser: X-1.6 Der Drehmeißel wird um die Größe des Schneidenradius (X = – 2 × r_ε) tiefer bewegt.
N22	G1	X-1.6		
N23			Z1	
N24	G80			

verpflichtende Adresse für G82

D
Schnitttiefe a_p

optionale Adressen

AX
Aufmaß in X-Richtung

AZ
Aufmaß in Z-Richtung

H1
nur Schruppen

H2
stufenweise Auswinkeln entlang der Kontur

H3
wie H1 mit zusätzlichem Konturschnitt am Ende

H24
Schruppen mit H2 und anschließendes Schlichten

PAL-Drehen: G81 (Längsschruppzyklus) – Abwahl mit G80

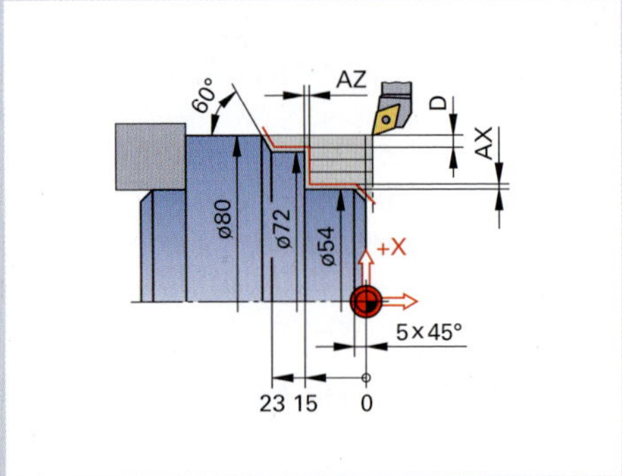

Längsschruppzyklus G81

Die Startposition des Drehmeißels befindet sich mit einem Sicherheitsabstand über dem zu planenden Drehteil und vor der ungeplanten Stirnfläche.

Der Sicherheitsabstand beträgt 1 mm bis 2 mm.

N19	G0	X80	Z1		Anfahren der Startposition
N20	G81	D4	AX0.5	AZ0.1	Aufruf G81 mit $a_{p\,Schruppen}$ = 4 mm, $a_{p\,Schlichten}$ = 0,5 mm (X-Richtung), $a_{p\,Schlichten}$ = 0,1 mm (Z-Richtung)
N21	G0	X42			Konturbeschreibung: – Anfangsdurchmesser: X42 (Ø54 mm – 2 × 5 mm – 2 mm) – Ø54 mm mit Fasenbreite 5 mm zur nächsten Gerade (RN-5) – Lineare Bewegungen bis Ø72 – Schräge mit Anstiegswinkel 120° bis Ø82 (mit 1 mm Sicherheitsabstand)
N22	G1	Z0			
N23		X54	RN-5		
N24			Z-15		
N25		X72			
N26			Z-23		
N27		X82	AS120		
N28	G80				

verpflichtende Adresse für G82

D
Schnitttiefe a_p

optionale Adressen

AX
Aufmaß in X-Richtung

AZ
Aufmaß in Z-Richtung

H1
nur Schruppen, 1 × 45° abheben

H2
stufenweise Auswinkeln entlang der Kontur

H3
wie H1 mit zusätzlichem Konturschnitt am Ende

H24
Schruppen mit H2 und anschließendes Schlichten

PAL-Drehen: G14 (Werkzeugwechselpunkt [WWP] anfahren)

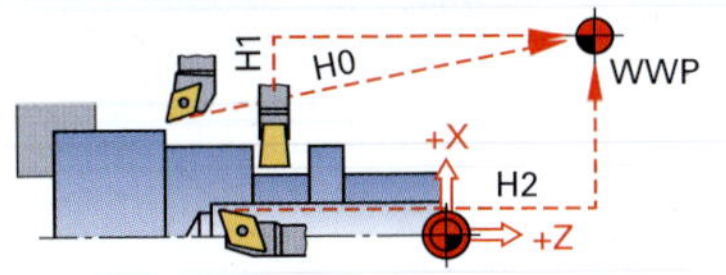

N...	G14	H0
N...	G14	H1
N...	G14	H2

optionale Adressen für G14

- **H0** WWP schräg anfahren
- **H1** Zuerst X-Achse, dann Z-Achse wegfahren
- **H2** Zuerst Z-Achse, dann X-Achse wegfahren

PAL-Drehen: G84 (Bohrzyklus)

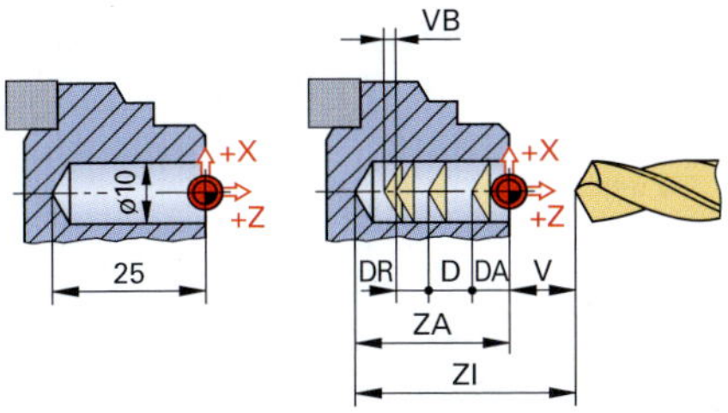

N20	G97	T7	S955	F0.25	M3
N21	G0	X0	Z2		

N22	G84	ZA-25	U1
N23	G14	H2	

verpflichtende Adressen für G84

- **ZA** Tiefe der Bohrung, absolut
- **ZI** Tiefe der Bohrung, inkremental

optionale Adressen

- **U** Verweilzeit am Bohrgrund in Sekunden
- **DA** Anbohrtiefe
- **D...** Zustelltiefe
- **V...** Sicherheitsabstand

PAL-Drehen: G85 (Freistichzyklus)

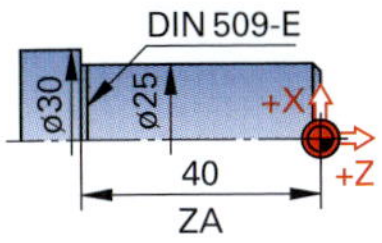

Freistich DIN 509-E

N19	G1	X25	RN-2	
N20	G85	XA25	ZA-40	H2
N21	G1	X30		

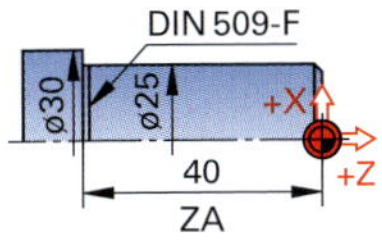

Freistich DIN 509-F

N19	G1	X25	RN-2	
N20	G85	XA25	ZA-40	H3
N21	G1	X30		

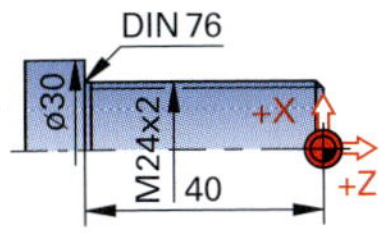

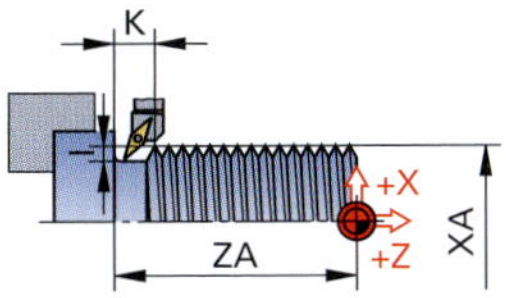

Gewindefreistich DIN 76

N19	G1	X24	RN-2			
N20	G85	XA24	ZA-40	I1.5	K7	H1

verpflichtende Adressen für G85

XA/ZA
Freistichposition, absolut

XI/ZI
Freistichposition, inkremental

optionale Adressen

H2
Freistich DIN 509 Form E

H3
Freistich DIN 509 Form F

H1
Gewindefreistich DIN 76

- **I** Freistichtiefe für DIN 76
- **K** Freistichbreite für DIN 76

- **SX** Schleifaufmaß
- **E** Feinkonturvorschub

PAL-Drehen: G31 (Gewindezyklus)

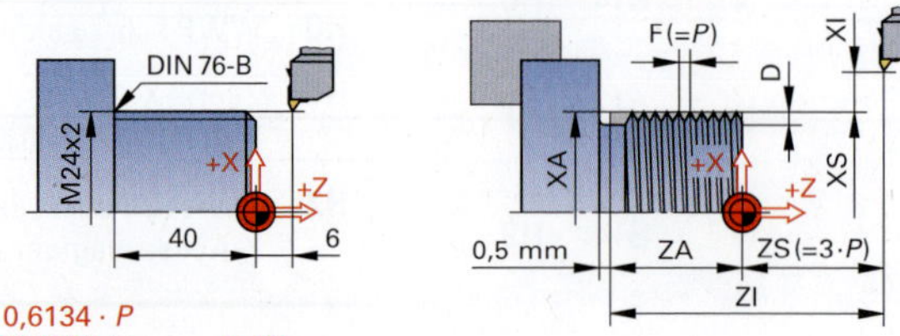

D = 0,6134 · *P*

D = 0,6134 · 2 mm = 1,23 mm

N19	G14	H0							
N20	G97	T4	S1989	M3					
N21	G31	XA24	ZA-39.5	F2	D1.23	ZS6	Q10	O2	H14
N22	G14	H0							

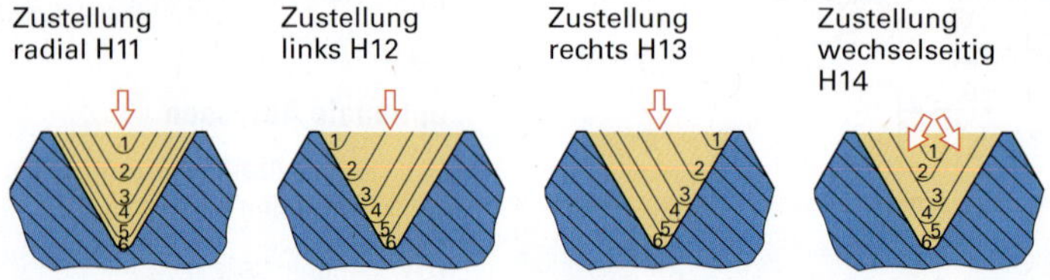

verpflichtende Adressen für G31

XA/ZA
Gewindeendpunkt, absolut

XI/ZI
Gewindeendpunkt, inkremental

optionale Adressen

- **XS** Gewindestartpunkt, absolut in X
- **ZS** Werkzeugstartpunkt, absolut in Z
- **D** Gewindetiefe
- **F** Gewindesteigung *P* (= Vorschub)
- **Q** Anzahl der Schnitte
- **O** Anzahl der Leerdurchläufe
- **H11 … H14** Zustellung

PAL-Drehen: G22 (Unterprogrammaufruf)

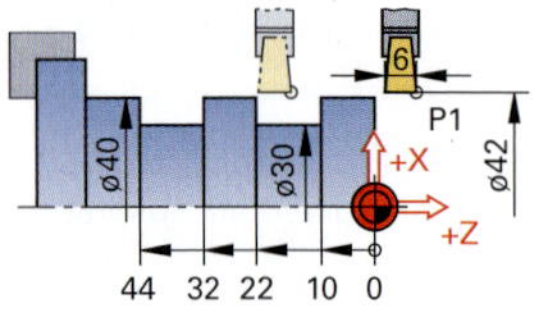

Hauptprogramm %10

N25	G0	X42	Z6
N26	G22	L15	H2

Unterprogramm %15

N1	G91	
N2	G0	Z-16
N3	X-6	
…	…	
N…	M17	

verpflichtende Adresse für G22

- **L** Unterprogrammnummer

optionale Adressen

- **H** Anzahl der Wiederholungen
- **M17** Unterprogramm-Ende

PAL-Drehen: G23 (Programmwiederholung)

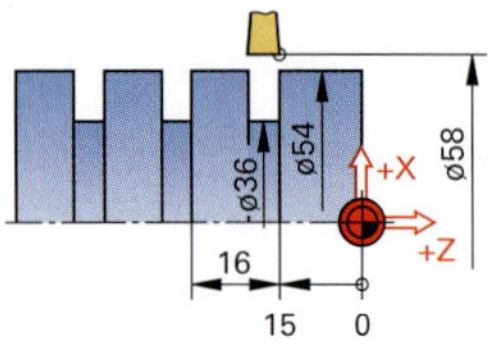

N15	G0	X58	Z-15	
N16	G91			
N17	G1	X-11		
N18		X11		
N19	G0	Z-16		
N20	G23	N17	N19	H2
N21	G90			
N22	G14	H0		
N23	…			

verpflichtende Adressen für G23

- **N…** Startnummer des Satzes, der wiederholt werden soll
- **N…** Endnummer des Satzes, der wiederholt werden soll

optionale Adressen

- **H** Anzahl der Wiederholungen

PAL-Drehen: G86 (radialer Einstechzyklus)

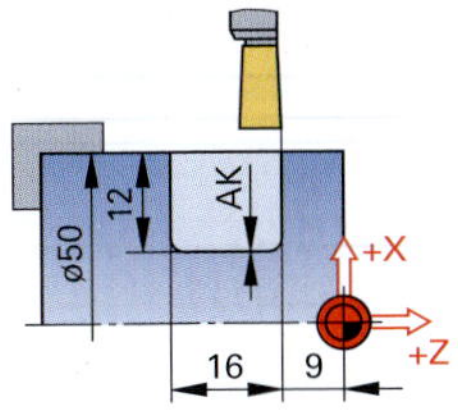

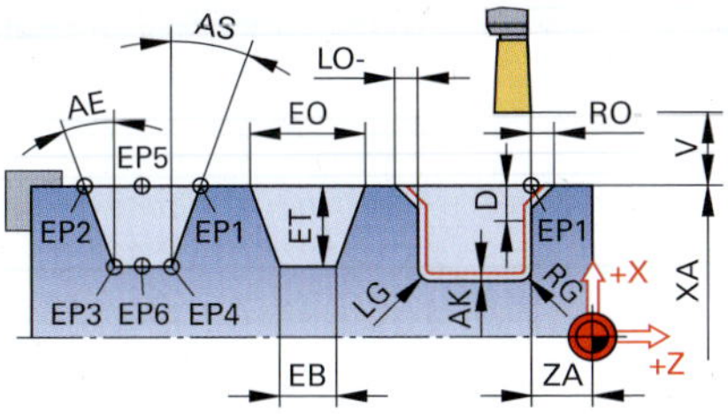

N19	G14	H0									
N20	G96	T12	S120	F0.1	M4						
N21	G0	X54	Z-20								
N22	G86	XA50	ZA-9	ET12	LE1	EB16	D2	AK0.2	EP1	H14	V2
N23	G14	H1									

Adressen für Setzpunktfestlegung und Verrundung/Fasenlänge

EP2, EP5, EP1 Setzpunkte an der Einstichsöffnung
EP3, EP6, EP4 Setzpunkte am Einstichsgrund
RO Verrundung + oder Fasenlänge – oben in +Z-Richtung
LO Verrundung + oder Fasenlänge – oben in –Z-Richtung
RG Verrundung + oder Fasenlänge – unten in +Z-Richtung
LG Verrundung + oder Fasenlänge – unten in –Z-Richtung

Adressen für G86

XA/ZA
Einstechposition, absolut

XI/ZI
Einstechposition, inkremental

ET Tiefe des Einstichs

LE1 Außeneinstich oder
LE2 Inneneinstich

EO Breite Öffnung oder
EB Breite Einstichsgrund

AE Flankenwinkel links
AS Flankenwinkel rechts

D Zustelltiefe

AK konturparalleles Aufmaß

EP Setzpunktfestlegung

H14 Schruppen und Schlichten

V Sicherheitsabstand

PAL-Drehen: G88 (axialer Einstechzyklus)

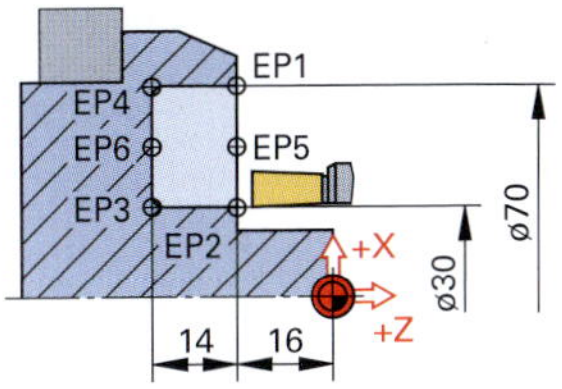

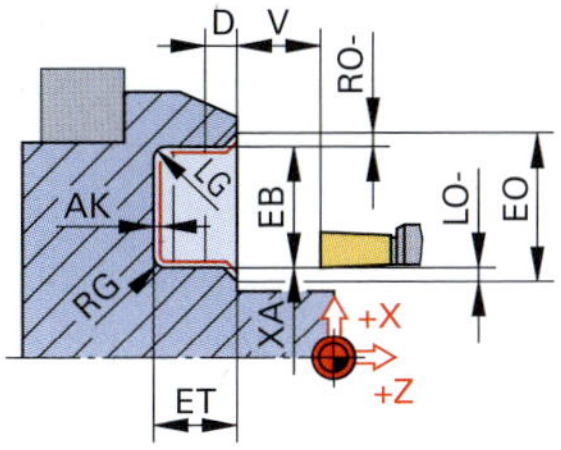

N19	G14	H0									
N20	G96	T14	S120	F0.1	M4						
N21	G0	X54	Z2								
N22	G88	XA30	ZA-16	ET14	LE1	EB20	D2	AK0.2	EP2	H14	V2
N23	G14	H2									

Adressen für Setzpunktfestlegung und Verrundung/Fasenlänge

EP2, EP5, EP1 Setzpunkte an der Einstichsöffnung
EP3, EP6, EP4 Setzpunkte am Einstichsgrund
RO Verrundung + oder Fasenlänge – oben in +Z-Richtung
LO Verrundung + oder Fasenlänge – oben in –Z-Richtung
RG Verrundung + oder Fasenlänge – unten in +Z-Richtung
LG Verrundung + oder Fasenlänge – unten in –Z-Richtung

Adressen für G88

XA/ZA
Einstechposition, absolut

XI/ZI
Einstechposition, inkremental

ET Tiefe des Einstichs

LE1 Fronteinstich oder
LE2 Rückseiteneinstich

EO Breite Öffnung oder
EB Breite Einstichsgrund

AE Flankenwinkel unten
AS Flankenwinkel oben

D Zustelltiefe

AK konturparalleles Aufmaß

EP Setzpunktfestlegung

H14 Schruppen und Schlichten

V Sicherheitsabstand

PAL-Fräsen: Befehlscodierung

G-Funktionen – Wegbedingungen	
G0	Verfahrweg im Eilgang
G1[1]	Linearinterpolation
G2	Kreisinterpolation im Uhrzeigersinn
G3	Kreisinterpolation im Gegenuhrzeigersinn
G4	Verweildauer
G9	Genauhalt
G10	Eilgang mit Polarkoordinaten
G11	Linie mit Polarkoordinaten
G12	Kreis im Uhrzeigersinn mit Polarkoordinaten
G1	Kreis im Gegenuhrzeigesinn mit Polarkoordinaten
G22[2]	Unterprogrammaufruf
G23[2]	Programmwiederholung
G40[1]	Abwahl der Fräserradiuskorrektur (Bahnkorrektur)
G41	Fräserradiuskorrektur links von der Kontur (Bahnkorrektur)
G42	Fräserradiuskorrektur rechts von der Kontur (Bahnkorrektur)
G45	Lineares tangentiales An- und Abfahren an die Kontur
G46	Tangentiales An- und Abfahren im Viertelkreis an die Kontur
G47	Tangentiales An- und Abfahren im Halbkreis an die Kontur
G50	Aufheben von G58
G51	Einstellbare (gemessene) Nullpunkte setzen
G53[1]	alle Nullpunktverschiebungen und Drehungen aufheben
G54 …	Einstellbare absolute Nullpunkte
… G57	
G58	inkrementale Nullpunktverschiebung polar und Drehung
G59	Nullpunktverschiebung absoluten/inkrementalen
G17[1]	Anwahl XY-Ebene
G15	Schwenken mit maschinenfesten Raumwinkeln
G16	inkrementale Drehung der aktuellen Bearbeitungsebene
G18	XZ-Ebene bei 2,5D-Bearbeitung
G19	YZ-Ebene bei 2,5D-Bearbeitung
G90[1]	absolute Maßangabe
G91	Kettenmaßangabe
G94[1]	Vorschubgeschwindigkeit (F)
G95	Vorschub (F)
G97[1]	konstante Drehzahl (S)

Bearbeitungszyklen	
G72	Rechtecktaschen/Zapfen-Zyklus
G73	Kreistaschen/Zapfen-Fräszyklus
G74	Nutfräszyklus
G75	Kreisbogennut-Fräszyklus
G81	Bohrzyklus
G82	Tiefbohrzyklus mit Spanbruch
G84	Gewindebohrzyklus
G85	Reibzyklus
G88	Innengewindefräszyklus
G66	Spiegeln an der X- und/oder Y-Achse – Spiegelung aufheben
G76	Mehrfachzyklus auf einer Geraden, Rahmen oder Gitter
G77	Mehrfachzyklus auf einem Teilkreis (Lochkreis)
G78	Zyklusaufruf an einem Punkt (Polarkoordinaten)
G79	Zyklusaufruf an einem Punkt (kartesische Koordinaten)

M-Funktionen – Zusatzfunktionen	
M0	Programmierter Halt
M3	Spindel dreht rechtsherum
M4	Spindel dreht linksherum
M5[1]	Spindel ausschalten
M6	Werkzeugwechsel
M8	Kühlschmiermittel ein
M9[1]	Kühlschmiermittel aus
M13	wie M3 mit Kühlschmiermittel
M14	wie M4 mit Kühlschmiermittel
M15	Spindel aus, Kühlschmier. aus
M17	Unterprogramm-Ende
M30	Programmende mit Rücksetzen auf Programmanfang
M60[1]	konstanter Vorschub

Werkzeug-Adresse	
TC	Korrekturwertspeichernummer
TR	inkrementale Veränderung des Werkzeugradiuswerts
TL	Inkrementale Veränderung der Werkzeuglänge

[1] Einschaltzustand beim Start eines CNC-Programms
[2] Adressen werden wie beim Drehen ausgeführt (vgl. Seite 164)

Aufbau von CNC-Programmen nach PAL-Fräsen (Beispielprogramm)

%10						Programmanfang
N1	G54					Werkstücknullpunkt
N2		T1			M6	T1: 90°-Planfräser Ø18
N3		S2280	F935		M13	Schnittdaten für T1
N4	G0	X-30	Y-15			Positionieren und
N5		Z2				
N6	G1	Z-5				tangentiales Anfahren
N7	G41	G46	X6	Y13	RR15	im Viertelkreis mit
N8	G1	Y66	RN-12			Anwahl Bahnkorrektur
N9		X80	RN12			
N10		Y16				Stirnumfangsfräsen der
N11		X78				Außenkontur
N12	G3	X68	Y6	R10		
N13	G1	X30				
N14		X6	Y13			
N15	G40	G46			RR15	tangentiales Abfahren im
N16	G0	Z2				Viertelkreis mit Abwahl
N17		T2			M6	Bahnkorrektur
N18		S1500	F80		M13	
N19	G72	ZA-5	LP50		BP30	D3 V2 RN5 EP3 AK0.5 AL0.1 E100 H14 W2
N20	G79	X18	Y24		Z0	
N21		T0			M6	
N22					M30	

T2: Schaftfräser HSS Ø8, $n = 1500\ \text{min}^{-1}$, $v_f = 80$ mm/min
G72: Rechtecktaschenfräszyklus (Beschreibung des Zyklus)
G79: Aufruf des Rechtecktaschenzyklus bei EP3 (Ecke links unten)

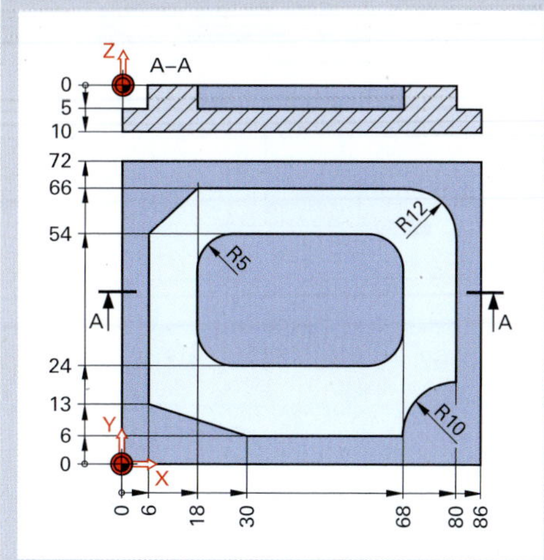

PAL-Fräsen: G1 (Linearinterpolation von P1 nach P2)

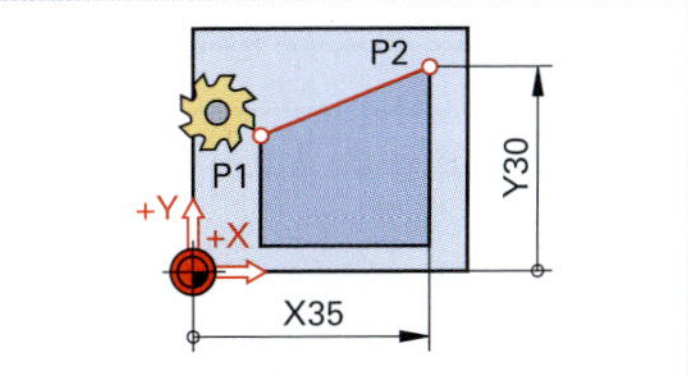

N... G1 X35 Y30

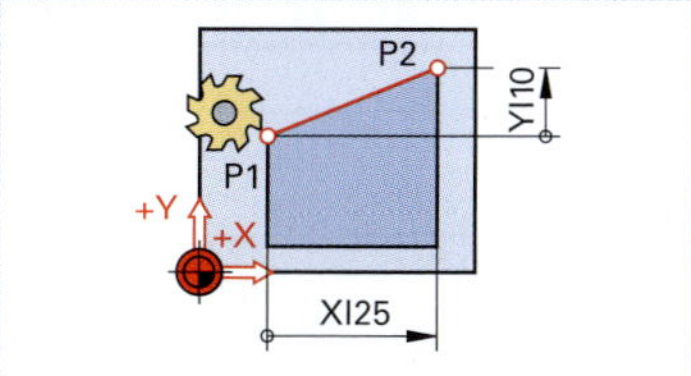

N... G1 XI25 YI10

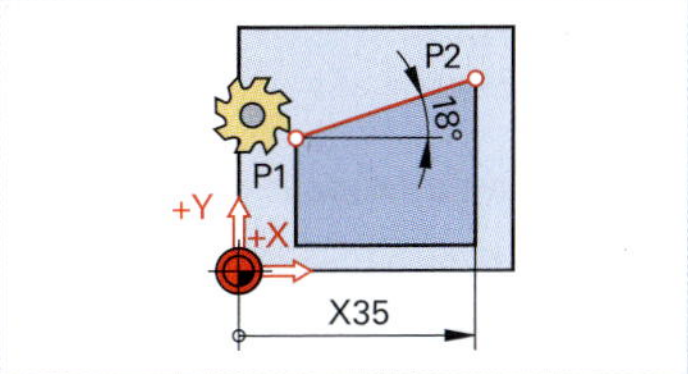

N... G1 X35 AS18

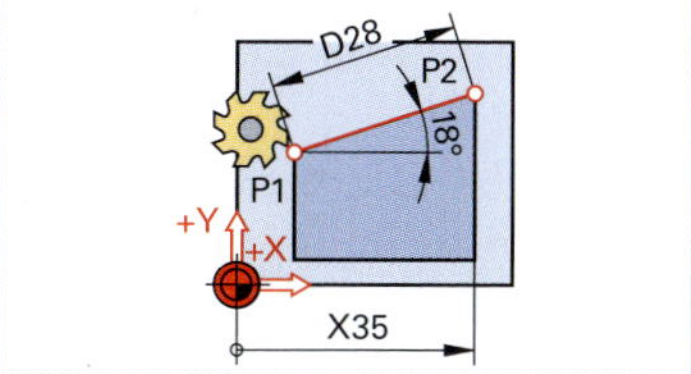

N... G1 D28 AS18

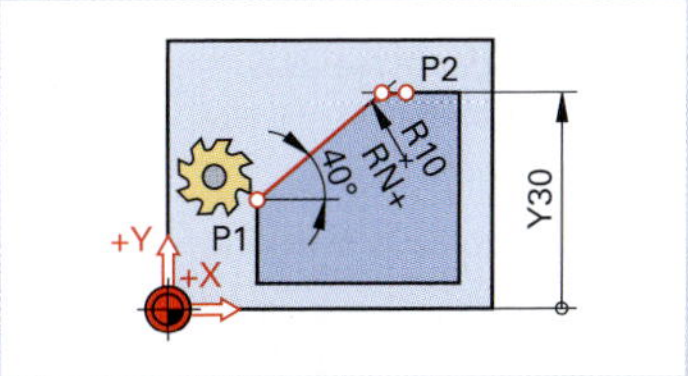

N... G1 Y30 AS40 RN10

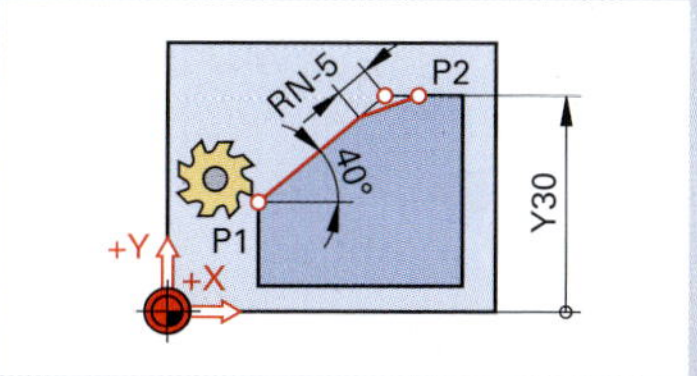

N... G1 Y30 AS40 RN-5

verpflichtende Adressen für G1

X/Y/Z
Koordinateneingabe (gesteuert durch G90/G91)

XA/YA/ZA
Absolutmaße (nur notwendig, wenn vorher G91 eingeschaltet wurde)

XI/YI/ZI
Inkrementalmaße

optionale Adressen

RN+
Verrundungsradius zum nächsten Konturelement

RN–
Fasenbreite zum nächsten Konturelement

D
Länge der Verfahrstrecke

AS
Anstiegswinkel

E
Feinkonturvorschub

PAL-Fräsen: G2 (Kreisinterpolation im Uhrzeigersinn von P1 nach P2)

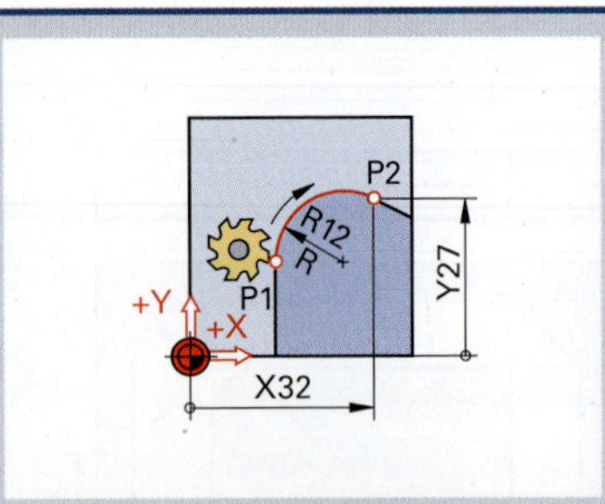

N… G2 X32 Y27 R12

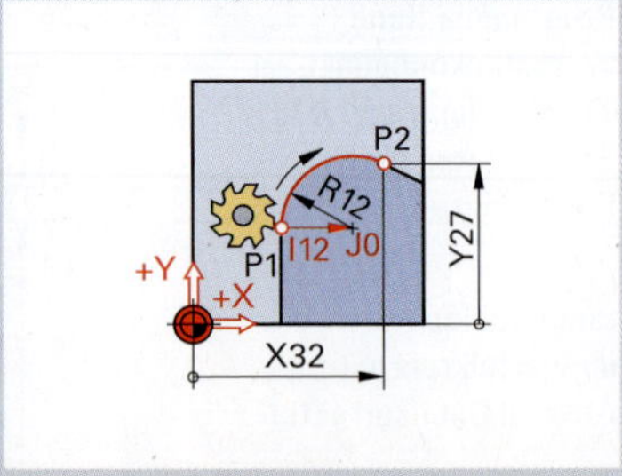

N… G2 X32 Y27 I12 J0

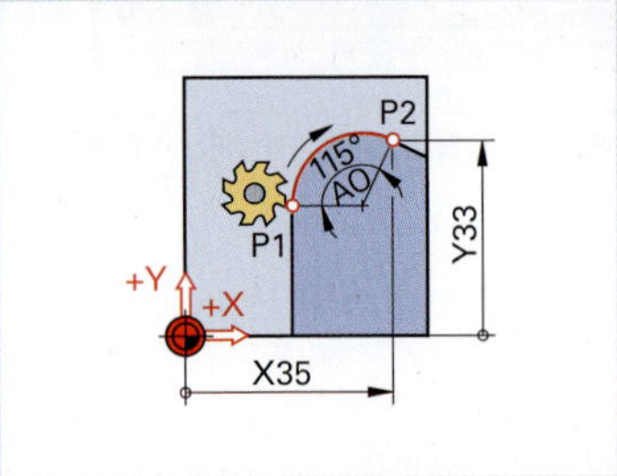

N… G2 X35 Y33 AO115

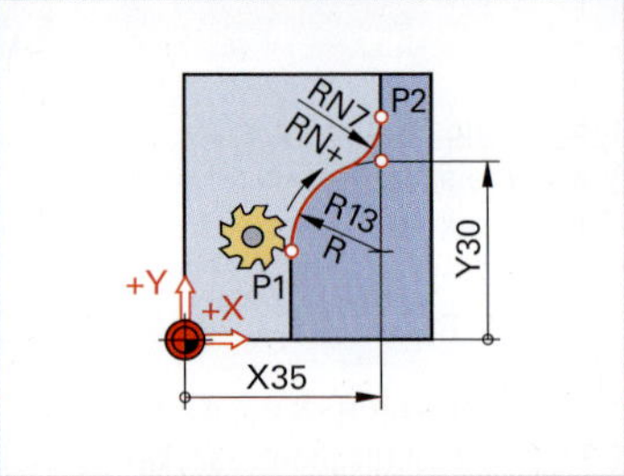

N… G2 X35 Y30 R13 RN7

verpflichtende Adressen für G2

X/Y/Z
Koordinateneingabe (gesteuert durch G90/G91)

XA/YA/ZA
Absolutmaße

XI/YI/ZI
Inkrementalmaße

optionale Adressen

R Radius

I/K, IA/KA
Mittelpunktskoordinaten in X- und Z-Richtung

RN+
Verrundungsradius zum nächsten Konturelement

RN–
Fasenbreite zum nächsten Konturelement

AO Öffnungswinkel

E Feinkonturvorschub

PAL-Fräsen: G3 (Kreisinterpolation im Gegenuhrzeigersinn von P1 nach P2)

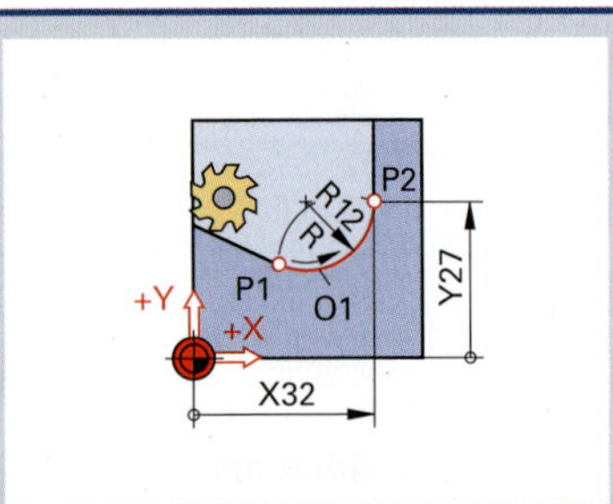

N… G3 X32 Y27 R12

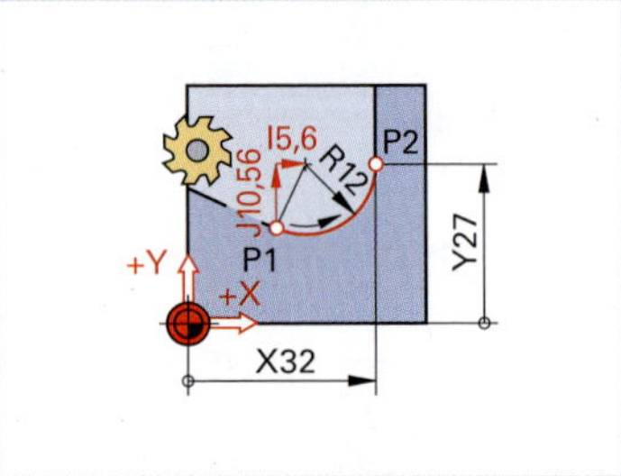

N… G3 X32 Y27 I5.6 J10.56

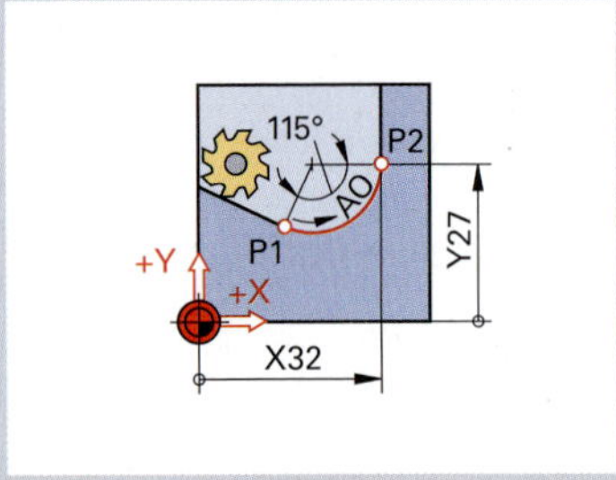

N… G3 X32 Y27 AO115

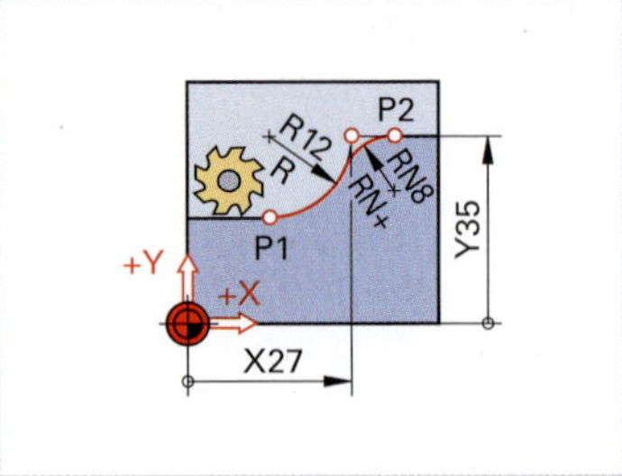

N… G3 X27 Y35 R12 RN8

verpflichtende Adressen für G3

X/Y/Z
Koordinateneingabe (gesteuert durch G90/G91)

XA/YA/ZA
Absolutmaße

XI/YI/ZI
Inkrementalmaße

optionale Adressen

R Radius

I/K, IA/KA
Mittelpunktskoordinaten in X- und Z-Richtung

RN+
Verrundungsradius zum nächsten Konturelement

RN–
Fasenbreite zum nächsten Konturelement

AO Öffnungswinkel

E Feinkonturvorschub

PAL-Fräsen: G45 (Lineares tangentiales An- und Abfahren an eine Kontur)

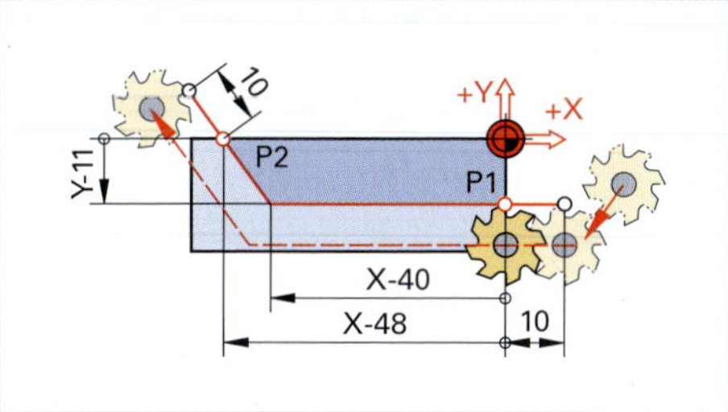

Zum Anfahren der Kontur muss immer die Bahnkorrektur mit G41 oder G42 angewählt werden.

Beim Abfahren muss die Bahnkorrektur mit G40 abgewählt werden.

N19	G0	X24	Y-8	Z2		Anfahren der Startposition außerhalb des Werkstücks.
N20	G1			Z-7		
N21	G41	G45	X0	Y-11	DL10	Anwahl G45 mit G41: Der Fräser fährt von der Startposition vor dem Werkstück, so dass er linear 10 mm tangential zur fräsenden Kontur fahren kann.
N22	G1	X-40				
N23		X-48	Y0			
N24	G40	G45	DL10			

verpflichtende Adresse für G45 (zusammen mit G41 oder G42 und G40)

DL
Länge der tangentialen An-/Abfahrbewegung

optionale Adressen

X/Y/Z
Koordinateneingabe (gesteuert durch G90/G91)

XA/YA/ZA
Absolutmaße

XI/YI/ZI
Inkrementalmaße

WV Sicherheitsabstand

O Zustellbewegung

PAL-Fräsen: G46/G47 (Tangentiales An- und Abfahren im Viertel-/Halbkreis)

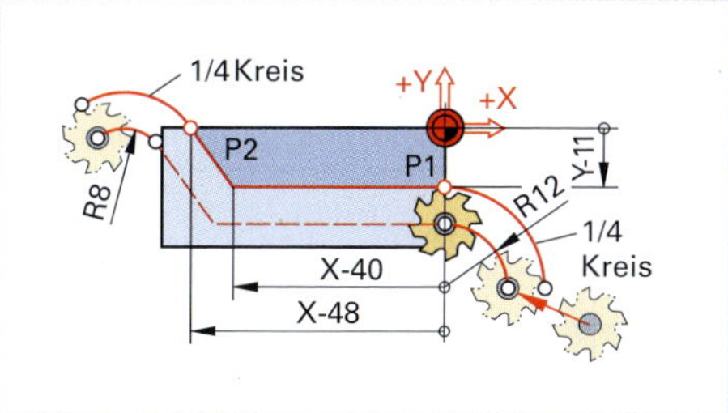

Zum Anfahren der Kontur muss immer die Bahnkorrektur mit G41 oder G42 angewählt werden.

Beim Abfahren muss die Bahnkorrektur mit G40 abgewählt werden.

N19	G0	X24	Y-35	Z2		Anfahren der Startposition außerhalb des Werkstücks.
N20	G1			Z-5		
N21	G41	G46	X0	Y-11	RR12	Anwahl G46 mit G41: Der Fräser fährt von der Startposition vor dem Werkstück, so dass er mit einem Radius von 12 mm einen Viertelkreis tangential zur fräsenden Kontur fahren kann.
N22	G1	X-40				
N23		X-48	Y0			
N24	G40	G46	RR8			

verpflichtende Adresse für G46/G47 (zusammen mit G41/G42 und G40)

RR
Radius des Viertel-/Halbkreises bezogen auf den Fräsermittelpunkt

optionale Adressen

X/Y/Z
Koordinateneingabe (gesteuert durch G90/G91)

XA/YA/ZA
Absolutmaße

XI/YI/ZI
Inkrementalmaße

WV Sicherheitsabstand

O Zustellbewegung

PAL-Fräsen: G41/G42 (Bahnkorrekturen) – Abwahl mit G40

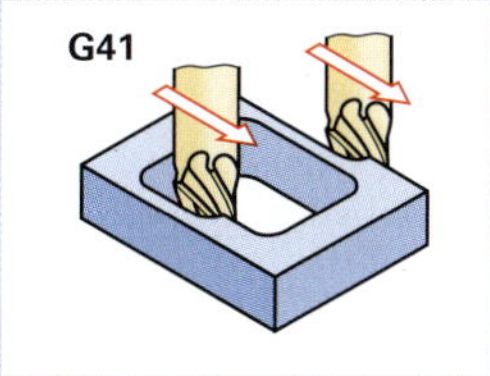

Bahnkorrektur G41

(Gleichlauffräsen – für zähe Werkstoffe, z. B. Stahl oder Nichteisenmetalle)

Fräser befindet sich links von der Kontur.

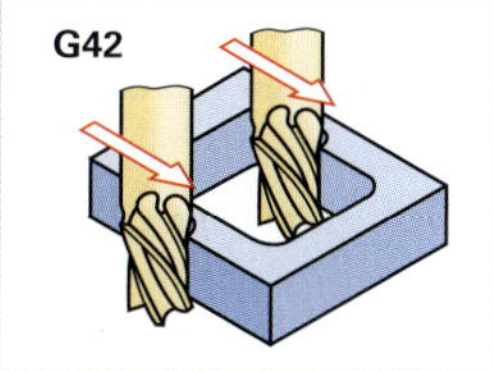

Bahnkorrektur G42

(Gegenlauffräsen – für spröde Werkstoffe, z. B. Gusseisen)

Fräser befindet sich rechts von der Kontur.

PAL-Fräsen: G59 (Nullpunktverschiebung mit absoluten und inkrementalen Koordinaten/Adresswerten)

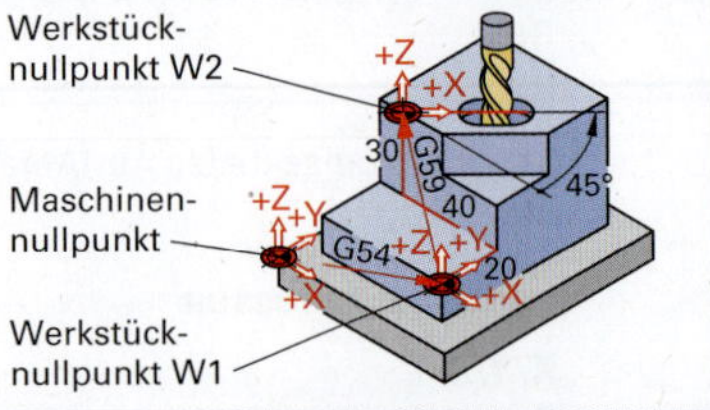

N...	G54		
N...	T3	M6	
N...			
N30	T4	M6	
N31		S... F...	M13
N32	G59	XA-40	YA-20
		ZA-30	WA45

XA/YA/ZA (von W2)
absolute Koordinaten

XI/YI/ZI (von W2)
inkrementale Koordinaten

WA/WI (Drehung von W2)
absolute/inkrementale Drehung um Zustellachse

PAL-Fräsen: G79 (Zyklusaufruf auf einen Punkt durch kartesische Koordinaten)

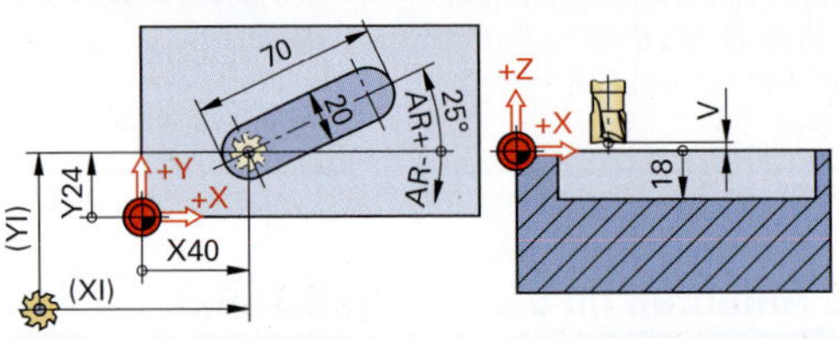

N19	G74	ZA-18	LP70	BP20	D4	EP3	V2
N20	G79	X40	Y24	Z0	AR25		

optionale Adressen für G79

X/Y/Z
Koordinateneingabe (gesteuert durch G90/G91)

XA/YA/ZA
Absolutmaße

XI/YI/ZI
Inkrementalmaße

AR
Drehwinkel

PAL-Fräsen: G76 (Mehrfachzyklus auf einer Geraden, Rahmen oder Gitter)

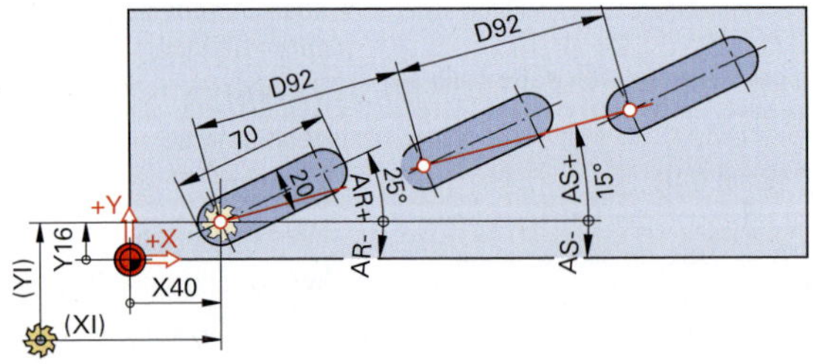

N19	G74	ZA-18	LP70	BP20	D4	EP3	V2	
N20	G76	X40	Y16	Z0	AS15	AR25	D92	O3

weitere optionale Adressen bei Angabe von O1 oder O2

DI Abstand der Zyklusaufrufe auf der zweiten Geradenrichtung

AI Inkrementaler Winkel der zweiten Rahmen-/Gitterrichtung bezüglich der Richtung AS der ersten Richtung der Zykluswiederholungen

OI Anzahl der Aufrufpositionen in Richtung AI (Zellenanzahl der Gittermatrix)

verpflichtende Adressen für G76

AS Winkel der Zyklusaufrufrichtung

D Abstand der Zyklusaufrufe

O Anzahl der Zyklusaufrufe

optionale Adressen

X/Y/Z
Koordinateneingabe (gesteuert durch G90/G91)

XA/YA/ZA
Absolutmaße

XI/YI/ZI
Inkrementalmaße

AR Drehwinkel

Q Gerade, Rahmen oder Gitter
Q0 Gerade
Q1 Rahmen
Q2 Gitter
(ohne Angabe Q0)

PAL-Fräsen: G77 (Mehrfachzyklusaufruf auf einen Teilkreis [Lochkreis] oder mehreren konzentrischen Kreisen)

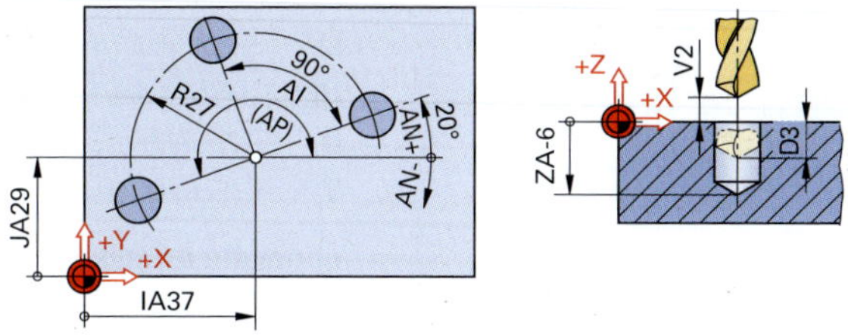

N19	G82	ZA-6	D3	V2				
N20	G77	Z0	R27	AN20	AI90	O3	IA37	JA29

weitere optionale Adressen

Q1 Orientierung der zu bearbeitenden Zyklusgeometrie
H1 Sicherheitsebene wird zwischen zwei Positionen angefahren und Rückzugsebene nach der letzten Position
H2 Rückzugsebene wird zwischen zwei Positionen angefahren
H3 wie bei H1, jedoch nicht lineare Anfahrt, sondern im Teilkreis
RI Radiusinkrement für konzentrische Kreise (positiv – negativ)

verpflichtende Adressen für G77

R Radius des Lochkreises
AN Startwinkel des ersten Objekts
AP Endwinkel des letzten Objekts
AI Inkrementwinkel
O Anzahl der Objekte
I/J/Z
Mittelpunktskoordinate (gesteuert durch G90/G91)
IA/JA/ZA
Mittelpunktskoordinate absolut

optionale Adressen

AR Drehwinkel des Objekts
H Rückfahrposition
OI Anzahl der konzentrischen Teilkreise

PAL-Fräsen: G78 (Zyklusaufruf auf einen Punkt durch Polarkoordinaten)

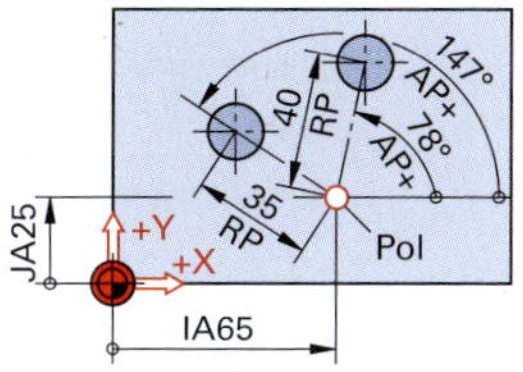

N17	T5			M6
N18		F...	S...	M13
N19	G82	ZA-15	D3	V2
N20	G78	Z0	IA-65 RP40	JA25 AP78
N21	G78	Z0	IA-65 RP35	JA25 AP147

verpflichtende Adressen für G78

I/J/Z
Mittelpunktskoordinate (gesteuert durch G90/G91)
IA/JA/ZA
Mittelpunktskoordinate absolut
RP Polarradius
AP Polarwinkel

PAL-Fräsen: G66 (Spiegeln an der X-/Y-Achse – Spiegelung aufheben)

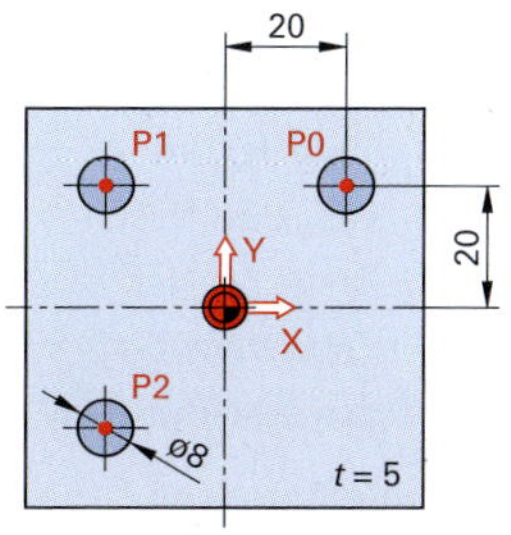

N19	T1			M6	
N20		S...	F...	M13	
N21	G81	ZA-16	V2		
N22	G79	X20	Y20	Z0	;P0
N3	G66	Y			
N24	G23	N21	N22		;P1
N25	G66				
N26	G66	X	Y		
N27	G23	N21	N22		;P2

optionale Adressen für G66

X Spiegeln an der X-Achse (X ohne Adresswert)
Y Spiegeln an der Y-Achse (Y ohne Adresswert)

Keine Adresse
Spiegelung aufheben

PAL-Fräsen: G72 (Rechtecktasche/Rechteckzapfen mit Fasen und Stufen)

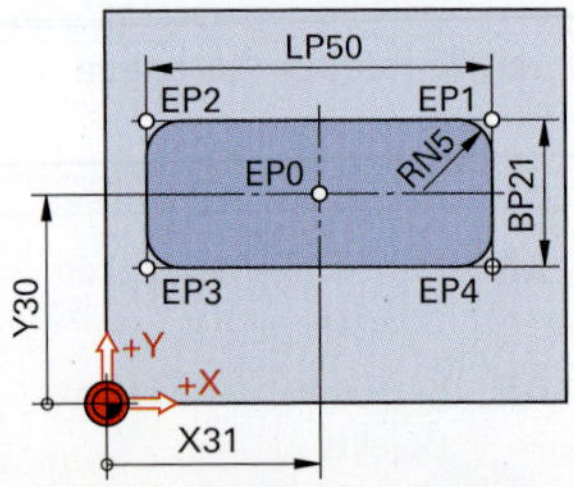

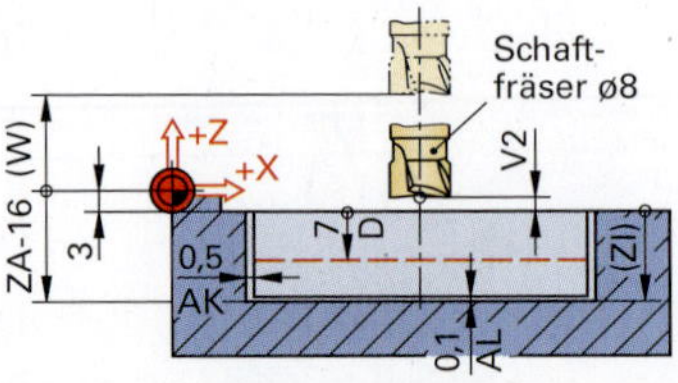

N19	G72	ZA-16 AL0.1	LP50 E100	BP21 H14	D7	V2	RN5	AK0.5
N20	G79	X31	Y30	Z-3				

optionale Adressen für Zapfengeometrie, Fasen und Stufen

LZ	Länge des zentrisch sitzenden Zapfens
BZ	Breite des zentrisch sitzenden Zapfens
RZ	Verrundungsradius des Zapfens
HA/HI	absolute/inkrementale Zapfenhöhe
CB	Fasenbreite
BA	Stufenbreite
WA	Stufentiefe

verpflichtende Adressen für G72

ZA/ZI	Tiefe der Tasche
LP	Länge der Tasche
BP	Breite der Tasche
D	Zustelltiefe
V	Sicherheitsabstand

optionale Adressen

EP	Setzpunkte
RN	Eckenradius
AK	Aufmaß Berandung
AL	Aufmaß Boden
E	Eintauchvorschub
W	Höhe der Rückzugsebene absolut
H1	Schruppen
H4	Schlichten
H14	Schruppen und Schlichten

PAL-Fräsen: G73 (Kreistaschen- und Zapfenfräszyklus mit Fasen und Stufen)

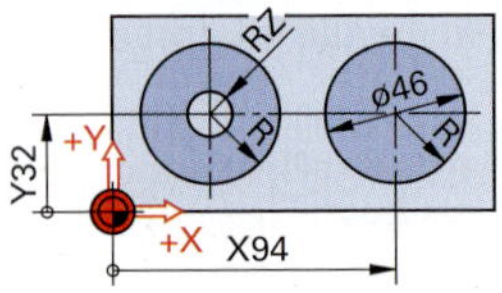

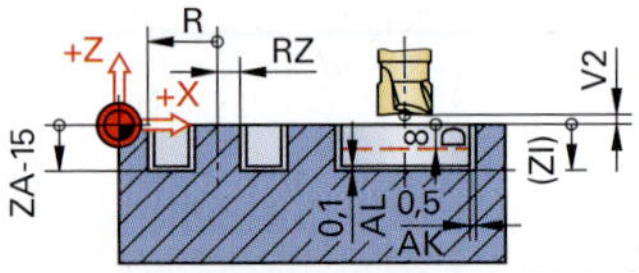

N...		T6	S2380 F220			M13
N...	G73	ZA-15	R23	D8	V2 AK0.5	AL0.1
N...	G79	X94	Y32	Z0		

N19	G73	ZA-15	R23	D8	V2	AK0.5	AL0.1	E100	H14
N20	G79	X94	Y32	Z0					

verpflichtende Adressen für G73

ZA/ZI	Tiefe der Tasche
R	Radius der Tasche
D	Zustelltiefe
V	Sicherheitsabstand

optionale Adressen

RZ	Radius des Zapfens

(weitere optionale Adressen wie bei G72)

PAL-Fräsen: G74 (Nutenzyklus mit Fasen und Stufen)

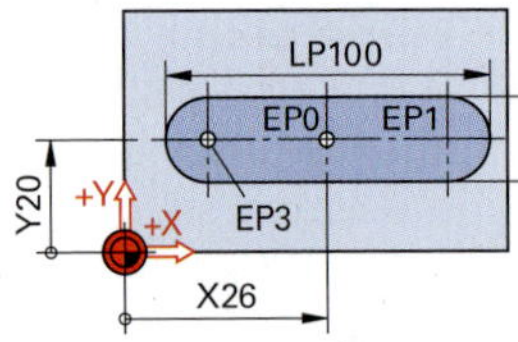

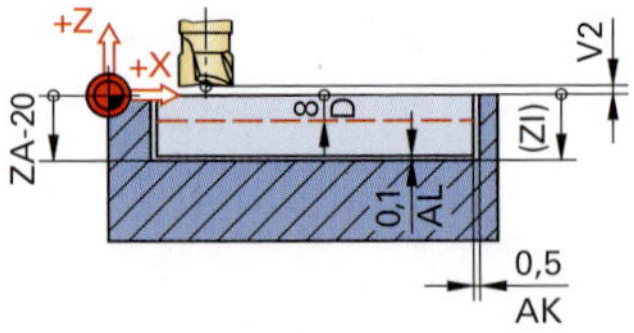

N19	G74	ZA-20	LP100	BP26	D8	V2	AK0.5	AL0.1	EP0	E90	H14
N20	G79	X26	Y20	Z0							

verpflichtende Adressen für G74

ZA/ZI	Tiefe der Nut
LP	Länge der Nut
BP	Breite der Nut
D	Zustelltiefe
V	Sicherheitsabstand

optionale Adressen
(wie bei G72)

PAL-Fräsen: G75 (Kreisbogennut-Fräszyklus mit Fasen und Stufen)

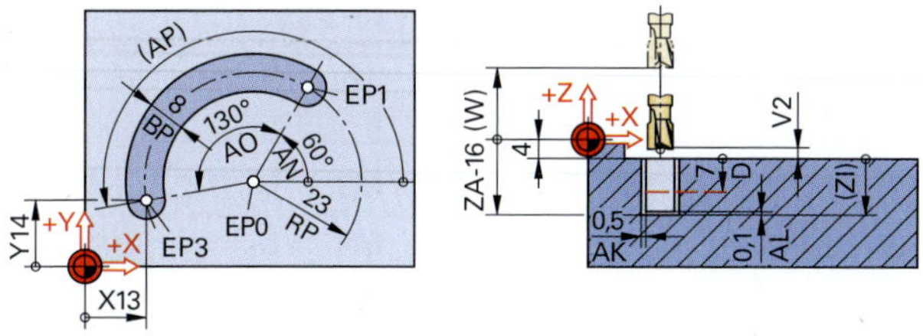

N19	G75	ZA-16	AN60	AO130	BP8	RP23	D8	V2
		AK0.5	AL0.1	E100	EP3	H14		
N20	G79	X13	Y14	Z-4				

[1] zwei der polaren Winkel müssen angegeben werden

verpflichtende Adressen für G75

ZA/ZI	Tiefe der Nut
AN[1]	polarer Startwinkel
AO[1]	polarer Öffnungswinkel
AP[1]	polarer Endwinkel
BP	Breite der Nut
RP	Radius der Nut
D	Zustelltiefe
V	Sicherheitsabstand

optionale Adressen

(wie bei G72)

PAL-Fräsen: G81 (Bohrzyklus)

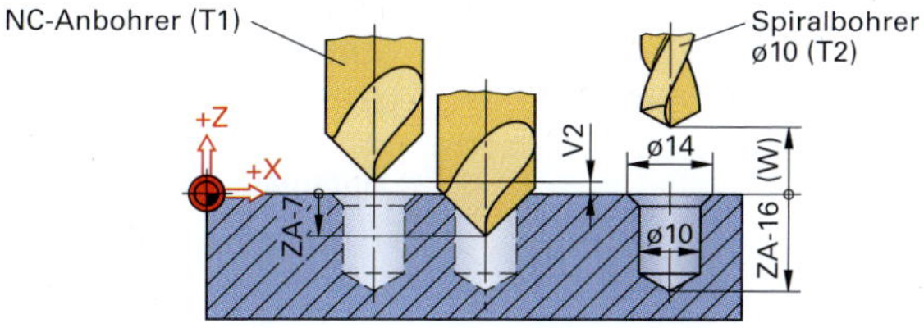

NC-Anbohrer Ø16 (T1)

N14	T1			M6
N15		F…	S…	M13
N16	G81	ZA-7		V2
N17	G79	X…	Y…	Z0

Spiralbohrer Ø10 (T2)

N18	T2			M6
N19		F…	S…	M13
N20	G81	ZA-16		V2
N21	G79	X…	Y…	Z0

verpflichtende Adressen für G81

ZA/ZI	Tiefe der Bohrung
V	Sicherheitsabstand

optionale Adressen

W	Höhe der Rückzugsebene

PAL-Fräsen: G82 (Tiefbohrzyklus mit Spanbruch)

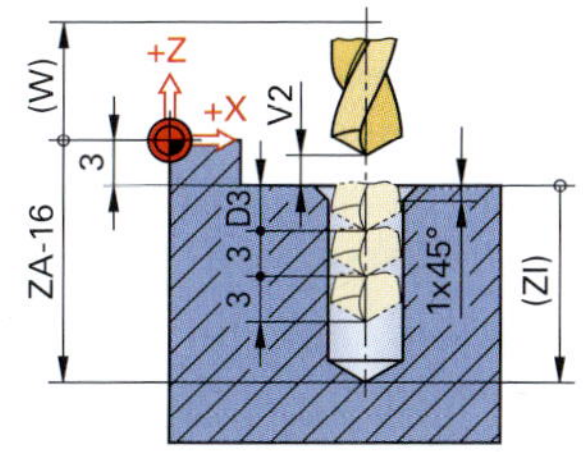

NC-Anbohrer Ø8 (T1)

N13	T1			M6
N14		F…	S…	M13
N16	G81	ZA-6,5		V2
N15	G79	X…	Y…	Z-3

Spiralbohrer Ø5 (T3)

N17	T3			M6
N18		F…	S…	M13
N19	G82	ZA-16	D3	V2
N20	G79	X…	Y…	Z-3

verpflichtende Adressen für G82

ZA/ZI	Tiefe der Bohrung
D	Zustelltiefe
V	Sicherheitsabstand

optionale Adressen

E	Anbohrvorschub
W	Höhe der Rückzugsebene

PAL-Fräsen: G84 (Gewindebohrzyklus)

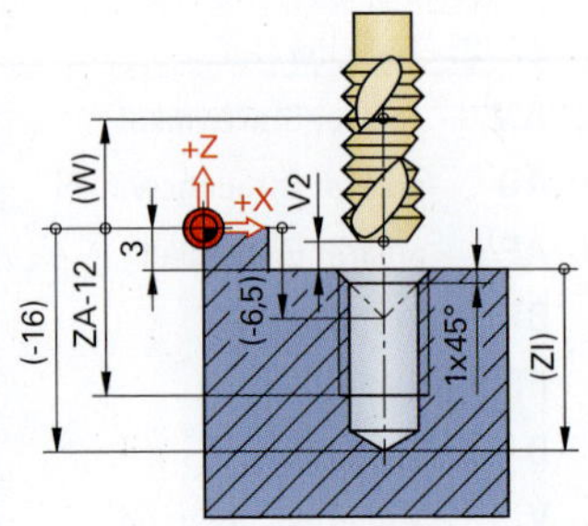

Spiralbohrer Ø5 (T3)

N13	T1			M6
N14		F...	S...	M13
N16	G82	ZA-16	D3	V2
N15	G79	X...	Y...	Z-3

Gewindebohrer M6 (T4)

N17	T4				M6
N18		S...			M8
N19	G84	ZA-12	F1	V2	M3
N20	G79	X...	Y...		Z-3

verpflichtende Adressen für G84

ZA/ZI	Gewindetiefe
F	Gewindesteigung
M3	Rechtsgewinde
M4	Linksgewinde
V	Sicherheitsabstand

optionale Adressen

W	Höhe der Rückzugsebene

PAL-Fräsen: G85 (Reibzyklus)

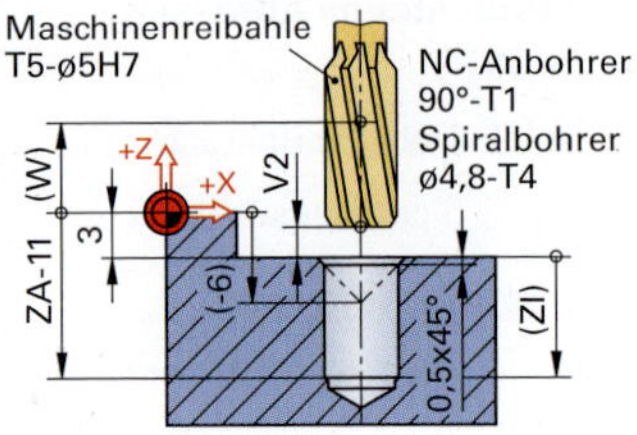

Reibahle Ø5H7 (T6)

N22	T6			M6
N23		S...		M13
N24	G85	ZA-11	V2	
N25	G79	X...	Y...	Z-3

verpflichtende Adressen für G85

ZA/ZI	Reibtiefe
V	Sicherheitsabstand

optionale Adressen

E	Rückzugsvorschub in mm/min
W	Höhe der Rückzugsebene

PAL-Fräsen: G88 (Innengewindefräszyklus)

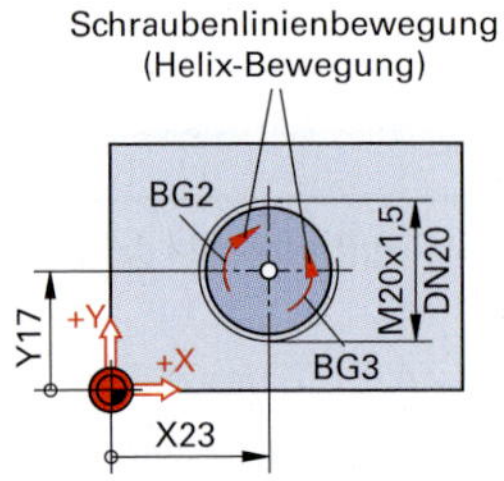

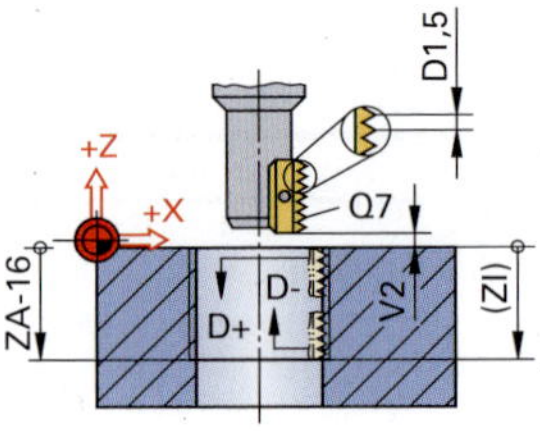

N19	G88	ZA-16	DN20	D-1.5	Q7	BG3	V2
N20	G79	X23	Y17	Z0			

weitere optionale Adressen

BG Bewegungsrichtung des Fräsers
- **BG2** Bearbeitungsrichtung im Uhrzeigersinn
- **BG3** Bearbeitungsrichtung entgegen dem Uhrzeigersinn

verpflichtende Adressen für G88

ZA/ZI	Gewindetiefe
DN	Nenndurchmesser
D	Gewindesteigung (Zustellung pro Helixumdrehung)
D+	Bearbeitung von oben nach unten
D–	Bearbeitung von unten nach oben
Q	Gewinderillenzahl des Werkzeugs

optionale Adressen

V	Sicherheitsebene
W	Rückzugsebene

PAL-Fräsen: G10 (Verfahren im Eilgang in Polarkoordinaten)

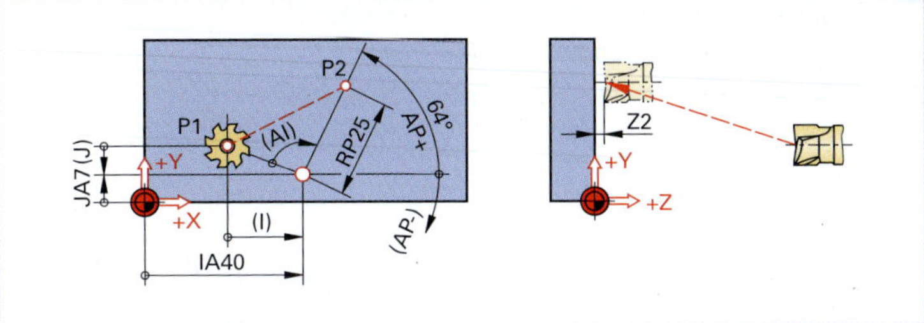

N19 G10 Z2 AP64 RP25 IA40 JA7

verpflichtende Adressen für G10

RP	Polarradius
AP/AI	Polarwinkel

optionale Adressen

I/J	Werkzeugposition inkremental
IA/JA	Werkzeugposition absolut
Z/ZA	Z-Koordinate der Anfahrt

PAL-Fräsen: G11 (Linearinterpolation mit Polarkoordinaten)

Linearinterpolation von P1 nach P2

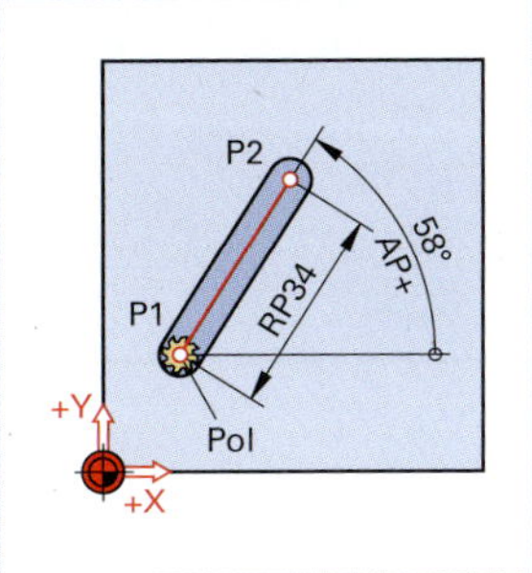

N... G11 AP58 RP34

Linearinterpolation mit Konturzug von P1 nach P2

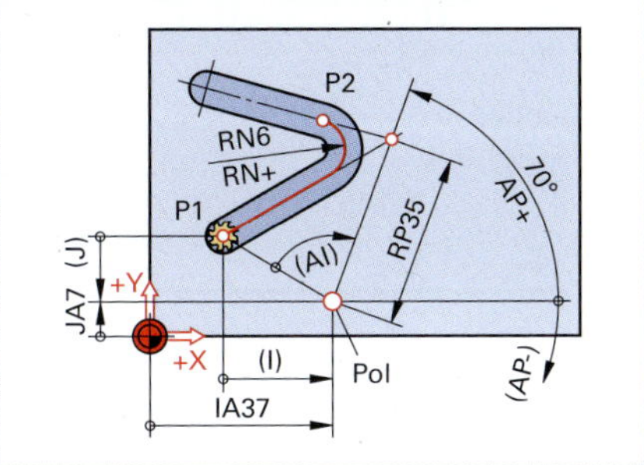

N... G11 AP70 RP35 IA37 JA7 RN6

verpflichtende Adressen für G11

RP	Polarradius
AP/AI	Polarwinkel

optionale Adressen

I/J	Werkzeugposition inkremental
IA/JA	Werkzeugposition absolut
RN+	Verrundungsradius zum nächsten Konturelement
RN–	Fasenbreite zum nächsten Konturelement

PAL-Fräsen: G12/G13 (Kreisinterpolation mit Polarkoordinaten)

G12 – Kreisinterpolation im Uhrzeigersinn von P1 nach P2

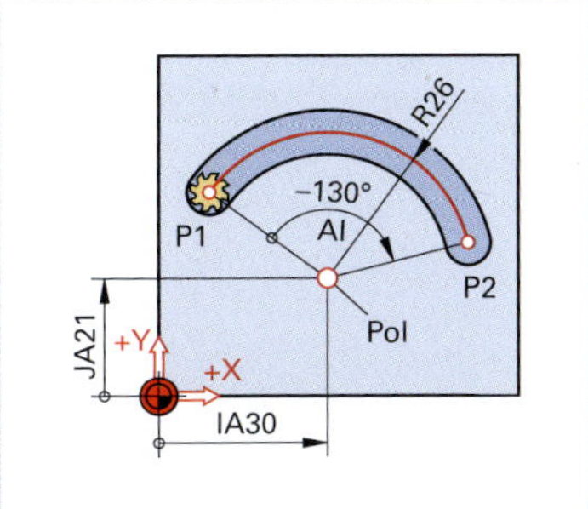

N... G12 AP-130 IA30 JA21

G13 – Kreisinterpolation im Gegenuhrzeigersinn von P1 nach P2

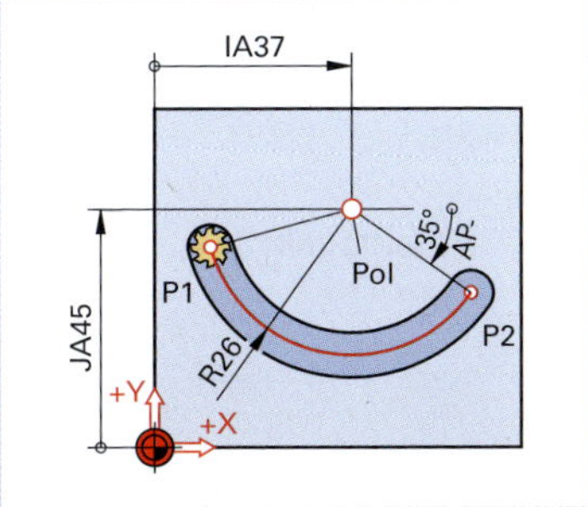

N... G13 AP-35 IA37 JA45

verpflichtende Adressen für G12/G13

AP/AI	Polarwinkel

optionale Adressen

RP	Polarradius
I/J	Werkzeugposition inkremental
IA/JA	Werkzeugposition absolut
RN+	Verrundungsradius zum nächsten Konturelement
RN–	Fasenbreite zum nächsten Konturelement

Lineare Funktion – Gerade

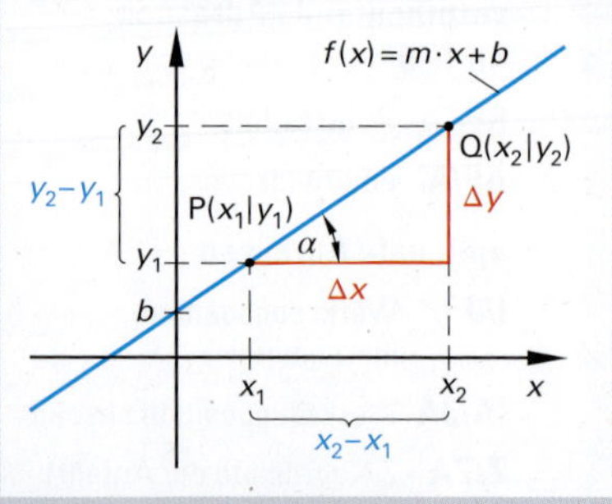

y, $f(x)$	Funktionswert von x
P, Q	Punkte auf der Geraden
x_1, x_2	x-Koordinaten der Punkte
y_1, y_2	y-Koordinaten der Punkte
Δx, Δy	Abstand von P nach Q in x- und y-Richtung
m	Steigung
$\frac{\Delta y}{\Delta x} = m$	Differenzenquotient
b	Schnittpunkt mit y-Achse, Achsenabschnitt
x_N	Nullstelle, Durchgang durch die x-Achse
α	Steigungswinkel

Geradengleichung

$$y = f(x) = m \cdot x + b$$

Nullstelle

$$x_N = -\frac{b}{m} \qquad m \neq 0$$

m und b berechnen, wenn zwei Punkte $P(x_1; y_1)$ und $Q(x_2; y_2)$ gegeben sind:

$$m = \frac{\Delta y}{\Delta x} = \frac{y_2 - y_1}{x_2 - x_1}$$

$$b = y_1 - m \cdot x_1$$

oder

$$b = y_2 - m \cdot x_2$$

m und b berechnen, wenn ein Punkt P $(x_p; y_p)$ und m oder α gegeben sind:

m ist gegeben

$$b = y_p - m \cdot x_p$$

oder

$$m = \tan\alpha$$

Zwei Geraden

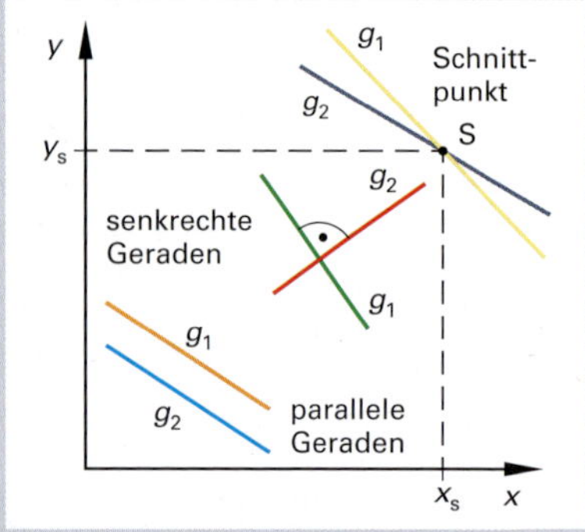

$g_1 = m_1 \cdot x + b_1$ Gerade 1

$g_2 = m_2 \cdot x + b_2$ Gerade 2

S	Schnittpunkt von Geraden
x_s	x-Koordinate des Schnittpunkts
y_s	y-Koordinate des Schnittpunkts
b_1, b_2	Schnittpunkte mit y-Achse, Achsenabschnitte

Parallele Geraden

$$m_1 = m_2 \qquad b_1 \neq b_2$$

Senkrechte Geraden

$$m_1 = -\frac{1}{m_2}$$

Schnittpunkt S (x_s, y_s)

$$x_s = \frac{b_1 - b_2}{m_2 - m_1} \qquad m_1 \neq m_2$$

$$y_s = m_1 \cdot x_s + b_1$$

Quadratische Funktion – Parabel

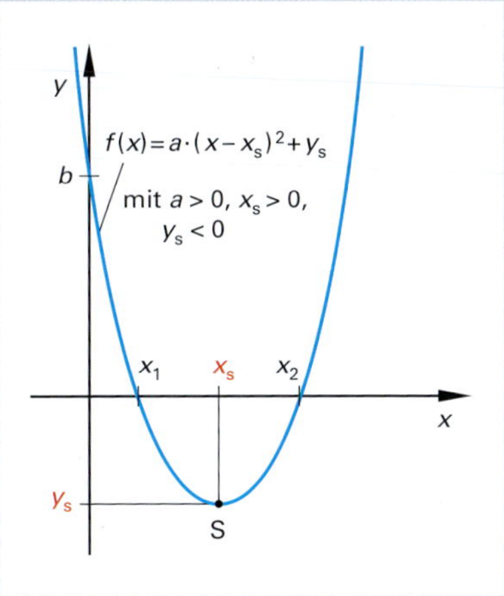

y, $f(x)$	Funktionswert von x
S	Scheitelpunkt
x_s, y_s	Koordinaten des Scheitelpunktes
a	Faktor

- **$a > 0$: Parabel oben offen**
  - $0 < a < 1$: Stauchung
  - $a = 1$: Normalparabel
  - $a > 1$: Streckung
- **$a < 0$: Parabel unten offen**
  - $-1 < a < 0$: Stauchung
  - $a = -1$: Normalparabel
  - $a < -1$: Streckung

x_{N1}, x_{N2}	Nullstellen, Durchgänge durch die x-Achse
b	Schnittpunkt mit y-Achse
A, B, C	Koeffizienten des Polynoms

Parabelgleichung – Scheitelform

$$y = f(x) = a \cdot (x - x_s)^2 + y_s$$

Nullstellen

$$x_{N1/N2} = x_s \pm \frac{\sqrt{-4 \cdot a \cdot y_s}}{2 \cdot a}$$

keine reellen Nullstellen wenn
$-4 \cdot a \cdot y_s < 0$

b: Schnittpunkt mit y-Achse

$$b = a \cdot x_s^{\ 2} + y_s$$

Parabelgleichung – Polynomform

$$y = f(x) = A \cdot x^2 + B \cdot x + C$$

Nullstellen

$$x_{N1/N2} = \frac{-B \pm \sqrt{B^2 - 4 \cdot AC}}{2 \cdot A}$$

b: Schnittpunkt mit y-Achse

$$b = C$$

Umrechnen Polynom – in Scheitelform und umgekehrt

Polynomform ist gegeben

$$y = A \cdot x^2 + B \cdot x + C$$

$$a = A$$

$$x_s = -\frac{B}{2 \cdot A}$$

$$y_s = C - \frac{B^2}{4 \cdot A}$$

$$y = f(x) = a \cdot (x - x_s)^2 + y_s$$

Scheitelform ist gegeben

$$y = a \cdot (x - x_s)^2 + y_s$$

$$A = a$$

$$B = -2 \cdot a \cdot x_s$$

$$C = a \cdot x_s^{\ 2} + y_s$$

$$y = f(x) = A \cdot x^2 + B \cdot x + C$$

Binomische Formeln

1. binomische Formel

a erstes Glied
b zweites Glied

$$(a+b)^2 = a^2 + 2ab + b^2$$

2. binomische Formel

a erstes Glied
b zweites Glied

$$(a-b)^2 = a^2 - 2ab + b^2$$

3. binomische Formel

a erstes Glied
b zweites Glied

$$(a+b)\cdot(a-b) = a^2 - b^2$$

Quadratische Gleichung (Normalform) lösen

pq-Formel

x Variable
p Faktor beim x
q konstantes Glied
$x_{1/2}$ Lösungen der Normalform, Nullstellen

D Diskriminante (Wert unter Wurzel)

$$x^2 + p \cdot x + q = 0$$

$$D = p^2 - 4 \cdot q$$

Fälle:
$D > 0$ es gibt 2 reelle Lösungen
$D = 0$ es gibt eine doppelte reelle Lösung
$D < 0$ es gibt keine reelle Lösung

$$x_{1/2} = -\frac{p}{2} \pm \sqrt{\left(\frac{p}{2}\right)^2 - q}$$

Quadratische Gleichung (allgemeine Form) lösen

abc-Formel („Mitternachtsformel")

x Variable
a Faktor beim x^2
b Faktor beim x
c konstantes Glied
$x_{1/2}$ Lösungen der Gleichung, Nullstellen

D Diskriminante (Wert unter Wurzel)

$$a \cdot x^2 + b \cdot x + c = 0$$

$$D = b^2 - 4 \cdot ac$$

Fälle:
$D > 0$ es gibt 2 reelle Lösungen
$D = 0$ es gibt eine doppelte reelle Lösung
$D < 0$ es gibt keine reelle Lösung

$$x_{1/2} = \frac{-b \pm \sqrt{b^2 - 4 \cdot ac}}{2 \cdot a}$$

Differenzenquotient, Ableitung, Ableitungsregeln

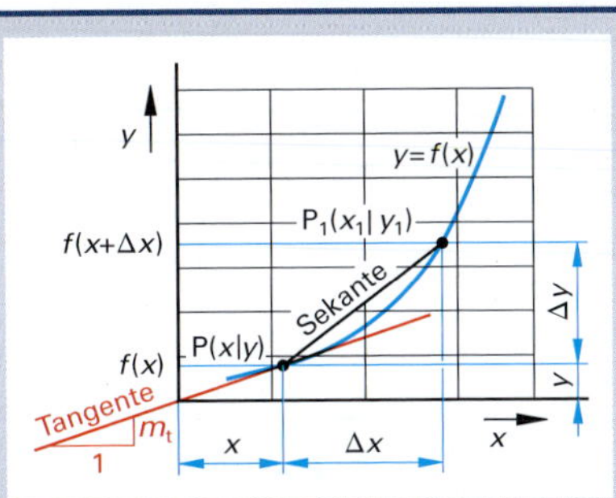

$f(x)$	Funktion von x
$f'(x)$	Ableitung der Funktion
P, P_1	Punkte der Funktion
x, x_1	x-Koordinaten der Punkte
y, y_1	y-Koordinaten der Punkte
$\Delta x, \Delta y$	Abstand von P nach P_1 in x- bzw. y-Richtung
m, m_t	Steigung Sekante, Tangente
dx, dy	Differential in x-/y-Richtung

Differenzquotient

$$m = \frac{\Delta y}{\Delta x} = \frac{f(x+\Delta x) - f(x)}{\Delta x}$$

Ableitung, Steigung der Tangente

$$m_t = f'(x) = \frac{dy}{dx} = \lim_{\Delta x \to 0} \frac{f(x+\Delta x) - f(x)}{\Delta x}$$

Weitere Ableitungen

$$f'' = f'(f'(x)) \qquad f''' = f'(f''(x)) \quad \text{usw.}$$

Elementare Funktion		1. Ableitung
Potenzfunktion	$f(x) = k \cdot x^n$	$f'(x) = k \cdot n \cdot x^{n-1}$
Sinusfunktion	$f(x) = \sin x$	$f'(x) = \cos x$
Kosinusfunktion	$f(x) = \cos x$	$f'(x) = -\sin x$
Tangensfunktion	$f(x) = \tan x$	$f'(x) = \frac{1}{\cos^2 x} = 1 + \tan^2 x$
Exponentialfunktionen	$f(x) = e^x$	$f'(x) = e^x$
	$f(x) = a^x$	$f'(x) = a^x \cdot \ln a$
Logarithmusfunktionen	$f(x) = \ln x$	$f'(x) = \frac{1}{x}$
	$f(x) = \log_a x$	$f'(x) = \frac{1}{x \cdot \ln a}$

Ableitungsregel, Bezeichnungen		Regelumsetzung	
Faktorregel	u, v Teilfunktionen	$f(x) = k \cdot v$	$f'(x) = k \cdot v'$
Summenregel	u', v' Ableitungen der Teilfunktionen	$f(x) = u + v$	$f'(x) = u' + v'$
Produktregel	$g(u)$ Äußere Funktion; $u(x)$ Innere Funktion	$f(x) = u \cdot v$	$f'(x) = u' \cdot v + u \cdot v'$
Quotientenregel	$g'(u)$ Ableitung äußere Funktion; $u'(x)$ Ableitung innere Funktion	$f(x) = \frac{u}{v}$	$f'(x) = \frac{u' \cdot v - u \cdot v'}{v^2}$
Kettenregel		$f(x) = g[u(x)]$	$f'(x) = g'(u) \cdot u'(x)$

Integrale, Integration, Integrationsregeln, Flächen

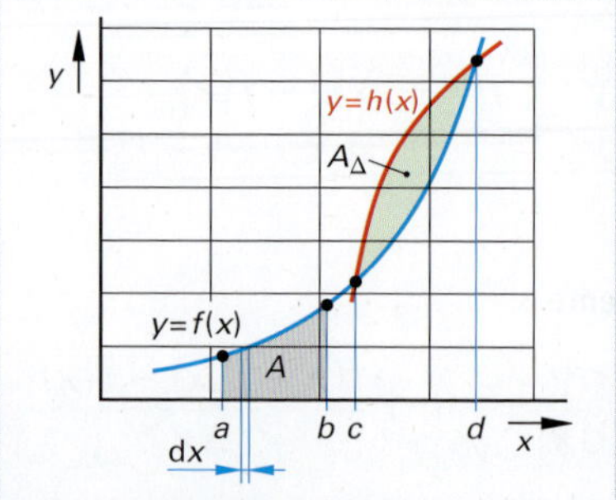

$f(x)$, $h(x)$	Funktionen
$g(x)$	Funktion
$F(x)$, $G(x)$	Flächen-, Stammfunktion von $f(x)$ und $g(x)$
a, b	Integrationsgrenzen
c, d	Integrationsgrenzen, Schnittpunkte von $f(x)$ und $h(x)$
A	Fläche zwischen $f(x)$ und x-Achse
A_Δ	Fläche zwischen $h(x)$ und $f(x)$
dx	Differential in x-Richtung
k	konstanter Faktor
C	Konstante bei unbestimmten Integralen

Unbestimmtes Integral

$$\int f(x)\mathrm{d}x = F(x) + C$$

Fläche zwischen $f(x)$ und x-Achse über bestimmtes Integral

$$A = \int_a^b f(x)\mathrm{d}x = [F(x)]_a^b = F(b) - F(a)$$

Fläche zwischen $h(x)$ und $f(x)$ über bestimmtes Integral

1. Schritt: $g(x)$ berechnen

$$g(x) = h(x) - f(x)$$

2. Schritt: A_Δ berechnen

$$A_\Delta = \int_c^d g(x)\mathrm{d}x = [G(x)]_c^d = G(d) - G(c)$$

Integrale $\int f(x)dx$		Stammfunktion $F(x) + C$
Potenzfunktion	$\int k \cdot x^n \mathrm{d}x$	$k \cdot \frac{x^{n+1}}{n+1} + C$
	$\int x^{-1}\mathrm{d}x = \int \frac{1}{x}\mathrm{d}x$	$\ln\lvert x\rvert + C$
Sinusfunktion	$\int \sin x\,\mathrm{d}x$	$-\cos x + C$
Kosinusfunktion	$\int \cos x\,\mathrm{d}x$	$\sin x + C$
Tangensfunktion	$\int \tan x\,\mathrm{d}x$	$-\ln(\lvert\cos x\rvert) + C$
Exponentialfunktionen	$\int e^x \mathrm{d}x$	$e^x + C$
	$\int a^x \mathrm{d}x$	$\frac{a^x}{\ln a} + C$
Logarithmus	$\int \log_a x\,\mathrm{d}x$	$\frac{x}{\ln a}(\ln x - 1) + C$

Integrationsregeln	
Faktorregel	$\int k \cdot f(x)\,\mathrm{d}x = k \cdot \int f(x)\,\mathrm{d}x$
Summenregel	$\int [f(x) \pm h(x) \pm g(x) \ldots \mathrm{d}x] = \int f(x)\,\mathrm{d}x \pm \int h(x)\,\mathrm{d}x \pm \int g(x)\,\mathrm{d}x \pm \ldots$

Gleichungssystem mit 2 Unbekannten

2 × 2-Gleichungssystem

$$a_1 \cdot x + b_1 \cdot y = L_1 \quad (1)$$
$$a_2 \cdot x + b_2 \cdot y = L_2 \quad (2)$$

x, y	Unbekannte
a_1, a_2	Koeffizienten von x
b_1, b_2	Koeffizienten von y
L_1, L_2	Rechte Seite der Gleichungen

Grafisches Verfahren

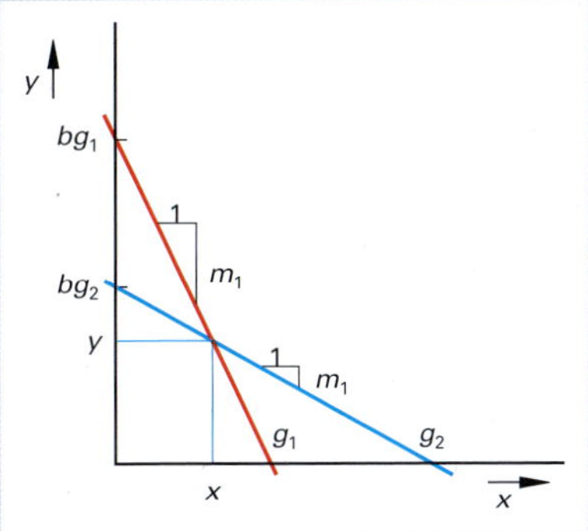

x, y	Unbekannte
a_1, a_2	Koeffizienten von x
b_1, b_2	Koeffizienten von y
L_1, L_2	Rechte Seite der Gleichungen
g_1, g_2	Geradengleichungen
m_1, m_2	Steigungen der Geraden
bg_1, bg_2	Schnittpunkte der Geraden mit der y-Achse

Einsetzungsverfahren

(1) z. B. nach y auflösen: $a_1 \cdot x + b_1 \cdot y = L_1$

$$b_1 \cdot y = L_1 - a_1 \cdot x$$
$$y = \frac{L_1}{b_1} - \frac{a_1}{b_1} \cdot x \quad \textbf{(3)}$$

(3) in (2) einsetzen: $a_2 \cdot x + b_2 \cdot \left(\frac{L_1}{b_1} - \frac{a_1}{b_1} \cdot x\right) = L_1$ **(4)**

(4) ausmultiplizieren, nach x auflösen und x berechnen. Das berechnete x in die Gleichung (1) oder (2) einsetzen und y berechnen.

Additionsverfahren

(1) mit b_2 und (2) mit $-b_1$ multiplizieren, die beiden Gleichungen untereinander schreiben und addieren:

$$a_1 \cdot b_2 \cdot x + b_1 \cdot b_2 \cdot y = L_1 \cdot b_2$$
$$+ -a_2 \cdot b_1 \cdot x - b_1 \cdot b_2 \cdot y = -L_2 \cdot b_1$$
$$(a_1 \cdot b_2 - a_2 \cdot b_1) \cdot x = L_1 \cdot b_2 - L_2 \cdot b_1$$

Das Ergebnis nach x auflösen und x berechnen.

Das berechnete x in die Gleichung (1) oder (2) einsetzen und y berechnen.

Gleichsetzungsverfahren

(1) und (2) nach y auflösen:

$a_1 \cdot x + b_1 \cdot y = L_1$	$a_2 \cdot x + b_2 \cdot y = L_2$
$b_1 \cdot y = L_1 - a_1 \cdot x$	$b_2 \cdot y = L_2 - a_2 \cdot x$
$y = \frac{L_1}{b_1} - \frac{a_1}{b_1} \cdot x$	$y = \frac{L_2}{b_2} - \frac{a_2}{b_2} \cdot x$
$y = -\frac{a_1}{b_1} \cdot x + \frac{L_1}{b_1}$ **(5)**	$y = -\frac{a_2}{b_2} \cdot x + \frac{L_2}{b_2}$ **(6)**

Die beiden y aus **(5)** und **(6)** gleichsetzen, nach x auflösen und x berechnen.

Das berechnete x in die Gleichung (1) oder (2) einsetzen und y berechnen.

Grafisches Verfahren

Die Gleichungen **(5)** und **(6)** aus dem **Gleichsetzungsverfahren** sind die Geradengleichungen g_1 und g_2.

Der Schnittpunkt der Geraden ergibt die Lösung.

$g_1 = m_1 \cdot x + bg_1$ **(7)** $\qquad g_2 = m_2 \cdot x + bg_2$ **(8)**

mit:

$$m_1 = -\frac{a_1}{b_1}; \quad bg_1 = \frac{L_1}{b_1}; \quad m_2 = -\frac{a_2}{b_2}; \quad bg_2 = \frac{L_2}{b_2}$$

Gleichungssystem mit 2 Unbekannten

2 × 2-Gleichungssystem

$$a_1 \cdot x + b_1 \cdot y = L_1 \qquad (1)$$

$$a_2 \cdot x + b_2 \cdot y = L_2 \qquad (2)$$

x, y	Unbekannte
a_1, a_2	Koeffizienten von x
b_1, b_2	Koeffizienten von y
L_1, L_2	Rechte Seite der Gleichungen
D, D_x, D_y	Determinanten

Determinantenverfahren

$$x = \frac{D_x}{D} \qquad y = \frac{D_y}{D}$$

Determinante D berechnen: Koeffizienten in Matrix schreiben, Haupt- minus Nebendiagonale.

$$D = \begin{vmatrix} a_1 & b_1 \\ a_2 & b_2 \end{vmatrix} = a_1 \cdot b_2 - b_1 \cdot a_2$$

Determinante D_y berechnen: L_1 u. L_2 in 2. Spalte schreiben, Haupt- minus Nebendiagonale.

$$D_y = \begin{vmatrix} a_1 & L_1 \\ a_2 & L_2 \end{vmatrix} = a_1 \cdot L_2 - L_1 \cdot a_2$$

Determinante D_x berechnen: L_1 u. L_2 in 1. Spalte schreiben, Haupt- minus Nebendiagonale.

$$D_x = \begin{vmatrix} L_1 & b_1 \\ L_2 & b_2 \end{vmatrix} = L_1 \cdot b_2 - b_1 \cdot L_2$$

Gleichungssystem mit 3 Unbekannten

3 × 3-Gleichungssystem

$$a_1 \cdot x + b_1 \cdot y + c_1 \cdot z = L_1$$

$$a_2 \cdot x + b_2 \cdot y + c_2 \cdot z = L_2$$

$$a_3 \cdot x + b_3 \cdot y + c_3 \cdot z = L_3$$

x, y, z	Unbekannte
a_1, a_2, a_3	Koeffizienten von x
b_1, b_2, b_3	Koeffizienten von y
c_1, c_2, c_3	Koeffizienten von z
L_1, L_2, L_3	Rechte Seite der Gleichungen
D, D_x, D_y, D_z	Determinanten

$$x = \frac{D_x}{D} \qquad y = \frac{D_y}{D} \qquad z = \frac{D_z}{D}$$

Determinante D berechnen: Die Koeffizienten werden in einer Matrix angeordnet.

$$D = \begin{vmatrix} a_1 & b_1 & c_1 \\ a_2 & b_2 & c_2 \\ a_3 & b_3 & c_3 \end{vmatrix}$$

Erste zwei Spalten anfügen. Rechnung: Haupt- minus Nebendiagonalen

$$\begin{vmatrix} a_1 & b_1 & c_1 \\ a_2 & b_2 & c_2 \\ a_3 & b_3 & c_3 \end{vmatrix} \begin{matrix} a_1 & b_1 \\ a_2 & b_2 \\ a_3 & b_3 \end{matrix}$$

Ergebnis: $D =$
$a_1 \cdot b_2 \cdot c_3 + b_1 \cdot c_2 \cdot a_3 + c_1 \cdot a_2 \cdot b_3 - c_1 \cdot b_2 \cdot a_3 - a_1 \cdot c_2 \cdot b_3 - b_1 \cdot a_2 \cdot c_3$

Determinante D_x berechnen: Die erste Spalte von D wird durch L_1 bis L_3 ersetzt.

$$D_x = \begin{vmatrix} L_1 & b_1 & c_1 \\ L_2 & b_2 & c_2 \\ L_3 & b_3 & c_3 \end{vmatrix}$$

Erste zwei Spalten anfügen. Rechnung: Haupt- minus Nebendiagonalen

$$\begin{vmatrix} L_1 & b_1 & c_1 \\ L_2 & b_2 & c_2 \\ L_3 & b_3 & c_3 \end{vmatrix} \begin{matrix} L_1 & b_1 \\ L_2 & b_2 \\ L_3 & b_3 \end{matrix}$$

Ergebnis: $D_x =$
$L_1 \cdot b_2 \cdot c_3 + b_1 \cdot c_2 \cdot L_3 + c_1 \cdot L_2 \cdot b_3 - c_1 \cdot b_2 \cdot L_3 - L_1 \cdot c_2 \cdot b_3 - b_1 \cdot L_2 \cdot c_3$

Determinante D_y berechnen: Die zweite Spalte von D wird durch L_1 bis L_3 ersetzt.

$$D_y = \begin{vmatrix} a_1 & L_1 & c_1 \\ a_2 & L_2 & c_2 \\ a_3 & L_3 & c_3 \end{vmatrix}$$

Erste zwei Spalten anfügen. Rechnung: Haupt- minus Nebendiagonalen

$$\begin{vmatrix} a_1 & L_1 & c_1 \\ a_2 & L_2 & c_2 \\ a_3 & L_3 & c_3 \end{vmatrix} \begin{matrix} a_1 & L_1 \\ a_2 & L_2 \\ a_3 & L_3 \end{matrix}$$

Ergebnis: $D_y =$
$a_1 \cdot L_2 \cdot c_3 + L_1 \cdot c_2 \cdot a_3 + c_1 \cdot a_2 \cdot L_3 - c_1 \cdot L_2 \cdot a_3 - a_1 \cdot c_2 \cdot L_3 - L_1 \cdot a_2 \cdot c_3$

Determinante D_z berechnen: Die dritte Spalte von D wird durch L_1 bis L_3 ersetzt.

$$D_z = \begin{vmatrix} a_1 & b_1 & L_1 \\ a_2 & b_2 & L_2 \\ a_3 & b_3 & L_3 \end{vmatrix}$$

Erste zwei Spalten anfügen. Rechnung: Haupt- minus Nebendiagonalen

$$\begin{vmatrix} a_1 & b_1 & L_1 \\ a_2 & b_2 & L_2 \\ a_3 & b_3 & L_3 \end{vmatrix} \begin{matrix} a_1 & b_1 \\ a_2 & b_2 \\ a_3 & b_3 \end{matrix}$$

Ergebnis: $D_z =$
$a_1 \cdot b_2 \cdot L_3 + b_1 \cdot L_2 \cdot a_3 + L_1 \cdot a_2 \cdot b_3 - L_1 \cdot b_2 \cdot a_3 - a_1 \cdot L_2 \cdot b_3 - b_1 \cdot a_2 \cdot L_3$

Vektoren

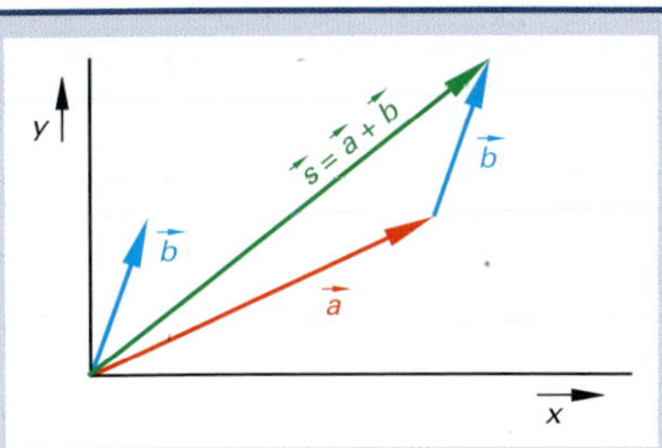

$\vec{a}$	Vektor a
$\vec{b}$	Vektor b
$\vec{s}$	Summenvektor s
λ, c	Skalare (reelle Zahl)
$\vec{A}, \vec{V}$	Resultierende Vektoren

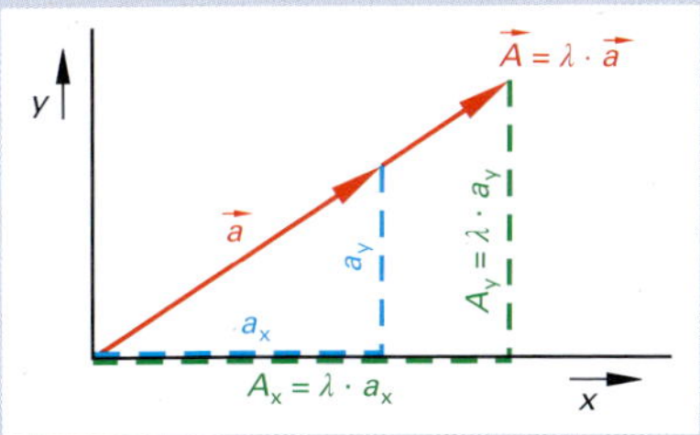

Schreibweise und Betrag (Länge)

$$\vec{a} = \begin{pmatrix} a_x \\ a_y \end{pmatrix} \quad \left|\vec{a}\right| = \sqrt{a_x^2 + a_y^2}$$

$$\vec{b} = \begin{pmatrix} b_x \\ b_y \\ b_z \end{pmatrix} \quad \left|\vec{b}\right| = \sqrt{b_x^2 + b_y^2 + b_z^2}$$

Addition

$$\vec{s} = \vec{a} + \vec{b} = \begin{pmatrix} a_x \\ a_y \\ a_z \end{pmatrix} + \begin{pmatrix} b_x \\ b_y \\ b_z \end{pmatrix} = \begin{pmatrix} a_x + b_x \\ a_y + b_y \\ a_z + b_z \end{pmatrix}$$

Multiplikation mit Skalar

$$\vec{A} = \lambda \cdot \begin{pmatrix} a_x \\ a_y \end{pmatrix} = \begin{pmatrix} \lambda \cdot a_x \\ \lambda \cdot a_y \end{pmatrix}$$

$$\vec{V} = c \cdot \begin{pmatrix} v_x \\ v_y \\ v_z \end{pmatrix} = \begin{pmatrix} c \cdot v_x \\ c \cdot v_y \\ c \cdot v_z \end{pmatrix}$$

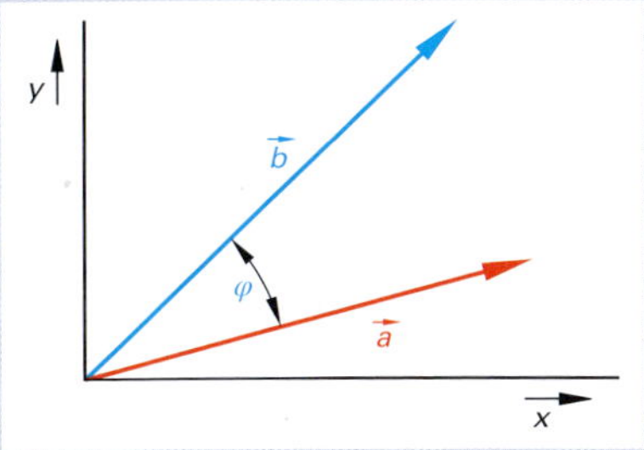

φ Winkel zwischen den Geraden

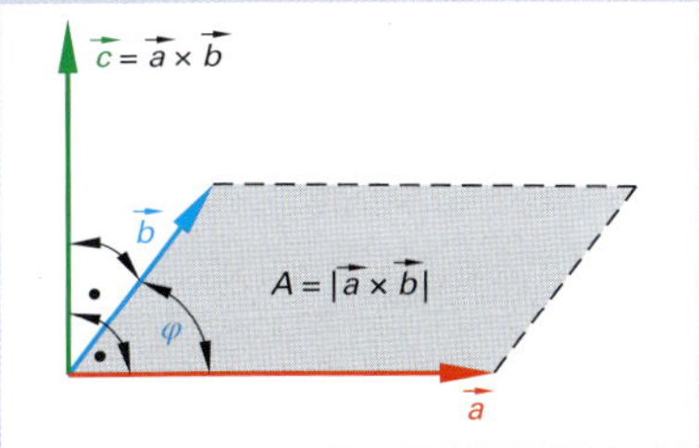

A	Fläche, die von $\vec{a}$ und $\vec{b}$ aufgespannt wird
$\vec{c}$	Vektor senkrecht auf $\vec{a}$ und $\vec{b}$
φ	Winkel zwischen $\vec{a}$ und $\vec{b}$

Skalarprodukt und Winkel

$$\vec{a} \circ \vec{b} = \begin{pmatrix} a_x \\ a_y \end{pmatrix} \circ \begin{pmatrix} b_x \\ b_y \end{pmatrix} = a_x \cdot b_x + a_y \cdot b_y = \left|\vec{a}\right| \cdot \left|\vec{b}\right| \cdot \cos\varphi$$

$$\varphi = \cos^{-1}\left(\frac{a_x \cdot b_x + a_y \cdot b_y}{\sqrt{a_x^2 + a_y^2} \cdot \sqrt{b_x^2 + b_y^2}}\right); \left|\vec{a}\right| \wedge \left|\vec{b}\right| \neq 0$$

Orthogonalität

$$\varphi = 90°, \text{ wenn } \vec{a} \circ \vec{b} = 0, \text{ d.h.: } a_x \cdot b_x + a_y \cdot b_y = 0$$

Kreuzprodukt

$$\vec{c} = \vec{a} \times \vec{b} = \begin{pmatrix} a_x \\ a_y \\ a_z \end{pmatrix} \times \begin{pmatrix} b_x \\ b_y \\ b_z \end{pmatrix} = \begin{pmatrix} a_y \cdot b_z - a_z \cdot b_y \\ a_z \cdot b_x - a_x \cdot b_z \\ a_x \cdot b_y - a_y \cdot b_x \end{pmatrix}$$

$$\left|\vec{c}\right| = \left|\vec{a}\right| \times \left|\vec{b}\right| = \left|\vec{a}\right| \times \left|\vec{b}\right| \cdot \sin\varphi$$

$$A = \left|\vec{a} \times \vec{b}\right| = \left|\vec{c}\right|$$

Vektoren

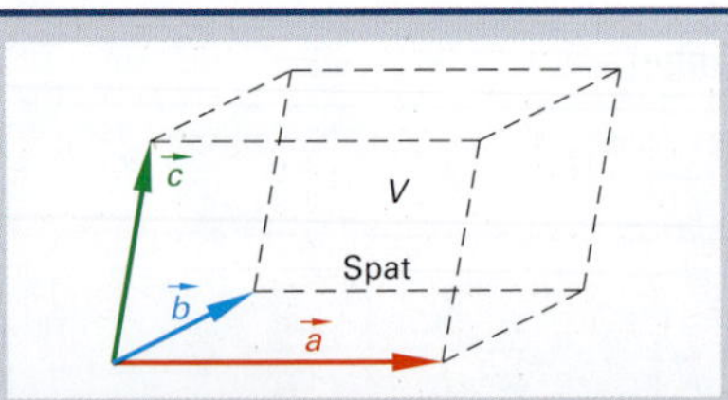

V Spatvolumen, das von $\vec{a}$, $\vec{b}$ und $\vec{c}$ aufgespannt wird

$\vec{a}, \vec{b}, \vec{c}$ Vektoren

Spat: Körper, der von sechs Parallelogrammen begrenzt ist, von denen jeweils zwei parallel zueinander liegen.

Spatprodukt

$$V = \left|\left(\vec{a} \times \vec{b}\right) \circ \vec{c}\right| = \left|\left(\begin{pmatrix} a_x \\ a_y \\ a_z \end{pmatrix} \times \begin{pmatrix} b_x \\ b_y \\ b_z \end{pmatrix}\right) \circ \begin{pmatrix} c_x \\ c_y \\ c_z \end{pmatrix}\right|$$

$$V = \left|\begin{pmatrix} a_y \cdot b_z - a_z \cdot b_y \\ a_z \cdot b_x - a_x \cdot b_z \\ a_x \cdot b_y - a_y \cdot b_x \end{pmatrix} \circ \begin{pmatrix} c_x \\ c_y \\ c_z \end{pmatrix}\right|$$

Berechnung von V:

$$V = \left|(a_y \cdot b_z - a_z \cdot b_y) \cdot c_x + (a_z \cdot b_x - a_x \cdot b_z) \cdot c_y + (a_x \cdot b_y - a_y \cdot b_x) \cdot c_z\right|$$

Logarithmus

$$\log_a b = n$$

a Basis
b Numerus
n Logarithmuswert
c, d beliebige Zahlen
k Exponent
h alternative Basis

Häufige Kurzschreibweisen der Logarithmussysteme nach der Basis

Zehnerlogarithmus: $a = 10$
(Dekadischer Logarithmus, Briggscher Logarithmus)

$$\log_{10} b = \lg b$$

Natürlicher Logarithmus: $a = \mathrm{e}$
($\mathrm{e} = 2{,}718\ldots$; Logarithmus naturalis)

$$\log_{\mathrm{e}} b = \ln b$$

Zweierlogarithmus: $a = 2$
(Binärer oder Dualer Logarithmus)

$$\log_2 b = \mathrm{lb}\, b \text{ oder } \log_2 b = \mathrm{ld}\, b$$

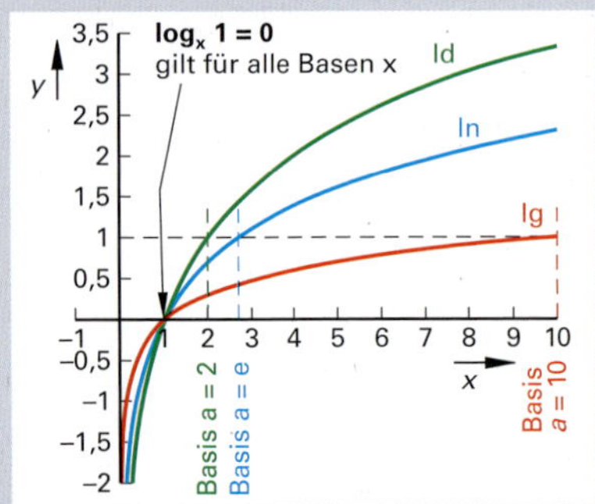

$$\log_a b = n$$

Umkehrfunktion: $a^n = b$

Logarithmusgesetze

(mit Kurzschreibweise lg für Basis 10, die Gesetze gelten generell für beliebige Basen)

$$\lg(c \cdot d) = \lg c + \lg d$$

$$\lg\left(\frac{c}{d}\right) = \lg c - \lg d \qquad \lg\left(\frac{1}{d}\right) = -\lg d$$

$$\lg(c^k) = k \cdot \lg c \qquad \lg\left(\sqrt[k]{c}\right) = \frac{1}{k} \cdot \lg c$$

Besondere Logarithmuswerte

$$\lg 10 = 1 \qquad \lg 1 = 0$$
$$\ln \mathrm{e} = 1 \qquad \ln 1 = 0$$
$$\mathrm{ld}\, 2 = 1 \qquad \mathrm{ld}\, 1 = 0$$

Berechnen in alternativen Logarithmussystemen

$$\log_a b = \frac{\log_h b}{\log_h a}$$

Auswahl:

$$\log_7 b = \frac{\lg b}{\lg 7} \qquad \mathrm{ld}\, b = \frac{\lg b}{\lg 2}$$

$$\ln b = \frac{\lg b}{\lg \mathrm{e}} \qquad \lg b = \frac{\ln b}{\ln 10}$$

Kurvendiskussion eines Polynoms

Polynom

$f(x) = a_n x^n + \ldots + a_2 x^2 + a_1 x^1 + a_0$

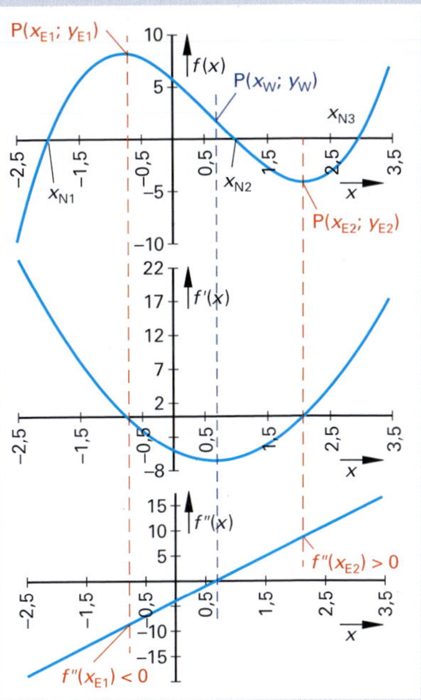

x	Variable
n	Grad des Polynoms, Anzahl der Nullstellen, doppelte und komplexe sind möglich.
$a_0 \ldots a_n$	Koeffizienten von x
x_E, y_E	x, y der Extremstellen
x_W, y_W	x, y der Wendepunkte
x_N	x der Nullstellen

Horner-Schema

Obere Reihe: a_n bis a_0 hinschreiben
Darunter zwei Linien ziehen.
Vor die mittlere Reihe das bekannte x_N schreiben:

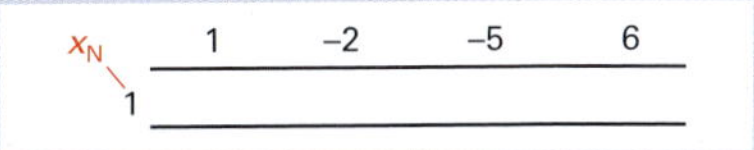

a_n nach unten schreiben, mit x_N malnehmen und das Ergebnis in die Mitte schreiben. Dann diese Zahl zur darüberstehenden addieren und die Summe unten hinschreiben usw.

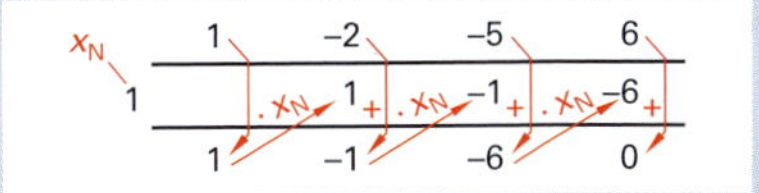

Unten stehen die Koeffizienten des Polynoms, das nach der Polynomdivision herauskommt.

$f(x) = 1x^3 - 2x^2 - 5x + 6$ **Beispielfunktion, $x_{N2} = 1$**

1. Schritt: 1. Ableitung = 0: x_E- der Extremwerte
(Mehr als zwei Nullstellen: siehe 3. Schritt)

$f'(x) = 3x^2 - 4x - 5 = 0 \;|{:}3$

$x^2 - \frac{4}{3}x - \frac{5}{3} = 0 \;|\text{pq-Formel} \Rightarrow x_{E1/E2} = \frac{2}{3} \pm \sqrt{\frac{19}{9}}$

$x_{E1} \approx -0{,}79 \; x_{E2} \approx 2{,}12 \Rightarrow y_{E1} \approx 8{,}21 \; y_{E2} \approx -4{,}06$

$f''(x_E) < 0$: Maximum; $f''(x_E) > 0$: Minimum

$f''(x_E) = 0$ und $f'''(x_E) \neq 0$: Sattelpunkt

2. Schritt: 2. Ableitung = 0: x_W- der Wendepunkte
(Mehr als zwei Nullstellen: siehe 3. Schritt)

$f''(x) = 6x - 4 = 0 \;|+4 \;|{:}6 \Rightarrow x_W = \frac{2}{3} \Rightarrow y_W \approx 2{,}07$

3. Schritt : Nullstellen von $f(x)$ bestimmen

Bei mehr als 2 Nullstellen:Weitere Nullstellen durch Probieren oder Raten. Das Polynom so lange durch $(x - x_N)$ teilen, bis ein Polynom 2. Grades übrigbleibt. Dann pq-Formel anwenden.

Polynomdivision

Im Beispiel ist Vorgabe: $x_{N2} = 1$. Der Divisor ist immer $(x - x_N)$, im Beispiel wird also durch $(x-1)$ geteilt:

$$
\begin{aligned}
&1x^3 - 2x^2 - 5x + 6 \div (x-1) = 1x^2 - 1x - 6\\
&-(1x^3 - 1x^2)\\
&\quad -1x^2 - 5x\\
&\quad -(-1x^2 + 1x)\\
&\qquad -6x + 6\\
&\qquad -(-6x + 6)\\
&\qquad\quad 0
\end{aligned}
$$

Horner-Schema (Aufgabe wie Polynomdivision)

	1	−2	−5	6
1		1	−1	−6
	1	−1	−6	0

$1x^2 - 1x - 6 = 0 \;|\text{pq-Formel} \Rightarrow x_{N1/N3} = \frac{1}{2} \pm \sqrt{\frac{25}{4}}$

$x_{N1} = -2 \quad x_{N3} = 3$

4. Schritt : Verlauf für $x \to +\infty$ und $x \to -\infty$

Der Verlauf hängt von der höchsten Potenz n und vom Vorzeichen des Faktors a_n bei x^n ab (Tabelle 1).

Tabelle 1:

a_n	n	$x \to +\infty$	$x \to -\infty$
>0	gerade	$f(x) \to +\infty$	$f(x) \to +\infty$
<0	gerade	$f(x) \to -\infty$	$f(x) \to -\infty$
>0	ungerade	$f(x) \to +\infty$	$f(x) \to -\infty$
<0	ungerade	$f(x) \to -\infty$	$f(x) \to +\infty$